林家彬 顾 问

李家彪 主 编 **王宇飞** 副主编

生态文明与环境保护

罗敏 编著

上海科学技术文献出版社
Shanghai Scientific and Technological Literature Press

图书在版编目（CIP）数据

生态文明与环境保护 / 罗敏编著． —上海：上海科学技术文献出版社，2021

（生态文明建设丛书）

ISBN 978-7-5439-8414-1

Ⅰ．①生… Ⅱ．①罗… Ⅲ．①环境保护—研究—中国 Ⅳ．①X-12

中国版本图书馆 CIP 数据核字 (2021) 第 175572 号

选题策划：张　树
责任编辑：苏密娅　姚紫薇
封面设计：留白文化

生态文明与环境保护
SHENGTAI WENMING YU HUANJING BAOHU
罗　敏　编著
出版发行：上海科学技术文献出版社
地　　址：上海市长乐路 746 号
邮政编码：200040
经　　销：全国新华书店
印　　刷：常熟市人民印刷有限公司
开　　本：720mm × 1000mm　1/16
印　　张：28.25
字　　数：476 000
版　　次：2021 年 10 月第 1 版　2021 年 10 月第 1 次印刷
书　　号：ISBN 978-7-5439-8414-1
定　　价：158.00 元
http://www.sstlp.com

丛书导读

生态文明这一概念在我国的提出，反映了我国各界对人与自然和谐关系的深刻反思，是发展理念的重要进步。生态文明建设是建设中国特色社会主义“五位一体”总布局的重要组成部分。其根本目的在于从源头上扭转生态环境恶化趋势，为人民创造良好的生活环境；使得全体公民自觉地珍爱自然，更加积极地保护生态。可以说，生态文明建设是不断满足人民群众对优美生态环境的需要、实现美丽中国的关键举措，也是现阶段重构人与自然关系、实现人与自然和谐相处的主要方式。在新冠肺炎疫情引发人们重新审视人与自然关系的背景下，上海科学技术文献出版社推出的这套“生态文明建设丛书”可谓正当其时。

本套丛书有9册，系统且全面地介绍了当前我国生态文明建设中的一些重要主题，如自然资源管理、生物多样性、低碳发展等。在此对这9册书的主要内容分别作一简短概括，作为丛书的导读。

《自然资源融合管理》（马永欢等著）构建了自然资源融合管理的理论体系。在理论研究过程中，作者们在继承并吸收地球系统科学等理论的基础上，构建了自然资源融合管理的“5R+”理论模型，提出了自然资源融合管理的三种基本属性（目标共同性、行为一致性、效应耦合性），概括了自然资源融合管理的基本特征，设计了自然资源融合管理的五条路径，提出了自然资源融合管理支撑“五位一体”总体布局的战略格局，从自然资源融合管理的角度解释了生态文明建设。

水资源是自然资源管理的难点。《生态文明与水资源管理实践》（高娟、王化儒等著）一册对生态文明建设背景下水资源管理的实践工作进行了系统而翔实的介绍，提出了适应于生态文明建设需求的水资源管理的理论和实践方向。包括生态文明与水资源管理、水资源调查、水资源配置、水资源确权、水资源管理的具体实践等五部分内容，分别介绍了水资源管理的总体概念与核心内涵，水资源调查、配置和确权的关键环节与具体方法，以及宁夏生态流量管理的案例。

《陆海统筹海洋生态环境治理实践与对策》（李家彪、杨志峰等著）一册，主要对建设海洋强国背景下的海洋生态环境治理进行了研究。其中，陆海统筹是国家在制定和实施海洋发展战略时的一个焦点。本册包括我国海洋生态环境现状与问题、典型入海流域的现状与问题、国际海洋生态环境保护实践与策略、陆海统筹海洋生态环境保护的基本内容以及陆海统筹重点流域污染控制策略等。可以说，陆海统筹，其实质是在陆地和海洋两大自然系统中建立资源利用、经济发展、环境保护、生态安全的综合协调关系和发展模式。有助于读者理解我国“从山顶到海洋”的“陆海一盘棋”生态环境保护策略以及陆海一体化的海洋生态环境保护治理体系。

《环境共治：理论与实践》（郭施宏、陆健、张勇杰著）一册重点探讨了环境治理中的府际共治和政社共治问题。就府际共治问题，介绍了环境治理中的纵向府际互动关系，以及其中出现的地方执行偏差和中央纠偏实践；从“反公地悲剧”的视角分析了跨域污染治理中的横向府际博弈，以及府际协同治理模式。就政社共治问题，着重关注了多元主体合作中的社会治理与政社关系，以及当前环境治理中的社会参与情况。基于对国内外社会参与环境治理的长期田野调查，发现社会参与对于化解环境危机具有不可忽视的作用，社会参与在新媒体时代愈加活跃和丰富。这对于构建现代环境治理体系既是机遇也是挑战。

《生态文明与绿色发展实践》（王宇飞、刘昌新著）一册主要从政策试点入手，以小见大，解释了我国生态文明建设推进的一个重要特点，即先通过试点创新，取得成效后再向全国推广。本书主要分析了低碳城市试点、国家公园体制试点以及其他地区一些有典型意义的案例。低碳城市试点是我国为应对气候变化所采取的一项重要措施，试点城市在能源结构调整、节能减排以及碳排放达峰等方面都有探索和创新。这是我国实施“碳达峰、碳中和”战略的重要基础。国家公园是我国自然保护地体制改革的代表，也反映了我国近几年来生态文明体制改革的进程。这部分以三江源、钱江源等试点为案例，揭示了自然保护地的核心问题，即如何妥善处理保护和发展之间的矛盾。最后一部分介绍了阿拉善SEE基金会的蚂蚁森林公益项目、大自然保护协会在杭州青山村开展的水信托生态补偿等案例经验。这些案例很好地揭示了生态环境保护需要依赖绿色发展，要使各方均能受益从而促进共同保护。

《生态责任体系构建：基于城镇化视角》（刘成军著）一册重点关注了城镇化进程中生态问题的特殊性。作者从政府的生态责任是什么、政府为什么要履行生态责任以及政府如何履行生态责任三个方面展开研究。城镇化是一个动态的过程，在此过程中产生的生态环境问题有其独特的复杂性。本书审视了中国城镇化的历史和现状，探讨了中国城镇化进程中的生态环境问题，并将马克思主义关于生态环保的一系列重要思想观点融合到对相关具体问题和对策的分析与论证之中，指出了马克思主义生态观对中国城镇化生态环境问题解决的具体指导作用；对我国城镇化进程中存在的生态问题、政府应承担的生态责任、国内外政府履行生态责任的实践及我国政府履行生态责任的途径等问题进行了论述。

《生态文明与环境保护》（罗敏编著）收录了“大气、水、土壤、核安全、国家公园”五方面内容，针对当下公众关注的污染防治三大攻坚战役、核安全健康与发展、自然保护地体系下的国家公园建设进行了介绍。三大攻坚战部分，分析了大气、水、土壤污染防治的政策、现状，从制度体系构建、技术应用、风险评估等方面，结合具体实践和地方经验，对如何打好污染防治攻坚战进行探讨。核安全部分围绕核安全科技创新、核能发展、放射性药品生产活动监管、放射源责任保险、公众心理学、法规标准等内容对我国核安全领域的重点内容和发展规划进行分析。国家公园体制建设部分，从法律实现、国土空间用途管制、治理模式、适应性管理、特许经营管理等方面探索自然保护地体系下国家公园建立的路径。

《企业参与生物多样性案例研究和行业分析》（赵阳著）主要以“自然资本核算”在不同行业的应用为切入点，系统地介绍了《生物多样性公约》促进私营部门参与的要求、机制和资源，分享了识别、计量与估算企业对生态系统服务影响和依赖的成本效益的最新方法学，并辅之以国内外公司的实际案例，研判了不同行业的供应链所面临的生物多样性挑战、动向及趋势，为我国企业参与生态文明建设提供了多元化的视角和参考资料。

《绿色“一带一路”》（孟凡鑫等编著）围绕气候减排、节约能源、水资源节约等生态环境问题，针对“一带一路”沿线典型国家、典型节点城市，从碳排放核算、能效评估、贸易隐含碳排放及虚拟水转移等方面进行了可持续评估研究。从经济学视角，延伸了“一带一路”倡议下的对外产业转移绿色化及全球价值链绿色化的理论；从实证研究视角，识别了我国企业对外直接投资的影响因素及区位分异特征，并且剖析了“一带一路”倡议对我国钢铁行业出口贸易的影响，解析了“一带一路”沿线国家环境基础设施及跨国产业集群之间的相关性；梳理了全球各国践行绿色发展的典型做法以及中国推动绿色“一带一路”建设的主要政策措施和行动，提出了我国继续深入推动绿色“一带一路”建设的方向和建议。

“生态文明建设丛书”结合了当下国内外最新的相关理论进展和政策导向，对我国生态文明建设的理念和实践进行了较为全面的解读和分析。丛书既反映了我国过去生态文明建设的突出成就，也分析了未来生态文明建设的改革趋势和发展方向，有比较强的现实指导意义，可供相关领域的学术研究者和政策研究者参考借鉴。

林家彬
2021年8月

目　录

第一章

大气污染防治攻坚战

良好空气能见度下的城市绿地（张欢摄）

一、我国人为源大气污染物排放清单编制技术进展及展望

王书肖[1]　邱雄辉[3]　张　强[1]　贺克斌[2]　郝吉明[2]

（1：清华大学教授，北京 100091；2：清华大学教授、中国工程院院士，北京 100091；3：清华大学博士后，北京 100091）

摘要　大气污染物排放清单是大气污染预报预警的重要基础，也是制定污染防治政策的根本依据，建立完善、精准的动态源清单已经成为空气质量管理决策的首要环节。本文综述了我国近年来在排放清单技术方面的进展，包括排放参数库本地化、排放清单编制方法、时空和物种分配技术等方面所取得的进步。在此基础上，结合我国当前大气复合污染防治需求，提出了目前大气污染物排放清单编制面临的挑战，并对排放清单的编制技术的未来发展进行了展望。

关键词　人为源；大气污染物；排放清单；空气质量；大气污染防治

1　引言

近年来，我国重污染天气频发，大气污染已成为制约京津冀及周边地区等重点区域空气质量持续改善的难点和焦点，对大气污染防治的科技支撑提出了更高和更为紧迫的需求。大气污染物排放清单是空气质量预报预警的重要基础，也是制定污染控制策略的根本依据，建立完善、精准、动态的污染源清单已经成为空气质量管理科学决策的首要环节。从发达国家历史经验看，大气污染源动态清单技术方法体系的建立和完善基本与空气污染治理同步进行。美国自20世纪70年代开始清洁空气计划以来，就逐步建立了排放源分类标准和编码、源测试规范和排放系数库、针对不同排放源的清单编制方法指南以及与空气质量模型对接的排放处理模式，形成了完备的排放清单技术体系和框架，在此基础上开发了美国国家排放清单（NEI），并建立了清单校验和定期更新的制度。欧洲也推出了EMEP/CORINDAIR排放清单编制技术指南规范。近年来，

我国大气污染物排放清单编制工作也取得了很大进展。2014年以来，环境保护部先后发布了一系列大气污染物排放清单编制指南（以下简称《指南》），涵盖了大气细颗粒物（$PM_{2.5}$）、挥发性有机物（VOCs）、氨（NH_3）、可吸入颗粒物（PM_{10}）等污染物以及道路机动车、非道路移动源、生物质燃烧源、扬尘颗粒物等排放源，为排放清单编制提供了基础依据。然而，随着大气环境管理的精细化，对排放清单的准确度、时空分辨率以及化学物种精度提出了越来越高的要求。本文将对目前大气污染物排放清单编制技术进行探讨。

2 大气污染源排放清单编制技术进展

2.1 源清单编制的基础数据不断完善

基于排放系数和活动水平计算得到各种污染源、各项污染物的排放量，是目前计算排放清单的主要方法。早期，由于本地化的排放系数数据有限，我国排放清单编制主要借鉴美国的排放系数数据库（AP-42）。然而，由于我国的燃料性质、生产工艺与国外不同，借鉴国外参数导致排放清单的不确定性很大。近年来，我国研究者在排放系数测试方面开展了大量的研究。例如，Wang等、Zhao等、Ma等和Yan等测试了电厂Hg、SO_2、NO_x和$PM_{2.5}$及其化学组分的排放系数；Li等、Wang等、Zhao等测试了燃煤锅炉的不同燃烧效率下的颗粒物、Hg和NH_3的排放系数；Wang等、Sun等和Liu等分别测试了机动车各项污染物的排放系数；Huang等、Li等分别测试生物质燃烧源的排放系数。基于这些本地化的排放系数和污染控制技术应用比例，Zhao等、Wang等构建了我国历史和未来的各项大气污染物排放清单。

2.2 源清单编制技术快速发展

过去的排放清单多采用平均排放系数计算，导致误差很大。针对这一问题，近年来，研究者开发出基于动态过程的高分辨率排放清单技术，动态考虑能源构成、工艺过程和控制技术的变化及对污染物排放的影响。

在交通源排放清单方面，建立了基于道路和行驶工况的移动源排放表征技术。Liu等通过集成线圈流量采集系统、浮动车系统、道路遥感和I/M管理等大数据方法获得准确的实际道路交通流和车辆信息，耦合TransCAD等先进交通模型计算出面向排放计算的高分辨路段交通流；通过集成车载排放测试数据，提出了“宏观交通特征—微观工况分布—机动车排放”两级映射方法，解决了交通流信息与排放定量关联的技术瓶颈，建立了基于路段交通流信息的城市高分辨率机动车排放清单。Huo等建立了包括气温、湿度、海拔、工况等参数的中国机动车排放表征模型，结合逐时气象场、机动车排放系数模型、路网信息和交通流数据，构建了全国和区域高精度机动车排放清单。

农业施肥和牲畜养殖等农业面源量大面广，且其污染物排放受气象、土壤酸碱性等条件影响，因此其排放表征是一大难题。针对这一难题，我国研究者建立了基于气象和卫星遥感的农业源排放表征技术。Huang等综合考虑气温、湿度、降水等重要气象参数，对施肥、养殖等过程的NH_3排放进行了动态估算，建立了全国2006年NH_3排放清单。Fu等将WRF/CMAQ模型与农业生态模型相耦合，在线计算了农业化肥使用过程的NH_3排放，大大提高了NH_3排放表征的精度。

秸秆野外燃烧、森林大火等生物质开放燃烧源，燃烧量和燃烧位置不易确定，不同植被的排放系数不同，且植被的含湿量、覆盖程度对其燃烧排放系数影响较大。针对这些问题，Shi等基于MODIS的高精度植被种类分布，构建了三大洲的生物质开放燃烧排放清单；Zhang等基于多种卫星数据，得到了实时的中国地面生物量的变化、各类植被在不同区域的湿度分布，实现了排放系数实时变化和排放清单的动态更新；Qiu等考虑了卫星过境、气象导致的火点损失、火元大小等因素，基于MODIS卫星，分别利用基于热异常和地表反射率变化的方法，解决了火点遗失导致的排放量低估问题；Zhou等综合考虑人口密度、GDP水平、城市/农村人口等参数，计算了民用生物质燃烧的排放。

2.3 排放清单时空分辨率和化学物种分辨率显著提高

排放清单最重要的功能是为空气质量模型提供输入。采用“排放系数”法构建的排放清单，往往只给出某地区的大气污染物排放总量，但要将排放清单输入到模式中，不仅需要获得不同排放源各种污染物的排放量，还需得到具有时间、空间和化学物种分布的网格化排放清单，以满足空气质量模式的要求。因此，时间分配、空间分配和化学物种分配的方法，也是建立排放清单的必要环节。

时间分配是将以年为单位的排放清单分配到较精细的时间尺度（一般为小

时），以满足空气质量模式对时间分辨率的要求。常用的方法是先根据月变化系数将排放分配到月，然后根据日变化系数分配到天，最后根据时变化系数分配到小时。时间变化系数主要通过调研确定。对于工业行业，可从统计数据中获取分月的主要产品产量，据此确定时间分配系数。对于一些季节性较强的排放源，如民用燃煤、机动车、农业源，近年来部分研究通过对人类活动规律（如供暖时间）、道路实时路况、农作物耕种和施肥规律、卫星火点频率分布等参数的研究，提高了这些源排放的时间分配精度。

空间分配是将以行政区为单位的排放清单分配到模拟网格中，以满足空气质量模式对空间分辨率的要求。常用的方法是根据参数（如城市、农村人口，一产、二产、三产的GDP，路网等）的空间分布，将行政区内的排放量按比例分配到模拟网格中。然而，这样的缺陷在于一些集中的工业源的排放可能由于人口集中而分配到了其他区域。近年来，研究者为提高清单的空间分辨率开展了大量研究。例如，Zhao等、Lei等、Fu等建立了基于工艺过程的电力、水泥、水泥等重点行业点源排放清单，大大提高了排放表征的准确度和空间分辨率。此外，交通源排放可基于高分辨路段交通流进行准确计算；农业NH_3排放可利用高分辨率农业数据和卫星遥感数据进行排放源定位；生物质开放燃烧排放可根据卫星观测的火点进行空间分配等。

目前空气质量模式对于物种分辨率的要求越来越高，主要的空气质量模式（如CMAQ、CAMx、WRF-Chem等）均要求对NMVOC和颗粒物的物种构成进行细分。美国环保局的SPECIATE数据库提供了详细的分污染源的物种分配系数，但其主要基于国外测试结果，难以反映我国的源排放特征。近年来，我国的研究者综合最新的本地测试数据，逐步建立了本地化的物种分配系数库。Wei等和Wang等综合实测数据和美国SPECIATE数据库的信息，提出了我国各排放源40大类VOCs的物种分配系数；Li等将NMVOC的实际物种构成映射到CB-IV、CB05、SAPRC-99、SAPRC-07、RADM2和RACM2等多种化学机制中，建立了适用于上述机制的NMVOC物种分配系数；Wu等建立了82类排放源115类VOCs的源成分谱，特别是补充了大分子有机物的信息。Fu等系统调研实测数据，不仅给出$PM_{2.5}$排放中水溶性离子、碳质颗粒物等化学组分，还包括了Al、Ca、Fe、Si、Ti、Mg、K、Mn等元素的组成，使得将这些元素的作用在大气化学反应中的作用得以体现。

为实现上述过程的动态连续处理，清华大学开发了包括空间、时间和化学物种分配等功能的多尺度嵌套、高时空分辨率排放源模式——中国多尺度排放清单模型（multi-resolution emission inventory for China，MEIC），建立了包括10种污染物、700多种排放源的中国多尺度大气污染物排放清单，初步满足了大气化学模式对排放清单的数据需求。

2.4　排放清单的多维校验成为可能

基于观测对排放清单进行校验的方法，具体包括“基于卫星遥感的排放清单校验或反演（自上而下）”和“模型模拟并与观测数据对比（自下而上）”两大类。

卫星遥感的数据具有尺度大、连续性强、易获取等优点，基于卫星遥感的排放清单校验或反演技术，可实现排放清单相对宏观的校验与改善，已成为排放清单研究领域的国际和国内研究热点。对于一次污染物，可将卫星观测的柱浓度时间变化趋势与排放清单的时间变化趋势直接进行对比，从而验证排放清单时间变化趋势的准确性。例如Zhang等、Lu等、Wang等利用OMI、SCIAMACHY和GOME-2等卫星的观测结果验证了1995—2010年中国NO_x、SO_2的排放趋势。利用卫星遥感数据，以大气模式为纽带，还可从观测浓度出发反向计算排放清单。该方法通过输入前置排放清单，输出观测约束的反向排放清单，因而可以同时实现排放清单的验证和改善。清华大学还通过背景浓度拟合和非对称性拟合域选取等手段，建立了适用于中国复杂背景浓度条件下的卫星遥感反演燃煤电厂排放的新方法。利用GEOS-Chem模型和卫星反演的SO_2和NO_2柱浓度，建立了点源排放评估方法，发现OMI卫星可观测到中国新建电厂NO_x排放的增加以及电厂脱硫装置运行后SO_2排放的下降，为排放监管和评估工作提供了新的技术手段。

此外，将排放清单作为空气质量模型的输入，自下而上的计算主要污染物的浓度，并将模型模拟结果与OMI和MODIS卫星的NO_2、SO_2、AOD柱浓度和地面观测网的NO_2、SO_2、颗粒物浓度及化学组分信息进行对比分析，也是对排放清单进行校验和改进的重要方法。例如，Wang等、Zhao等利用上述方法，校验并改进了全国和华北、长三角、珠三角等区域的源清单。

3 大气污染源排放清单编制的挑战和机遇

3.1 亟须建立县级和城市尺度的排放清单

目前对排放清单的研究以全国尺度或者区域尺度（京津冀、长三角、珠三角）的清单研究居多。在全国清单方面，Zhao等构建了2010年全国分省市、分部门的包括SO_2、NO_x、$PM_{2.5}$和NMVOC（non-methane volatile organic compounds）等8种污染物的排放清单，Wei等构建和预测了2005—2020年的VOCs及其物种的排放清单。Xu等构建了2008年的全国分省市、各行业的NH_3排放清单并预测了2030年的排放量。在区域清单方面，Fu等计算了2010年长三角区域大气中主要污染物的排放清单；杨静等建立了2012年珠三角区域污染物排放清单；Zhou等和伯鑫等分别构建了京津冀区域的NH_3排放清单和钢铁行业的排放清单。

对于城市尺度的排放清单，目前发表的研究较少，且集中在重点城市（如北京、上海等）或限制于城市单个部门或几种污染物的排放清单的研究。如樊守彬构建了北京市交通扬尘$PM_{2.5}$的排放清单，伏晴艳等构建了上海船舶大气污染物的排放清单。

发达国家的排放清单多以县为单位编制，空间分辨率高，而我国的排放清单除部分工业大点源外，多以省为单位编制，在重点地区一般以地级市为单位编制，在城市尺度的排放清单工作十分薄弱。环境保护部在2015年组织了14个城市的大气污染物源排放清单编制试点工作，初步建立了相对完整的试点城市大气污染物排放清单，北京、上海等少数城市还实现了清单动态更新。然而，城市排放清单在源分类体系、源排放计算方法、活动水平和排放系数获取等方面各有不同，可比性和推广性不足。城市层面无排放清单可用、“家底不清”的状况成为制约我国城市大气污染防治的重要瓶颈，亟需建立城市尺度乃至县级的排放清单。

3.2 亟须研发面向大数据的排放清单编制技术

建立基于大数据的排放清单编制技术是未来的发展趋势。针对目前环境管理需求，可构建基于省、市、县的多尺度数据平台，建立大数据收集、分析和融合平台。基于污染源在线监测数据、加密网格化监测数据，结合环境统计数据、污染源普查数据、排污申报、总量核查数据，形成完善的工业源基础数据库，建立动态的工业源大气污染物排放清单；基于在线交通数据，建立基于路网、船运、机场等数据发展移动源动态排放清单技术；基于卫星遥感解译和入户调查，建立遥感大数据和地面抽样调查资料同化的居民面源排放清单技术。

3.3　亟须实现源排放清单的实时动态更新

我国的大气污染物排放清单动态更新不足，现有最新的排放清单仅更新到2014年，尚未考虑“大气污染防治行动计划”各项措施实施带来的排放量变化，可能与实际排放量有较大差异，成为制约大气污染防治决策的一大瓶颈。因此，急需建立排放清单逐年快速更新的方法学，研究各类减排措施与排放量之间的响应关系，开发排放快速量化响应技术，实现排放量和减排量的实时测算和控制措施、排放清单、空气质量模拟之间的无缝对接。

此外，道路和行驶工况、温度、湿度等因素对交通源的排放清单有较大的影响；农业源排放的氨与土壤酸碱性、气温、生态分布均有较大的影响；生物质燃烧的排放清单与农作物的湿度、植被覆盖度密切相关。高精度排放清单需要考虑这些参数的实时变化，从而实现排放清单的动态化和实时更新。因此，建议利用排放源在线监测数据、交通流量数据、动态船舶AIS数据和静态统计数据等，构建具有地域属性和工作日、节假日特征的排放源时间廓线动态数据库；建议结合卫星遥感的农业数据、实时气象观测数据、以及地域的农田耕作规律，耦合农业生态模型，实现影响参数动态化；综合利用卫星遥感的植被数据、多卫星火点数据、人口数据，对排放源精确空间定位。

4　展望

近年来我国在大气污染物排放清单编制技术方面开展了大量研究，取得了较大进步。《指南》的发布为编制排放清单提供了基本依据。但是，目前的排放清单仍存在一些的问题，包括县级和城市尺度的排放清单缺乏，缺乏动态的排放清单以及数据融合手段。将数据耦合、数学模型、数值模式和卫星遥感等手段运用到排放清单构建中，可以减小排放清单的不确定性。

参考文献

［1］ JONES D L, GOODENOW M. Emission Inventory Improvement Program（EIIP）area source committee. Report for Novemember-December [R]. 1994.

［2］ European Environment Agency. EMEP/CORINAIR Emission Inventory Guidebook [EB/OL]. [2017-10-26]. https:// www.eea.europa.eu/publications/EMEPCORINAIR5/.

［3］ ZHANG Q. Study on Regional fine PM emissions and modeling in China[D]. Beijing: Tsinghua University.

［4］ ZHAO Y, NIELSEN C, LEI Y, et al. Quantifying the uncertainties of a bottom-up emission inventory of anthropogenic atmospheric pollutants in China[J]. Atmos. Chem. Phys. 2011（11）: 2295-2308.

［5］ WANG S X, ZHANG L, LI G H, et al. Mercury emission and speciation of coal-fired power plants in China[J]. Atmos. Chem. Phys. Disc. 2009, 10: 1183-1192.

［6］ ZHAO Y, WANG S, NIELSEN C P, et al. Establishment of a database of emission factors for atmospheric pollutants from Chinese coal-fired power plants[J]. Atmos. Environ. 2010（44）: 1515-1523.

［7］ MA Z, DENG J, LI Z, et al. Characteristics of NO_x emission from Chinese coal-fired power plants equipped with new technologies[J]. Atmospheric Environment, 2016（131）: 164-170.

［8］ YAN Y, YANG C, PENG L, et al. Emission characteristics of volatile organic compounds from coal-, coal gangue-, and biomass-fired power plants in China[J]. Atmos. Environ. 2016（143）: 261-269.

［9］ LI Q, JIANG J, CAI S, et al. Gaseous Ammonia Emissions from Coal and Biomass Combustion in Household Stoves with Different Combustion Efficiencies[J]. Environ. Sci. Tec. 2017（3）: 98-103.

［10］ WANG Q C, SHEN W G, MA Z W. Estimation of mercury emission from coal combustion in China. [J]. C. Environ. Sci. 1999（34）: 2711-2713.

［11］ ZHAO Z, QIAN D, ZHAO G, et al. Fine Particle Emission from an Industrial Coal-Fired Circulating Fluidized-Bed Boiler Equipped with a Fabric Filter in China[J]. Energy & Fuels, 2014（28）: 4769-4780.

［12］ WANG Y, HUANG Z, LIU Y, et al. Back-Calculation of Traffic-Related PM10 Emission Factors Based on Roadside Concentration Measurements[J]. Atmosphere, 2017, 8（6）: 99.

［13］ SUN D, ZHANG Y, XUE R, et al. Modeling carbon emissions from urban traffic system using mobile monitoring[J]. Sci Tot Environ, 2017（599）: 944.

[14] LIU Y, GAO Y, YU N, et al. Particulate matter, gaseous and particulate polycyclic aromatic hydrocarbons（PAHs）in an urban traffic tunnel of China: Emission from on-road vehicles and gas-particle partitioning[J]. Chemosphere, 2015（134）: 52-59.

[15] HUANG X, LI M, FRIEDLI H R, et al. Mercury emissions from biomass burning in China[J]. Environ. Sci. Tec., 2011（45）: 9442.

[16] LI X H, WANG S X, DUAN L, et al. Characterization of non-methane hydrocarbons emitted from open burning of wheat straw and corn stover in China.[J]. Environ. Res. Lett., 2009（4）: 4-15.

[17] ZHAO B, WANG S X, WANG J D, et al. Impact of national NO_x and SO_2 control policies on particulate matter pollution in China[J]. Atmos. Environ., 2013（77）: 453-463.

[18] WANG S X, ZHAO B, CAI S Y, et al. Emission trends and mitigation options for air pollutants in East Asia[J]. Atmos. Chem. Phys., 2014（14）: 6571-6603.

[19] LIU H A, HE K B, BARTH M. Traffic and emission simulation in China based on statistical methodology[J]. Atmos. Environ. 2011（45）: 1154-1161.

[20] HUO H, YAO Z L, ZHANG Y Z, et al. On-board measurements of emissions from light-duty gasoline vehicles in three mega-cities of China[J]. Atmos. Environ., 2012（49）: 371-377.

[21] HUANG X, SONG Y, LI M M, et al. A high-resolution ammonia emission inventory in China[J]. Glob. Bio. Cyc., 2012（26）: 1030.

[22] FU X, WANG S X, RAN L, et al. Estimating NH3 emissions from agricultural fertilizer application in China using the bi-directional CMAQ model coupled to an agro-ecosystem model[J]. Atmos. Chem. Phys., 2015（15）: 6637-6649.

[23] SHI Y, MATSUNAGA T, YAMAGUCHI Y. High-resolution Mapping of Biomass Burning Emissions in Three Tropical Regions[J]. Environ. Sci. Tec., 2015（49）: 10806.

[24] ZHANG X, KONDRAGUNTA S, SCHMIDT C, et al. Near Real-time Monitoring of Biomass Burning Particulate Emissions（$PM_{2.5}$）Using Multiple Satellite Data[C]. AGU Spring Meeting. AGU Spring Meeting Abstracts, 2006.

[25] QIU X, DUAN L, CHAI F, et al. Deriving High-Resolution Emission Inventory of Open Biomass Burning in China based on Satellite Observations[J]. Environ. Sci. Tec., 2016（50）: 11779.

[26] ZHOU Y, XING X, LANG J, et al. A comprehensive biomass burning emission inventory with high spatial and temporal resolution in China[J]. Atmos. Chem. Phys., 2017（17）: 1-43.

[27] XU P, KOLOUTSOU V, SOTIRIA R, et al. Projection of NH_3 emissions from manure generated by livestock production in China to 2030 under six mitigation scenarios[J]. Atmos. Environ., 2017（607）: 78-86.

[28] GUO H, ZHANG Q, SHI Y, et al. On-road remote sensing measurements and fuel-based motor vehicle emission inventory in Hangzhou, China[J]. Atmos. Environ., 2007（41）: 3095-3107.

[29] XUE Y, XU H, MEI L, et al. Merging aerosol optical depth data from multiple satellite missions to view agricultural biomass burning in Central and East China[J]. Atmos. Chem. Phys., 2012（12）: 10461-10492.

[30] ZHAO Y, WANG S X, NIELSEN C, et al. Establishment of a database of emission factors for atmospheric pollutants from Chinese coal-fired power plants[J]. Atmospheric Environment, 2010, 44（12）: 1515-1523.

[31] ZHAO Y, WANG S X, DUAN L, et al. Primary air pollutant emissions of coal-fired power plants in China: Current status and future prediction[J]. Atmos. Environ., 2008（42）: 8442-8452.

[32] LEI Y, ZHANG Q A, NIELSEN C, et al. An inventory of primary air pollutants and CO_2 emissions from cement production in China, 1990—2020[J]. Atmos. Environ., 2011（45）: 154.

[33] FU X, WANG S X, ZHAO B, et al. Emission inventory of primary pollutants and chemical speciation in 2010 for the Yangtze River Delta region, China[J]. Atmos. Environ., 2013（70）: 39-50.

[34] ZHANG S J, WU Y, HU J N, et al. Can Euro V heavy-duty diesel engines, diesel hybrid and alternative fuel technologies mitigate NO_x emissions? New evidence from on-road tests of buses in China[J]. Applied Energy, 2014（132）: 118-126.

[35] CHENG Z, WANG S, FU X, et al. Impact of biomass burning on haze pollution in the Yangtze River delta, China: a case study in summer 2011[J]. Atmos. Chem. Phys., 2014（14）: 4573-4585.

[36] WEI W, WNAG S X, HAO J M, et al. Projection of anthropogenic volatile organic compound（VOCs）emissions in China for the period 2010—2020[J]. Atmos. Environ., 2011（45）: 6863-6871.

[37] WANG S X, XING J, CHATANI S, et al. Verification of anthropogenic emissions of China by satellite and ground observations[J]. Atmos. Environ., 2011（45）: 6347-6358.

[38] LI M, ZHANG Q, STREETS D G, et al. Mapping Asian anthropogenic emissions of non-methane volatile organic compounds to multiple chemical mechanisms[J]. Atmos. Chem. Phys., 2014（14）: 5617-5638.

[39] WU R, XIE S. Spatial distribution of ozone formation in China derived from emissions of speciated volatile organic compounds[J]. Environ. Sci. Tec., 2017（51）: 2574.

[40] ZHANG Q, GENG G N, WANG S W, et al. Satellite remote sensing of changes in NO_x

emissions over China during 1996-2010[J]. Chinese Sci Bull, 2012, 57（22）: 2857-2864.

[41] ZHANG Q, STREETS D G, HE K, et al. NO_x emission trends for China, 1995-2004: The view from the ground and the view from space[J]. J Geophys Res-Atmos, 2007, 112(D22): D22306.

[42] LU Z, STREETS D G, ZHANG Q, et al. Sulfur dioxide emissions in China and sulfur trends in East Asia since 2000[J]. Atmos. Chem. Phys., 2010（10）: 6311–6331.

[43] LIN J T, MCELROY M B, BOERSMA K F. Constraint of anthropogenic NO_x emissions in China from different sectors: a new methodology using multiple satellite retrievals[J]. Atmos. Chem. Phys., 2010（10）: 63-78.

[44] KUROKAWA J, YUMIMOTO K, UNO I, et al. Adjoint inverse modeling of NO_xemissions over eastern China using satellite observations of NO_2 vertical column densities[J]. Atmos. Environ., 2009（43）: 1878-1887.

[45] WANG S W, STREETS D G, ZHANG Q A, et al. Satellite detection and model verification of NO_x emissions from power plants in Northern China[J]. Environ Res Lett, 2010, 5（4）: 044007.

[46] WANG S W, ZHANG Q, STREETS D G, et al. Growth in NO_x emissions from power plants in China: bottom-up estimates and satellite observations[J]. Atmos. Chem. Phys., 2012（12）: 4429-4447.

[47] ZHAO B, WANG S X, WANG J D, et al. Impact of national NO_x and SO_2 control policies on particulate matter pollution in China[J]. Atmos. Environ., 2013（77）: 453-463.

[48] WEI W, WANG S X, CHATANI S, et al. Emission and speciation of non-methane volatile organic compounds from anthropogenic sources in China[J]. Atmos. Environ., 2008（42）: 4976-4988.

[49] 杨静. 珠江三角洲2012年大气排放源清单建立与时空 分配改进研究[D]. 广州：理工大学，2015.

[50] ZHOU Y, CHENG S Y, LANG JL, et al. A comprehensive ammonia emission inventory with high-resolution and its evaluation in the Beijing-Tianjin-Hebei（BTH）region, China[J]. Atmos. Environ. 2015（106）: 05-317.

[51] 伯鑫，徐俊，杜晓惠，等. 京津冀地区钢铁企业大气 污染影响评估[J]. 环境科学，2017(5): 684-1692.

[52] 樊守彬，张东旭，田灵娣，等. 北京市交通扬尘$PM_{2.5}$ 排放清单及空间分布特征[J]. 环境科学研究，2016（29）: 0-28.

[53] 伏晴艳，沈寅，张健. 上海港船舶大气污染物排放清单研究[J]. 安全与环境学报，2012（12）: 7-64.

本文原载于《环境保护》2017年第21期

二、"十三五"挥发性有机物总量控制情景分析

张嘉妮[1] 陈小方[1] 梁小明[1] 柯云婷[1] 范丽雅[1,2,3] 叶代启[1,2,3]

（1：华南理工大学环境与能源学院，广州 510006；2：挥发性有机物污染治理技术与装备国家工程实验室，广州 510006；3：广东省大气环境与污染控制重点实验室，广州 510006）

摘　要　总量控制制度是一种行之有效的污染控制手段，我国从2016年开始对挥发性有机物（volatileorganiccompounds，VOCs）进行总量控制。采用"排放因子法"和"回归分析法"，估算和预测我国2015年和2020年人为源VOCs排放量，结果表明，2015年我国人为源VOCs排放量约为3 111.70万t；2020年基准情景VOCs排放量预计为4 173.72万t，相比于2015年增长了34.13%。根据"十三 五规划纲要"中的减排要求，全国2020年VOCs总量控制目标为2015年排放量的90%，即2 800.53万t，"十三五"期间，全国至少需减少排放1 373.19万t的VOCs。在此基础上，以2015年为基准年、2020年为目标年，通过情景分析法，设置我国"十三五"期间可能推行的3种总量控制情景：重点区域全面推进VOCs减排、重点行业全面推进VOCs减排、重点区域重点行业推进VOCs减排，并对每种情景下的控制总量进行分配。结果表明，3种情景的减排潜力与削减任务均存在一定的缺口，实现"十三五"总量减排目标难度大，需要加大VOCs污染控制力度。

关键词　挥发性有机物（VOCs）；排放；总量控制；情景分析；中国

近年来，我国SO_2、NO_x排放已基本得到控制，但以$PM_{2.5}$、O_3等二次污染物为特征的大气复合污染问题却日益突出。VOCs作为这两者的重要前体物，巨大的排放量及惊人的增长趋势，受到国家和地方的高度重视。自2010年以来，国家和地方政府相继出台了《重点区域大气污染防治"十二五"规划》《大气污染行动计划》《挥发性有机物排污收费试点办法》《大气污染防治法》等一系列政策法规。2016年3月发布的"十三五规划纲要"中明确提出"在重点

区域、重点行业推进挥发性有机物排放总量控制，全国排放总量下降10%以上”，使VOCs的防控上升到一个新的高度。

总量控制制度已经在日本、美国、欧盟等发达国家及地区得到了合理应用，且都取得了较好的成效；在过去10年中，总量控制制度对削减国内SO_2、NO_x排放、遏制环境质量退化、建立政府环境保护目标责任制等都起到了积极有效的作用。在当前我国各地VOCs污染控制工作基础薄弱，环境监管体制不完善的背景下，总量控制制度作为一种自上而下约束地方政府及各级环境监管机构的压力传导机制，不失为一种行之有效的污染控制手段。

本研究以2015年为基准年、2020年为目标年，通过情景分析法设置我国“十三五”期间可能推行的3种总量控制情景，并分别进行分析，以期为国家制定VOCs防控政策、开展污染治理工作提供科学依据和技术支撑。

1 材料与方法

1.1 VOCs排放量计算方法

采用“排放因子法”估算我国人为源VOCs排放量。某一特定年份全国人为源VOCs排放总量计算方法如式（1）所示。

$$E_k = \sum^{n} A_i \cdot \mathrm{EF}_i (1 - r_i) \tag{1}$$

式中，k为某一特定年份，i为某一特定排放源，n为排放源总数，E_k为第k年全国人为源VOCs排放量，A_i为活动水平，EF_i为对应的排放因子，r_i为排放源i所应用的控制技术的综合减排效率。

1.1.1 排放因子的确定

我国人为源VOCs主要包括工业源、移动源、生活源和农业源，国内已有一些学者对我国人为源VOCs排放清单进行了相关研究，但不同研究结果差异较大，通过综合比对，本研究工业源排放因子优先选取了Qiu等的研究成果，主要基于以下优势：①科学的源分类系统，采用“源头追踪”的思路，按照VOCs物质在整个工业活动中的流动过程，将所有工业排放源分为“VOCs的生产”，“储存与运输”，“以VOCs为原料的工艺过程”和“含VOCs产品的使用”

四大环节；②综合的污染源涵盖范围，清单基本涵盖了所有的工业大源，共98类子污染源；③本土化排放因子的优先使用，清单建立过程中优先使用本土化的排放因子，对于尚无本土排放因子的污染源选取国外的排放因子。移动源、生活源和农业源排放因子则引自Wu等的研究成果。本研究将移动源分为道路移动源和非道路移动源，其中，道路移动源包含微型、小型、中型和大型载客汽车，微型、轻型、中型和重型载货汽车，低速汽车和摩托车；非道路移动源包含飞机、轮船、铁路、农业机械和建筑机械等。本研究中生活源包括餐饮油烟、生活燃料燃烧、日用品使用、干洗和建筑装饰；农业源包含生物质燃烧和农药使用，其中生物质燃烧又分为生物质露天燃烧和生物质燃料燃烧两个部分。

1.1.2 2015年活动水平的获取

活动水平数据是包含原辅材料使用量、产品产量、人口数等关系VOCs排放的人类活动信息。从《中国统计年鉴》《中国能源统计年鉴》《中国化学工业年鉴》《中国轻工业年鉴》《中国环境统计年鉴》等国家统计年鉴获取所需活动水平数据，其他一些统计年鉴上没有相关数据的排放源的活动信息则通过行业协会统计数据、调查和相关报道等途径获得。例如：不能直接从统计年鉴上获得作物秸秆燃烧量，而是通过粮食产量、秸秆比、焚烧比和燃烧效率来估算。

1.1.3 2020年活动水平的预测

通过文献调研与回归预测等方法，确定我国2020年人为源的活动水平。

（1）能源消耗水平预测

通过调研大量国内外学者及机构的中国未来能耗水平预测的相关研究，结果表明，虽然因为不同研究人员所用的预测方法和基准年不一致而使得其2020年预测结果有所不同，但大部分能耗预测结果都在45亿~65亿$t \cdot a^{-1}$的范围内。考虑到基准年数据的时效性、预测模型的精准度等，本研究选取了国家发展改革委员会能源研究所姜克隽等利用IPAC模型得到的结果即2020年中国能耗为48.172亿$t \cdot a^{-1}$。

按照中国历年统计年鉴中供热、电力与工业消费部门的能源消耗比例，结合姜克隽等的预测结果，推算出我国2020年各部门的能耗水平，如表1所示。

表1　2020年电力、供热和工业消费部门的能耗水平结果

行业	能耗/万t·a^{-1}		
	煤炭	石油	天然气
电力	136 464.66	9.45	4 638.61
供热	15 198.78	8.35	801.68
工业	63 670.08	1 779.29	7 819.3

（2）其他相关因子预测

通过相关文献调研，结合国家规划，对我国未来国内生产总值（GDP）、城市化率及人口数量进行预测。国内大量学者认为我国经济仍会持续高速增长，本研究采用了李善同等的结果："十三五"期间中国GDP年平均增长率为7%，是一种适中预测结果。人口数量预测部分则采用蒋正华等的预测结果，2020年人口数量预计为14.5亿。本研究采用了张佰瑞等研究得到的我国"十三五"期间城市化率是51.1%~56.5%的结论。

（3）各排放源未来活动水平预测

依照2010~2015年《中国机动车污染防治年报》上的历史数据，结合上述预测的因子，采用回归分析的方法，得到2020年机动车保有量预测情况如表2所示。

表2　2020年机动车保有量预测

车型	数量/万辆
低速汽车	709.83
摩托车	7 284.15
微型载客	261.25
小型载客	23 324.59
中型载客	69.58
大型载客	153.93
微型载货	8.64
轻型载货	2 449.86
中型载货	116.58
重型载货	1 166.88
总计	35 545.29

考虑到近年来农药使用和生物质燃烧变化不大，活动数据很难获取，假定2020年农药使用和生物质燃烧的活动水平与2015年一致。

本研究基于对各排放源历史活动水平与预测因子（城市化率、人口数量、GDP）之间关系分析的基础上，采用回归预测方法，建立函数方程，计算获得2020年其他工业源、移动源、生活源和农业源的活动水平。

1.2　总量控制目标制定依据

“十三五规划纲要”中明确提出要“在重点区域、重点行业推进挥发性有机物排放总量控制，全国排放总量下降10%以上”，因此，本研究中假定全国2020年VOCs总量控制目标为2015年排放量的90%。

1.3　总量控制目标情景分析

情景分析法是一种通过全面考虑外界条件可能发生变化及变化对主体产生影响，从而构想未来可能发生的情况，预测主体发展趋势的研究方法。通过情景分析法，设置我国“十三五”期间可能推行的3种总量控制情景：重点区域全面推进VOCs减排、重点行业全面推进VOCs减排、重点区域重点行业推进VOCs减排，并对每种情景下的控制总量进行分配。

1.3.1　控制总量空间分配方法

在全面掌握人为源VOCs排放特征的基础上，充分考虑分配指标选择的可行性、系统性、综合性、典型性及直接相关性等原则，本研究选定了人均GDP、人均VOCs排放强度及单位国土面积VOCs排放量为总量空间分配因子，各因子的含义如下。

（1）人均GDP　该因子能有效评估某特定区域的VOCs减排能力，同时也综合体现了VOCs排放平等和经济贡献公平性的要求，某特定区域的人均GDP值越大，该区域就应该承担更多的VOCs减排责任。

（2）人均VOCs　排放强度体现个人VOCs污染排放公平性的要求，一个人VOCs排放越多，则应该承担更大的VOCs削减责任，对一个区域而言，该指标值越大，则该区域应该承担更多的VOCs减排责任。

（3）单位国土面积VOCs排放量　总量控制离不开环境空气质量改善的意愿，而国土面积与大气环境容量有较强的相关性，单位国土面积VOCs排放量越大，则证明该区域的大气环境容量越小，为改善环境空气质量，该区域应该承担相对更多的VOCs削减责任。

在分配因子确定后，用信息熵法确定各因子重要性的权重，具体计算方法如下。构建分配对象集（X_i）：

$X_i=\{x_1, x_2, x_3, \cdots\cdots, x_n\}$

（$i=1, 2, \cdots, n$）

构建分配因子集（X_j）：

$X_j=\{x_1, x_2, x_3, \cdots\cdots, x_m\}$

（$j=1, 2, \cdots, m$）

构建分配对象对应因子的初始矩阵（A_{ij}）：

$$A_{ij} = \begin{bmatrix} x_{11} & x_{12} & \cdots & x_{1m} \\ x_{21} & x_{22} & \cdots & x_{2m} \\ \vdots & \vdots & & \vdots \\ x_{n1} & x_{n2} & \cdots & x_{nm} \end{bmatrix}$$

式中，x_{ij}：第i个地区第j个指标值；n：分配对象省、市的个数；m：指标个数。

构建分配对象对应因子的标准矩阵（$\boldsymbol{B}_{ij}$）：

$$B_{ij} = \begin{bmatrix} X_{11} & X_{12} & \cdots & X_{1m} \\ X_{21} & X_{22} & \cdots & X_{2m} \\ \vdots & \vdots & & \vdots \\ X_{n1} & X_{n2} & \cdots & X_{nm} \end{bmatrix}$$

计算信息熵值[$H(X)_j$]:

$$p_{ij} = X_{ij} \Big/ \sum_{i=1}^{n} X_{ij}$$

$$K = 1/\ln n$$

$$H(X)_j = -K\sum_{i=1}^{n} p_{ij}\ln(p_{ij})$$

$$(0 \leqslant H(X)_j \leqslant 1)$$

计算分配因子权重（w_j）：$d_j=1-H(X)_j$

$$w_j=\frac{d_j}{\sum_{j=1}^{m} d_j}$$

1.3.2 控制总量行业分配方法

依据国家和地方现有的政策法规、排放标准等，全面考虑各行业的可行治理技术、经济效益等影响因素，得到各行业的减排效率潜力；依据各行业减排潜力和排放量将总量分配至各行业。典型重点行业污染控制途径如表3所示。

表3 典型重点行业污染控制途径

<table>
<tr><th>行业</th><th>控制途径</th><th>备注</th></tr>
<tr><td>石油化工</td><td>全面推行泄漏检测与修复（leak detection and repair, LDAR）技术；生产工艺单元、输配及储存过程、石化废水收集系统需采用高效密封措施；安装油气回收装置；进行有机废气回收和处理</td><td rowspan="6">《“十三五”生态环境保护规划》
《石化行业挥发性有机物综合整治方案》
《重点行业挥发性有机物削减行动计划》
《挥发性有机物排污收费试点办法》
《挥发性有机物污染防治技术政策》
国家各重点行业法规政策及排放标准等
各省市相关重点行业减排法规政策及排放标准等
各重点行业减排途径可达控制效率调研与分析</td></tr>
<tr><td>油品储运</td><td>完成油气回收治理工作，油品运输码头开展油气回收治理</td></tr>
<tr><td>包装印刷</td><td>推广应用低（无）VOCs含量的绿色原辅材料；鼓励采用柔性版印刷工艺和无溶剂复合工艺，逐步减少凹版印刷工艺、干式复合工艺</td></tr>
<tr><td>涂装</td><td>涂装环节推进水性涂料、高固体份涂料等环保涂料替代溶剂型涂料，推广静电喷涂、淋涂、辊涂、浸涂等高效涂装工艺和先进智能化涂装设备</td></tr>
<tr><td>建筑装饰</td><td>推广使用符合环境标志产品技术要求的建筑涂料、木器涂料、胶粘剂等产品;严格控制装饰材料市场准入，逐步淘汰溶剂型涂料</td></tr>
<tr><td>道路移动源</td><td>新车提标工程和黄标车、老旧机动车淘汰工程；将蒸发排放泄漏检测纳入在用车检测范围</td></tr>
</table>

2　结果与讨论

2.1　VOCs排放量估算与预测结果

根据上述的“排放因子法”对我国人为源VOCs排放量进行估算，结果表明：2015年我国人为源VOCs排放量约为3 111.70万t；假设2020年的基准排放情景不考虑2015年后新增的VOCs控制措施，则2020年基准情景VOCs排放量预计为4 173.72万t，相比于2015年增长了34.13%，如图1所示。

2015年道路移动源、生物质燃烧、石油炼制、建筑装饰、机械设备制造、油品储运销、包装印刷、焦炭生产、木材加工、食品加工、电子制造这11个排放源的VOCs排放量为2 026.48万t，占总排放源的65.1%，且各源排放量均在50万t以上。2020年道路移动源、建筑装饰、石油炼制、机械设备制造、油品储运销、包装印刷这6个行业预计排放的VOCs量最多，共占总排放量的51.4%，且每个源的排放量都超过100万t。

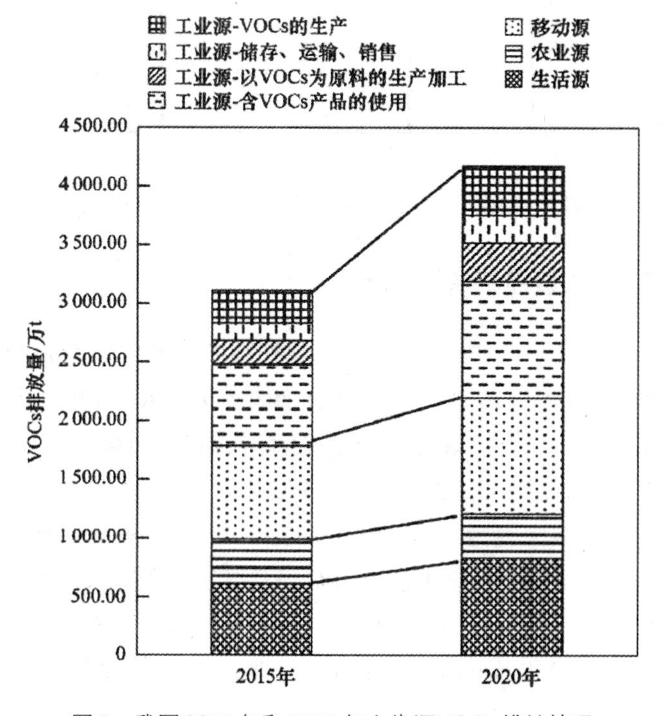

图1　我国2015年和2020年人为源VOCs排放情况

2.2 VOCs排放总量控制目标与削减任务

“十三五规划纲要”中明确提出要“在重点区域、重点行业推进挥发性有机物排放总量控制，全国排放总量下降10%以上”，因此，全国2020年VOCs总量控制目标为2015年排放量的90%，即2 800.53万t。

预计2020年基准情景下VOCs排放量为4 173.72万t，结合“十三五规划纲要”中的减排要求，“十三五”期间，全国至少需减少排放1 373.19万t的VOCs，如图2所示。

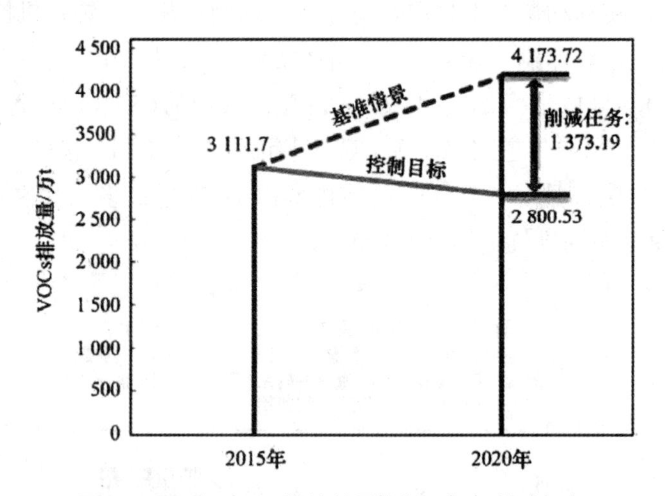

图2　2020年VOCs排放总量控制目标与削减任务

2.3 VOCs总量控制情景分析

通过情景分析法，设置我国“十三五”期间可能推行的3种总量控制情景：重点区域全面推进VOCs减排、重点行业全面推进VOCs减排、重点区域重点行业推进VOCs减排，并对每种情景下的控制总量进行分配。

2.3.1 情景1：重点区域全面推进VOCs减排

基于《重点区域大气污染防治“十二五”规划》，重点区域即京津冀、长三角、珠三角地区，以及辽宁中部、山东、武汉及其周边、长株潭、成渝、海峡西岸、山西中北部、陕西关中、甘宁、新疆乌鲁木齐城市群。

计算得出上述的人均GDP、人均VOCs排放强度及单位国土面积VOCs排放量这3个分配因子的权重及信息熵值，如表4所示。其中，熵权值（w_j）直接代表了各分配因子在总量分配过程中所占的权重，3个分配因子熵权值的大小顺序为：单位国土面积VOCs排放量＞人均GDP＞人均VOCs排放强度。这意味着各区域的单位国土面积排放强度值离散程度最大，在总量分配中起到最重要的作用；反之，人均VOCs排放强度的熵权值最小，则该分配因子在总量分配的过程中起到的作用最小。

将VOCs的削减任务，利用信息熵法分配至各重点区域，分配结果如图3和表5所示。

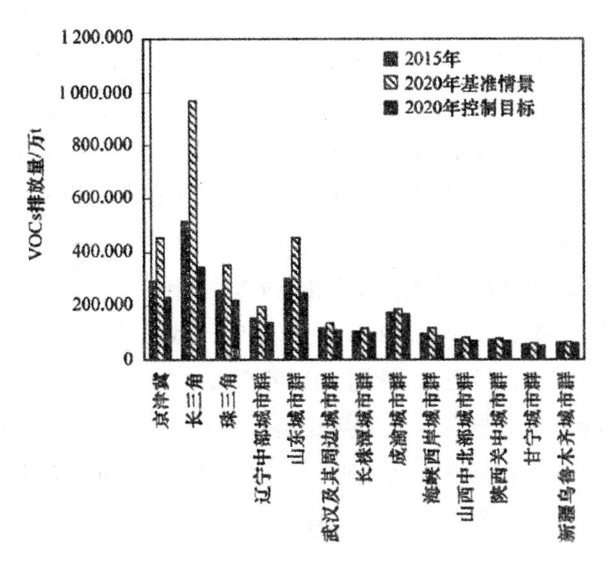

图3　各重点区域VOCs排放情况

由表5和图3可以看出，在此情景下要实现“十三五”VOCs削减10%的目标，长三角地区、京津冀地区、山东城市群、珠三角地区和辽宁中部城市群的VOCs削减率都需超过10%，为重点削减区域。其中，长三角地区VOCs削减率最高，为33.17%。

表4　3个分配因子的各项指标值

分配因子	人均CDP	人均VOCs排放强度	单位国土面积VOCs排放量
信息熵值[$H(x)$]	0.896	0.944	0.741
信息熵效用(d)	0.104	0.056	0.259
熵权值(w_j)	0.248	0.134	0.617

2.3.2 情景2：重点行业全面推进VOCs减排

依据国家和地方现有的政策法规、排放标准等，全面考虑各行业的可行治理技术、经济效益等影响因素，得到各行业的减排潜力，仍与总削减任务相差107.22万t。

按照2020年各行业削减量都达到减排潜力后的行业排放量的比例，将未能控制的量进一步分配至各行业，得到各重点行业的目标减排效率、削减任务及其相对于2015年的削减率，具体结果如表6所示。

由表6可以看出，在重点行业全面推进减排的情景下要实现“十三五”VOCs削减10%的目标，石油炼制、基础化学原料药、油品储运和包装印刷行业的VOCs削减率都要超过60%，行业减排任务重；而涂料及类似产品制造、胶黏剂生产、食品加工、电子制造、建筑装饰等行业较2015年的削减率皆为负值，说明这些行业目前的管控政策无法满足“十三五”的削减要求，需要制定更为严格的控制政策及行业标准。

2.3.3 情景3：重点区域重点行业推进VOCs减排

若各重点区域重点行业的减排效率都达到其减排效率潜力，其削减总量仍与总削减任务相差386.13万t。依据2020年各重点区域各重点行业削减量都达到减排潜力后的行业排放量，全面考虑各重点区域重点行业VOCs政策，将未能控制的量进一步分配至各重点行业，得到各重点行业的目标减排效率、削减任务及其相对于2015年的削减率，具体结果如表7所示。

表5 各重点区域VOCs削减任务

重点区域	削减任务/万t	相对于2015年的削减率/%
京津冀	223.9	21.48
长三角	623.6	33.17
珠三角	133.2	14.15
辽宁中部城市群	60.4	11.14
山东城市群	208.7	18.52
武汉及其周边城市群	26.9	7.23
长株潭城市群	18.1	5.92

（续表）

重点区域	削减任务 / 万 t	相对于2015年的削减率 /%
成渝城市群	19.9	4.66
海峡西岸城市群	29.5	9.40
山西中北部城市群	10.8	5.73
陕西关中城市群	8.5	5.08
甘宁城市群	5.9	3.54
新疆乌鲁木齐城市群	3.9	2.35

表6　各重点行业VOCs削减任务

排放源	减排效率潜力 /%	减排潜力 / 万 t	减排效率目标 /%	削减任务 / 万 t	相对 2015 年的削减率 /%
石油炼制	70.00	248.39	71.88	255.07	53.51
基础化学原料制造	65.00	31.15	67.20	32.20	65.43
油品储运	60.00	141.46	62.51	147.39	41.50
涂料及类似产品制造	30.00	11.27	34.40	12.92	–2.00
胶黏剂生产	30.00	4.65	34.40	5.33	18.13
合成材料制造	55.00	48.61	57.83	51.11	31.01
化学药品原药制造	40.00	22.74	43.77	24.88	8.57
日用化学产品制造	20.00	0.01	25.02	0.01	1.07
食品加工	15.00	12.77	20.34	17.32	–20.06
焦炭生产	20.00	14.88	25.02	18.61	6.36
交通运输设备制造	55.00	48.05	57.83	50.52	16.58
电子制造	30.00	24.86	34.40	28.50	–5.76
机械设备制造	50.00	133.99	53.14	142.40	32.74
包装印刷	60.00	94.09	62.51	98.03	44.80
家具制造	55.00	29.88	57.83	31.42	44.33
建筑装饰	15.00	46.00	20.34	62.38	–14.77

（续表）

排放源	减排效率潜力/%	减排潜力/万t	减排效率目标/%	削减任务/万t	相对2015年的削减率/%
皮革制造/制鞋	30.00	27.16	34.40	31.14	13.52
纺织印染	15.00	2.92	20.34	3.95	7.57
人造板生产	40.00	35.04	43.77	38.34	15.60
道路移动源	35.00	288.06	39.08	321.66	21.43

表7　各重点区域重点行业VOCs削减任务

排放源	减排效率目标/%	削减任务/万t	相对2015年的削减率/%
石油炼制	78.83	240.87	65.00
基础化学原料制造	75.31	24.67	73.97
油品储运	71.78	126.14	55.96
涂料及类似产品制造	50.61	17.42	23.21
胶黏剂生产	50.61	6.02	11.07
合成材料制造	68.25	44.21	48.07
化学药品原药制造	57.67	24.75	31.17
日用化学产品制造	43.56	0.01	25.53
食品加工	40.03	24.42	9.62
焦炭生产	43.56	23.51	29.50
交通运输设备制造	68.25	55.36	37.20
电子制造	50.61	32.21	20.39
机械设备制造	64.72	133.23	49.37
包装印刷	71.78	86.47	58.44
家具制造	68.25	33.45	58.09
建筑装饰	40.03	99.79	13.60
皮革制造/制鞋	50.61	42.26	34.90
纺织印染	40.03	6.53	30.42

（续表）

排放源	减排效率目标 /%	削减任务 / 万 t	相对2015年的削减率 /%
人造板生产	57.67	33.89	36.46
道路移动源	54.14	317.97	40.85

由表7可以看出，若仅在重点区域重点行业推进VOCs减排，要实现“十三五”VOCs削减10%的目标，各重点区域的重点行业减排效率目标为40.03%~78.83%不等，行业减排任务重；其中，石油炼制、基础化学原料制造、油品储运、包装印刷、交通运输设备制造、家具制造、合成材料制造和机械设备制造等行业的VOCs削减率均超过了60%，实现“十三五”总量减排目标难度大，任务艰巨。

3　结论

（1）采用“排放因子法”估算我国人为源VOCs排放量，结果表明：2015年我国人为源VOCs排放量约为3 111.70万t；2020年基准情景VOCs排放量预计为4 173.72万t，相比于2015年增长了34.13%。

（2）根据“十三五规划纲要”中的减排要求，全国2020年VOCs总量控制目标为2015年排放量的90%（2 800.53万t），即“十三五”期间，全国至少需减少排放1 373.19万t的VOCs。

（3）以2015年为基准年、2020年为目标年，通过情景分析法，设置我国“十三五”期间可能推行的3种总量控制情景：重点区域全面推进VOCs减排、重点行业全面推进VOCs减排、重点区域重点行业推进VOCs减排，并进行分析。结果表明：3种情景的减排潜力与削减任务均存在一定的缺口，实现“十三五”总量减排目标难度大。需加大VOCs污染控制力度，通过大工程来带动大治理，突出但不局限于重点行业和重点区域。在全国层面，全面推进石化、化工、油品储运、工业涂装、印刷、道路移动源、建筑装饰等重点行业VOCs排放控制，有序开展生活源和农业源VOCs污染防治。重点区域和河南、安徽等VOCs排放量大的地区还应结合自身产业结构特征，因地制宜选择其他行业开展VOCs治理。

参考文献

[1] SHAO M, ZHANG Y H, ZENG L M, et al. Ground-level ozone in the Pearl River Delta and the roles of VOC and NO_x in its production[J]. Journal of Environmental Management, 2009, 90（1）: 512-518.

[2] GUO S, HU M, ZAMORA M L, et al. Elucidating severe urban haze formation in China[J]. Proceedings of the National Academy of Sciences of the United States of America, 2014, 111（49）: 17373-17378.

[3] XUE L K, WANG T, GAO J, et al. Ground-level ozone in four Chinese cities: precursors, regional transport and heterogeneous processes[J]. Atmospheric Chemistry and Physics, 2014, 14（23）: 13175-13188.

[4] TIETENBERG T H. Emissions trading: an exercise in reforming pollution policy [M]. Washington, DC: Resources for the Future, 1985.

[5] BERNSTEIN J D. Alternative approaches to pollution control and waste management: regulatory and economic instruments[R]. Washington, DC: The World Bank, 1993.

[6] WEISHAAR S. CO_2 emission allowance allocation mechanisms, allocative efficiency and the environment: a static and dynamic perspective[J]. European Journal of Law and Economics, 2007, 24（1）: 29-70.

[7] WANG K, ZHANG X, WEI Y M, et al. Regional allocation of CO_2 emissions allowance over provinces in China by 2020[J]. Energy Policy, 2013（54）: 214-229.

[8] 王金南，蒋春来，张文静. 关于“十三五”污染物排放总量控制制度改革的思考[J]. 环境保护，2015, 43（21）: 21-24.

[9] KLIMONT Z, STREETS D G, GUPTA S, et al. Anthropogenic emissions of non-methane volatile organic compounds in China[J]. Atmospheric Environment, 2002, 36（8）: 1309-1322.

[10] STREETS D G, BOND T C, CARMICHAEL G R, et al. An inventory of gaseous and primary aerosol emissions in Asia in the year 2000[J]. Journal of Geophysical Research: Atmospheres, 2003, 108（D21）: 8809.

[11] BO Y, CAI H, XIE S D, et al. Spatial and temporal variation of historical anthropogenic NMVOCs emission inventories in China[J]. Atmospheric Chemistry and Physics, 2008, 8（23）: 7297-7316.

[12] ZHANG Q, STREETS D G, CARMICHAEL G R, et al. Asian emissions in 2006 for the NASA INTEX-B mission [J]. AtmosphericChemistry and Physics, 2009, 9（14）: 5131-5153.

[13] WEI W, WANG S X, HAO J M, et al. Projection of anthropogenic volatile organic compounds（VOCs）emissions in China for the period 2010—2020[J]. Atmospheric Environment, 2011, 45（38）: 6863-6871.
[14] QIU K Q, YANG L X, LIN J M, et al. Historical industrial emissions of non-methane volatile organic compounds in China for the period of 1980—2010[J]. Atmospheric Environment, 2014（86）: 102-112.
[15] WU R R, YU B, LI J, et al. Method to establish the emission inventory of anthropogenic volatile organic compounds in China and its application in the period 2008—2012.[J]. Atmospheric Environment, 2016（127）: 244-254.
[16] 姜克隽, 胡秀莲, 庄幸, 等. 中国2050年低碳情景和低碳发展之路[J]. 中外能源, 2009, 14（6）: 1-7.
[17] MARKUS A, JIANG K J, Hao J M, et al. GAINS-Asia: scenarios for cost-effective control of air pollution and greenhouse gases in China [R]. Laxenburg: International Institute for Applied Systems Analysis（IIASA）, 2008.
[18] 张建民. 2005 ~ 2020 年中国能源需求情景及碳排放国际比较研究[J]. 中国能源, 2011, 33（1）: 33-37.
[19] 李善同. "十二五" 时期至2030 年我国经济增长前景展望[J]. 经济研究参考, 2010,（43）: 2-27.
[20] 蒋正华. 国家人口发展战略研究报告[M]. 北京: 中国人口出版社, 2007.
[21] 张佰瑞. 城市化水平预测模型的比较研究——对我国2020年城市化水平的预测[J]. 理论界, 2007,（4）: 48-51.
[22] ZHANG J N, XIAO J F, CHEN X F, et al. Allowance and allocation of industrial volatile organic compounds emission in China for year 2020 and 2030[J]. Journal of Environmental Sciences, 2017, doi: 10. 1016 /j. jes. 2017. 10. 003.（in Press）.
[23] KLIMONT Z, COFALA J, XING J, et al. Projections of SO_2, NOx and carbonaceous aerosols emissions in Asia[J]. Tellus B: Chemical and Physical Meteorology, 2009, 61（4）: 602-617.
[24] CAI W, WANG C, WANG K, et al. Scenario analysis on CO_2 emissions reduction potential in China's electricity sector[J].Energy Policy, 2007, 35（12）: 6445-6456.
[25] XING J, WANG S X, CHATANI S, et al. Projections of air pollutant emissions and its impacts on regional air quality in China in 2020[J]. Atmospheric Chemistry and Physics, 2011, 11（7）: 3119-3136.
[26] FLEISHER C S, BENSOUSSAN B E. Strategic and competitive analysis: methods and techniques for analyzing business competition[M]. New Jersey: Prentice Hall, 2003.
[27] ZHANG Y, YANG Z F, LI W. Analyses of urban ecosystem based on information

entropy[J]. Ecological Modelling, 2006, 197（1-2）: 1-12.
［28］ LIU L, ZHOU J Z, AN X L, et al. Using fuzzy theory and information entropy for water quality assessment in Three Gorges region, China[J]. Expert Systems with Applications, 2010, 37（3）: 2517-2521.

本文原载于《环境科学》2018年第8期

三、城市挥发性有机物治理体系构建初探

王海林[1] 郝 润[1] 方 莉[1] 聂 磊[1]

（1：北京市环境保护科学研究院，国家城市环境污染控制工程技术研究中心，城市大气挥发性有机物污染防治技术与应用北京市重点实验室，北京 102445）

摘要 文章结合《关于构建现代环境治理体系的指导意见》和北京市挥发性有机物管控体系研究与实践，分析我国挥发性有机物治理现状，提出城市挥发性有机物治理要重视系统性、针对性、科学性和可操作性，并从基础研究体系、污染源治理体系、监测监管体系和支撑体系四部分对城市挥发性有机物治理体系构成进行了详细阐述。

关键词 环境治理；挥发性有机物；污染防控；管控原则；技术体系

近年来，随着机动车保有量迅速增加和城市化进程的不断加快，我国城市群区域大气复合型污染态势日趋明显，对人体健康构成了严重威胁，研究表明，挥发性有机物（VOCs）是大气复合型污染形成的主要影响因素之一。2010年国办发〔2010〕33号文件首次正式从国家层面提出了开展挥发性有机物防治的要求。各地区、各部门积极采取措施进行挥发性有机物防治的探索和实践，虽在部分城市取得了一定的成效，但总体进展较为缓慢，表现为源头控制力度不足、无组织排放问题突出、治理措施简易低效、运行管理不规范、监测监管不到位。针对这些问题，国务院在2018年发布的《打赢蓝天保卫战三年行动计划》中提出要实施挥发性有机物专项整治方案。2019年，生态环境部印发的《重点行业挥发性有机物综合治理方案》中提出到2020年，建立健全挥发性有机物污染防治管理体系，推动环境空气质量持续改善。整体来看，挥发性有机物的污染防控受到了广泛关注。

2020年3月，中共中央办公厅、国务院办公厅印发的《关于构建现代环境治理体系的指导意见》中明确提出了要强化源头控制，加强全过程管理，减少污染物排放，要提高治污能力和水平，要强化监测和监管能力建设，加快构建

图1　建立健全治理体系，事关绿色可持续发展，同时也影响区域大气环境质量和生态环境保护

现代化环境治理体系，为建设美丽中国提供保障。因此，如何针对当前大气污染防治的重点问题—挥发性有机物污染开展防控工作，建立健全治理体系，事关涉事行业绿色可持续发展，同时也影响区域大气环境质量和生态环境保护。

1　城市挥发性有机物污染治理现状

自2013年《大气污染防治行动计划》颁布实施以来，挥发性有机物污染的相关治理工作正式提上了日程，从整体来看，取得了一定的成效，特别是针对工业排放源，普遍都进行了治理，并取得了一定的成效，但同时也暴露了许多不足。一是从已治理的情况来看，配套的标准或规范较少，监测监管不到位，大部分治理集中在末端排放治理，过程无组织排放突出，部分治理简单低效。二是现有的治理重点主要集中在工业源上，而对于在一些大城市逐渐严峻的城市生活面源治理形势来说，认识不足，治理刚刚起步，且部分污染源治理存在着一定的困难。三是监测能力不足，受制于仪器设备和专业人员，大部分城市监测能力建设不足，无法为挥发性有机物治理提供最为基础的数据支撑。四是支撑力度不够，主要表现在挥发性有机物治理政策、经济支持和宣传力度不足，除政府和企业外，其他相关方和公众并没有有效参与进来。

针对挥发性有机物污染治理面临的挑战和不足，结合《关于构建现代环境治理体系的指导意见》中加强污染源源头控制，提升监测、监管能力建设等方面的明确要求，结合已有工作基础，提出城市挥发性有机物污染治理体系，并进行初步探讨，以期为实现大气环境保护，践行绿色可持续发展提供参考。

2　城市挥发性有机物污染治理体系的总体思路

挥发性有机物污染具有来源广泛、组分复杂、无组织排放占比高等特点，在构建挥发性有机物防治管理技术体系时，要结合这些排放特点，考虑污染源类型、浓度水平、组分特征、技术经济条件等因素，重视系统性、针对性、科学性和可操作性。具体如下：

系统性。从宏观层面来说，挥发性有机物的产生与排放贯穿于整个人类生产和生活中，涉及挥发性有机物的生产、储运、以挥发性有机物为原料的工艺过程、含挥发性有机物产品的使用过程四个环节，它的产生是不可避免的，应采用系统性的观点评估各环节挥发性有机物的产生与排放，优化整个社会体系，减少社会体系全生命周期挥发性有机物的污染。对于具体污染源来说，挥发性有机物污染治理也是一项系统工程，在具体实施过程中应该结合污染源的排放特征，从源头替代、过程控制、末端治理三个方面选择适合的治理措施，实现挥发性有机物的减排。

针对性。不同于传统大气污染物，较多挥发性有机物污染源以无组织排放为主，在构建挥发性有机物污染防治管理体系时必须具有针对性，不仅要在治理体系中重视无组织排放的高效收集，更要建立无组织排放监管体系。

科学性。我国挥发性有机物污染防治工作基础还相对薄弱，底数仍然不清，部分行业排放特征还不明晰，环境影响还无法准确量化，排放标准和监管体系也不健全，需要强化科学防治的理念，充分发挥科研院所和行业协会的力量，支撑生态环境主管部门加快推进各类污染源排放特征和管控技术路线的研究，厘清国内主要挥发性有机物排放源，推进污染防治工作。

可操作性。挥发性有机物污染源组分复杂，监测监管难度大，对人员和设备要求高，目前部分地区生态环境主管部门的监测监管能力还无法满足精细化管控挥发性有机物的需求，国家在尽快提升这些地区监测监管能力的同时，必须依据现有监测监管能力现状，提出有针对性的监测监管要求。

3 城市挥发性有机物治理体系构成

挥发性有机物治理体系主要由基础研究体系、污染源治理体系、监测监管体系和支撑体系四部分构成。既包括微观的研究工作，也包括宏观的制度体系建设工作，既是对已有基础工作的总结和梳理，又是对未来治理工作开展的指导，具有重要的实际意义。

3.1 基础研究体系

3.1.1 区域环境监测

近年来，随着我国大气环境污染控制力度的加强，环境空气质量有了明显改善，以细颗粒物（$PM_{2.5}$）、二氧化硫（SO_2）和氮氧化物（NO_x）为代表的空气污染物浓度均出现了不同程度的下降，与此同时，臭氧污染问题开始凸现，一些城市均监测到了环境中臭氧浓度有不同程度的抬升。挥发性有机物是臭氧生成的重要前体物，对其进行环境监测对于了解大气中挥发性有机物的光化学反应机制、浓度水平和时空分布，从而评估其臭氧生成能力具有重要的意义。

基于当前和今后我国很长一段时期内将以臭氧的污染防控作为重点工作之一，挥发性有机物的环境监测应以具有较高大气反应活性的烯烃类、醛酮类等含氧有机物以及其他在区域内浓度水平高的特征有机物为主。区域的环境监测可在已有环境监测站点的基础上，配置GC-MS/GC-FID等分析仪器及自动连续采样设备，具备分析上述活性组分和区域具体特征污染物的能力，进行长期监测。但需要指出的是，该监测系统虽然可提供具体组分数据，但具有投资费用高、需要专人运维和数据分析周期长的缺陷，在一定时期内只能重点建设，大范围建设困难较大。因此，有必要在以固定监测站为主的基础上，补充发展基于传感器技术原理的高分辨率、小型化在线总挥发性有机物（TVOCs）监测仪器，建设区域范围内的网络监测体系，实现区域内挥发性有机物监测的全覆盖。

3.1.2　排放清单

作为生态环境主管部门污染源管理的重要支撑，排放清单的建立具有重要的意义。挥发性有机物排放清单是根据各具体行业挥发性有机物的排放系数及活动水平，估算一定时期内挥发性有机物的排放量，并识别对挥发性有机物有贡献的主要排放源。制定挥发性有机物排放清单对研究大气中挥发性有机物的浓度分布、污染防治和进行总量控制具有重要意义。

与二氧化硫、氮氧化物等其他常规气态污染物不同，挥发性有机物来源较为复杂，既包括自然源，又包括更为复杂的人为源，如工业源、移动源、生活源等。我国挥发性有机物的基础研究起步较晚，当前相当部分行业并未建立本地化排放因子，在计算排放量时主要以参考国外排放因子为主，加上活动信息水平统计困难，获取较为滞后，现有的排放清单具有很大的不确定性。因此，具体区域挥发性有机物排放清单的建立，应针对区域内重点行业和重点关注对象建立本地化排放因子，同时建立活动信息动态更新机制，减少排放清单的不确定性。

3.1.3　来源解析

挥发性有机物来源非常复杂，不仅有人为污染源的排放，而且还有自然源的贡献。通过挥发性有机物来源解析，不但可以定性识别和判断各类污染排放来源，而且可以定量解析各污染来源贡献的大小。这有助于制定大气污染防治规划，也是制定空气质量达标规划和重污染天气应急预案的重要基础和依据。在大量环境监测数据和排放清单的基础上，利用各类解析模型，确定排放源的种类和排放源的贡献，特别是重点源和重点管控对象，从而有针对性地采取措施，科学、有效地治理给环境带来严重污染的污染物及排放源。

3.1.4　污染源治理体系

对产生挥发性有机物的人为污染源进行治理，实现源头治理是挥发性有机物治理技术体系的重要内容和主要环节。由于不同类型的人为源产生挥发性有机物的环节和特点不同，故其治理应有区别、有针对性地进行。

3.1.5　工业源

对于工业源，应以“环评+清洁生产审核+一厂一策技术文件”为指导开展相应的治理工作。对于具体企业而言，应以挥发性有机物全生命周期污染防控为治理原则，开展基于“源头替代+过程强化收集+末端深度治理”的全过程治理。源头替代和过程强化收集以企业为主体，开展自身清洁生产改造和技术提升，从源头和全过程减少挥发性有机物排放和加强无组织排放收集。由于挥发性有机物种类多、排放复杂，其治理较为复杂，应以第三方治理为主导，吸取过去数年粗放式治理所导致的低效率、二次污染严重的治理技术盛行的经验教训。规模以上的企业末端治理应以精细化和高效率为重点，治理技术路线应以吸收、吸附回收或燃烧为主；中小规模企业由于数量多且较为分散，在研发适用性技术的同时，可考虑基于第三方服务基础上的同质同类废气的分散式收集+集中式处理技术。

3.1.6 生活面源

生活面源，与工业源不同，具有体量小、数量多、分散广等特点，以汽修、餐饮、干洗、建筑涂料、居民消费品（化妆品等）、居民燃烧源等为主。对于汽修企业，可以推广水性漆（现阶段清漆喷涂除外）、实现喷烤漆房废气治理设施标准化改造。对于其排放，规模以上汽修企业可走“钣喷中心集中收集+吸脱附催化燃烧”的治理路线，中小规模汽修企业可以走基于第三方服务模式的“分散式收集+撬装分散或集中式处理”的治理路线。对于餐饮企业来讲，应全面安装具有油雾回收功能的抽油烟机和油烟净化设施，当前应以油烟为治理重点，待挥发性有机物治理技术成熟后，再推行餐饮的挥发性有机物排放治理。对于生产建筑涂料、居民消费品等产品的企业，应严格挥发性有机物含量限值标准，并利用税收等经济手段，加强此类产品的使用环节管控。干洗业应逐步淘汰开启式干洗机，使用配备溶剂回收制冷系统、不直接外排废气的全封闭式干洗机。同时，通过“煤改电”“煤改气”等清洁能源替代方式，减少民用散煤使用，加大秸秆综合利用，控制秸秆露天焚烧，减少散煤和生物质燃烧排放的挥发性有机物。

3.1.7 移动源

《中国移动源环境管理年报（2019）》显示，我国已连续十年成为世界机动车产销第一大国，机动车等移动源污染已成为我国大气污染的重要来源，移动源挥发性有机物污染防治的重要性日益凸显。要继续不断加大机动车污染防治力度，推行机动车排放标准升级，加速淘汰高排放车辆，大力发展新能源车，推动车用燃料清洁化，推进运输结构调整，积极倡导“绿色出行”理念。

3.2 监测监管体系

3.2.1 政策法规

从宏观层面看，我国对挥发性有机物治理政策的重视始于“十一五”，并在“十二五”期间逐步完善相关政策和法律法规。2010年5月，国务院办公厅发布《关于推进大气污染联防联控工作改善区域空气质量指导意见的通知》，首次从国家层面明确了开展挥发性有机物污染防治工作的重要性。2012年10月，《重点区域大气污染防治“十二五”规划》正式出台，首次提出全面开展挥发性有机物污染防治工作、完善重点行业挥发性有机物排放控制要求和政策体系，开启了挥发性有机物污染防治的开端。随后，国家又出台了《大气污染防治行动计划》，明确了挥发性有机物重点行业整治要求。2016年新修订的《大气污染防治法》首次将挥发性有机物纳入了监管范围。2017年1月，国务院印发《“十三五”节能减排综合工作方案》，将挥发性有机物纳入减排目标。同年9月，原环境保护部、国家发展和改革委员会、财政部、交通运输部、原国家质量监督检验检疫总局、国家能源局联合发布的《“十三五”挥发性有机物污染防治工作方案》提出到2020年建立健全挥发性有机物管理体系、将挥发性有机物排放适时纳入环境保护税征收的范畴。

3.2.2　标准或规范

当前涉及挥发性有机物的国家和地方排放标准接近50个，既包括相关的行业标准，也包括国家和地方的综合类标准。环境标准的颁布和执行对挥发性有机物的管控起到了重要的规范作用。但现有标准主要是针对工业源，且普遍关于末端排气筒，而对无组织排放要求则较松，一般仅关针对厂界周边，对涉及无组织排放的操作工位、生产车间等则大部分未要求。此外，与排放标准相比，涉及挥发性有机物的技术规范明显偏少，目前生态环境部正式发布的只有《吸附法工业有机废气治理工程技术规范》《催化燃烧法工业有机废气治理工程技术规范》和《蓄热燃烧法工业有机废气治理工程技术规范》。因此，建议在已有工作的基础上，一是加快重点行业排放标准的建立，并加强对部分行业作业点位、生产车间等无组织排放点的管控；二是开展重点生活源，如汽修、城市垃圾转运站、建筑涂料、居民消费品等相关标准的建设；三是在技术成熟的基础上，扩大工业挥发性有机物治理工程技术规范范畴。

3.2.3　排放监测体系

加强污染源排放自动监测，强化挥发性有机物便携性监测。在企业主要排污口安装非甲烷总烃排放自动监测设备，推进挥发性有机物重点排放源厂界监测。重点工业园区应结合园区排放特征，配置以“非甲烷总烃+特征污染物”的监测监控体系，定期组织开展重点行业挥发性有机物评估，建立重点污染源排放量动态清单系统。此外要进一步规范固定源挥发性有机物采样和监测技术标准，并加强对第三方检测机构试样的抽样检测和日常监管。

3.2.4 有效监管

虽然目前国家和地方层面已对挥发性有机物排放控制提出了明确的减排要求，但由于尚未针对挥发性有机物排放的特点建立有效的监管体系，目前现场监管主要采用行为规范替代监测处罚，造成选用高效净化设施企业体会不到“减排效果”，选用低成本净化设施应付督察和检查成为部分企业的选择。此外，监管能力和力度不足也使安装净化设施的企业疏于运行维护，治理措施不能稳定运行。为此，有必要基于挥发性有机物排放特点建立排放监管体系。

一是对已安装治污设施实施排放合规性监管，有助于确保挥发性有机物污染企业选用有效治污设施，提高治理水平，实现行业总量减排；二是结合不同类型污染源排放特征实施差别化监管；三是实施全过程的管控，实现“源头少输入+过程少逸散+末端多去除”；四是基于监管指标的可操作性，可考虑采用非甲烷总烃作为总量控制指标，同时，基于不同类型挥发性有机物源成分谱及光化学活性分析（臭氧生成潜势和颗粒物生成潜势）筛选特征污染物。

图2　加快构建现代化环境治理体系，为建设美丽中国提供保障（易刚摄）

3.3 支撑体系

3.3.1 区域联防联控

根据《关于推进大气污染联防联控工作改善区域空气质量指导意见的通知》，各地区应按照“责任共担、信息共享、协商统筹、联防联控”的原则，共同推进区域包括挥发性有机物在内的大气污染联防联控工作。根据主体功能划分、区域大气环境质量状况和大气污染传输扩散规律，划定区域挥发性有机物防治重点区域，实行分级管控，扩大挥发性有机物排放限制适用区域。

3.3.2 经济政策

挥发性有机物的治理虽然开展了数年，但目前各地的落实和执行情况差异巨大，经济因素在很大程度上限制了挥发性有机物治理的发展。挥发性有机物治理通常一次性投入较大，加上后期需要一定的运营费用，很大程度上加重了排污企业的经济负担。对于规模以上企业来说，资金问题尚可解决，但对于喷涂、印刷、家具等以中小规模企业为主的行业来说，经济投入是挥发性有机物治理的主要考虑因素。因此，对于挥发性有机物治理，国家除了制定强制性管理制度，也应考虑出台一些经济性的鼓励措施和手段，如以挥发性有机物的实际减排量为指标，对排污企业给予减免一定税负等优惠措施。此外，国家和地方政府应为先进技术的推广和应用提供资金支持，引导市场良性循环，带动其积极性，推动挥发性有机物市场的发展。

3.3.3 责任机制

建立健全责任机制，明确分工和职责。首先，明确政府在挥发性有机物污染治理中的责任，发挥其责任主体的作用，加强监管，提高监管效率，创新监管手段，为挥发性有机物污染治理打造好的监管环境，对挥发性有机物依法依据管理和执法，避免引起相关争议。其次，作为挥发性有机物排放的主体，企业要强化自身的责任意识，加强主人翁精神，提高工艺水平，实现清洁生产，降低挥发性有机物的源头和过程产生量，安装高效末端净化设施，并在成熟条件下，尽早安装在线监测设施。第三方治理机构要积极主动进行有关治理和在线监控设备的运维服务，协助企业进行挥发性有机物污染防治。最后，挥发性有机物污染防治离不开全社会的关心参与，要提升公众环保意识，形成全民共治的格局。

3.3.4 宣传教育

有关部门和各级地方政府要按照“谁执法谁普法”的原则，加强挥发性有机物治理的法律知识和科学知识宣传普及，引导公众增强法治意识、生态意识、环保意识、节约意识，自觉践行绿色生活。高度重视并妥善处理公众合法诉求和意见建议，让人人都成为环境问题的监督者和推动者。

参考文献

[1] HUANG R J, ZHANG Y L, BOZZETTI, et al. High secondary aerosol contribution to particulatepollution during haze events in China[J]. Nature, 2014（514）: 218-222.

[2] WU R R, XIE S D. Spatial distribution of ozone formation in China derived from emissions of speciated volatile organic compounds[J]. Environ Sci Technol, 2017（51）: 2574-2583.

[3] 国务院关于印发打赢蓝天保卫战三年行动计划的通知：国发〔2018〕22号[EB/OL]. (2018-07-03). http://www.gov.cn/zhengce/content/2018-07/03/content_5303158.htm.

[4] 关于印发《重点行业挥发性有机物综合治理方案》的通知[EB/OL]. (2019-06-26). http://www.mee.gov.cn/xxgk2018/xxgk/xxgk03/201907/t20190703_708395.html.

[5] 中国移动源环境管理年报[EB/OL]. (2020-04-20). http://www.mee.gov.cn/hjzl/sthjzk/ydyhjgl/201909/P020190905586230826402.pdf.

[6] 关于印发《重点区域大气污染防治“十二五”规划》的通知[EB/OL]. (2012-12-29). http://www.mee.gov.cn/gkml/hbb/bwj/201212/t20121205_243271.htm.

[7] 国务院发布《大气污染防治行动计划》十条措施[EB/OL]. (2013-09-12). http://www.gov.cn/jrzg/2013-09/12/content_2486918.htm.

[8] 中华人民共和国大气污染防治法[EB/OL]. (2015-08-30). http://www.gov.cn/xinwen/2015-08/30/content_2922117.htm.

本文原载于《环境保护》2020年第9期

四、我国挥发性有机物减排阶段特征及政策应对

叶代启[1,2]　陈小方[1,2]

（1：华南理工大学环境与能源学院，广州 510006；2：挥发性有机物污染治理技术与装备国家工程实验室，广州 510006）

摘要　从2010年正式开展挥发性有机物(VOCs)的减排工作以来，我国制定了一系列管理、技术、经济等方面的减排政策，初步形成了适用于我国严重空气污染现状的减排政策体系，为“十三五”期间VOCs总量减排目标的完成奠定了一定的基础。本文梳理并分析我国VOCs减排政策的减排效果和存在问题，预测了“十三五”VOCs总量减排目标的完成情况，并对今后国家VOCs减排工作提出了进一步的减排政策建议。

关键词　挥发性有机物(VOCs)；政策体系；总量减排；精准减排；大气污染；臭氧污染

近年来，我国高浓度近地面臭氧和颗粒物污染事件频发，环境空气质量问题突出，国家及地方开展了一系列大气污染控制工作并取得一定的成绩。2016年全国$PM_{2.5}$、PM_{10}、SO_2和NO_2年均浓度相对于2013年分别以28.2%、15.4%、45.0%和31.8%的比例下降，但是臭氧最大8小时质量浓度均值从2013年的139μg / m^3到2016年的138μg / m^3，污染情况未得到有效缓解。在重点区域如长三角、珠三角等地区，臭氧作为首要污染物的天数占比不断上升，污染态势严重加重。挥发性有机物(VOCs)是臭氧及$PM_{2.5}$的重要前体物，臭氧污染形势严峻归根结底是因为VOCs污染仍未得到有效控制。VOCs来源广泛，包含天然源和人为源，其中人为源包含工业源、交通源、农业源和生活源，目前国家的减排政策主要针对人为源VOCs的排放。

我国VOCs减排工作起步较晚，但是发展迅速，通过对我国人为源VOCs排放总量的历史和未来变化趋势研究，结合国家关于VOCs的相关减排政策发布情况，将我国VOCs污染防治大致分为4个阶段：前VOCs控制期、起步阶段、发展阶段和成熟阶段。（图1）

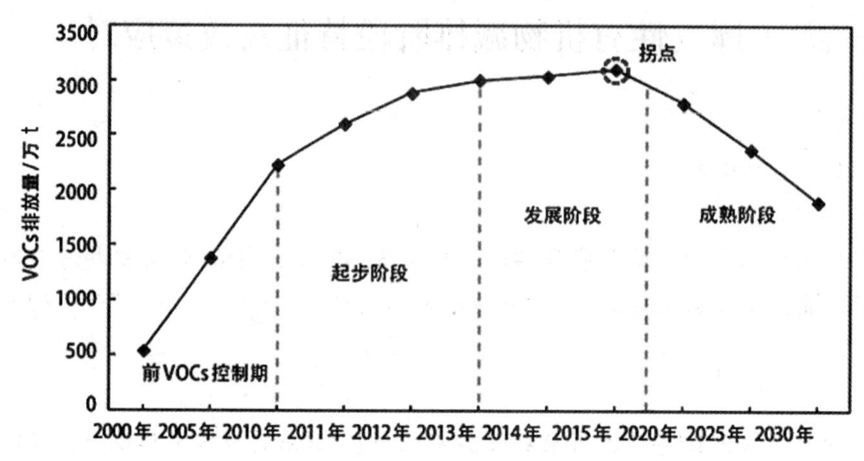

图1　我国人为源VOCs排放总量变化历史趋势及未来预测图

1　前VOCs控制期

2010年以前，尤其是在2001年加入世界贸易组织后，大量外资企业在国内兴起了投资建厂的热潮，带动了我国涂料、油墨、胶黏剂等相关行业的生产发展。同时，社会经济持续发展和人民生活水平提高也促进了涂料、油墨、纺织助剂等含VOCs原料的消耗，因此VOCs排放量增长非常迅速，这一时期内，VOCs排放总量年均增长率达11%~12%。但是由于当时我国各地对VOCs污染控制普遍存在认识不足、重视程度不够的情况，国家对VOCs的排放控制政策手段严重不足，仅在少量行业如石油炼制和炼焦业，油品储运、合成革制造、室内装饰等行业实施了一些VOCs相关的排放标准和规定。

2　VOCs减排起步阶段

2010—2012年是国家开展VOCs减排工作的起步阶段。这段时间国家VOCs减排相关政策及其意义见表1。通过2010—2012年的初步摸索，虽然图1中我国VOCs排放总量仍然呈现较为明显的增长趋势，但是增长势头较2010年之前明显减缓，说明从国家层面颁布的VOCs减排政策有效减缓了VOCs的排放量增长。但是本阶段仍然存在许多问题：首先是由于长期以来，我国污染控制对象相对单一，通常仅包含二氧化硫、氮氧化物和工业烟粉尘等，VOCs存

图2　我国VOCs减排正处于从发展到成熟阶段过渡的关键时期（张欢摄）

在底数不清、特征不明、控制技术及管理基础薄弱的状况，无论是减排对象的筛选、减排技术的选择还是基层减排工作的开展都缺乏经验，仍需要不断摸索，汲取经验。其次是VOCs排放来源广泛，上述减排政策主要集中在工业源，对移动源、农业源、生活源的污染控制力度显然是不够的。此外这一阶段VOCs排放标准严重缺失，这也加重了基层环保部门管理的难度。

3　VOCs减排发展阶段

2013年我国《大气污染防治行动计划》发布以来，各种VOCs减排相关的政策以及配套的标准、技术指南等密集出台（见表2），VOCs减排进入发展阶段。

由图1可以看到，2013年后，我国VOCs总量变化不明显，说明通过几年的努力，我国VOCs增长趋势已基本得到遏制，这得益于我国近几年VOCs减排政策的不断完善，经过几年的发展，通过制定专门的防治计划，探索全过程全方位的减排策略，我国初步基本建立了以环境空气质量改善为目标，以《中华人民共和国大气污染防治法》为法律依据，以各个行业的排放标准及排污许可制度为管理手段，以排污收费为经济杠杆，以防控技术政策、技术指南等为直接减排工具的VOCs减排政策体系。这一体系的形成为“十三五”期间深入推进VOCs减排奠定了可靠的基础。

4 VOCs减排成熟阶段

当今我国VOCs减排正处于从发展到成熟阶段过渡的关键时期，尽管相关政策体系已经初步建立，但是仍存在VOCs减排难度巨大、减排对象不精准、法律法规标准仍不完善、缺乏监测与大数据平台支撑监管、第三方参与投入机制尚未建立等一系列问题，要实现“十三五”VOCs减排目标，进入VOCs减排成熟阶段，改善环境空气质量还应考虑以下几点建议。

表1 2010—2012年我国VOCs减排重要政策及其意义

发布时间	发布机关	文件名称	文号	相关内容及意义
2010年6月	国务院办公厅	关于推进大气污染联防联控工作改善区域空气质量指导意见	国办发〔2010〕33号	首次在国家层面将VOCs和SO2、NOx、颗粒物共同列为大气污染联防联控的重点污染物，将开展VOCs污染防治作为大气污染联防联控工作的重要组成部分。该意见的发布拉开了我国VOCs减排的序幕
2011年6月	环保部	国家环境保护“十二五”科技发展规划	环发〔2011〕63号	提出研发具有自主知识产权的VOCs典型污染源控制技术及相应工艺设备，研发污染控制技术综合评价指标体系和定量评估方法，筛选最佳可行大气污染控制技术，为VOCs减排提供强有力的技术支撑
2011年10月	国务院	关于加强环境保护重点工作的意见	国发〔2011〕35号	强调深化重点领域污染综合防治，健全重点区域大气污染联防联控机制，实施多种污染物协同控制，严格控制VOCs排放。首次提出VOCs要同其他污染物协同控制的概念

（续表）

发布时间	发布机关	文件名称	文号	相关内容及意义
2011年12月	国务院	国家环境保护“十二五”规划	国发〔2011〕42号	强调实施多种大气污染物综合控制，加强VOCs控制。开展VOCs和有毒废气监测，完善重点行业污染物排放标准。提出重点行业、储运业以及餐饮业的具体的减排举措，使得VOCs控制更加明朗。首次从国家层面提出开展VOCs监测，为后续VOCs减排工作的开展提供数据支撑，为未来VOCs监测与大数据平台的建设提供依据
2012年4月	环保部	环境空气质量标准	GB3095—2012	增加了臭氧和细颗粒物的浓度限值，VOCs作为这两种污染物的重要前体物，受到了更高的重视
2012年6月	国务院	“十二五”节能环保产业发展规划	国发〔2012〕19号	提出开展VOCs控制技术研发，用于各工业行业VOCs排放源污染控制及回收利用。推动VOCs治理核心技术产业化
2012年8月	国务院	节能减排“十二五”规划	国发〔2012〕40号	强调大力削减石油石化、化工等行业VOCs的排放
2012年10月	环保部	重点区域大气污染防治“十二五”规划	环发〔2012〕130号	我国第一部综合性大气污染防治规划，再次强调开展重点行业治理，并提出完善VOCs污染防治体系，采取的具体措施包含开展VOCs摸底调查、完善重点行业VOCs排放控制要求和政策体系，加强VOCs排放控制，并提出到2015年VOCs污染防治工作全面展开。规划建设1 311个重点行业VOCs污染治理项目和281个油气回收工程，新增VOCs减排量101万t / a，投资需求规模总计约615亿元

表2 2013以来我国VOCs减排重要政策及其意义

<table>
<tr><th>发布时间</th><th>发布机关</th><th>文件名称</th><th>文号</th><th>相关内容及意义</th></tr>
<tr><td>2013年9月</td><td>国务院</td><td>大气污染防治行动计划</td><td>国发〔2013〕37号</td><td>明确提出推进VOCs污染治理，在石化、有机化工、表面涂装、包装印刷等行业实施VOCs综合整治。开展餐饮油烟污染治理，强化移动源污染防治，首次提及非道路移动源污染控制，推进非有机溶剂型涂料和农药等产品创新。加强VOCs控制技术研发，将VOCs纳入排污费征收范围。“气十条”对VOCs的污染防治包括工业源、移动源、生活源以及农业源，覆盖全面，VOCs减排正式进入发展阶段</td></tr>
<tr><td>2013年5月</td><td>环保部</td><td>挥发性有机物(VOCs)污染防治技术政策</td><td>公告2013年第31号</td><td>提出到2015年基本建立起重点区域VOCs污染防治体系，到2020年基本实现VOCs从原料到产品、从生产到消费的全过程减排要求。体现了全面减排的策略</td></tr>
<tr><td>2015年6月</td><td>财政部
发改委
环保部</td><td>关于印发(挥发性有机物排污收费试点办法)的通知</td><td>财税〔2015〕71号</td><td rowspan="2">将工业VOCs污染控制纳入排污收费，规定了石化和包装印刷行业实行收费政策。完善了VOCs防控体系，填补了多年来未能从国家层面利用经济手段控制VOCs的空白。目前全国已有18个省市制订了各自的收费政策</td></tr>
<tr><td>2015年9月</td><td>发改委
财政部
环保部</td><td>关于制定石油化工及包装印刷等试点行业挥发性有机物排污费征收标准等有关问题的通知</td><td>发改价格〔2015〕2185号</td></tr>
<tr><td>2015年8月</td><td>中华人民共和国</td><td>中华人民共和国大气污染防治法</td><td>主席令第三十一号</td><td>首次将VOCs防治纳入法律监管范围，使VOCs污染防治有了直接的法律依据，该法规从源头、过程到末端，明确了工业VOCs污染防治措施及相应的法律责任</td></tr>
</table>

（续表）

发布时间	发布机关	文件名称	文号	相关内容及意义
2016年3月	第十二届全国人民代表大会第四次会议	中华人民共和国国民经济和社会发展第十三个五年规划纲要	——	明确在重点区域、重点行业推进VOCs排放总量控制，全国排放总量下降10%以上，第一次将VOCs减排写入国家发展规划，VOCs污染防治上升到前所未有的新高度
2016年7月	工信部 财政部	重点行业挥发性有机物削减行动计划	工信部联节〔2016〕217号	到2018年，工业行业VOCs排放量比2015年削减330万t以上，对工业行业VOCs减排量做出具体说明
2016年12月	国务院	“十三五”生态环境保护规划	国发〔2016〕65号	多次强调在重点区域、重点行业推进VOCs排放总量控制，到2020年全国排放总量比2015年下降10%以上
2016年12月	国务院	“十三五”节能减排综合工作方案	国发〔2016〕74号	

第一，继续加强重点行业VOCs减排力度。针对“十三五”期间全国VOCs排放量下降10%以上的目标，结合目前国家推行的重点区域重点行业的减排政策，考虑“十三五”期间全国VOCs新增量，同时忽略“十三五”期间各重点区域产业结构的变化，利用信息熵法对总量减排目标进行分配，从而分析总量减排目标能否顺利实现，结果如图3所示，所有重点区域的VOCs削减率都大大高于10%，说明如果把“十三五”10%的削减任务仅分配到重点区域重点行业上时，重点区域的VOCs削减率在30%~50%，减排任务十分艰巨，完成目标困难较大，减排力度需进一步加强。

第二，建立基于反应活性的VOCs减排政策。研究表明，在我国，基于反应性的VOCs控制对策比基于总量控制更为有效。如图4，要控制我国82%的臭氧生成潜势(OFP)，从基于总量控制的思路来看，通过控制排放总量前40的物种，即需要控制人为源VOCs总量的80%才可有效实现82%OFP的削减。而从基于VOCs反应活性的思路来看，若要实现82%的OFP削减，则可按照物种OFP贡献大小，依次控制OFP贡献前25种物种，即仅控制为人为源VOCs总量的47%即可。说明基于反应性的臭氧控制对策在一定程度上比基于总量的控制措施更为有效，因此，我国臭氧的控制应优先通过控制高反应性的物种及其对应的污染源来实现。

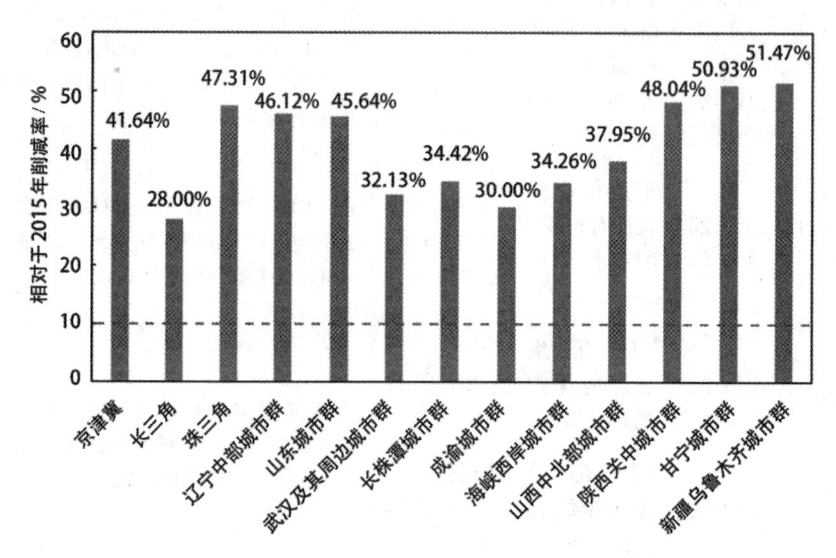

图3　重点区域重点行业需要削减的VOCs比例

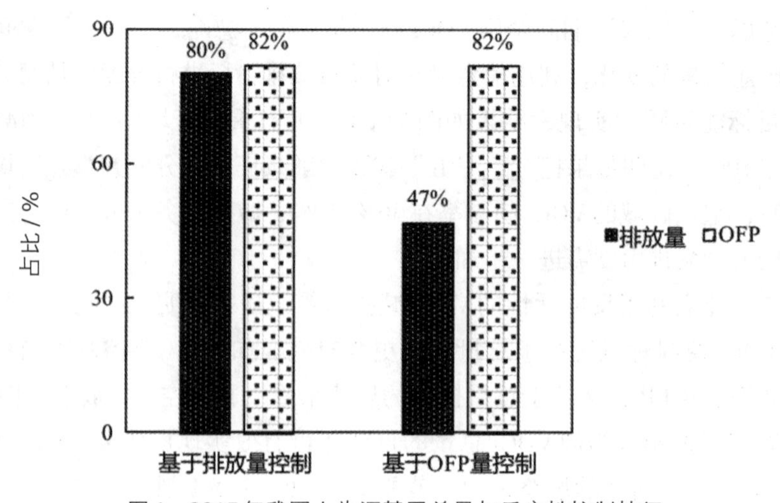

图4　2015年我国人为源基于总量与反应性控制特征

第三，开展精准减排行动，建立VOCs排放重点源名单。对VOCs排放进行地毯式摸查，自下而上建立本地化VOCs排放清单，切实掌握本地VOCs排放总量、分行业排放量、排放重点源等信息，特别是排放重点源，以重点行业重点源为减排对象，落实减排方案的具体目标，列出国家级的VOCs排放重点源名单，从国家层面对这些行业重点源进行直接管控，实现精准减排。

第四，制定更加全面严格的VOCs标准体系。针对不同行业不同的VOCs污染特征提出有针对性的VOCs污染防治技术政策；建立健全VOCs排放标准体系，按照“十三五”的减排需求制定严格的排放标准，对不同行业的VOCs排放特征进行研究，制定具有行业特征的VOCs排放标准，对已有的行业标准进行更新和修订，并鼓励地方政府根据国家标准修订更加严格的地方标准；制定相关的技术指南，提高对基层环保部门以及排污企业的指导性。

第五，建设VOCs监测与大数据平台。VOCs总量监测指标涵盖的物种对象不明确或不统一，致使监测结果可比性差，也限制了VOCs总量核算的科学准确性，不利于VOCs污染水平的评估。通过统一布设基于污染源及重点区域的网格化监测点位，采集多维度数据，建立模型算法，挖掘分析有效信息，展现可视化数据，推进VOCs环境监测常态化，构建我国VOCs污染监测技术与大数据平台，实现VOCs监测数据规范化、精确化、稳定化与可靠化。为国家和地方VOCs污染控制提供基础数据和科学决策支撑。

第六，鼓励第三方参与VOCs减排，并对市场进行规范管理。随着VOCs排污收费(税)政策的颁布和实施，不仅是政府和排污企业参与VOCs的控制，应逐步放开市场，鼓励能够提供VOCs监测设备和治理服务的公司参与。考虑到未来排放标准提高、监管行业与区域的扩大，VOCs治理市场容量将会进一步增大，这意味着VOCs治理市场具有很大的投资想象空间，因此要规范管理VOCs治理市场，设置监测和治理企业的市场准入机制，逐步建立完整实用的技术评估系统，使VOCs污染治理更为经济有效。

按照现在趋势发展，通过减排政策的加强，VOCs减排将进入成熟阶段，各项政策发挥出持续稳定的减排效果，2015年有望成为一个拐点，到2020年基本实现“十三五”VOCs总量减排10%的目标。

参考文献

[1] 杨利娴.我国工业源VOCs排放时空分布特征与控制策略研究[D].广州:华南理工大学,2012.
[2] 周学双,童莉,郭森,等.我国工业源挥发性有机物综合整治建议[J].环境保护,2014,42(13):36-37.
[3] 马超,薛志钢,李树文,等.VOCs排放、污染以及控制对策[J].环境工程技术学报,2012,2(2):103-109.
[4] 胡保林.探索环境保护新道路的纲领性文件[J].环境保护,2011(21):16-19.
[5] 国务院.国务院关于加强环境保护重点工作的意见[C].中国环境保护产业发展报告.2012:13-15.

本文原载于《环境保护》2017年第13期

五、论长江经济带大气污染防治的若干问题与防治对策

孙亚梅[1]　郑　伟[1]　宁　淼[1]　雷　宇[1]

（1：环境保护部环境规划院，北京 100012）

摘要　长江经济带是世界上最大的内河产业带和制造业基地，建设长江经济带是新时期中国三大国家发展战略之一，积极、有效地保护长江经济带生态环境具有非常重要的战略意义。本研究从识别突出的大气污染防治问题入手，深入分析大气污染的主要驱动力产业与能源结构，以问题为靶向，提出长江经济带的大气污染防治策略。研究结果发现，占国土面积21%的长江经济带排放了全国34%的二氧化硫、32%的氮氧化物、28%的烟粉尘、44%的挥发性有机物、43%的氨，单位面积污染物排放强度是全国平均水平的1.3~2.1倍，污染物排放远超环境容量。长江经济带126个城市中，6项主要大气污染物年平均浓度全部达标的城市比例不到1/3。颗粒物是影响城市达标的主要污染物。长江经济带产业结构偏重和能源消费以煤为主，是造成大气污染排放量的主要源头，是大气污染的主要驱动力。以解决突出的大气环境问题为核心，将环境质量作为大气污染防治的底线，持续推进空气质量改善，重点措施上，从大气污染驱动力着手，提出优化产业与能源结构、深化多污染物协同控制、推进区域联防联控等大气污染防治对策建议。

关键词　长江经济带；大气污染防治；空气质量改善；驱动力；对策

长江经济带（含上海、江苏、浙江、安徽、江西、湖北、湖南、重庆、四川、云南、贵州11省市）人口稠密，经济较为发达，是世界上最大的内河产业带和制造业基地，是我国发展历程最长、发展基础最好、经济规模最大的流域经济带。依托长江黄金水道，建设长江经济带是新时期中国三大国家发展战略之一，有效保护生态环境既是支撑长江经济带成为体现国家综合经济实力的具有全球影响力内河经济带的必然需求，也是国家维护区域生态安全和提升生态文明建设水平的总体要求。当前，长江经济带开发和生态环境保护之间存在

图1　长江沿线是我国重要的人口密集区和产业承载区，生态修复和环境保护迫在眉睫

着非常尖锐的矛盾，开发与生态环境协调问题日益凸显，生态环境保护面临巨大的挑战。长期粗放型的经济增长方式，使长江经济带主要大气污染物排放量巨大，远超出环境承载能力，城市空气质量超标严重，区域性复合型大气污染突出。本研究从全面识别长江经济带大气污染问题着手，深入解析污染问题的成因与驱动力，同时结合国家相关规划要求，系统提出长江经济带大气污染防治的对策。

1　长江经济带突出的大气污染防治问题识别

1.1　大气污染排放负荷大

2015年，长江经济带二氧化硫（SO_2）、氮氧化物（NO_x）、烟（粉）尘、挥发性有机物（VOC_S）、氨（NH_3）排放量分别是635万t、593万t、425万t、813万t、253万t，占国土面积21%的长江经济带排放了全国34%的SO_2、32%的NO_x、28%的烟粉尘、44%的VOC_S、43%的NH_3（图2），单位面积污染物排放强度分别是全国平均水平的1.6倍、1.5倍、1.3倍、2.1倍、2倍（图3）。占长江经济带国土面积10%的江、浙、沪，排放了长江经济带24%的SO_2、34%的NO_x、26%的烟（粉）尘和约45%的VOC_S、18%的NH_3，单位面积污染物排放强度分别是长江经济带平均水平的2.4倍、3.3倍、2.5倍、4.4倍、1.7倍。长江经济带大气污染物排放远超环境容量，SO_2、NO_x排放量分别是环境容量的1.5倍、1.6倍（图4、图5）。

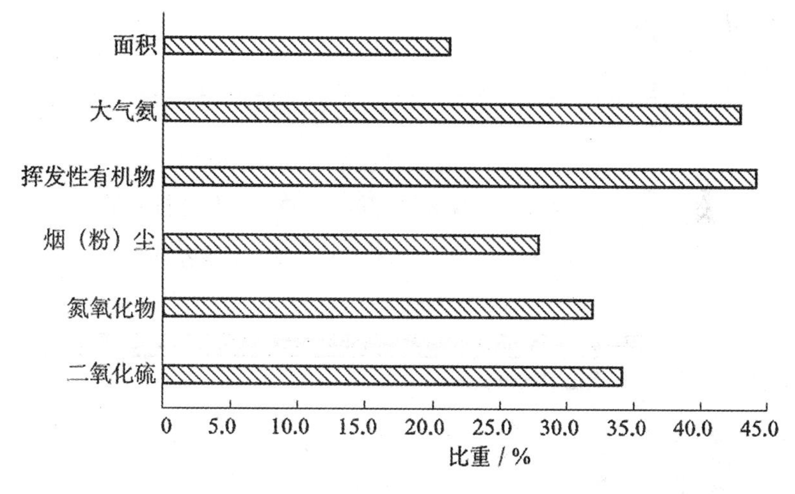

图2　长江经济带大气污染物排放占全国排放比重

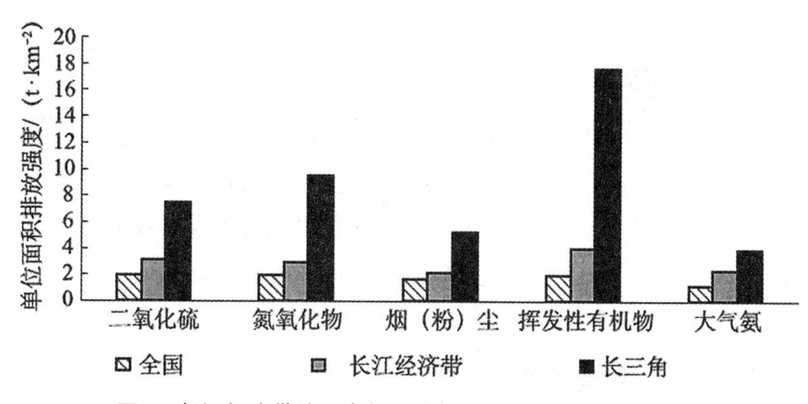

图3　长江经济带地区大气污染物单位面积排放强度

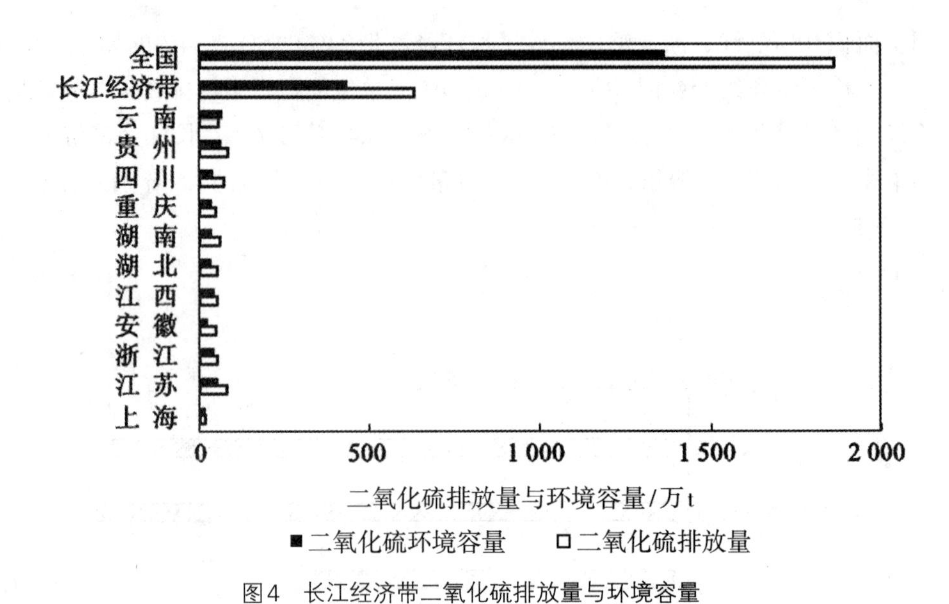

图4　长江经济带二氧化硫排放量与环境容量

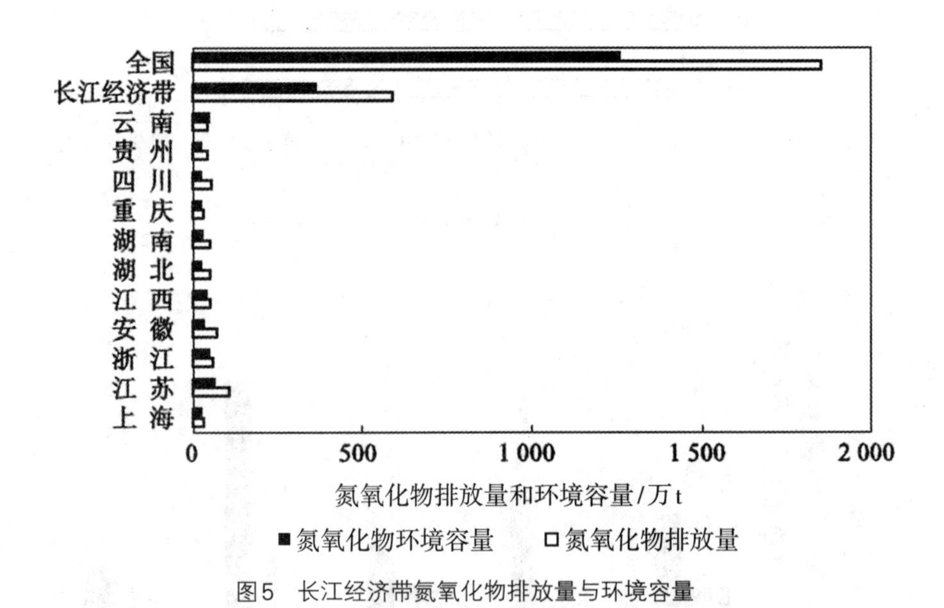

图5　长江经济带氮氧化物排放量与环境容量

1.2　空气质量达标城市比例低

2016年，长江经济带126个城市中，SO_2、NO_2、PM_{10}、$PM_{2.5}$、CO、O_3 6项主要大气污染物年平均浓度全部达标的城市有33个，达标城市比例不到1/3

（表1）。颗粒物是影响城市达标的主要污染物，其中73%的城市$PM_{2.5}$年均浓度超标，60%的城市PM_{10}年均浓度超标。19个城市的臭氧浓度超标，超标城市比例为15%。10个城市的NO_2浓度超标，超标城市比例为8。同时，SO_2、CO仍分别有3个城市超标。空间上，长三角区域、成渝城市群两个重点地区城市大气污染超标比例较高。

1.3　大气复合型污染严重

利用Origin 软件分析长江经济带各城市$PM_{2.5}$、臭氧的最大值、最小值及均值分布（图7），其中box外部上方最高值即为最大值，外部下方最低值即为最小值，box的箱顶为全部数据的第75百分位数，箱底为全部数据的第25百分位数。结果表明：2016年，长江经济带各城市$PM_{2.5}$年均浓度的平均值是45μg/m³，最大值是86μg/m³，最小值是16μg/m³。$PM_{2.5}$浓度超标城市中，年均浓度超标比例100%以上的城市占比12%，超标比例50%~100%的城市占比26%，超标比例20%~50%的城市占比39%。长江经济带各城市O_3日最大8小时均值第90百分位平均值是136μg/m³，最大值是200μg/m³，最小值是76μg/m³（图7）。O_3浓度超标城市中，浓度超标比例15%以上的城市占比16%，超标比例10%~15%的城市占比32%，超标比例5%~10%的城市占比37%，超标比例0~5%的城市占比16%。2016年，我国O_3污染主要集中在京津冀及周边、长三角、珠三角、武汉城市群、成渝、辽宁南部、陕西关中等地区，338个城中市O_3日最大8小时平均第90百分位数浓度超标的城市有59个，长江经济带中超标城市占32%，其中长三角区域O_3污染问题最为突出。

1.4　区域大气污染传输影响大

受大气环流及大气化学的双重作用，长江经济带9省2市间大气污染存在一定程度的相互影响，相邻省份间影响突出。环境保护部环境规划院利用CAMx空气质量模型的颗粒物来源追踪技术（PSAT），建立了全国31省（区、市）$PM_{2.5}$的空间输送矩阵（表2），分析了$PM_{2.5}$及其前体物空间输送关系。其中，$PM_{2.5}$空间输送矩阵为31×31的二维矩阵，行代表某省份$PM_{2.5}$的空间来源，列代表某省对各省份$PM_{2.5}$的贡献，对角线表示各省份$PM_{2.5}$中的本地源贡献。从空间输送矩阵可以看出，长江经济带9省2市的$PM_{2.5}$污染均为本地污染和区域污染叠加，受外来源的贡献率达28%~54%。例如，长三角地区$PM_{2.5}$区域输送显著，本地贡献相对较低。其中，区域内的上海市超过50%的$PM_{2.5}$为外来源贡献，江苏省、浙江省对其贡献率分别达27%、11%。

1.5 大气防治面临严峻的挑战与压力

未来一段时间内，长江经济带生态环境压力仍会持续加大，区域发展不平衡，传统的粗放型发展方式为大气污染防治带来了严峻的挑战和压力。长江沿线是我国重要的人口密集区和产业承载区，生态修复和环境保护迫在眉睫。长江经济带横跨我国地理三大阶梯，资源、环境、交通、产业基础等发展条件差异较大，地区间发展差距明显，但沿江工业发展各自为政，依托长江黄金水道集中发展能源、化工、冶金等重工业，上、中、下游产业同构现象将愈发突出，部分企业产能过剩，一些污染型企业向中上游地区转移。依靠土地占用、高耗水高耗能等增量扩张的发展模式仍然占主导地位，一些大城市人口增长过快，资源环境超载问题突出，长江经济带传统产业产能过剩矛盾依然严峻，转型发展任务艰巨。下大力气解决传统的粗放型发展方式带来的大气污染，依然是未来一段时间的重点工作。

图6　偏重的产业结构是造成长江经济带大气污染严重的内因之一

2　长江经济带大气污染驱动力解析

2.1　产业结构明显偏重

2015年，长江经济带各省市地区生产总值是305 200.2亿元，占全国生产总值的44.5%，长江经济带第二产业、第三产业产值比重分别是44.3%、47.3%，其中第二产业比重高过全国第二产业平均比重（40.9%）3.4个百分点，第三产业比重低于全国第三产业平均比重（50.2%）近3个百分点。长江经济带11个省市中，上海市第二产业比重最低，达到了31.8%，低于国家第二产业平均比重9个百分点，此外的10个省市的第二产业比重或接近或高于国家第二产业平均比重，具体见图8。长江经济带水泥、生铁、平板玻璃、粗钢、钢材等产品产量分别是115 620万t、30 718万重量箱、21 788万t、28 385万t、37 368万t，分别占全国总产量的49%、39%、32%、35%、33%，见图9。影响大气污染排放压力增大的因素有多种，其中最主要的驱动力来自经济发展、人口，经济发展又可以划分为产业结构、能源消费第二层次的驱动力。以工业生产为主的第二产业比重偏高，水泥、平板玻璃、生铁、粗钢、钢材等高能耗产品产量大，造成大气污染物排放量大。偏重的产业结构是造成长江经济带大气污染严重的内因之一。

表1　2016年长江经济带各省市城市大气污染物年均浓度达标情况

地区	城市数量/个	SO_2	NO_2	PM_{10}	$PM_{2.5}$	O_3	CO	综合达标
上海	1	1	1	0	0	1	1	0
江苏	13	10	10	1	1	10	12	1
浙江	11	11	10	6	1	8	11	1
安徽	16	16	11	1	1	5	16	1
江西	11	11	11	8	8	11	11	8
湖北	13	13	13	5	5	13	13	4
湖南	14	14	14	10	7	14	14	7
重庆	1	1	1	0	0	1	1	0
四川	21	21	21	2	1	19	19	1
贵州	9	9	9	9	4	9	9	4
云南	16	16	15	9	6	16	16	6
小计	126	123	116	51	34	107	123	33

表2　长江经济带各省市$PM_{2.5}$空间输送矩阵

地区	上海	江苏	浙江	安徽	江西	湖北	湖南	重庆	四川	贵州	云南
上海	46%	27%	11%	4%	0	0	0	0	0	0	0
江苏	2%	50%	5%	19%	0	1%	0	0	0	0	0
浙江	4%	17%	52%	8%	1%	1%	0	0	0	0	0
安徽	1%	9%	2%	58%	2%	2%	0	0	0	0	0
福建	1%	6%	9%	5%	3%	1%	0	0	0	0	0
江西	0	4%	3%	10%	52%	7%	5%	0	0	0	0
湖北	0	2%	1%	6%	4%	58%	5%	1%	0	0	0
湖南	0	1%	0	3%	5%	10%	61%	0	0	1%	0
重庆	0	0	0	0	0	1%	2%	69%	13%	10%	1%
四川	0	0	0	0	0	1%	1%	14%	72%	5%	1%
贵州	0	0	0	1%	1%	3%	5%	4%	8%	63%	6%
云南	0	0	0	0	0	1%	2%	3%	9%	13%	64%

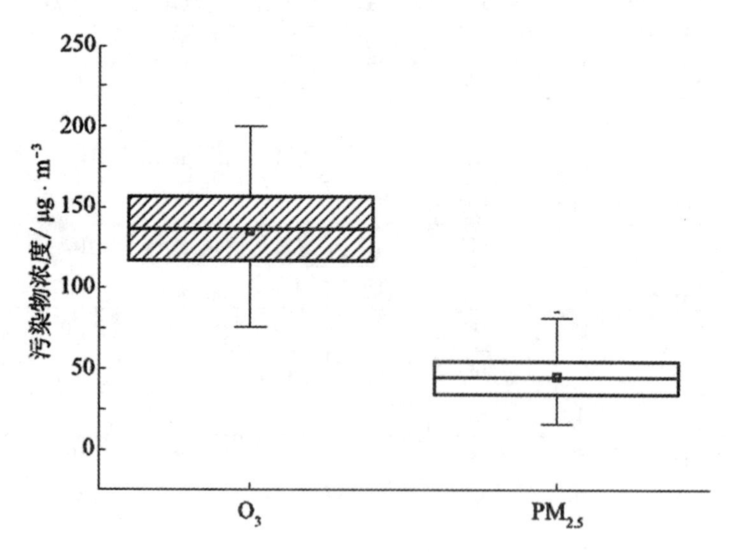

图7　长江经济带各城市$PM_{2.5}$臭氧浓度最大值、最小值及均值分布

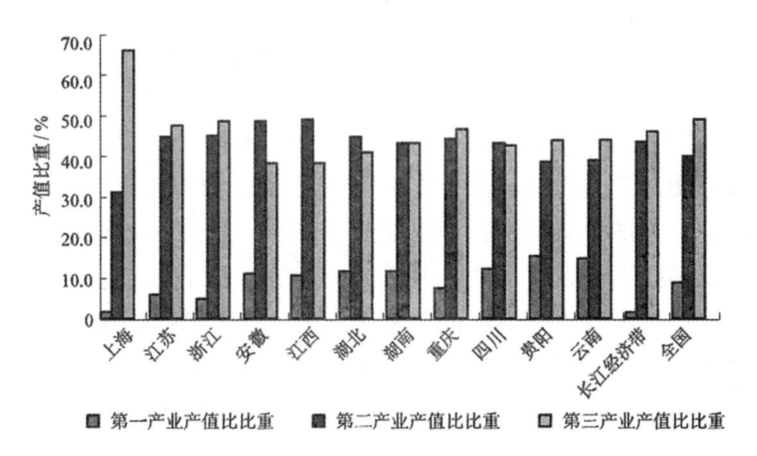

图8　长江经济带各省市三产结构

数据来源：2016中国统计年鉴

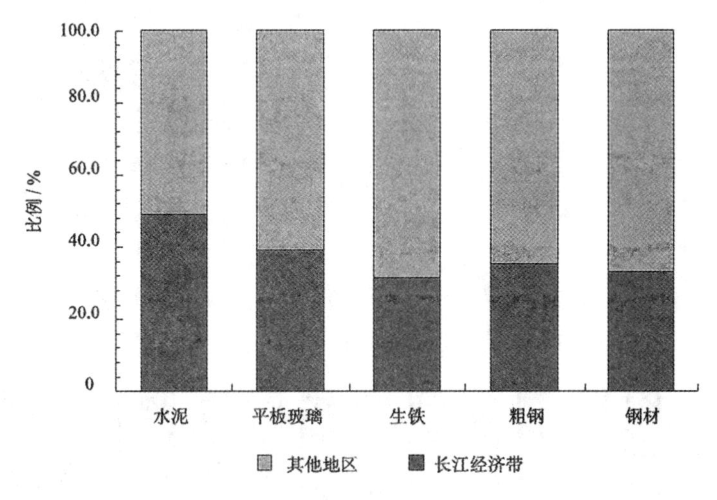

图9　长江经济带主要工业产品产量

2.2　能源消费以煤为主

2015年，长江经济带能源消费总量是163 004万吨标准煤、煤炭消费总量是127 923万吨，分别占全国能源消费总量、煤炭消费总量的41%、33%。江苏、浙江、四川、湖北、湖南5省的能源消费占经济带能源消费总量的10%以上。在煤炭消费量上，江苏煤炭消费占长江经济带煤炭消费总量的20%以上，其次是安徽12%，浙江11%。长江经济带各省市能源消费及煤炭消费占比见图10。2015年，长江经济带煤炭消费总量占能源消费总量的比重是56%，低于全国68%的平均水平，但是煤炭消费依然是能源消费的重要来源。11省市中，除上海、四川以外，其他9省市的煤炭消费占能源消费总量的比重接近或超过50%，其中安徽和贵州对煤炭的依赖度极高，比重高到90%以上，江苏的煤炭消费比重也超过了60%。多项研究表明，燃煤过程的污染物高排放是造成大气污染的重要原因，煤炭使用对我国$PM_{2.5}$浓度的贡献总体在61%，可见以煤为主的能源消费结构以及大量的煤炭消费严重影响了长江经济带环境空气质量。长江经济带及各省市煤炭占能源消费总量的比重见图11。

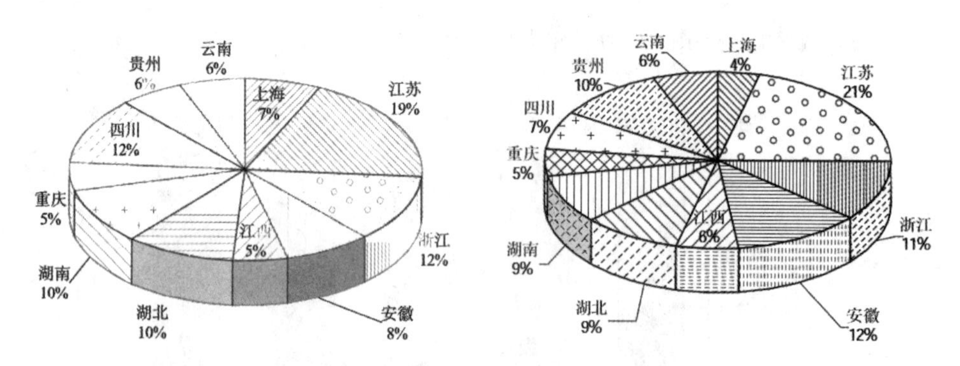

图10 长江经济带各省市能源消费（左）及煤炭消费（右）占比

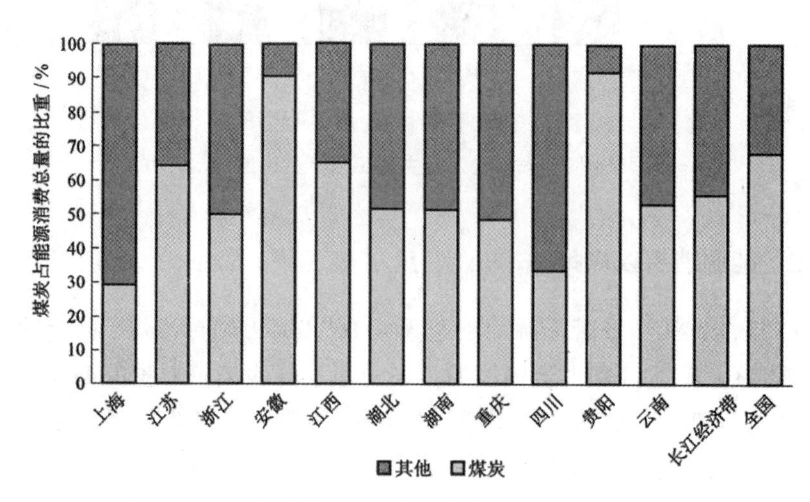

图11 长江经济带及各省市煤炭占能源消费总量的比重

图12　以解决突出的大气环境问题为核心，将环境质量作为大气污染防治的底线（易刚摄）

3　长江经济带大气污染防治对策建议

以解决突出的大气环境问题为核心，将环境质量作为大气污染防治的底线，持续推进空气质量改善，重点措施上，从大气污染驱动力着手，优化产业与能源结构，深化多污染物协同控制，推进区域联防联控。主要对策建议如下。

3.1　严守环境质量底线，持续推进空气质量改善

《长江经济带发展规划纲要》及《长江经济带生态环境保护规划》中明确指出长江经济带重在保护，依据国家相关战略与规划要求，应坚持以环境质量为环境保护的底线，持续推进空气质量改善，力争到2020年，城市空气质量优良天数比例由80.6%提高到84.0%，$PM_{2.5}$未达标的城市浓度下降18.2%，二氧化硫、氮氧化物排放量分别减少15%、16.2%。全面推进长江经济带126个地级及以上城市空气质量限期达标工作，已达标城市空气质量进一步巩固，未

达标城市要制订并实施分阶段达标计划。

3.2 控制煤炭消费总量，强化能源清洁利用

将优化能源结构作为长江经济带空气质量改善的重要途径，严格控制煤炭消费总量，同时重视煤炭清洁化利用，降低煤炭消费所带来的大气污染排放量与强度。逐年降低长江经济带煤炭消费总量控制，上海、江苏、浙江3省（市）实现煤炭消费总量负增长，加快推进“煤改电”“煤改气”工作。到2017年，长江三角洲地区基本完成燃煤锅炉、自备燃煤电站的天然气替代或实现超低排放。加快推进具备条件的现有机组热电联产改造和供热挖潜，淘汰供热供气管网覆盖范围内的燃煤锅炉、自备燃煤电站，推进小热电机组科学整合。长江经济带其他省份，如湖北、湖南、重庆、四川4省（市）煤炭消费总量不再增长，而是呈逐步降低的趋势。

3.3 严控“两高”新增产能，优化产业结构与布局

将源头控制作为大气污染防治的首要手段，长江三角洲严格控制炼油、石化等行业新增产能，新（改、扩）建项目要实施主要污染物倍量削减。有序推进位于城市主城区的钢铁、石化、化工、有色金属冶炼、水泥、平板玻璃等重污染企业环保搬迁或关停。湘鄂地区严格控制有色、石化等行业新增产能。加大有色金属行业结构调整及治理力度，优化产业空间布局。成渝地区压缩水泥等行业过剩产能，限制高硫分、高灰分煤炭开采使用，加快川南地区城市产业升级改造。

3.4 深化大气污染治理，推进多污染物协同控制

完善大气污染物排放总量控制制度，加强二氧化硫、氮氧化物、烟粉尘、挥发性有机物等主要污染物的综合防治。地级及以上城市建成区基本淘汰10蒸吨以下燃煤锅炉，完成35蒸吨及以上燃煤锅炉脱硫脱硝除尘改造、钢铁行业烧结机脱硫改造、水泥行业脱硝改造、平板玻璃天然气燃料替代及脱硝改造。实施燃煤电厂超低排放改造工程和清洁柴油机行动计划，分阶段推进，明确完成时间节点。实施石化、化工、工业涂装、包装印刷、油品储运销、机动车等重点行业挥发性有机物综合整治工程，推进长三角重点行业挥发性有机物排放总量控制。强化机动车尾气治理，区域统一新车和转入车辆排放标准，加

强对新生产、销售机动车和非道路移动机械环保达标监管，长三角加速淘汰黄标车。划定并公布禁止使用高排放非道路移动机械的区域，加强非道路移动机械监管。设置船舶排放控制区，禁止向内河和江海直达船舶销售渣油、重油，推进靠港船舶使用岸电，开展港口油气回收工作。优先发展公共交通，鼓励发展天然气汽车，加快推广使用新能源汽车。

3.5　推进区域大气污染联防联控，形成大气污染防治合力

全力推进区域大气污染联防联控，以长江三角洲地区三省一市、成渝城市群和湘鄂两省城市为重点，积极推进区域大气污染联合防治，防治区域复合型大气污染。加强机动车污染防治，统一区域防治标准。积极推广液化天然气等清洁能源动力船舶，推进码头和船舶岸电设施建设和改造。建立统一协调的船舶污染监管机制。统一城市空气质量监测运行管理方式，实现区域空气质量监测信息互通和共享。加大长江三角洲地区以及江西、湖南、重庆、四川等地区的酸雨防治力度，加强贵州、重庆、四川、云南等地区的汞排放治理。

参考文献

[1]　李干杰. 坚持走生态优先、绿色发展之路扎实推进长江经济带生态环境保护工作[J]. 环境保护, 2016, 44（11）: 7-13.

[2]　国家统计局能源司. 中国环境统计年鉴2016[R]. 北京: 中国统计出版社, 2016.

[3]　环境保护部. 2016年中国环境状况公报[R]. 北京: 环境保护部,2017.

[4]　薛文博, 付飞, 王金南, 等. 基于全国城市 $PM_{2.5}$ 达标约束的大气环境容量模拟[J]. 中国环境科学, 2014, 34（10）: 2490-2496.

[5]　环境保护部. 国家发展和改革委员会, 水利部. 关于印发《长江经济带生态环境保护规划》的通知[EB/OL]. (2017-07-17). http://www.mep.gov.cn/gkml/hbb/bwj/201707/t20170718_418053.htm.

[6]　薛文博, 付飞, 王金南, 等. 中国 $PM_{2.5}$ 跨区域传输特征数值模拟研究[J]. 中国环境科学, 2014, 34（6）: 1361-1368.

[7] 中华人民共和国国家统计局. 2016 中国统计年鉴[R]. 北京: 中国统计出版社, 2016.
[8] 王淑兰, 云雅如, 胡君, 等. 情景分析技术在制定区域大气复合污染控制方案中的应用研究[J]. 环境与可持续发展, 2012, 37（4）: 14-20.
[9] 国家统计局能源司. 中国能源统计年鉴2016[R]. 北京: 中国统计出版社, 2016.
[10] 陈潇君, 孙亚梅, 杨金田, 等. 构建区域煤炭消费总量控制框架[J]. 环境保护, 2013, 41（8）: 19-22.
[11] 陈潇君, 金玲, 雷宇, 等. 大气环境约束下的中国煤炭消费总量控制研究[J]. 中国环境管理, 2015, 7（5）: 42-49.

本文原载于《中国环境管理》2018年第1期

六、稀土材料在挥发性有机废气降解中的应用及发展趋势

许子飏[1]　莫胜鹏[1]　付名利[1, 2, 3]　任泉明[1]　张明远[1]　樊　洁[1]　熊菊霞[1]　叶代启[1, 2, 3]

（1：华南理工大学环境与能源学院，广州 510006；2：广东省大气环境与污染控制重点实验室，广州 510006；3：挥发性有机物污染治理技术与装备国家工程实验室，广州 510006）

摘要　稀土材料由于富含表面羟基、表面晶格缺陷和具有高温稳定性，结合其强挥发性有机物(VOCs)亲和性以及优异储氧和释放能力等优势，在大气污染控制领域的应用十分广泛。近年来的研究发现，部分稀土基材料在VOCs处理上的效果优于贵金属催化剂，在实际工程中也显示出广泛的应用前景。在文献及工程调研的基础上，综述了稀土基材料在国内外催化领域、吸附领域以及实际工程应用中的现状，分析了稀土材料的优势以及目前面临的难题。从吸附、催化等角度分析了稀土材料在国内外的发展趋势，同时结合我国当前国情指出发展中的关键问题及解决方案，期望能为稀土材料在VOCs治理领域的更好发展提供参考。

关键词　稀土材料；有机废气；催化；吸附；发展预测

1　引言

挥发性有机污染物（volatile organic compounds，VOCs）是指参与大气光化学反应的有机化合物，或者根据有关规定确定的有机化合物。其种类繁多，例如非甲烷烃类（芳香烃、烷烃、烯烃、炔烃等）、含氧有机物（醛类、酮类、醇类、醚类等）、含氯类有机物、含氮类有机物、含硫类有机物等。这些有机物可以借助光化学反应产成臭氧、二次有机气溶胶（Secondary Organic Aerosols，SOA）以及雾霾，影响大气辐射平衡，从而影响气候，对人体具有致癌性、致畸作用和生殖系统毒性。我国是VOCs排放大国，工业排放是其主要的来源，集中于石油化工、工业涂装、包装印刷等产业。2019年6月26日

生态环境部印发的《重点行业挥发性有机物综合治理方案》指出，到2020年，建立健全VOCs污染防治管理体系，重点区域、重点行业VOCs治理取得明显成效，完成“十三五”规划确定的VOCs排放量下降10%的目标任务，协同控制温室气体排放，推动环境空气质量持续改善。针对国家的硬性指标要求和目前的大气污染状况，VOCs的污染治理工作迫在眉睫。

VOCs治理技术主要分为两大类，即源头过程控制技术和末端治理技术。工业源排放VOCs具有面广但分散、排放强度大、浓度波动和组分复杂的特点，且企业受经济技术水平和资源环境限制，目前末端治理技术仍然不可替代。VOCs末端治理技术主要包括催化氧化、热力氧化、吸附、吸收、冷凝、生物降解，以及低温等离子体技术等，目前主流技术为吸附技术、（催化）氧化技术、冷凝技术等，工业应用相对较为广泛，实际中多用其组合技术。

吸附剂通常都需要考虑水对吸附剂的影响，以及吸附和再生阶段，因此常用的吸附剂主要为非极性的活性炭、活性炭纤维和疏水性的分子筛。目前研究吸附剂的物性主要包括孔隙容积、孔径分布范围、比表面积和孔形状。一般通过对吸附材料进行表面改性，使用不同孔径、吸附容量的疏水性材料混合物，可以使相应分子大小的VOCs得到有效吸附。而当面对组分更为复杂的VOCs时，不仅需要考虑目标污染物的吸附效果，还要考虑各类其他成分的竞争吸附效应。因而，设计具有针对性强、适用范围广的吸附剂就愈发重要。其中稀土金属由于其富含羟基、表面晶格缺陷和高温稳定性，有强VOCs亲和性，引入稀土金属氧化物可很好地改善吸附材料的VOCs吸附性能和再生性。

工业应用的催化剂按照活性组分主要分为两类:（1）贵金属催化剂，如Pt、Pd、Rh等贵金属，具有低温高活性的特点，抗毒（硫）性强;（2）金属氧化物催化剂，如Cu、Co、Ni、Mn等过渡金属氧化物以及钙钛矿催化剂。而这些催化剂在应用上仍然存在一定问题，如催化活性和选择性不够高、表面积碳、催化剂失活、结构不稳定、高温易烧结等；对于贵金属催化剂，贵金属容易出现中毒，从而导致催化剂失活。稀土元素独特的4f电子层结构使其功能也更加多元化，这些元素自身具备催化能力，同时还可以作为添加剂或助催化剂，与VOCs的Lewis酸根配位形成化合物，使更多的VOCs得以吸附在催化剂表面，进而提高主催化剂在各方面的催化性能，其中在实际工业应用中研究最多的是抗老化能力和抗中毒能力方面的提升。对于金属氧化物催化剂来说，引入稀土金属形成的稀土基钙钛矿（如$LaMnO_3$、$LaCoO_3$等），由于其复合氧化物之间存在结构或电子调变等相互作用，对某些VOCs在特定条件下的活性甚至超过贵金属催化剂。源于稀土金属具有较为活跃的化学性质，最典型如二氧化铈（CeO_2），具有良好的还原性、储氧（oxygen storage capacity，OSC）和释放能力。我国稀土金属储量居世界第一，资源丰富，相比价格昂贵的贵金属，稀土催化剂经济上拥有更大的优势。因此，开发和推动稀土应用不仅可以提高我国稀土资源的利用程度，还可以推动稀土产业的进步，具有重要的社会意义。

2　国外稀土材料治理有机废气的研究热点

发达国家VOCs治理盛于20世纪90年代，目前已经形成了较为完备的控制体系，在20年时间快速完成了从单一污染物控制逐步过渡到复合污染物整体控制。欧美日等发达国家的VOCs排放控制，重视VOCs排放行业及源类的划分，紧密结合行业和源类特点，提出有针对性的排放控制要求（如排放限值、技术规定等）和控制措施，不仅考虑有组织排放，还重视无组织逸散排放的控制，并特别重视VOCs的总量控制。

美国、日本、欧盟等发达国家和地区对VOCs控制技术的研究起步较早，技术的应用推广具有较长的历史，取得了较好成效。以第一产业为主的新西兰和第三产业为主的美国为例，新西兰2011年总排放量约为39万t，美国2011年总排放量约为1 200万t。通过与第二产业为主、VOCs年排放量具有3 000万t的中国相比，国外VOCs的排放量远远低于国内。另外，由于国内外社会发展阶段及产业结构不同，对于VOCs的控制，国外更倾向于采用源头预防和过程控制技术，而对于一些因不可避免使用而产生的VOCs采用的后处理手段，各发达国家略有不同，但吸附技术和催化氧化（燃烧）技术及其组合技术仍是国外目前VOCs治理的主流技术，具有良好的治理效果。与关键技术与装备配套的是相关核心材料，包括活性炭、分子筛等吸附材料，陶瓷蓄热材料和催化剂材料，且以上材料在应用方面具有绝对优势。

2.1　稀土基催化材料

VOCs种类繁多，但是国外关于VOCs催化氧化的研究多集中于烃类和含氧VOCs，而对于含氯VOCs则研究的相对较少。国外对于稀土催化剂上VOCs催化氧化反应研究热点为:（1）稀土催化剂中氧缺陷的作用;（2）稀土催化剂活性组分与载体相互作用；（3）动力学模拟计算探究稀土催化剂表面VOCs反应过程机理。

国外对烃类VOCs净化方面的研究主要集中在甲苯和丙烷的催化氧化反应。对于甲苯催化氧化，选用的稀土催化剂多为CeO_2纳米晶体和Ce/La改性的γ-Al_2O_3负载的贵金属（Pt/Pd）或金属氧化物（Co和Zr）催化剂。与纯Co_3O_4和ZrO_2相比，Ce的引入可调节催化剂表面氧缺陷浓度，且改性后催化剂完全转化温度至少可降低50℃。除此之外，Ce与贵金属之间相互作用，可显著提升催化剂的低温催化活性及稳定性。还有一类是镧系钙钛矿型催化剂，如典型的$LaMnO_3$钙钛矿催化剂或贵金属Pd/$LaBO_3$（B=Co、Fe、Mn和Ni）钙钛矿催化剂，贵金属的添加可改善镧系钙钛矿型催化剂的低温活性。对于丙烷的催化矿化反应，CeO_2-ZrO_2固溶体和镧系钙钛矿型催化剂研究较多，Zr的引入可以增加CeO_2氧缺陷，增强催化剂的氧化还原性能，与纯ZrO_2相比，完全转化温度可降低50~60℃。

国外关于稀土催化在含氧VOCs去除方面的研究主要有丙酮和乙酸乙酯的催化氧化反应。对于丙酮催化氧化，稀土元素Ce的引入可以显著增强催化剂的抗SO_2毒性及稳定性。对于乙酸乙酯催化氧化反应，稀土元素Ce的引入则主要为了提升催化剂的氧化能力，进而使乙酸乙酯能在较低的温度下完全氧化。国外还有少量稀土催化用于甲醇、丙醇、乙醛的催化氧化反应研究，也多为铈基催化剂，其中Ce的主要作用为降低催化反应的温度及提高CO_2的选择性。国外对于室内常见的空气污染物甲醛的催化氧化研究非常少，且多采用贵金属基催化剂。由此可见，国外用于VOCs催化氧化反应所选取的污染物种类较为局限，且所采用的稀土元素多集中于Ce和La，对其他稀土元素的开发利用还不够充分。但随着世界各国对环境保护的越发重视与及其明确的VOCs年度减排任务，稀土催化作为廉价高效的绿色环保技术在国外VOCs净化领域必然还具有可观的市场应用前景。

2.2 稀土基吸附材料

稀土元素具有[Xe]4f0-145d1-106S2的电子构型，其4f轨道的特殊性和5d轨道的存在，使其具有光、电、磁等优异性能。稀土离子具有丰富的电子能级，离子半径较大，电荷较高，又有较强的络合能力，这为合成稀土新材料的途径上提供了更多的选择。除此之外，稀土金属氧化物材料存在特殊的孔结构，比如有序的介孔结构，则在吸附、催化过程中可显示出空间效应和定位效应。目前，国外稀土吸附VOCs技术主要集中在碳基吸附剂（颗粒或蜂窝活性炭、活性炭纤维、石墨烯等）、含氧吸附剂（沸石分子筛、硅胶、金属氧化物等）和聚合物基吸附剂（高分子如树脂等）等方面，其中活性炭、分子筛与聚合物吸附剂被美国EPA列为VOCs控制的3种主要吸附剂，在国外研究和应用最广，在VOCs的选择性和吸附性能表现出一定的优势。例如，图1为ZSM-5、MOF-199的晶体结构和VOCs（正己烷、环己烷、苯）的分子结构，图2为沸石分别吸附甲苯和水的吸附能力，图3为沸石吸附甲苯研究过程。碳基吸附剂和含氧基吸附剂具有很大的孔体积，介孔孔道提供的“限域”环境，与具有对目标分子感知功能的功能基团结合，复合稀土元素后，可设计出具有高比表面积、特殊孔道结构和含有特定官能团的稀土复合吸附材料，能够得到具有传感功能和分子识别功能的器件，可作为CO_2和VOCs的吸附剂，用来探测或者识别敏感气体。例如，国外将碳基吸附剂首先进行酸洗和碱活化，然后复合稀土金属氧化物（如铈和镧），制备出比表面积为990m^2/g的吸附材料，对甲苯、甲基乙基酮、柠檬烯的吸附容量分别达350，220，640mg/g，表现出较好的VOCs吸附性能。

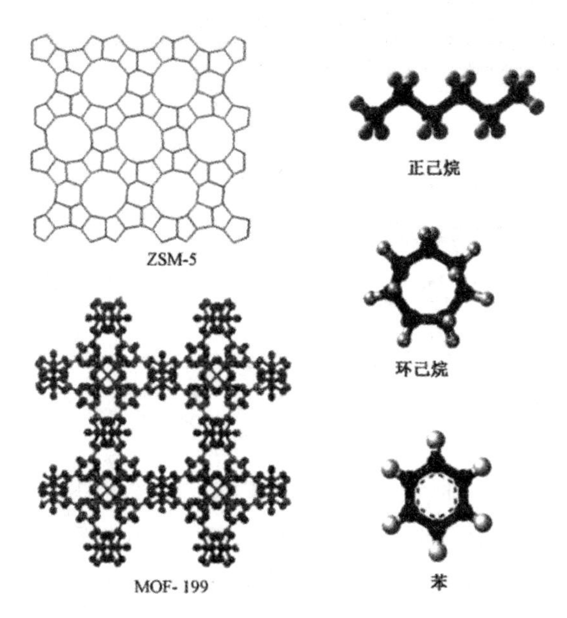

图1　ZSM-5、MOF-199的晶体结构和VOCs（正己烷、环己烷、苯）的分子结构

虽然国外稀土吸附技术在VOCs吸附中应用广泛，但仍存在不足。需进一步研究，如:（1）进一步提高稀土吸附材料对VOC的吸附能力;（2）降低稀土吸附材料的生产成本;（3）提高低沸点VOC的吸附效率;（4）解决高沸点VOC的解吸难题;（5）提高稀土吸附材料对VOCs再利用的选择性;（6）改善稀土吸附材料在潮湿条件下对VOC的吸附。因此，需要进一步开发和提升稀土吸附材

料在VOCs吸附领域的应用，探寻更加有效的表面物化性质调变技术，得到适合VOCs吸附的高比表面吸附材料，最终实现吸附剂的高效回收，达到污染治理的同时，减少成本投入。

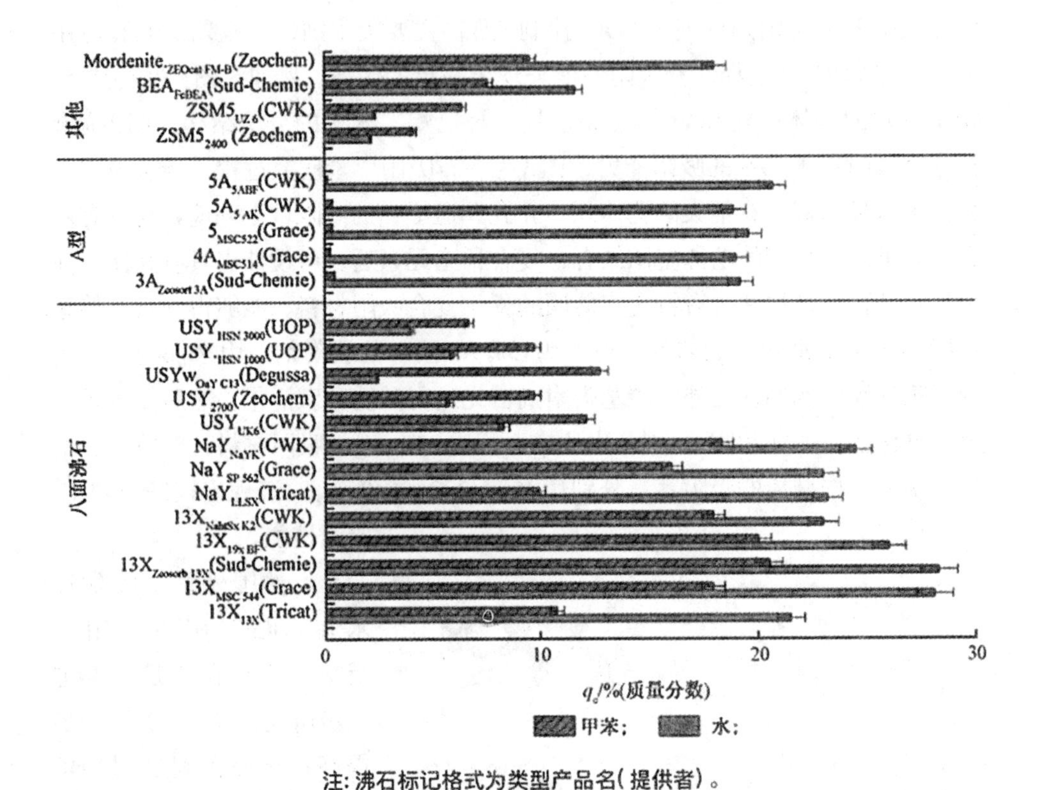

注：沸石标记格式为类型产品名（提供者）。

图2　在平衡条件下（22℃，p（H_2O）=1.66kPa，p（甲苯）=0.02kPa）各种沸石吸附甲苯和水的能力

2.3　有机废气治理的相关装备

基于各发达国家对VOCs处理的测量，以及主流的末端控制技术是吸附技术和燃烧技术，稀土改性的吸附材料以及稀土催化剂由于其广泛的来源和优异的性能引起了更多的关注。

吸附技术主要针对低浓度VOCs的净化，而燃烧技术适用于中高浓度VOCs的净化，但是在实际工业应用中经常碰到的是低浓度、大风量的VOCs污染，

所以往往将吸附技术与燃烧技术相结合。各发达国家对VOCs的末端治理技术略有不同，美国的VOCs治理的代表企业为B&W MEGTEC公司、atea-WK公司和ANGUIL环保公司，以炭吸附系统、热回收式热力焚烧系统、转子吸附系统、蓄热式焚烧炉、蓄热式催化焚烧炉、直接燃烧焚烧炉、浓缩转轮为主要技术。在日本，以东洋纺、西部技研和霓佳斯为代表的企业多采用活性炭过滤技术、VOCs浓缩技术、VOCs氮气脱附技术和转轮浓缩+催化燃烧技术。例如，ANGUIL环保VOCs处理设备包括沸石转轮吸附浓缩（见图4）、蓄热式焚烧炉（RTO）、蓄热式催化式焚烧炉（RCO）、直燃炉（DFTO）、浓缩转轮焚烧炉系统、热能回收设备等，在全球已有超过1 800套成功安装、安全运行的业绩。ANGUIL环保（上海）有限公司在中国的市场量为3亿—4亿元/年，占整个集团VOCs燃烧装置市场总量的50%左右。

而欧盟各国则以瑞典蒙特公司、德国杜尔公司、丹麦LESNI公司、瑞典Centriair公司为代表，多采用沸石吸附转轮系统、催化氧化、活性炭吸附和催化氧化（燃烧）技术。由此可见，吸附技术和燃烧技术及其组合技术是世界各国目前VOCs治理的主流技术，具有良好的治理效果。基于此，科研人员开发了多种吸附剂以及催化剂，如沸石催化剂、沸石吸附剂、生物炭吸附剂等，在

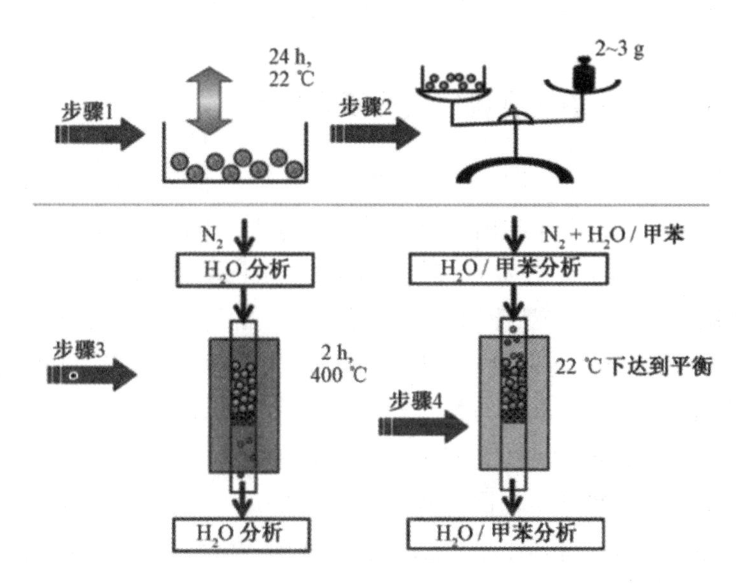

图3　沸石吸附甲苯研究过程

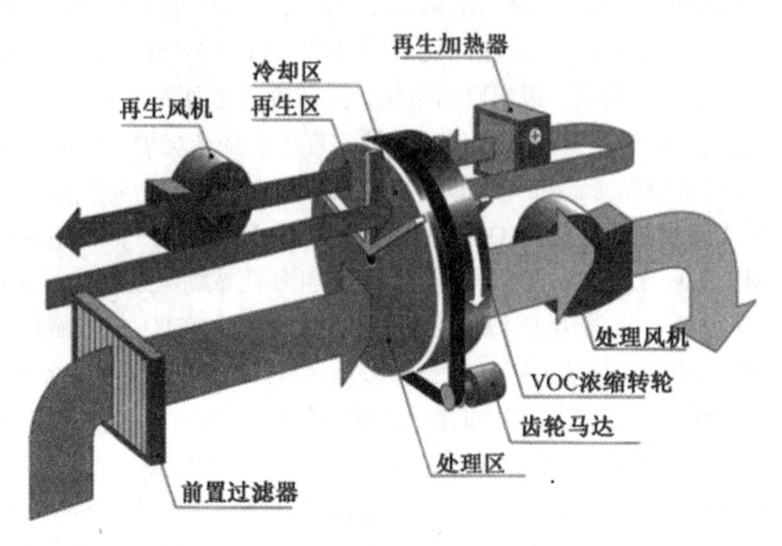

图4　VOCs沸石转轮吸附浓缩装置工作原理

这些材料中，稀土元素都扮演了重要角色。如在吸附技术中广泛的使用稀土元素对沸石吸附剂进行修饰，以调变其吸附选择性能，在催化燃烧方面，更是直接广泛地作为催化剂或者催化剂载体使用，具有良好的前景。

3　国内稀土材料治理有机废气的研究热点

我国是VOCs排放大国，1980—2015年我国工业源VOCs排放整体呈现上升趋势，见图5。2015年我国工业源排放量达到3 100万t，其中山东省、广东省、江苏省、浙江省年排放量都超过了200万t（见图6），主要来自固定源燃烧、道路交通、溶剂产品使用和工业过程等。石化、有机化工、工业涂装和包装印刷行业等重点行业的有机废气排放占工业源总排放量的65%左右。从2015年开始我国VOCs减排缓慢变热，国家和各级地方政府颁布了一系列的VOCs污染防治政策，VOCs的排放得到一定的控制，但据预估，到2020年我国VOCs排放量与2015年相比仍将增加将近300万t。仅从已经发布了VOCs治理规划的近40个城市和地区的情况来看，我国各城市的VOCs治理重点企业数量都在100~1 000家，每个城市的平均治理费用在9亿元左右。经过三四十年的发展，VOCs治理技术及其成套装备已在中国的各行业中普遍应用，并占据了一定市场份额。

我国VOCs末端处理技术呈现多样化，其中吸附和燃烧是常用工艺，吸附—燃烧组合工艺是主流产品。催化氧化技术则是最具有应用前景的处理技术之一，逐渐成为研究和开发热点。活性炭是最常用的VOCs吸附剂，但活性炭抗湿性和再生性差。近年来，对活性炭进行稀土等改性处理，获得的新型活性炭材料具有更高的吸附能力及吸附选择性。稀土催化材料由于其良好的催化性能、独特的低温活性、优越的抗中毒能力，被引入后不仅可促进贵金属的分散，还可通过其与贵金属之间的相互作用，修饰和稳定贵金属的表面化学状态，在VOCs净化方面已显示出潜在的开发应用前景。因此，国内研究多将目光投向开发VOCs治理技术的稀土基吸附/催化材料，掌握其核心技术，试图打破国外垄断地位。而在实际应用中，工业有机废气的排放流量、浓度往往是变化的，且成分较为复杂，需采用多种净化技术组合以满足VOCs排放标准。

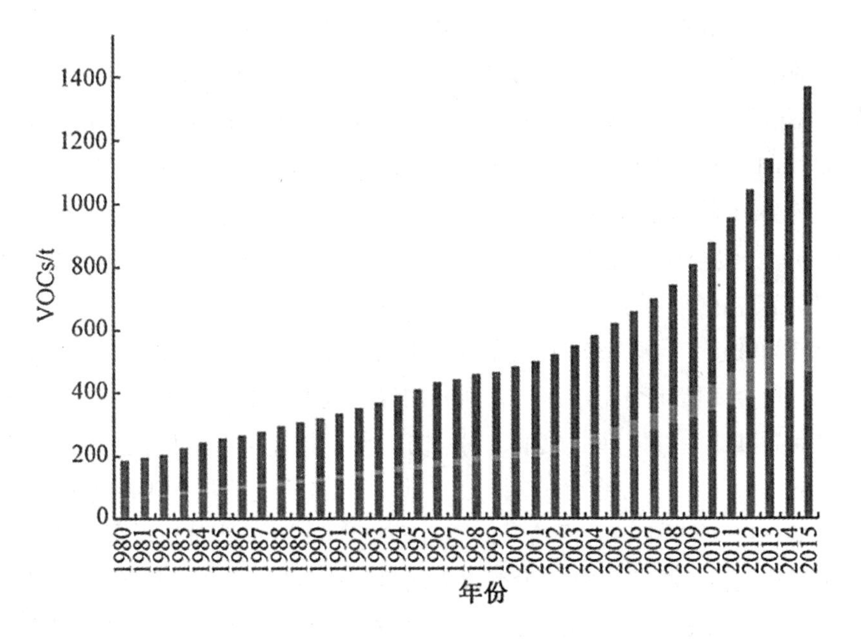

图5　1980—2015年我国工业源VOCs排放总量变化趋势

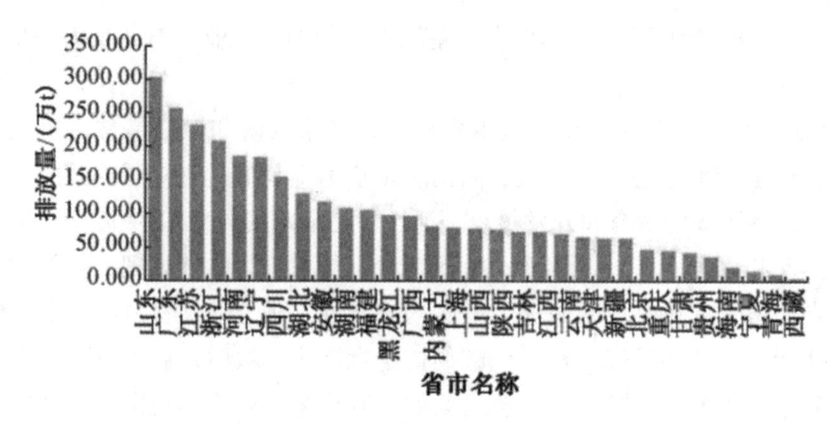

图6　2015年工业源各省市VOCs排放情况

3.1　稀土基催化材料

国内对于稀土催化剂在VOCs净化领域主要研究热点有3个:(1)高活性、选择性和稳定性的环境友好型稀土催化剂设计与开发;(2)稀土元素作为主要的催化剂活性组分或助剂对催化剂的活性、选择性及稳定性的贡献机制;(3)VOCs在稀土催化剂表面吸附、活化并转化的过程机理研究。

目前稀土催化剂在VOCs净化领域应用较多的主要是CeO_2。CeO_2结构敏感，其氧空位的提供和催化活性都依赖于暴露的晶面，所以国内研究人员多采用可控形貌的制备方法将CeO_2制成具有特殊暴露晶面的纳米材料。研究表明，一般具有特殊暴露晶面CeO_2的催化氧化VOCs完全转化温度比普通体相CeO_2要低40~60℃。贵金属催化剂一般具有广谱性、高活性等特征，但高成本是限制该类催化剂应用推广的主要因素之一。另外贵金属催化剂对于废气中Cl、P、S等组分较为敏感，这些组分可能导致催化剂出现团聚、钝化和失活等现象。因此，对于贵金属催化剂而言，一方面要在保持其性能的前提下，减少贵金属的用量，提高其比活性以降低成本；另一方面亟待提高贵金属催化剂在实际使用条件下的耐Cl、P、S等组分的能力。因此有大量研究将可控形貌的CeO_2与贵金属（Ag、Pt、Pd和Au）相结合，通过CeO_2的高活性晶面与贵金属原子之间的强相互作用力来稳定贵金属价态，进而显著促进催化剂的稳定性。与惰性载体负载的贵金属催化剂相比，部分CeO_2负载的贵金属催化剂不仅起燃温度降低了30~50℃，其选择性能可提升10%~20%，寿命也显著延长。对于稀土催化剂表面VOCs反应机制探究，目前多采用单组分作为分子探针且模拟有机废气条件较简单，很少考虑废气中其他影响因子，如水蒸气、SO_2、NO_x和碱土金属的干扰。对于烃类及含氧VOCs，主要通过检测其中间产物，并结合模拟计算来推演污染物分子转化过程，对于基元反应过程还研究得较少。而对于含氯VOCs催化反应机制研究则多是探究不同含氯VOCs上C—H或C—Cl键是速控步骤，还是催化反应的第一步。

稀土元素共有17种，而目前已应用于VOCs净化的主要是轻稀土元素，如Ce、La、Sm和Pr，而对于中和重稀土元素还有待加大开发和利用。同时由于实际工况的污染物组分和浓度比实验条件复杂得多，因此寻求宽温度窗口、低起燃温度、长寿命的多组分复合、多功能集成的稀土催化剂是未来稀土催化在工业有机废气净化方面的研究趋势与重点，这需对单组分或多组分VOCs在催化剂表面的吸附特性及反应机理具有清楚的认识与理解。随着原位光谱表征技术的不断发展，如原位红外和原位拉曼光谱等，对于催化反应机理的研究将不断深入，使得稀土催化剂在国内工业有机废气净化上具有非常可观的市场应用前景。

3.2　稀土基吸附材料

随着我国稀土资源的大量开发和利用，稀土元素在废气污染物中的吸附技术中得到了广泛的应用，稀土材料催化领域论文的发表量也在逐渐增长。

稀土金属在选择性、氧化能力、内含离子数等方面具有明显优势，如稀土的加入可以增强催化剂对P、S的耐受能力，防止催化剂中毒，而掺杂在吸附剂中则可以增强活性组分的分散度，与活性组分构成协同作用，进一步提高吸附剂的稳定性和选择性。不少实验研究表明，稀土金属的加入具有重要的作用。我国常用的吸附材料主要有活性炭、分子筛、石墨烯、氧化铝、聚丙烯酰胺等。例如，（1）分子筛的比表面积一般在500~800 m^2/g，大部分孔结构为微孔，孔径较小且分布均一，在分子筛表面复合稀土金属离子（如Ce、La、Lr等）实现对VOCs污染物（如苯系物、醇类、甲基乙基酮等）的吸附与去除。（2）石墨烯氧化物复合稀土材料由于具有较大的表面积（高达3 502.2 m^2/g）、孔隙体积（1.75 cm^3/g）以及引入原子密集排列的石墨烯氧化物所产生的强大色散力等优点，在吸附重金属、染料、有机或无机污染物以及NH_3、H_2S、VOCs等有毒废物方面表现出优异吸附性能。研究显示，石墨烯复合稀土材料可以成功吸附丙酮（20.1 mmol/g）和正己烷（1 042.1 mg/g），其对丙酮吸附量比纯

MOF大近11倍，对正己烷吸附量比纯MOF大近2倍。（3）碳硅复合稀土材料（CSCs）由于较短的扩散路径、较强的碳分散性、较强的亲和力和较低的传质阻力，可显著提高甲基酮在CSCs上的吸附能力，其吸附性能明显优于母体材料。综上所述，加入稀土元素后的吸附材料，其吸附量、比表面积和孔容的数值明显增加，可显著改善VOCs吸附性能。

3.3 有机废气治理的相关装备

目前国内的VOCs排量相对于发达国家更高，且呈逐年上升趋势。虽然随着一系列VOCs控制政策、方案、法规的出台以及配套的标准、技术指南等发布和监管力度的加大，成熟源头预防技术在国内逐渐发展并推广，但是目前末端治理仍是国内VOCs处理的重中之重。与发达国家类似，在工业应用中，我国也着力于发展吸附浓缩–催化燃烧或者高温焚烧技术，各种稀土材料层出不穷，如稀土改性的活性炭、稀土蓄热陶瓷、稀土催化剂等，在吸附—燃烧领域取得了一定成果并推广应用。

早在1990年，防化研究院开发了蜂窝状活性炭用于VOCs的净化，但是鉴于活性炭材料的安全性缺陷等问题，近年来逐渐被沸石吸附剂取代，并与之结合开发了沸石转轮吸附+燃烧等吸附—燃烧结合技术。在2016年，针对我国VOCs治理技术薄弱、关键材料和装备运行可靠性低的问题，挥发性有机物（VOCs）污染治理技术与装备国家工程实验室获国家发展改革委立项建设，意图解决VOCs污染治理技术和装备发展的瓶颈问题，提升自主创新能力，促进我国VOCs污染控制技术装备达到国际先进水平，推动重点排放行业和治理产业“双升级”，目前已建成分子筛轮转装置、蓄热催化燃烧装置、臭氧催化氧化装置、冷凝回收工艺装置、热脱附装置、变温变压脱附+催化氧化装置等工艺技术设备，同时广泛使用以Ce元素为代表的稀土元素对分子筛等吸附剂进行改性，或直接制成稀土金属氧化物催化剂，在吸附催化联合技术中起到了重要作用。目前，国内环保企业仅初步掌握了核心材料的产业化关键技术及工艺，大多仍然依赖进口。到2019年为止，国内用于VOCs处理的设备总市场已经超过250亿元，并且逐年增加，因此充分发挥我国稀土资源储量和稀土功能材料科研的优势，推广其在VOCs末端治理领域应用具有战略意义。

4　稀土材料国际未来发展方向预测

全球经济进入新常态，低碳、绿色、节能已经成为共识，生态环境问题越来越受到关注，公众的健康及环保意识不断提升。未来大气污染防控工作内容要面向国家新形势下的区域和城市空气质量持续改善、多污染物协同防治、生态环境与气候变化应对的重大需求，以实现多污染物近零排放为目标，解决重点行业大气污染治理瓶颈技术问题为导向，为大气环境监管治理及科学研究提供先进技术手段。

国内外针对VOCs污染科学有效治理方法的研究从未间断。对近10年来的国内外VOCs领域发表论文和申请专利情况进行了统计分析，详见图7a。从统计结果可以看出：2008—2018年的SCI数据库中VOCs领域全球发文量和专利数量的一直呈稳步增长态势，从2008年的582篇上升至2018年的1 284篇。值得注意的是，从2015年开始，全球专利申请数开始急速增长，其中2018年专利申请总数为1 140件，约是2015年的3倍。

2008—2018年，全球VOCs催化领域的SCI发文量和专利数量都呈现上升趋势，相关研究在近几年出现了爆发性增长，见图7b。2018年SCI发文量和专利数量分别是571篇和269件，分别是2008年的3倍和6倍多。

图7c的趋势走向说明关于VOCs稀土催化领域的全球SCI发文量总体呈稳步增长，到2017年达到峰值，之后趋于平缓。而VOCs稀土催化领域的专利数量呈上升趋势，在2016年飙升，虽2017年有所下降后绝对数量仍然比2015年高，2018年继续上升。说明催化氧化技术有着良好的前景，且在科学研究方面，国内稀土基催化剂应用VOCs治理的研究水平已达国际水平。总的来说，世界各国对VOCs治理技术的重视、大力支持与开发，促进了其该学科方向的成熟，后期VOCs稀土基催化剂研发的热度仍然可期。

催化剂是催化燃烧技术的核心材料之一，未来稀土催化VOCs治理技术的关键问题之一仍是催化剂设计与开发。随着纳米技术、材料科学及现代表征方法的发展，可以帮助从更高层次上认识稀土的催化作用本质，从而开发稀土催化材料的新功能，开拓稀土催化材料新的应用领域，这是稀土催化材料发展的趋势和机遇。在VOCs催化燃烧催化剂中引入受镧系收缩影响和4f电子作用的稀土元素，可明显提高催化剂的性能。稀土催化剂的优异性能不仅与活性金属元素的固有性状（原子的电子结构等）相关，同时其结晶构造、粒子尺寸、比

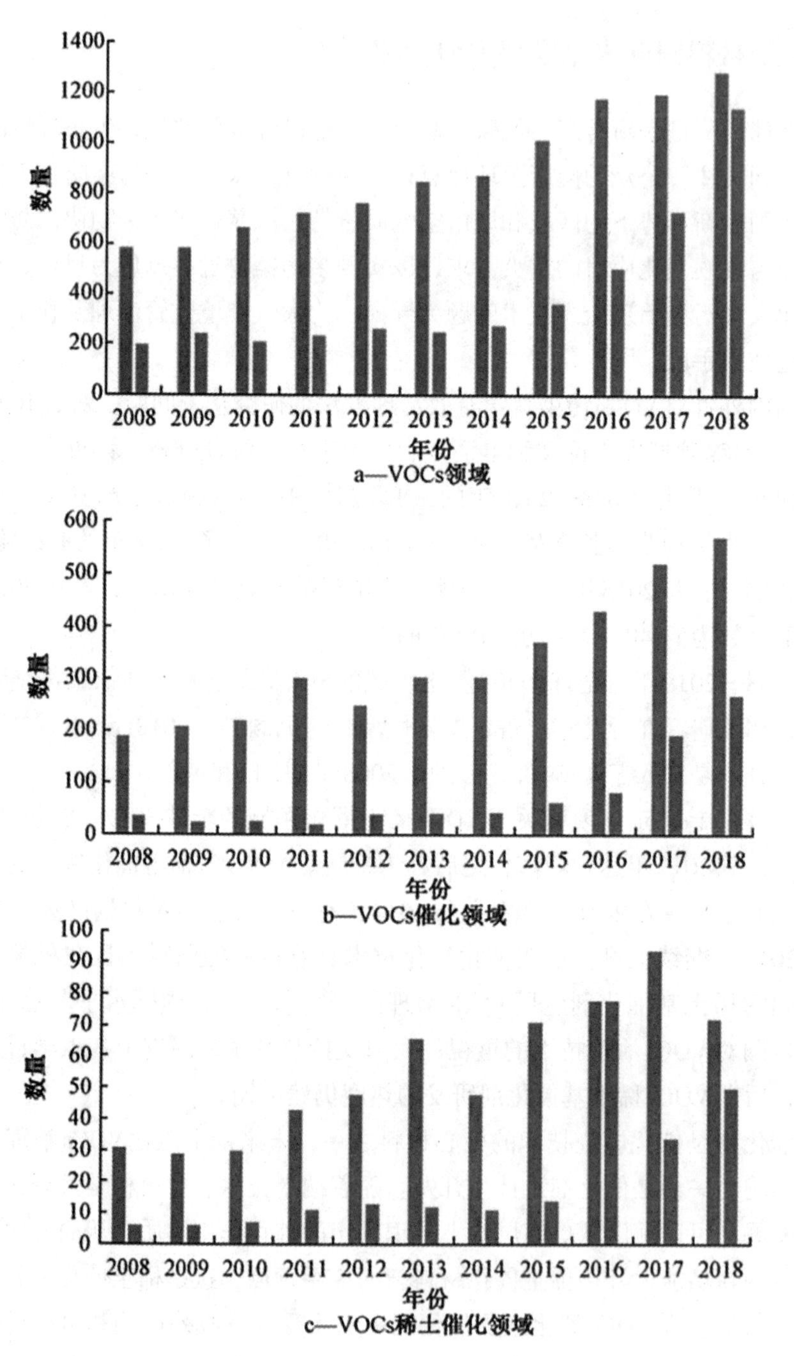

图7　VOCs治理领域全球SCI发文量和专利数量（数据统计自Web of Science）

注：两柱对应项目，左侧为总发文量，右侧为专利数量。

表面积、孔道结构及分散状况等因素也非常重要。关于稀土催化剂材料研发的关键内容主要包括活性、选择性和稳定性。其中失活原因分析，在实验室中通常以积碳和Cl沉积为指标，采用模型反应来评价催化剂性能，或采用混合溶剂来测试催化剂的性能。经济性方面，稀土作为助催化剂及载体可降低贵金属的负载量，提高贵金属的利用效率。

吸附浓缩装置的核心技术是吸附剂与VOCs成分的对应关系，其直接影响到整个工艺。未来稀土基吸附剂的发展方向是研究表面改性、孔隙结构、吸附容量、选择性和再生性，使相应分子大小的VOCs得到有效吸附，降低投资成本。技术上基本都需要考虑稀土基活性炭成型以及关键性能指标，如碘值、丁烷值、灰分、水分、硬度、堆积重、颗粒密度、磨损值、比孔容积、孔隙率、比表面积、平均孔隙半径、孔径分布等。基于使用需求和经济效益的双重考虑，要对分子筛稀土吸附剂的表面积和孔容等相关参数进行筛选。而当面对组分更为复杂的VOCs时，不仅需要考虑目标污染物的吸附效果，还要考虑各类其他成分的竞争吸附效应。因而，可以通过不同稀土元素与不同分子大小的VOCs吸附特性研发针对性强、适用范围广、耐受能力强的稀土吸附剂。选择性好、分离比高的吸附剂可在一定程度上减小设备的尺寸、降低投资成本等。

对于典型行业、重点污染物的排放控制，仍然需要推行相关的末端治理控制技术。随着催化剂和吸附剂的不断革新，相关的设备工艺必须相应调整，以满足达到末端治理技术设备所需的条件。未来一般都是利用组合技术来进行一套有效的综合治理。排放出来的VOCs可以选择吸附浓缩、冷凝回收和膜分离的方式处理，对具有可回收价值的成分进行资源循环利用，而部分工艺通过燃烧等化学反应将VOCs分解转化成其他无毒无害物质，其中主要是燃烧技术。主要的工艺路线有稀土沸石转轮吸附浓缩+回收、稀土改性活性炭吸附浓缩+燃烧、稀土改性沸石转轮吸附浓缩+燃烧和稀土改性活性炭吸附浓缩+冷凝回收+燃烧。后期要求设备的系统组合紧凑，充分利用热源，节省设备投资和运行费用，其中关键问题包括系统去除效率问题、系统运行稳定性和安全问题、系统投资问题。针对具体行业，对现有控制技术的有机废气性质、环境性能、技术性能、技术经济性四个方面综合评估。最后，结合排放标准要求、安全要求、运行管理要求等因素对优选出的VOCs治理技术进行完善和精选确定。

我国在稀土催化VOCs治理的科学理论研究上已取得较多成果，在吸附、催化技术的科学研究方面稳步发展，但在成果转化、技术应用方面，与国外先进技术相比还存在一定的差距，尚难以实现大批量稳定生产来保证国内需求，大大降低了环保企业在VOCs治理市场竞争优势。因此，需要加强产学研结合，在成果转化、废气治理的设计及设备制造方面有所提高，力求在稀土新材料开发及终端应用等方面，加快研究步伐，实现技术转化，努力解决我国稀土产业发展过程中的关键技术问题。未来亟需完善VOCs治理技术规范体系，严格市场准入，促进骨干企业的发展，增强行业自主创新能力，提升行业的整体技术水平，优化VOCs治理行业产业结构。最后，源头预防是最有效的VOCs治理技术，国内需要进一步加强源头预防方面的研究。

5　稀土材料国内发展分析与路线规划建议

5.1　国内发展的中短期目标和实施规划建议（至2035年）

5.1.1　发展任务

坚持全民共治、源头防治，持续实施大气污染防治行动，打赢蓝天保卫战，这不仅是政治任务，也是经济社会发展必须遵循的规律。未来10~15年，实现全国大气环境质量全面改善和达标，是大气污染防治领域科技发展的目标和愿景。据权威机构研究，保守估算于“十三五”期间，其市场规模将跨越1 400亿元大关，正迎来市场高峰。建议应建立完善VOCs污染防控管理体系，重点区域、重点行业VOCs治理取得显著成效，完成“十三五”规划确定的VOCs排放量削减10%的目标，协同防控温室气体排放，督促环境空气质量继续改善，进一步推进多目标多污染物协同控制，持续推进多污染源多污染物减排。重视非常规污染物的排放，发展先进的治理技术并实现工业化推广应用。利用新的稀土VOCs治理技术推进大气环境管理的精细化、系统化和科学化水平，提高全社会大气环境管理的精细化水平和效率，推进绿色发展方式。

估计到2020年，我国VOCs治理市场规模将达到1 800亿，未来我国在稀土新材料高端开发及终端应用等方面，需加快产学研结合步伐，实现稀土催化技术转化。我国在源头治理技术、大气污染防治技术等方面已取得了重要进展，部分技术已实现并跑乃至领跑发达国家，但部分最基础、最核心的技术（如高效吸附剂和催化剂的研发）仍与发达国家有很大差距。从发文量和专利申请数来看，我国在稀土催化VOCs领域的研究在2012年后取得了迅速的发展，这些成果都是基于我国对攻克大气污染问题坚定的决心和执行力。未来应要以多污染物全过程控制、非常规污染物高效治理、资源化利用和智能化运行等关键技术研发为核心，重点建立面向不同行业的低成本大气多污染物高效协同治理技术路线和标准体系，全面提升支撑我国空气质量根本改善的污染防控技术能力。

对于大多数环保企业，制约其技术和装备开发的重要因素包括以下3点：（1）研发能力薄弱，治理工艺的总体设计水平较低，缺乏相应的设计规范；（2）对技术细节考虑不多，工艺环节比较简单，难以保证治理设施的稳定运行；（3）在控制材料性能方面，与国外相比尚存在一定差距，或者对控制材料的选择不当，造成控制净化效果较差。故应引导环保企业对关键材料（稀土吸附材料和催化材料等）共性技术的攻关，突破底层技术的“黑匣子”，同时对国外引进技术进行消化、吸收与创新，实现一些关键产品通过逆向工程实现自主设计、研发和创新。

图8　持续实施大气污染防治行动，打赢蓝天保卫战，是经济社会发展必须遵循的规律（张欢摄）

5.1.2 关键问题和难点

（1）缺乏高端、关键核心稀土基吸附/催化材料：由于我国VOCs的研究起步较晚，工业应用的核心材料研发设计水平低，大多依赖进口，但科学研究上已是国际领先水平。市场上广泛使用的性能较好的污染治理关键材料严重依赖进口，严重制约了设备和系统的集成能力。例如，活性炭纤维生产仍存在成本高（20万元/t左右），产品同质化严重、吸附效率偏低、选择性差、寿命短等问题。催化剂方面，耐高温抗中毒以及贵金属催化剂成本高，效率低，在一定程度上限制了其应用。

（2）稀土基VOCs治理应用成果转化和装备不成熟、基础配套能力不足：目前，吸附技术，催化燃烧技术和高温焚烧技术仍然是主流技术。与国外相比，功能材料、技术细节、工艺设计水准和制造水准仍有较大差距，尤其是在标准化方面没有统一的约束和规范，不同治理企业之间的净化设备水平差距很大。国内装备的发展速度暂时跟不上日益增长的行业需求，体现为VOCs主流控制技术的高精尖产业和重大技术配套装备生产力不足，装备及配套材料落后，处理效率也因行业或工序差异而参差不齐。

（3）国内VOCs治理市场混乱，缺乏整体解决方案：首先，技术法规指导的缺乏，目前仅出台了吸附、催化燃烧、吸收等技术规范。且行业相关标准规范缺失，生产企业缺少计算和设计依据，原材料选择和工艺设计随意性较大，市场产品质量参差不齐，应用效果差和监管难度大。此外，VOCs治理市场还存在治理资金匮乏，市场混乱，竞争透明度较低，甄别难度大的问题。目前经济增速逐渐缓慢的“新常态”使得制造业面临挑战，企业投资有心无力。其次，VOCs治理市场庞大，环保企业数目众多，但是竞争透明度相对较低，难以对企业进行有效甄别。其中首要的问题是市场混乱，目前总体上依旧处于关系竞争的初级阶段，技术和产品较难有效达到企业需求。对于区域性的VOCs治理问题，仍然缺乏整体针对性解决方案。

5.1.3 解决方案

（1）针对缺乏关键核心稀土基吸附/催化材料问题：加强对稀土催化基础科学问题的研究，提升原始创新的能力。深化稀土材料在VOCs催化氧化领域的专利分析与战略研究、知识产权保护机制研究，构建产业化导向的稀土材料在VOCs催化氧化技术的核心专利和专利池。针对VOCs催化燃烧，明确稀土与其他组分（过渡金属氧化物、贵金属等）之间的相互作用对其表/界面性质的影响，及在反应条件下的动态变化规律，建立稀土复合催化剂的组成—结构—性能之间的构—效关系，实现高性能催化剂的设计，并发展稀土复合催化剂的制备技术及相关应用技术。开展产学研环节基础工作，储备一定超前性的先进技术，利用科研创新成果上的优势攻破材料工业化转化难关，引领国内VOCs污染治理的技术和装备发展。

（2）针对稀土基VOCs治理应用成果转化和装备不成熟：利用科研创新成果优势实现工业应用成果转化，加强企业和科研院所交流。此外，鼓励环保企业建立行业领先的科研创新平台，以及科研院所团队建立工程试验基地以及相关试验平台，配备相匹配的大气污染物治理环保设备的研发、测试、验证、设计仿真能力。同时，鼓励环保企业建立研发制造基地，形成全国战略布局，先进的生产及智能加工设备，为持续研发更多高水平的环保新技术、新产品提供扎实可靠的硬件支持。建议环保企业与科研院所及稀土材料供应商合作，深入研究稀土材料与VOCs匹配关系及改性工艺条件，形成稀土材料选型核心技术，打破国外VOCs治理技术垄断。攻关吸附浓缩技术、冷凝回收技术和蓄热焚烧技术（以RTO为主），再生技术等关键技术装备，形成相关核心装备产品。

（3）针对国内VOCs治理市场混乱、缺乏整体解决方案问题：编制用于VOCs净化的稀土催化剂的行业标准体系，搭建VOCs净化的稀土催化剂标准化信息平台，服务行业管理。对于VOCs治理工程项目，以母公司提供设计方案、设备生产加工及采购，各项目所在区域分公司开展市场攻关和工程设备安装的方式运营；对于稀土改性活性炭再生服务，通过与国内优势活性炭再生企业合作，成立合资公司的方式运营。

5.2　国内发展的中长期目标和实施规划（至2050年）

5.2.1　发展任务

十九大报告提出了到2050年，我国生态文明全面提升的总体目标。随着经济技术的快速发展，我国VOCs的总排放量的要求更加严格，针对重点行业或特定区域VOCs的综合治理仍会成为大气污染物防控的重点，迫切需要提出新的VOCs治理商业模式，开发出集成度高、效率高、节能的净化设备，提高VOCs净化装置的自适应能力，编制VOCs排放控制技术的行业标准，搭建VOCs排放控制技术的大数据云平台。此外，VOCs排放控制技术需要不断提升，这对高效且广泛应用的VOCs治理技术，尤其是稀土基吸附/催化剂提出了更高的要求和更严格的标准。要求稀土行业在资源保护、产业结构调整、应用产业发展、创新能力提升、管理体系建设等方面取得积极进展，行业发展质量迈上新台阶。

加速推进以资源开采、冶炼分离和低级产品加工为主的产业框架向以中高端稀土吸附/催化材料为主的产业结构转变。大力拓展La、Ce、Y等高丰度元素在环保行业的应用，尤其是VOCs催化氧化领域。发掘探究稀土元素本征特性，开发稀土材料新功能，拓展新应用范围。瞄准全球范围新材料前沿，开展基于材料基因工程的稀土催化、吸附等新材料研究，突破一批国家亟需、引领未来发展的稀土新材料及绿色制备核心技术，使得稀土应用产业规模不断扩大，产品性能大幅提升，并取得一批突破性成果。实现国产稀土VOCs吸附/催化剂和器件处于国际领先水平，推广稀土VOCs吸附/催化剂在石油化工、电力、钢铁等工业废气处理中实现产业化大范围应用，高端稀土金属及其化合物、高性能稀土合金等关键制备工艺获得重要进展，国产材料基本满足重点工程的需求。

未来不仅要考虑有组织排放，还要重视无组织逸散排放的控制。从国家层面明确对各行业开展挥发性有机物综合治理的要求，密集出台的相关政策，几乎完全涵盖了石油化工、电力、钢铁行业，而对于表面喷涂、涂料等有机化工行业更有严格的规定。采用源头预防技术从根本上杜绝VOCs的产生，主要是采取环保产品替代技术，从根本上减少有机溶剂的使用。要求国内的发电厂使用更多的清洁能源来代替煤燃烧，敦促化石燃料发电厂研发更有效的技术和工艺，并更多地使用零排放和低排放的能源。

5.2.2 关键问题和难点

（1）稀土材料研究整体实力有待提升，持续创新能力不强：目前产业结构性矛盾仍然尖锐，稀土低级产品生产能力过剩，违法违规行为屡禁不止，导致稀土产品价格低迷，尚未体现其稀缺资源应有的价值，迫切要求进一步规范行业规则，严格把控产能增量，优化稀土低级产品加工剩余量，淘汰落后产能。

（2）VOCs的源头减排环节薄弱，环保型产品替代缺乏：目前的技术水平还未能实现无泄漏生产，导致无组织排放的VOCs面广源多，末端治理有着难以克服的弊病。不同企业由于规模、生产工艺差异导致VOCs监测和治理费用差异较大，企业在经济上往往难以承担。源头排放的VOCs由于具有很强的扩散性和反应活性，能够在一定条件下经过各种复杂的化学反应发生转化，以该形式产生的VOCs的排放量无法准确估计，产生源的分析也存在困难。

5.2.3 解决方案

（1）针对稀土材料研究整体创新能力不强问题：形成合理开发、有序生产、高效利用、科技创新、协同发展的稀土行业新格局，使行业整体迈入以中高端应用、高附加值为主的发展阶段，充分发挥稀土应用功能的战略价值。行业主要发展模式如下：①建成若干家技术一流、装备先进的创新中心，提高重点研发费用占营业收入比重，使具有自主知识产权的高端稀土功能材料及器件达到国际先进水平；②对全国所有稀土开采、冶炼分离、资源综合利用企业的整合，全行业实现绿色转型，形成科学规范的现代企业治理结构；③行业管理法律法规基本健全，部门协作进一步加强；④以重点领域需求为目标，主要稀土功能材料产量年均增长15%以上，中高端稀土功能材料占比显著提升，产业整体步入中高端发展阶段。最终要求开发出集成度高、效率高、节能的净化设备，提高VOCs净化装置的自适应能力。

（2）针对源头预防环节薄弱和环保型替代产品相对缺乏的问题：颁布排放标准，制定长期控制目标。采用排污收费、对于使用“环境友好”技术给予税收减免，推行“排放补偿”“排污交易”等政策措施。采用源头预防治理VOCs主要途径：①改善过程控制：对排放VOCs的行业、部门、工艺等进行技术和管理方面的提升改造，减少VOCs的排放，且要求溶剂使用厂家注意贮存、运输中的无组织排放；②更新材料、在装修业、喷涂业引入无苯涂料、水溶性涂料，以减少VOCs的排放；③改进设备，更新过程：使用溶剂的工艺可以实现密闭循环，从根本上减少VOCs排放。

6 结论

（1）稀土催化和吸附作为廉价高效的绿色环保技术，在国内外VOCs净化领域必然还具有可观的市场应用前景，但通过原位手段阐释稀土催化材料的催化反应机理，以及稀土吸附材料的吸附性能和对恶劣环境的适应能力还亟待在今后的研究中加强。

（2）国内外在稀土材料对有机废气的治理领域已经取得了丰硕的研究成果，促进了其科学技术的成熟，后期将继续大力发展。

（3）预测国内需要在未来30年间持续提升稀土材料创新性，提高稀土材料治理有机废气的成果转化和装备水平，规范市场，并逐步强化源头预防取代，实现我国VOCs污染的高水平防控。

参考文献

［1］ KAMAL M S, RAZZAK S A, HOSSAIN M M. Catalytic oxidation of volatile organic compounds(VOCs)-Areview[J]. Atmospheric Environment, 2016（140）: 117-134.

［2］ MELLOUKI A, WALLINGTON T J, CHEN J. Atmospheric Chemistry of Oxygenated Volatile Organic Compounds: impactson Air Quality and Climate[J]. Chemical Reviews, 2015, 115（10）: 3984-4014.

［3］ 邵敏，董东. 我国大气挥发性有机物污染与控制 [J]. 环境保护，2013, 41（5）: 25-28.

［4］ 魏巍. 中国人为源挥发性有机化合物的排放现状及未来趋势 [D]. 北京：清华大学，2009.

［5］ BOLTIC Z, RUZIC N, JOVANOVIC M, et al. Cleaner production aspects of tablet coating process in pharmaceutical industry: problemof VOC semission[J]. Journal of Cleaner Production, 2013（44）: 123-132.

［6］ 章旭明. 低温等离子体净化处理挥发性有机气体技术研究 [D]. 杭州：浙江大学，2011.

［7］ 孙健，戴维杰，肖伟豪，等. 挥发性有机物吸附材料研究进展 [J]. 现代化工，2017, 37（7）: 58-62.

［8］ RUIZ-FERNNDEZ M, ALEXANDRE-FRANCO M, FERN NDEZ-GONZLEZ C, et al. Development of activated carbon from vine shoots by physical and chemical activation methods. Some insight into activation mechanisms[J]. Adsorption, 2011, 17(3): 621-629.

［9］ 牛茜，李兵，徐校良，等. 催化燃烧法处理挥发性有机化合物研究进展 [J]. 现代化工，2013, 33(11): 19-23.

［10］ PENG R, LI S, SUN X, et al. Size effect of Pt nanoparticles on the catalytic oxidation of toluene over Pt/CeO_2 catalysts[J]. Applied Catalysis B: Environmental, 2018（220）: 462-470.

［11］ JIANG Y, GAO J, ZHANG Q, et al. Enhanced oxygen vacancies to improve ethyl acetate oxidation over MnOx-CeO_2 catalyst derived from MOF template[J]. Chemical Engineering Journal, 2019（371）: 78-87.

［12］ ZHANG Y, ZHANG H, XU Y, et al. Europium doped nanocrystalline titanium dioxide: Preparation, phase transformation and photocatalytic properties[J].Journal of Materials Chemistry, 2003, 13（9）: 2261-2265.

［13］ RAOG R, FORNASIERO P, MONTE R D, et al. Reduction of NO over partially reduced metal-loaded CeO_2-ZrO_2 solid solutions[J].Journal of Catalysis, 1996, 162（1）: 1-9.

［14］ HU F, PENG Y, CHEN J, et al. Low content of CoOx supported on nanocrystalline CeO_2 for toluene combustion: the importance of interfaces between active sites and supports[J].

Applied Catalysis B: Environmental, 2019（240）: 329-336.
[15] OZAWA M, YUZURIHA H, HANEDA M. Total oxidation of toluene and oxygen storage capacity of zirconia-sol modified ceria zirconia[J]. Catalysis Communications, 2013（30）: 32-35.
[16] LÓPEZ J M, GILBANK A L, GARCÍA T, et al. The prevalence of surface oxygen vacancies over the mobility of bulk oxygen in nanostructured ceria for the total toluene oxidation[J]. Applied Catalysis B: Environmental, 2015（174-175）: 403-412.
[17] ZHANG C, GUO Y, GUO Y, et al. $LaMnO_3$ perovskite oxides prepared by different methods for catalytic oxidation of toluene[J]. Applied Catalysis B: Environmental, 2014（148/149）: 490-498.
[18] GIRAUDON J M, ELHACHIMI A, WYRWALSKI F, et al. Studies of the activation process over Pd perovskite-type oxides used for catalytic oxidation of toluene [J]. Applied Catalysis B, Environmental, 2007, 75（3）: 157-166.
[19] SHAH P M, DAY A N, DAVIES T E, et al. Mechanochemical preparation of ceria-zirconia catalysts for the total oxidation of propane and naphthalene Volatile Organic Compounds [J]. Applied Catalysis B: Environmental, 2019, 253: 331-340.
[20] WANG Z, LI S, XIE S, et al. Supported ultralow loading Pt catalysts with high H_2O-, CO_2-, and SO_2-resistance for acetone removal [J]. Applied Catalysis A, General, 2019（579）: 106-115.
[21] FUKU K, GOTO M, SAKANO T, et al. Efficient degradation of CO and acetaldehyde using nano-sized Pt catalysts supported on CeO_2 and CeO_2/ZSM-5 composite [J]. Catalysis Today, 2013, 201（1）: 57-61.
[22] FIORENZAR, BELLARDITA M, PALMISANO L, et al. A comparison between photocatalytic and catalytic oxidation of 2-Propanol over Au /TiO2-CeO_2 catalysts[J]. Journal of Molecular Catalysis A, Chemical, 2016（415）: 56-64.
[23] KAMINSKI P, ZIOLEK M. Surface and catalytic properties of Ce-, Zr-, Au-, Cu-modified SBA-15 [J]. Journal of Catalysis, 2014（312）: 249-262.
[24] 魏延志，陈彦模，张瑜，等. 稀土在高聚物改性中的应用[J]. 高分子材料科学与工程，2005,（1）: 52-56.
[25] 张本镔，刘运权，叶跃元. 活性炭制备及其活化机理研究进展[J]. 现代化工，2014, 34（3）: 34-39.
[26] KRAUS M, TROMMLER U, HOLZER F, et al. Competing adsorption of toluene and water on various zeolites [J]. Chemical Engineering Journal, 2018（351）: 356-363.
[27] SAINI K V, PIRES J O. Development of metal organic fromwork-199 immobilized zeolite foam for adsorption of common indoor VOCs[J]. Journal of Environmental Sciences, 2017, 55（5）: 321-330.

[28] ANFRUNS A, MARTIN M J, MONTES-MOR N M A. Removal of odourous VOCs using sludge-based adsorbents [J]. Chemical Engineering Journal, 2011, 166（3）: 1022-1031.
[29] 有机废气治理行业2015年发展综述[J]. 中国环保产业，2016,（11）: 5-13.
[30] ZHANG Z, HUANG J, XIA H, et al. Chlorinated volatile organic compound oxidation over SO_2 — 4/Fe_2O_3 catalysts[J]. Journal ofCatalysis, 2018（360）: 277-289.
[31] FENG Z, REN Q, PENG R, et al. Effect of CeO_2 morphologies on toluene catalytic combustion[J]. Catalysis Today, 2019（332）: 177-182.
[32] YANG H, DENG J, LIU Y, et al. Preparation and catalytic performance of Ag, Au, Pd or Pt nanoparticles supported on 3DOM CeO_2-Al_2O_3 for toluene oxidation [J]. Journal of Molecular Catalysis A, Chemical, 2016（414）: 9-18.
[33] LIN X, LI S, HE H, et al. Evolution of oxygen vacancies in MnOx-CeO_2 mixed oxides for soot oxidation[J]. Applied Catalysis B: Environmental, 2018, 223: 91-102.
[34] HE H, LIN X, LI S, et al. The key surface species and oxygen vacancies in MnOx(0.4)—CeO_2 toward repeated soot oxidation[J]. Applied Catalysis B: Environmental, 2018, 223: 134-142.
[35] DAI H, JING S, WANG H, et al. VOC characteristics and inhalation health risks in newly renovated residences in Shanghai, China[J]. Science of the Total Environment, 2017, 577: 73-83.
[36] MA X, LI L, LI H, et al. Porous carbon materials based on biomass for acetone adsorption: effect of surface chemistry and porous structure[J]. Applied Surface Science, 2018（459）: 657-664.
[37] QIN Y, WANG H, WANG Y, et al. Effect of Morphology and Pore Structure of SBA-15 on Toluene Dynamic Adsorption /Desorption Performance [J]. Procedia Environmental Sciences, 2013（18）: 366-371.
[38] 王丽萍，陈建平. 大气污染控制工程[M]. 北京：中国矿业大学出版社，2012.

本文原载于《环境工程》2020年第1期

七、基于CALPUFF模型的盘锦市大气环境容量研究

陈　飞[1,2]

（1：生态环境部南京环境科学研究所，江苏 南京 210042；2：南京信息工程大学江苏省大气环境与装备技术协同创新中心，江苏 南京 210044）

摘要　选择2015年为基准年，在对辽宁省盘锦市大气污染源调查的基础上，利用CALPUFF模型模拟大气污染物（SO_2, NO_2和PM_{10}）的分布特征。采用Weather Research and Forecasting（WRF）模拟了地区的气象场，通过与监测数据对比分析了模型的适用性，通过分析盘锦市污染源情况，建立大气污染物传递矩阵，结合线性优化模型测算了盘锦市大气环境容量。

关键词　CALPUFF模型；线性规划模型；大气环境容量；盘锦市

随着我国经济快速发展，城镇化水平日益增高，人口不断增加，大气环境污染现象频发，水污染事件、人居条件恶化等一系列重大环境问题出现。研究表明，大气污染对人体健康、空气能见度、生态系统和气候变化等均具有重要影响。大气污染物容量是指在给定的区域内，达到环境空气保护目标而允许排放的大气污染物总量。大气污染物总量控制是大气环境污染的主要管理手段。大气环境容量是一种特殊的环境资源，它与其他自然资源在使用上有着明显的差异。鉴于环境条件和污染物排放的复杂性，准确计算一定空间环境的大气环境容量十分困难（大气是没有边界的，一定空间区域内外的污染物互相影响、传输、扩散）。在做一定的假设后，可借助数学模型模拟估算一定条件下的大气环境容量。1996年，Mcdonald等人首次对加拿大Alberta地区SO_2的沉积和通量进行研究时，应用箱式和烟云复合模型对该区域的环境容量进行了探求。任阵海院士早在20个世纪90年代就在该领域开展研究和探索，填补了学科空白，建立了大气环境容量理论。

目前在区域大气环境容量的计算中主要采用A值法和多源模型法，其中CALPUFF模型是三维非稳态拉格朗日扩散模型，建立污染源、地区地形和气

象条件与污染物浓度的动态响应关系，根据模拟得到区域内的浓度，是当今国际上主流的应用于复杂地形下的空气质量模型之一。近年来，国内外诸学者也开展了相当多的研究。孙维等采用CALPUFF模型，计算了合肥地区SO_2大气环境容量。张明等利用传输矩阵与线性优化法耦合的方法，测算乌鲁木齐市大气环境容量，并提出了相应的对策。程水源等应用大气环境质量预测的多维多箱与高斯模型结合的复合模型,结合大气环境质量标准计算了不同达标率下北京市的大气PM_{10}环境容量。Holnicki等基于2012年排放数据和气象数据，采用CALPUFF模型计算了华沙地区PM_{10}、$PM_{2.5}$、NO_x、SO_2、CO、C_6H_6的容量。由于模型对数据的要求较高，尤其气象数据，考虑到地面气象数据分辨率较低，本文采用了空气质量模型模拟了气象数据。

盘锦市近年来遭遇频繁的大气污染问题，2015年盘锦市城市环境空气$PM_{2.5}$浓度年均值为51μg/m^3，超标0.5倍；PM_{10}浓度年均值为81μg/m^3，超标0.2倍。本文尝试以盘锦市为例，采用Weather Research and Forecasting（WRF）模型模拟高空气象数据，建立大气环境容量的线性优化模型，采用浓度—排放量反推模式计算盘锦市大气污染物（SO_2、NO_2和PM_{10}）的环境容量，为盘锦市大气污染控制提供理论依据。

1 模型方法

1.1 CALPUFF模型

CALPUFF基本原理为高斯烟团模式，可模拟三维流场中随时间和空间发生变化的污染物输送、转化和消除过程。CALPUFF模型的模拟范围从几十米到几百千米，可以处理逐时变化的点源、面源、线源、体源等污染源，可选择模拟小时、天、月以及年等多种平均模拟时段，模式包括了化学转化、干湿沉降等污染物去除过程，充分考虑下垫面对环境的影响。在CALPUFF模型中，单个烟团在某个接受点的基本浓度公式为：

$$C = \frac{Q}{2\pi\sigma_x\sigma_y} \cdot g \cdot \exp\left[\frac{-d_a^2}{2\sigma_x^2}\right] \cdot \exp\left[\frac{-d_c^2}{2\sigma_y^2}\right]$$

$$g=\frac{2}{\sigma_z\sqrt{2\pi}}\cdot\sum_n \exp\left[\frac{-\left(H_e+2nh\right)^2}{2\sigma_y^2}\right]$$

其中，C为地面污染物质量浓度（g/m^3），Q为烟团中污染物的质量（g），σ_x、σ_y和σ_z分别是X、Y、Z方向上污染物高斯分布的标准差（m），g为高斯方程垂直项（1/m），解决混合层和地面之间多次反射的问题，da为顺风距离（m），dc为垂直向距离（m），He为污染源的有效高度（m），h为混合层高度（m）。

模式系统包括CALMET，CALPUFF和CALPOST等3个主要部分，以及大批预处理程序，用来将常规气象数据和地理数据按照模式要求的标准进行格式转换。其中，CALMET模块是在三维网格化的模式区域中的逐时风场、温度场气象模型，其初始气象场数据可使用区域地面、高空气象观测资料，通过诊断模式获得。CALPUFF模块是整个CALPUFF空气质量扩散模型的核心部分，通过对气象场和相关污染源资料的叠加，在考虑干、湿沉降，化学转化等污染物清除过程情况下，模拟污染物的传播及输送；CALPOST是计算结果后处理模块，该模块能够将CALPUFF生成的污染物浓度场进行相应处理，如生成网格化或者指定点逐时浓度、日均浓度、月均及年均浓度等文件。

1.2　容量测算方法

根据盘锦市环境功能区划、产业布局等情况，设定虚拟点源和控制点，以CALPUFF大气扩散模型和线性优化模型相结合的方式，按区域环境质量目标，采用浓度—排放量反推法测算大气环境容量。

1.2.1　传输系数矩阵

污染源对控制点的浓度贡献值/污染源的污染物排放速率，即为各污染源与控制点之间的传递系数，由此可建立污染源与环境质量目标控制点的传递系数矩阵。在地形和气象等参数确定的情况下，点源对设定控制点的污染物浓度贡献值与其源强成正比。当污染物排放强度发生变化时，可以通过传递系数矩阵得到反映污染物长期平均浓度分布的变化。

1.2.2　线性优化模型

根据盘锦市的大气环境功能及相应指标，以污染源的排放量之和最大为目标，所有源对每个控制点的总浓度贡献均小于控制目标值和各污染源排放量非负为约束条件，建立大气环境容量线性规划模型如下：

目标函数：$\max F(Q)=\sum_{j=1}^{N}Q_j$

约束条件：$\sum_{j=1}^{N}A_{ij}Q_j \leqslant C_i - C_i^m \qquad (j=1,2,\cdots,N;i=1,2,\cdots,M)$

式中，$F(Q)$为目标函数，即区域所有污染源污染物排放量之和为最大，约束条件是区域内各质量控制点浓度达到目标值C_i，A_{ij}为区域内污染源j对控制点i的浓度贡献系数（即为污染源j对控制点i点的浓度贡献值/污染源j的污染物排放速率），Q_j为污染源j的允许排放量，M和N分别为区域质量控制点数和污染源总数。此外，区域剩余大气环境容量不仅取决于区域大气扩散条件、区域环境质量要求和区域污染源排放条件，还取决于区域现场污染源浓度水平，即环境质量目标值与现场污染水平的差越大，剩余容量值就越大，反之，差越小剩余容量值就越小。

2 研究区情况与污染源调查

盘锦市位于辽宁省西南部，辽河三角洲中心地带，东、东北邻鞍山市辖区。东南隔大辽河与营口市相望，西、西北邻锦州市辖区，南临渤海辽东湾。市区距省城沈阳市155 km；西距锦州市102 km；南距营口市65 km，鲅鱼圈港146 km，大连港302 km；东距鞍山市98 km。地理坐标为北纬40° 39′ ~41° 27′ 、东经121° 25′ ~122° 31′ 。总面积4 071 km^2，占辽宁省总面积的2.75%。盘锦市属暖温带大陆性半湿润季风气候区，其气候特点为四季分明、雨热同季、干冷同期、温度适宜、光照充裕。春季降水少，大风多，冷暖空气交替频繁；夏季雨量充沛，高温高湿，雨量集中，易产生洪涝；秋季气温下降较快，雨量迅速减少；冬季寒冷干燥，降水稀少。年平均气温9.4℃；年降水量499.8 mm，降水最大月份7月；年平均相对湿度69%；平均风速为3.2 m/s；年日照时数为2 534.8 h。

根据2015环统数据，盘锦市大气污染源共283家，工业煤炭消耗量520.48万t，燃料油消耗量26.28万t，天然气消耗量10.30亿m^3。2015年盘锦市二氧化硫排放量31 746.73 t，氮氧化物排放量16 668.96 t，烟尘排放量12 951.20 t。为了满足 CALPUFF 的计算要求，取其排放量前20位的排放源作为点源，SO_2、

NO_2、PM_{10}分别占总排放量的79.4%、79.5%、66%；以区和县为单位，将城区或县城区域内的生活源和排放源较小的工业源整理为面源。面源包括低矮点源和生活炉灶等，由于面源排放量难以实测，通常采用物料平衡或者排放因子法进行估算。平房面源主要根据该源范围的常驻人口和燃料消耗量估算污染物排放量。盘锦市工业污染源分布见图1，为了便于模型输入和分析污染源代码见表1。

表1　污染源代码

序号	ID	污染源名称
1	P1	华润电力（盘锦）有限公司
2	P2	北方华锦化学工业股份有限公司（富腾热电）
3	P3	长春化工（盘锦）有限公司
4	P4	北方华锦化学工业股份有限公司
5	P5	盘锦辽滨汇洲热力有限公司
6	P6	盘锦双台子热力有限公司
7	P7	盘锦生源热力有限公司
8	P8	辽宁振兴生态造纸有限公司
9	P9	盘锦浩业化工有限公司
10	P10	辽宁庆平物业管理有限责任公司（锅炉房）
11	P11	盘锦广田热电有限公司
12	P12	中国石油辽河油田公司曙光工程技术处
13	P13	辽河石油勘探局于楼公用事业处
14	P14	盘锦热电有限责任公司
15	P15	辽河石油勘探局曙光公用事业处
16	P16	辽河石油勘探局喜岭公用事业处
17	P17	辽河油田经济贸易置业总公司
18	P18	盘锦晟华房地产开发有限公司（锅炉房）

（续表）

序号	ID	污染源名称
19	P19	中国石油辽河油田曙光采油厂
20	P20	盘锦北方沥青股份有限公司
20	A1	大洼面源
21	A2	盘锦辽滨经济区面源
22	A3	兴隆台
22	A4	双台子面源
23	A5	经济开发区面源
24	A6	盘山面源

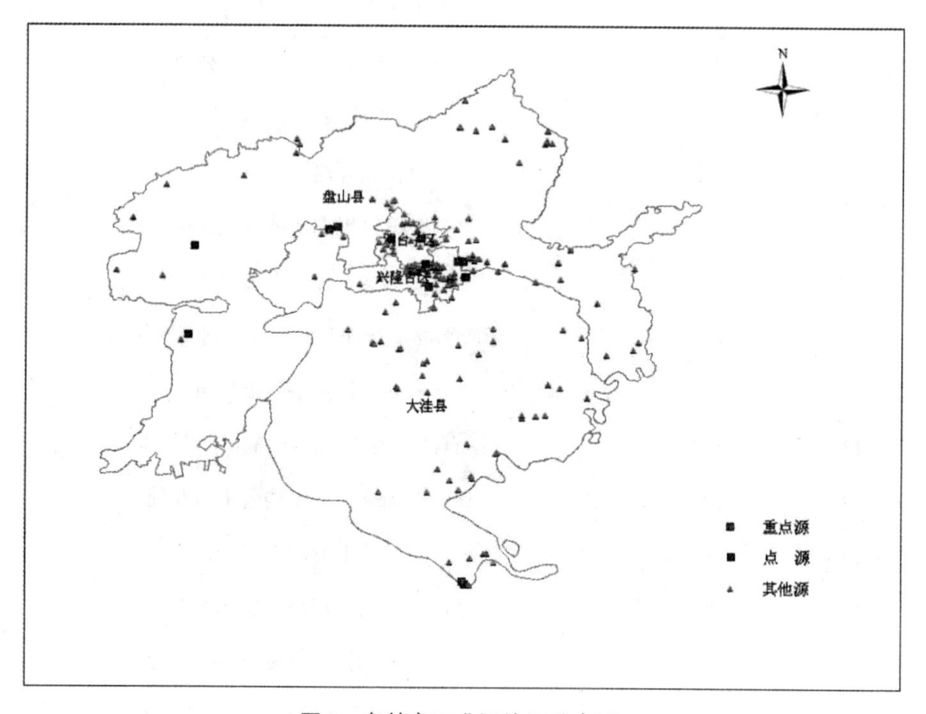

图1　盘锦市工业污染源分布图

3　CALPUFF模型应用

3.1　网格设置

采用双层嵌套，外层区域网格分辨率为10 km，考虑到本次盘锦市大气容量计算研究要精确到县级和工业园区，内层区域网格分辨率均为2 km × 2 km，全部覆盖盘锦市行政区域，东西、南北长度均为120 km，网格共计66 × 66=4 356个，垂直方向上共30层。如图2所示。

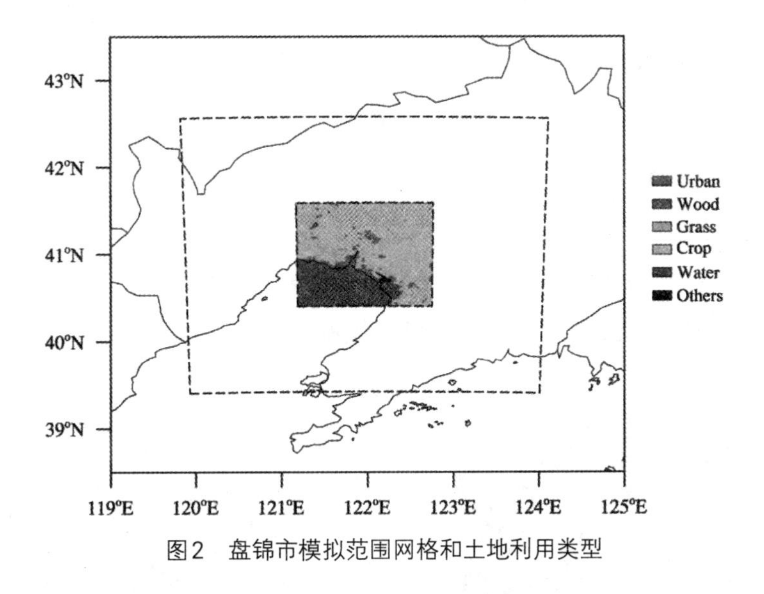

图2　盘锦市模拟范围网格和土地利用类型

3.2 地面气象数据

本项目选取2015年1月1日至2015年12月31日进行模拟，初始气象场和边界条件都取自于NCEP FNL全球分析资料（National Centers for Environmental Prediction Final Global Analyses data），输出变量包括风场、气温、气压、湿度、云量、降水等气象因子。

3.3 高空气象数据

CALPUFF模型所需要的高空气象数据采用WRF气象模式模拟生成，该模式的原始数据有地形高度、土地利用、陆地－水体标志、植被组成等数据，原始气象数据采用美国国家环境预报中心的NCEP/NCAR的2015年的再分析FNL数据库。

3.4地表参数

模型需要的地理数据中的土地类型和海拔高度主要取自于U.S.Geological Surveys EROS Data Center EROS的全球30′′的数据库，而下垫面类型来自于MODIS（moderate-resolution imaging spectroradiometer）卫星资料，资料年份在2004—2005年前后。

4 大气容量计算

4.1 区域流场分析

4.1.1 温度

2015年1月、4月、7月和10月的地面温度场如图3所示，四季中夏季气温最高，其中城区较周围气温高，最高气温可达25℃。冬季温度最低，总体均低于0℃。

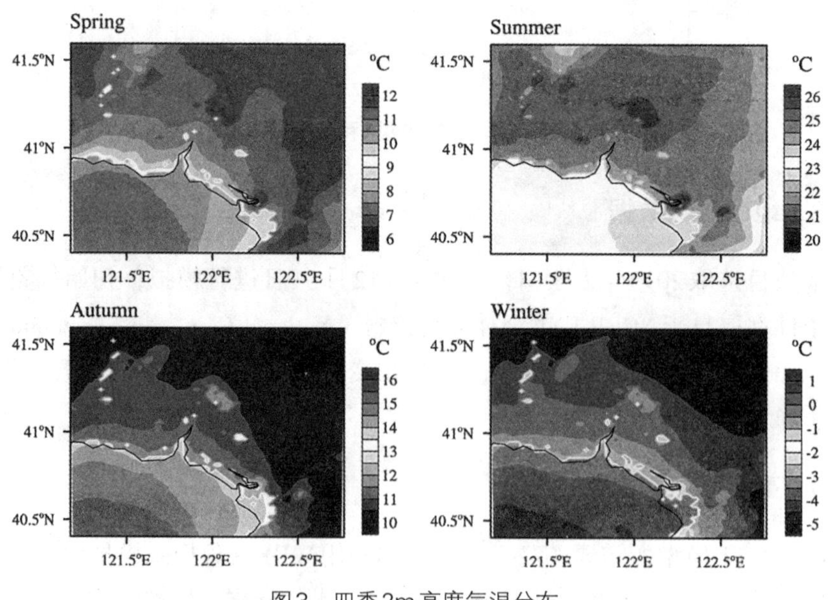

图3 四季2m高度气温分布

4.1.2　风场

2015年1月1日、4月1日、7月1日和10月1日的地面温度场如图4所示，区域内各地的风向状况一目了然。春夏两季以西南风为主，平均风速3m/s左右。秋冬两季以偏北风为主。全年未有日均风速小于1m/s的静风天气。

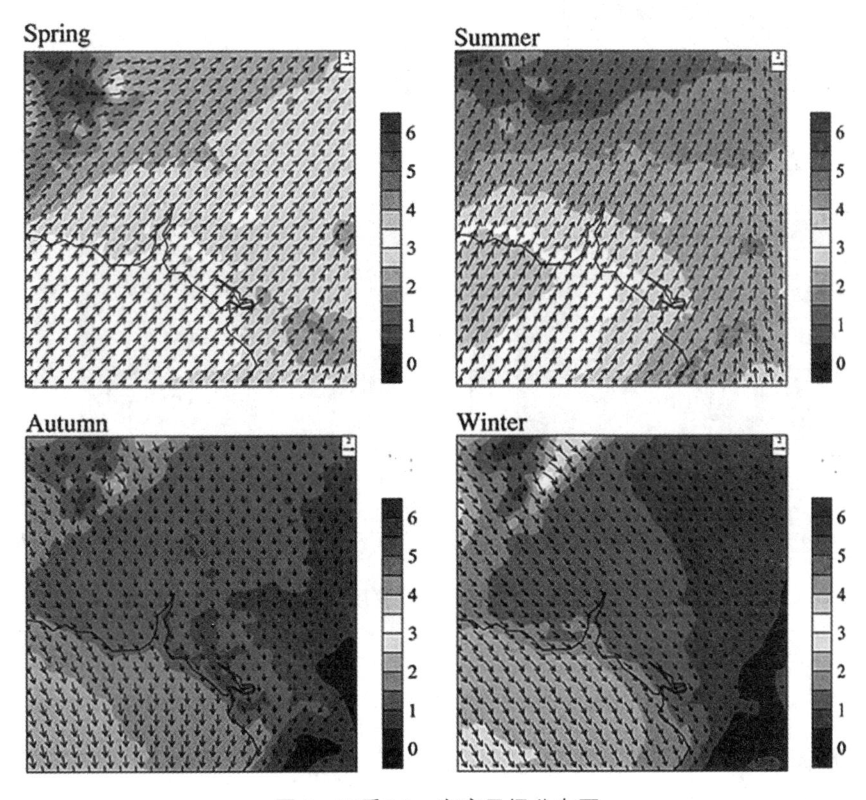

图4　四季10m高度风场分布图

4.1.3　混合层高度

2015年1月1日、4月1日、7月1日和10月1日的大气混合层高度如图5所示春秋两季混合层高度较高，可达800m以上。秋冬两季混合层高度较低，一般在600m以下。秋冬季混合层高度低，不利于污染物的垂直扩散。

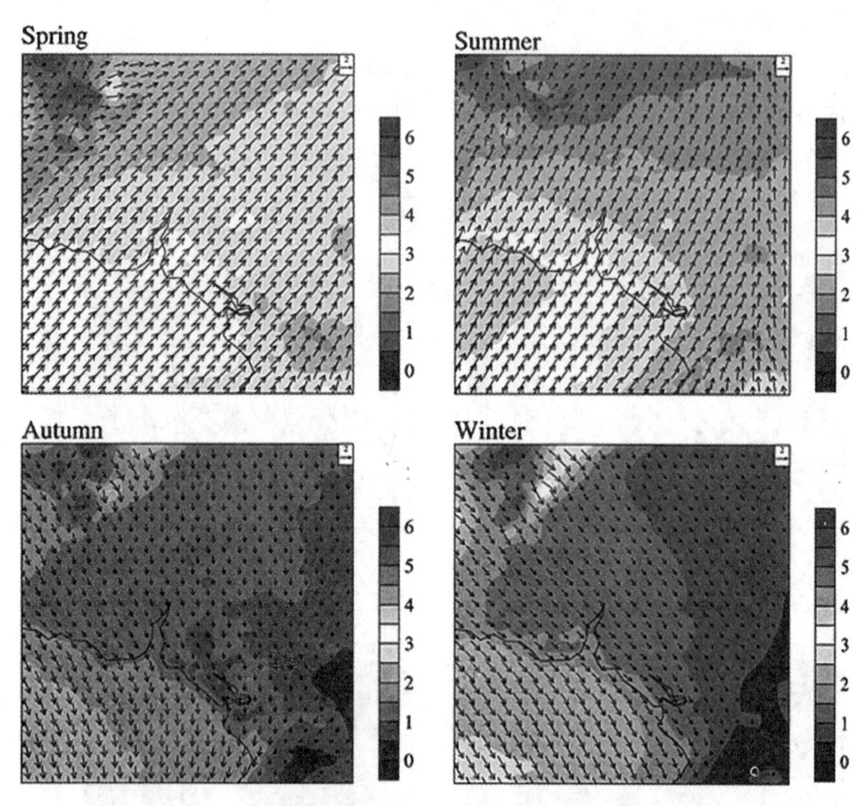

图5　四季混合层高度分布

4.2　模型应用验证

选择盘锦市3个空气质量监测点位作为浓度控制点。处理模块（CALPOST）中计算输出，通过将模拟的监测点的年均浓度值与实际监测的年均浓度值进行对比。结果详见表2、3、4。

表2　二氧化硫年均浓度模拟对比结果

	站点	模拟年均值 /μg · m^{-3}	实际年均值 /μg · m^{-3}	相对误差 /%
1	开发区	23.94	28.49	−15.98
2	新生街道	17.83	22.00	−18.95
3	兴隆台	22.68	28.78	−21.20

表3　二氧化氮年均浓度模拟对比结果

	站点	模拟年均值 /μg · m^{-3}	实际年均值 /μg · m^{-3}	相对误差 /%
1	开发区	23.15	31.02	–25.37
2	新生街道	15.77	24.63	–35.97
3	兴隆台	20.31	28.72	–29.28

表4　可吸入颗粒物年均浓度模拟对比结果

	站点	模拟年均值 /μg · m^{-3}	实际年均值 /μg · m^{-3}	相对误差 /%
1	开发区	66.12	87.49	–24.43
2	新生街道	45.35	71.40	–36.47
3	兴隆台	59.67	84.88	–29.7

二氧化硫模拟年均值与实际年均值的相对误差在–21.20%~–15.98%，平均相对误差为–18.71%；二氧化氮模拟年均值与实际值的相对误差在–35.97%~–25.37%，平均相对误差为–30.21%；可吸入颗粒物模拟年均值与实际年均值相对误差在–36.47~–24.43%，平均相对误差为–30.2%，从误差计算结果看，三种污染物的模拟年均值均小于实际年均值，其中二氧化氮和可吸入颗粒物误差较大，分析原因第一是本次模型模拟时，没有考虑本地生活源及周边地区城市的污染输送影响，以及缺乏城市交通数据，导致模拟结果偏小。第二个原因是因为二氧化氮、可吸入颗粒物的浓度是由氮氧化物和烟（粉）尘折算得到的，存在系数误差。除了上述三个原因外，模型本身也存在着允许范围内的计算误差。

4.3　环境容量计算

利用Matlab软件解线性优化时，需要有以要求控制点污染物浓度达到设定的环境标准范围内作为约束条件。因本次模拟时，没有考虑到盘锦市的交通源以及周边对盘锦市的污染输送影响，所以本次计算采用环境空气质量标准（GB 3095–2012）中的二级标准年均浓度限值95%作为控制点的约束条件。另外，因盘锦市的环境空气背景值采用一级标准年均浓度限值的50%作为环境背景浓度。如表5所示。

表5 大气环境容量约束条件

约束条件	二氧化硫 /mg · m^{-3}	氮氧化物 /mg · m^{-3}	烟粉尘 /mg · m^{-3}
二级标准	0.060	0.040	0.070
控制浓度	0.057	0.038	0.067
一级标准	0.020	0.040	0.040
环境背景浓度	0.010	0.020	0.020

根据所构建的线性优化模型，求得在各控制点的浓度达到环境空气质量标准（GB3095–2012）的二级标准排放限值的前提下，盘锦市的大气环境容量分别为二氧化硫17 980.65 t、二氧化氮13 588.47 t和可吸入颗粒物的–4 036.93 t，表6显示盘锦市各区域大气环境容量优化分配的结果。

表6 盘锦市及各区域容量计算结果

控制区域名称	SO_2	NO_2	PM_{10}
	环境容量	环境容量	环境容量
双台子区	–4 156.11	–2 405.36	–3 773.27
兴隆台区	–2 160.42	–1 116.19	–2 096.42
大洼	17 817.89	12 257.44	495.12
盘山县	13 777.83	14 922.82	454.25
盘锦市经济开发区	1 539.16	981.54	909.15
盘锦辽滨沿海经济区	–13 188.53	–1 405.87	1 273.73
全市合计	17 980.65	13 588.47	–4 036.93

5 结论

本研究在对盘锦市污染源调查的基础上，利用CALPUFF模型对盘锦市大气污染物进行模拟，三种污染物的模拟年均值均小于实际年均值，其中二氧化氮和可吸入颗粒物误差较大，分析原因第一是本次模型模拟时，没有考虑本地生活源及周边地区城市的污染输送影响，以及缺乏城市交通数据，导致模拟结果偏小。第二个原因是因为二氧化氮、可吸入颗粒物的浓度是由氮氧化物和烟（粉）尘折算得到的，存在系数误差。除了上述三个原因外，模型本身也存在着允许范围内的计算误差。

模拟结果，充分考虑了地形、气象条件对污染物扩散过程的影响和污染物的干、湿沉积作用，因而计算结果准确，可信。经分析研究，在通过线性优化法得到的大气环境容量分配结果中，盘锦市的二氧化硫、二氧化氮污染排放量小于环境容量，可吸入颗粒物的污染排放量大于环境容量。总体上看，可吸入颗粒物都需要通过一定程度的污染物减排过程方能使各监控点浓度达到环境空气质量标准（GB 3095–2012）的二级标准排放限值。

参考文献

［1］ YANG Y, CHRISTAKOS G. Spatiotemporal Characterization of Ambient $PM_{2.5}$ Concentrations in Shandong Province (China)[J]. Environmental Science & Technology, 2015（49）: 13431-13438.

［2］ YAO L, YANG L, YUAN Q, et al. Sources Apportionment of $PM_{2.5}$ in a Background Site in the North China Plain[J]. Science of The Total Environment, 2016（541）: 590-598.

［3］ III C A P, BURNETT R T, THUN M J, et al. Lung Cancer, Cardiopulmonary Mortality, and Long-Term Exposure to Fine Particulate Air Pollution[J]. Jama the Journal of the American Medical Association, 2002（287）: 1132-1141.

［4］ 吴兑, 刘放汉, 梁延刚, 等. 粤港细粒子($PM_{2.5}$)污染导致能见度下降与灰霾天气形成的研究[J]. 环境科学学报, 2012, 32(11): 2660-2669.

［5］ MCDONALD K M, CHENG L, OLSON M P, et al. A comparison of box and plume model calculations for sulphur deposition and flux in Alberta, Canada[J]. Atmospheric Environment, 1996, 30(17): 2969-2980.

［6］ 任阵海, 苏福庆. 大气输送的环境背景场[J]. 大气科学, 1998, 22(4): 454-459.

［7］ 孙维, 陈飞, 王晖, 等. CALPUFF模型在合肥地区SO_2大气环境容量测算中的应用[J]. 南京信息工程大学学报: 自然科学版, 2015, 7（4）: 343-350.

［8］ 张明, 赵海燕, 刘江, 等. 传输矩阵与线性优化法耦合测算乌鲁木齐市大气环境容量

[J]. 新疆环境保护. 2013, 35（3）: 1-4.

[9] 吴丽芳, 程水源, 陈东升, 等. 应用多维多箱与高斯复合模型研究大气环境容量[J]. 安全与环境学报, 2007, 7（1）: 71-75.

[9] HOLNICKI P, KAŁUSZKO A, TRAPP W. An urban scale application and validation of the calpuff model[J]. Atmospheric Pollution Research, 2016, 7（3）: 393-402.

[10] Rood AS. Performance evaluation of aermod, calpuff, and legacy air dispersion models using the winter validation tracer study dataset[J]. Atmospheric Environment, 2014（89）: 707-720.

[11] YIM SHL, FUNG JCH, LAU AKH. Use of high-resolution MM5/CALMET/CALPUFF system: SO_2 apportionment to air quality in Hong Kong[J]. Atmospheric Environment, 2010, 44（38）: 4850-4858.

[12] MACINTOSH DL, STEWART JH, MYATT TA, et al. Use of CALPUFF for exposure assessment in a near-field, complex terrain setting[J]. Atmospheric Environment, 2010, 44（2）: 262-270.

第二章

水污染防治攻坚战

澜沧江

一、中国水污染防治40年回顾与展望

徐　敏[1]　张　涛[1]　王　东[1]　赵　越[1]　谢阳村[1]　马乐宽[1]

（1：生态环境部环境规划院，北京 100012）

摘要　改革开放40多年来，我国水污染防治工作取得巨大成效。本文通过回顾我国水污染防治发展历程和总结不同阶段我国流域水污染防治工作特点，提出了面向2035年水生态环境保护的管理建议，以期为2035年美丽中国水环境建设提供参考。

关键词　改革开放40年；重点流域规划；水污染防治；美丽中国

1　引言

1972年北京市官厅水库环境污染综合治理行动是我国在国家层面实施最早的流域水污染防治的标志性事件，自此我国开始探索有特色的中国水环境保护道路。尤其是“九五”时期依据《水污染防治法》重点流域水污染防治规划制度实施大规模治水后，1995—2017年全国地表水Ⅰ~Ⅲ类断面比例从27.4%上升到67.9%；劣Ⅴ类断面比例从36.5%下降到8.3%。随着我国社会经济持续快速发展，我国流域水污染防治思路、目标和路线等也不断发生变化，总结过去、展望未来，将有助于未来我国水污染防治体系的构建和优化。

2　我国水污染防治发展回顾

2.1　1995年前以点源为主的水污染防治阶段

改革开放初期是我国构建水环境管理体系的重要时期，涉水的环境保护法律法规、标准和政策制度等管理性文件在二十世纪八九十年代相继出台，包括《水污染防治法》《水污染防治法实施细则》《地面水环境质量标准》

（GB 3838—83）、《污水综合排放标准》（GB 8978—88）、《农田灌溉水质标准》（GB 5084—85）、《渔业水质标准》（GB 11607—89）、《地下水质量标准》（GB/T 14848—93）、《景观娱乐用水标准》（GB 12941—91）等法律法规文件。1989年第三次全国环境保护会议强调了要向环境污染宣战、要加强制度建设，这次会议的一个具体贡献是确定了“三大政策”和“八项制度”，把环境保护工作推上了一个新的阶段。总体上全国水环境质量状况经历了从中华人民共和国成立初期基本清洁、20世纪80年代局部恶化、90年代全面恶化的变化过程，“有河皆污，有水皆脏”是90年代初期我国水环境状况的真实写照。虽然我国政府已经意识到我国工业化过程中希望能避免“先污染后治理”的过程，环境保护工作在经济社会发展中的地位逐渐受到重视，但还缺乏正确处理经济建设和环境保护关系的经验，重点是强调了要依法采取有效措施防治工业污染。1984年开展历时两年半的全国工业污染源调查，限期治理、产业政策实施、重点污染源整治等工作取得了进展，但在国家层面没有充分重视城镇生活污染和流域、区域的水环境问题。总体上，这个阶段以单纯治理工业污染为主，要求工矿企业实施达标排放，但同时我国环境监管能力较弱，工矿企业达标情况并不乐观。

2.2 大规模治水的四期（“九五”至“十二五”时期）重点流域治污阶段

2.2.1 “三河三湖”水污染防治“九五”计划

20世纪90年代，我国掀起了新一轮的大规模经济建设，重化工项目沿河沿江布局和发展对水环境造成的压力不断加大，1994年淮河再次爆发污染事故，流域水质已经从局部河段变差向全流域恶化发展，决定了我国必须在流域层面开展大规模治水的历史阶段。重点流域水污染防治规划制度首次在1996年修正的《中华人民共和国水污染防治法》中予以明确，淮河、海河、辽河（简称“三河”）、太湖、巢湖、滇池（简称“三湖”）在《国民经济和社会发展“九五”计划和2010年远景目标纲要》中被确定为国家的重点流域，也就是当时“33211”重点防治工程，自此大规模的流域治污工作全面展开。同时，提出环境质量管理目标责任制和推进“一控双达标”，即污染物排放总量控制、工业污染源达标排放、空气和地表水环境质量按功能区达标。“三河三湖”“九五”计划制定了近期2000年和远期2010年的分期目标。以化学需氧量、总氮、总磷（“三湖”）作为污染物总量控制指标，总量控制目标值的确定采用具有超前于当时历史阶段的容量总量思路，依据流域水质目标，反推区域最大允许排污总量后，再确定总量控制目标值并将其分解到各省和各控制单元。“九五”计划提出了2000年“淮河、太湖要实现水体变清，海河、辽河、滇池和巢湖的地表水水质应有明显改善”的水质目标，如淮河流域筛选了82个水质断面，用于评估省、市、县水污染治理任务的完成情况。此外，按照“质量—总量—项目—投资”“四位一体”思路，确定纳入计划的治理项目及投资。国务院于1996年批复实施淮河流域“九五”计划，这是批复最早的流域水污染防治计划，其他流域水污染防治计划分别于1998年（太湖、巢湖、滇池）和1999年（海河、辽河）批复①。由于“九五”计划目标偏乐观、可达性论证不足，且计划实施时间仅2~3年，“九五”计划目标在2000年未能如期实现。

2.2.2 “三河三湖”、三峡库区及其上游等流域水污染防治“十五”计划

“九五”计划的目标年是2000年，但由于国务院批复时间晚，“十五”计划决定继续推进实施“九五”计划。按照“九五”计划治污思路，弱化容量总量、采用目标总量控制方法，确定污染物入河总量控制目标。与“九五”计划不同的是，淮河和太湖流域适当调整了流域规划范围，并增加了控制单元和水质目标断面的数量；并决定“十五”期间优先实施“九五”项目，同时根据当时流域区域水环境状况做了补充，将部分项目纳入“十五”计划。

2.2.3 “三河三湖”、三峡库区及其上游、松花江、黄河中上游等流域水污染防治“十一五”规划

“九五”“十五”两期计划实施后，全国地表水水质有所改善，全国Ⅰ～Ⅲ类比例和劣Ⅴ类比例呈稳中向好的趋势。但根据“九五”和“十五”计划的实施情况评估发现：两期计划的水质目标过于超前、对水污染状况的治理难度评估不足。为此，“十一五”规划（“十一五”起，由“计划”修改为“规划”）强调了规划目标指标的可达性，分析规划基准年的排污状况和基数，并加强2006—2010年污染物新增量的预测，宏观测算规划实施所需的污染治理投资。

---

① 以后所称计划（规划）均指重点流域水污染防治专项计划（规划）。

总体上，“十一五”规划提出了要基于技术经济可行的流域水质提升需求，制定“十一五”可达的总量控制目标和水质目标，力争在规划的5年期内完成有限目标，优先解决集中式饮用水水源地、跨省界水体、城市重点水体等突出环境问题。与“九五”“十五”计划最大的不同是，“十一五”规划首次明确了“五到省”原则，即“规划到省、任务到省、目标到省、项目到省、责任到省”，依据《水污染防治法》“地方政府对当地水环境质量负责”，突出水污染防治地方政府责任，中央政府进行宏观指导，重点保障饮用水水源地水质安全，实施跨省界水质考核和协调解决跨省界纠纷问题。

2.2.4 重点流域水污染防治“十二五”规划

“十二五”期间，国家和广大人民群众对环境保护的要求和需求越来越高。2011年第七次全国环境保护大会提出了“着力解决影响科学发展和损害群众健康的突出环境问题”要求。2012年全国污染防治工作会议提出的“由粗放型向精细化管理模式转变、由总量控制为主向全面改善环境质量转变”思路直接推进了“十二五”规划在精细化管理方面的突破。“九五”“十五”控制单元的分区体系在“十二五”规划中有了进一步的深化演变，即对8个重点流域建立了流域—控制区—控制单元的三级分区体系，把控制单元作为“总量—质量—项目—投资”“四位一体”制定治理方案“落地”的基本单元，先分优先、一般两类控制单元，优先单元再分水质改善、生态保护和污染控制三种类型实施控制单元的分级、分类管理。与前三期规划（计划）不同的是：“十二五”采用的是水污染物总量控制和环境质量改善双约束的规划目标指标体系，在全国层面实施总量控制目标考核、重点流域层面实施规划水质目标完成情况和规划项目实施进展情况的考核；确定了饮用水安全保障、工业污染治理、城镇生活污染治理、环境综合整治、生态恢复和风险防范等六方面的规划任务、骨干工程项目6 007个，估算投资3 460亿元。

2.3 “水十条”实施后的系统治污阶段

2.3.1 水污染防治行动计划

党的十八大后，依据全面深化改革、全面依法治国的重要战略部署和落实环境保护法要求，2015年国务院印发实施《水污染防治行动计划》（以下称“水十条”），使水污染治理实现了历史性和转折性变化，其最大亮点是系统推进水污染防治、水生态保护和水资源管理，即“三水”统筹的水环境管理体系，为健全污染防治新机制做了有亮点、有突破的探索。

“水十条”尊重客观规律，以质量改善为核心，统筹控制排污、促进转型、节约资源等任务，坚持节水即减污，污染总量减排与增加水量、生态扩容并重，污染物排放总量是分子，水量是分母，“分子、分母”两手都要发力；统筹地表与地下、陆地与海洋、大江大河与小沟小叉，强调水质、水量、水生态一体化综合管理，协同推进水污染防治、水资源管理和水生态保护，实施系统治理。“水十条”设置了10条35款76段，每项工作都明确了责任单位和部门。“水十条”前三条分别为控制排放、推动转型升级和节约水资源，坚持污染减排和生态扩容“两手抓”，体现系统治水；第四至六条分别为科技支撑、市场驱动、严格执法等三方面的举措，提升防治能力；第七至八条以环境质量目标管理、排污许可、总量控制等强化水环境管理制度建设，全力保障水生态环境安全，以饮用水安全保障、“好水”保护、黑臭水体治理、海洋环境保护、水和湿地生态系统等为重点，着力提升民众生活质量；最后两条分别落实政府、企业和社会等三大主体的责任义务。

2.3.2　重点流域水污染防治“十三五”规划

“水十条”是当前和今后一段时期的纲领性文件，为落实“水十条”关于七大重点流域和浙闽片河流、西南诸河、西北诸河等水质保护的要求，2017年10月，原环境保护部、国家发展改革委、水利部联合印发《重点流域水污染防治规划（2016—2020年）》，该规划的定位是落实和推进“水十条”的实施。与往期规划相比，“十三五”规划具有以下几方面的特点：一是深化、细化“水十条”相关要求，依据“水十条”第二十九款“逐年确定分流域的年度目标”和水质“只能更好、不能变坏”等要求和原则，确定全国1 940个断面作为评价、考核断面，与31个省级人民政府签订水污染防治目标责任书。二是“十三五”规划范围第一次覆盖全国国土面积，流域边界与水利部门的全国十大水资源一级区边界衔接。三是流域分区管理体系进一步深化细化，在“十二五”规划以县级行政区为基本单元的基础上，“十三五”规划进一步精确到以乡镇级行政区为基本单元，将全国划分为1 784个控制单元，并与1 940个考核断面建立一一对应关系。四是规划项目实施动态管理，规划文本中不再具体列出项目清单，由各地根据水环境质量改善需求，自主、及时实施中央和省级水污染防治项目储备库中的项目。

图1 “水十条”是当前和今后一段时期的纲领性文件（易刚摄）

3 我国流域水污染防治工作特点

3.1 逐步扩大的重点流域范围

水污染严重、水环境敏感、水污染突发事件是“九五”至“十二五”时期我国确定国家重点流域的主要依据，重点流域个数和覆盖的国土面积不断增加。“九五”时期仅有“三河三湖”6个，“十五”时期增加了三峡库区及其上游流域共有7个，“十一五”时期增加了丹江口库区及上游、松花江和黄河中上游流域共有10个，其中太湖流域由国家发展改革委主持编制。“十二五”时期与“十一五”时期相同，也是10个重点流域，其中太湖流域和丹江口库区及上游流域分别由国家发展改革委和国务院南水北调办公室牵头另行编制确定。但是，到“十三五”时期，规划范围第一次覆盖全国十大水资源一级区，“十二五”规划的太湖、巢湖、滇池、三峡库区及其上游、丹江口库区及上游、长江中下游等流域按照汇水关系统一列入长江流域，黄河、松花江、淮河、辽河、海河等流域边界与水资源一级区衔接，流域范围边界略有增加或调整。

3.2 “四位一体”的治污总体思路

“质量—总量—项目—投资”“四位一体”技术路线一直是重点流域五期规划（计划）的治污思路。在各期规划（计划）文本中，“质量”表现为列入规划（计划）中的规划断面并对断面设置水质目标；“总量”表现为流域总量控制目标并分解到相关省份；“项目”是为落实规划目标和任务而设置各种类型的水污染防治项目，不同阶段水污染防治项目的类型有不同的侧重；“投资”是实施各种治理项目所需投入的资金。以淮河流域为例，“质量—总量—项目—投资”“四位一体”分析如表1所示。虽然“十三五”规划未明确给出总量控制目标和规划项目列表，但在实际水环境管理中，未完成《水污染防治目标责任书》规定的地表水优良比例和劣V类断面比例的省份，对总量控制目标实施考核；规划项目建立中央和省级项目库，由各地自主实施。

表1　淮河流域“五期”规划（计划）的质量—总量—项目—投资分析

规划(计划)	质量（目标）	总量(控制目标)	项目（清单）	投资
“九五”	为实现水体变清目标，确定饮用水源地、跨省界和城镇排污控制的82个断面进行水质监控考核	1997年全流域COD最大允许排放量为89万t，2000年为36.8万t，分解到省和控制断面	备选项目303个，优先控制单元项目114个	总投资约166亿元；按照“谁污染、谁治理”原则，主要由有关地方和企业负责，国家补助资金约13.13亿元
“十五”	淮河干流和主要支流水质进一步好转，南水北调东线工程水质达Ⅲ类	流域COD和氨氮排放量分别控制在64.3万t和11.3万t，分别比2000年削减39.3%和25.7%，任务分解至规划区和省	9类项目488个，城市污水处理161个、结构调整131个、工业污染防治116个、流域综合整治29个、截污纳管15个等	总投资255.9亿元，其中《南水北调治污规划》支出108.3亿元，其他资金由地方和国家支持

（续表）

规划（计划）	质量（目标）	总量（控制目标）	项目（清单）	投资
“十一五”	南水北调东线工程输水安全得到保障，饮用水源地、跨省断面水环境明显好转	流域COD和氨氮排放量分别控制在88.4万t和11.4万t，分别比2005年削减15.2%和18.6%，任务分解至省	规划项目616个，工业治理248个、城镇污水处理203个，区域综合整治165个	总投资约316.5亿元；其中42.34亿元列入《南水北调治污规划》
“十二五”	淮河干流水质稳定达到Ⅲ类；南水北调东线输水干线水质到2012年底达到Ⅲ类；贾鲁河等8条支流水质基本消除劣Ⅴ类；主要入海河流水质有所改善	COD总量控制目标为246.2万t，比2010年削减11.2%。氨氮总量控制目标为26.6万t，比2010年削减12.0%，分解至省	淮河流域883个项目	投资321亿元
“十三五”	达到或优于Ⅲ类断面比例60%，劣Ⅴ类断面比例低于3%	地表水Ⅰ~Ⅲ类比例和劣Ⅴ类比例未达到年度目标要求的省份，进行总量控制目标考核	建设中央和省级项目储备库，项目由各地自主推进实施	依据水污染防治项目库，汇总项目投资

3.3　分级保护的流域水质目标

优先保护高功能水体和水质良好水体、限期改善污染严重水体水质、逐步恢复水体使用功能，是各个五年规划（计划）水质目标确定的重要经验。优先保护高功能水体和水质良好水体，其核心是饮用水源保护和Ⅰ~Ⅲ类优良水体。高功能水体高要求保护，各个五年计划（规划）无一例外都将饮用水源保护作为重中之重确定水质目标，如“加强饮用水水源地环境监管、让人民喝上干净的水”是松花江“十一五”规划的第一要务，将35个集中式饮用水水源地列为规划的水质目标；南水北调东线和中线、三峡库区以国家战略性饮用水源的高功能目标采取严格的措施强化保护。“水十条”抓两头、带中间，明确到2020年七大重点流域Ⅰ～Ⅲ类断面比例总体达到70%以上。限期改善污染严重水体水质。经过“九五”至“十二五”四期重点流域大规模治污，海河流域由重度污染改善为中度污染，淮河、辽河流域由重度污染改善为轻度污染，太湖湖体、巢湖湖体由中度富营养改善为轻度富营养，滇池由重度富营养改善为中度富营养。要实现2035年的美丽中国目标还需要继续加大污染减排力度和提升水质。逐步恢复流域总体使用功能。发达国家经验表明，水环境治理是一个长期的过程。莱茵河从1970年左右开始治理，2000年恢复到了1900年水平；琵琶湖经历两个阶段约35年（第一阶段“琵琶湖综合开发计划”和第二阶段“琵琶湖综合保全整备计划”）的治理，将水体水质由1972年的Ⅲ～Ⅳ类恢复到21世纪初的Ⅱ类水平。2017年我国1 940个国控地表水断面中劣Ⅴ类161个，占8.3%；相比1998年劣Ⅴ类断面比例下降25.6个百分点，由此推断要消除丧失使用功能的水体在我国还需要一段时间。

3.4　分区控制的流域管理体系

流域分区管理是美国、欧洲等流域治理的主要经验和做法，我国自“九五”计划开始就建立起了控制单元分区管理体系。例如，海河“九五”计划依据水系特征分为9个规划区，再按自然汇流特征和城市化及工业化区域、对应敏感保护目标划分为39个水污染控制区，最后按水环境特征和城镇排水口分布及行政区界来划分水污染控制单元，全流域共划分为137个控制单元，并确定180个控制断面。

“十五”计划结合实际管理需求进一步完善了“九五”分区体系。淮河流域“十五”计划根据江苏、山东在南水北调东线工程治污需求，将控制单元由“九五”计划的100个调整为111个；海河流域由137个控制单元调整为144个。在制定规划方案时，以控制单元为空间载体，确定化学需氧量和氨氮的排污总量和入河总量，并由此制定水质目标和总量控制目标。

“十二五”规划在8个流域全面建立流域—控制区—控制单元三级分区体系，根据水资源分区、自然汇流特征和行政区界，以县级行政区为基本单元，划分了37个控制区、315个控制单元。依据各控制单元污染状况、质量改善需求和风险水平，确定118个优先控制单元，分水质维护型、水质改善型和风险防范型三种类型实施分类指导，有针对性地制定控源减污、生态修复、风险防范等措施。

“十三五”规划流域、水生态控制区、水环境控制单元的三级分区第一次形成覆盖全国国土面积，共划分341个水生态控制区、1 784个控制单元，其中包括580个优先控制单元和1 204个一般控制单元，因地制宜地采取水污染物排放控制、水资源配置、水生态保护等措施。与“十二五”规划相比，控制单元总个数约增加了4倍，流域分区、分级、分类的针对性管控措施进一步强化，精细化管理水平进一步提升。

3.5 逐步完善的指标考核体系

随着规划编制和实施管理体系的完善，规划实施情况的考核体系也逐步趋于完善。“九五”是我国重点流域规划编制与实施的探索时期，对规划的实施还没有引起足够的重视，在“十五”计划编制时也没有对“九五”实施情况进行客观评估和总结。“十五”末原国家环保总局评估“十五”计划项目实施进展和资金完成情况，评估结果被纳入各流域水污染防治“十一五”规划文本。

对各省级行政区的重点流域专项规划实施情况的评估与考核工作首先在淮河流域试行实施。2005年原国家环保总局印发了《淮河流域水污染防治工作目标责任书执行情况评估办法（试行）》和《淮河流域水污染防治工作目标责任书评估指标解释（试行）》。2006年对淮河“十五”计划实施情况进行了总结评估，并在之后的3年连续开展年度评估，加速推进了流域规划的落实。

基于对“十五”期间淮河评估经验，“十一五”规划中明确提出“实行年度评估制度……2010年进行评估与考核”。2009年国务院印发《重点流域水污染防治专项规划实施情况考核暂行办法》（国办发〔2009〕38号），同年环境保护部印发《重点流域水污染防治专项规划实施情况考核指标解释（试行）》（环办函〔2009〕445号），标志着重点流域规划实施情况的评估与考核工作进入制度化阶段。

“十一五”时期考核高锰酸盐指数和化学需氧量指标，淮河增加氨氮、“三湖”增加总氮、总磷指标；受当时监测能力的限制，《地表水环境质量标准》表1中的其他指标不予以考核。“十二五”时期依据《地表水环境质量评价办法》（环办〔2011〕22号），考核《地表水环境质量标准》表1中除水温、总氮、粪大肠菌群以外的21项指标，关注水环境质量的全面改善。15年间考核断面数量逐步增加，“十一五”期间157个，“十二五”期间423个，“十三五”期间增加到1 940个。

尤其是“水十条”实施后，“十三五”时期建立了质量优先与兼顾任务相结合的考核体系。2016年12月，原环境保护部联合10部委印发《水污染防治行动计划实施情况考核规定（试行）》，确立了以水环境质量改善为核心、兼顾重点工作的考核思路。由原环境保护部统一协调和负责组织实施，按照“谁牵头、谁考核、谁报告”原则和“一岗双责”要求，明确各牵头部门负责牵头任务的考核，并由原环境保护部汇总作出综合考核结果。其中，水环境主要指标包括地表水Ⅰ~Ⅲ类断面比例和劣Ⅴ类水体控制比例、地级及以上城市建成区黑臭水体控制比例、地级及以上城市集中式饮用水水源水质达到或优于Ⅲ类比例、地下水质量极差控制比例、近岸海域水质一、二类比例等五个方面。水污染防治重点任务对“水十条”所有可以量化的目标进行了筛选，重点选择了对水环境质量改善效果显著的任务措施，包括水资源、工业、城镇生活、船舶港口、农业农村、水生态环境、科技支撑、各方责任等8项指标20款。对各省进行考核综合评分时，首先以水环境主要指标的评分结果划分等级（优秀、良好、合格、不合格）；然后以任务评分进行校核，任务评分大于60分（含），水环境主要指标评分等级即为综合考核结果；任务评分小于60分，水环境主

图2　优先保护高功能水体和水质良好水体，其核心是饮用水源保护和Ⅰ—Ⅲ类优良水体

要指标评分等级降一档作为综合考核结果。

改革开放40年来，我国重点流域水环境保护工作的关注对象从单纯减污治污向社会—经济—资源—环境的全面统筹和系统治理转变，从治污为本向以人为本、生态优先转变。污染防治思路从重视点源污染治理向流域区域环境综合整治发展，从侧重末端控制向管理减排、结构减排和中、前端的全过程控制发展，从分散的点源治理向污染物集中控制与分散治理相结合转变。责任落实方面，越来越强调环境目标责任制，从以前的“有总量、无控制”“有目标、不达标”向一岗双责、党政同责、企业担责转变。

4 面临的机遇与挑战

4.1 机遇

4.1.1 生态文明思想为美丽中国水环境构建指明了方向

党的十八大确立了“五位一体”总体布局，随着生态文明体制改革方案的出台，生态环境保护力度明显加大，生态文明逐步成为各级党政领导干部和全社会成员普遍理解和接受的意识。全国生态环境保护大会指出生态环境是关系党的使命宗旨的重大政治问题，不仅把生态环境保护和生态文明建设与党的使命宗旨直接相连，而且把它们提升到了非常高的政治高度。集聚全社会的力量推动生态文明建设和生态环境保护工作是到2035年建成美丽中国的重大机遇。

4.1.2 生态环境管理体制改革为水生态环境保护确立了新边界

生态环境部的设立是环境保护体制机制的一项重大变革，解决了部门职责交叉的问题。在水生态环境保护领域实现了地上和地下、岸上和水里、陆地和海洋、城市和农村统一监管的“四个打通”，破解了“九龙治水”的局面，为完善水生态环境管理体制机制、打好碧水保卫战提供了重要机遇。

4.2 挑战

4.2.1 历史欠账问题整治进入攻坚期

我国用近40年时间追赶发达国家的工业化城市化进程，当前的生态环境问题是发达国家200多年工业化进程中出现问题的集中凸显，处理起来难度很大。当前我国经济增长与发展方式粗放，工业源与农业源污染未得到有效控制，城镇污水收集和处理设施短板明显，以国控断面劣Ⅴ类水体、城市黑臭水体、水源地等为代表的突出环境问题整治面临严峻挑战。参照发达国家莱茵河、琵琶湖等治理进程，发达国家用了30—35年的时间水质状况才有较大幅度改善，我国部分污染严重的水体，如京津冀地区（海河流域）水环境质量实现根本好转，治理时间可能需要30—35年。

4.2.2　经济社会发展对水资源诉求不断增加

我国水生态环境压力仍然处于高位，水生态环境保护形势依然严峻，经济和人口增长、快速的城市化给有限的水资源带来巨大压力。从发展阶段看，尽管经济增速下降了，在2035年之后维持在3%、4%左右的增长速度，到2035

图3　澜沧江源头

年人均GDP达到2.4万~2.7万美元，经济规模成为世界第一。我国城镇化率达到70%，按照水资源规划，用水总量到2030年将控制在7 000亿t以内，用水总量增速逐步下降，用水效率加速提升，但水资源消耗与环境承载不足的矛盾依然突出。

4.2.3 水安全风险还在不断累积

高质量发展是新时代的主题，而改善水环境质量，实现绿色可持续发展，是高耗水、高污染行业高质量发展的要义。比如，长江流域沿江集中了众多重化工企业，对水源地安全的风险隐患短期内难以解决。从长远来看，工业制造业仍将是我国经济的重要支撑，石油、化工、制药、冶炼等行业对水环境安全的风险仍长期存在。此外，近年来我国部分流域已出现一些新型污染物（如持久性有机污染物、抗生素、微塑料、内分泌干扰物等），这些污染物在环境中难以降解，具有累积性，缺乏有效的管控措施，对健康风险是潜在隐患。

4.2.4 公众对良好水生态环境产品的需求日益提高

随着公众对生态产品需求的增加，公众对解决身边的环境问题提出了更高的要求，水生态环境改善则是首当其冲的挑战。习近平总书记强调，良好生态环境是最普惠的民生福祉。积极回应人民群众所想、所盼、所急，重点解决饮水安全、消除污染严重水体等突出水环境问题，加快改善水生态环境质量，提供更多优质水生态产品，是未来水环境保护工作的重点。

5 未来建议展望

5.1 研究美丽中国水生态环境目标指标体系

党的十九大明确了“到2035年基本实现现代化，生态环境根本好转，美丽中国目标基本实现”的奋斗目标。面向美丽中国建设目标要求，习近平总书记曾经强调“不能一边宣布全面建成小康社会、美丽中国，一边生态环境质量仍然很差”。以“鱼翔浅底”为美好愿景，有必要研究美丽中国在水生态环境领域的内涵。建议从水环境（水质）、水资源（生态流量）、水生态和水安全等角度，研究制定可监测、可统计和可考核的目标指标体系，其中相关领域指标适当向新型污染物、水生生物多样性、水环境风险指数等方面延伸，力争为人民提供更多优质生态产品和服务。

5.2 建立以流域水生态环境功能分区为基础的空间管控体系

按照生态环境部“三定”职能要求，以现行的水功能区和控制单元为基础，衔接整合水（环境）功能区、海洋功能区与控制单元，确定水（环境）功能区监测断面和控制断面的水质目标，整合形成一套水生态环境管理分区体系，强化水生态环境的空间管控。近期重点做好水（环境）功能区与控制单元的对接，在空间上首先对接国家级4 493个重要水功能区与1 784个控制单元的对应关系，形成统一的空间边界，然后对接水功能区目标与1 940个国控断面目标。近期以“水十条”水质目标为主，远期以水功能区目标为参考，统一各控制单元水生态环境管理目标。此外，根据水域水质保护需要，建议出台河湖生态缓冲带划定技术指南，划定河湖生态缓冲带。

5.3 落实“山水林田湖草”系统治理理念

一是坚持污染减排与生态扩容“两手发力”，实施系统治理。目前最为薄弱的环节是水资源、水环境、水生态“三水”统筹，要发挥水资源为水生态环境质量改善的基础性作用。建议在“十三五”黄河、淮河生态流量试点基础上，研究制定生态流量确定方法和保障机制，将生态流量保障推广至全国。二是加强陆海统筹生态环境管理和治理体系研究，强化陆域和海域的协调联动。包括：研究修订陆海环境功能区划等相关技术标准文件；推进海水和地表水环境标准衔接，着重研究氮磷等指标的相互转化关系；强化陆域生态保护和污染控制，实行近岸海域总氮污染物排放总量控制；统筹陆海环境风险源，完善面向常规污染物和新型污染物的环境风险防控和污染治理体系等。

5.4 健全政府、企业、公众责任落实机制

明确和落实政府、企业和公众的各方责任。一是强化地方政府环保履责。依据《党政领导干部生态环境损害责任追究办法（试行）》、“河长制”等文件精神，引导各级党委政府及其相关部门依法依规履责。督促地方党委政府建立资源环境承载监测预警的调控机制，制定限制性政策，明确水资源和水环境的管控、环境管控、生态管控等措施。依据《领导干部自然资源资产离任审计暂行规定》，客观评价有关领导干部任职期间履行生态环境保护责任情况。二是依法落实企业治污主体责任。明确企事业单位达标排放、风险防范、

自行监测、信息公开等法律义务，企事业单位要切实承担治污责任。三是引导公众转变生活方式。以生态文明观引导公众转变生活价值观念，推进衣、食、住、行、游等领域绿色化，提倡勤俭节约的低碳生活方式。培育生态环境文化，定期举办“绿色生活”“绿色消费”文化宣传活动，提升公众生态文明意识和素养。

参考文献

[1] 曲格平. 曲格平文集：中国的环境与发展[M]. 北京：中国环境科学出版社，2007.

[2] 曲格平. 曲格平文集：中国环境问题及对策[M]. 北京：中国环境科学出版社，2007.

[3] 王金南，万军，王倩，等. 改革开放40 年与中国生态环境规划发展[J]. 中国环境管理，2018, 10(6): 5-18.

[4] 国家环境保护总局. “三河”“三湖”水污染防治计划及规划 [M]. 北京：中国环境科学出版社，2000.

[5] 张晶. 中国水环境保护中长期战略研究[D]. 北京：中国科学院大学，2012.

[6] 环境保护部，国家发展和改革委员会，财政部，等. 关于印发《重点流域水污染防治规划(2011—2015年)》的通知：环发〔2012〕58 号[S]. 北京：环境保护部，2012.

[7] 马乐宽，王金南，王东. 国家水污染防治“十二五”战略与政策框架[J]. 中国环境科学，2013, 33（2）: 377-383.

[8] 国务院. 关于印发水污染防治行动计划的通知水污染防治行动计划：国发〔2015〕17 号[S]. 北京：国务院，2015.

[9] 吴舜泽，王东，马乐宽，等. 向水污染宣战的行动纲领:《水污染防治行动计划》解读[J]. 环境保护，2015, 43（9）: 15-18.

[10] 环境保护部，国家发展和改革委员会，水利部. 关于印发《重点流域水污染防治规划（2016—2020年）》的通知：环水体〔2017〕142号[S]. 北京：环境保护部，2017.

[11] 何军，马乐宽，王东，等. 落实《水十条》的施工图:《重点流域水污染防治规划（2016—2020年）》[J]. 环境保护，2017, 45（21）: 7-10.

[12] 徐敏，王东，赵越. 我国水污染防治发展历程回顾[J]. 环境保护，2012（1）: 63-67.

[13] 陈岩，王东，赵越，等. 国家水污染防治规划体系回顾与思考[C]// 中国水污染控制战

略与政策创新研讨会论文集. 南京: 中国环境科学学会（环保部）, 2010: 34-40.

[14] 李云生, 王东, 徐敏, 等. 中国流域水污染防治规划方法体系与展望[C]// 中国环境科学学会环境规划专业委员会2008 年学术年会论文集. 北京: 中国环境科学学会, 2008: 123-130.

[15] 赵越, 王东, 马乐宽, 等. 实施以控制单元为空间基础的流域水污染防治[J]. 环境保护, 2017, 45（24）: 13-16.

[16] 环境保护部, 国家发展和改革委员会, 科技部, 等. 关于印发《水污染防治行动计划实施情况考核规定（试行）》的通知: 环水体[2016]179 号[S]. 北京: 环境保护部, 2016.

[17] 秦昌波, 万军, 王倩. 制定战略路线图 推动美丽中国目标实现[N]. 中国环境报, 2018-09-18（03）.

[18] 王东, 秦昌波, 马乐宽, 等. 新时期国家水环境质量管理体系重构研究[J]. 环境保护, 2017, 45（8）: 49-56.

本文原载于《中国环境管理》2019年第3期

二、全国水污染防治形势分析与对策建议

谢阳村[1]　温　勖[2]　文宇立[1]　韦大明[1]　马乐宽[1]

（1：环境保护部环境规划院，北京 100012；2：中广电广播电影电视设计研究院，北京 100045）

摘要　《水污染防治行动计划》实施以来，各部门、各级环保部门齐抓共管的治理格局初步建立，水环境精细化管理水平逐步提升，全国地表水水环境质量总体得到改善。同时，也依然面临着湖泊富营养化突出、工业企业不达标排放、农业源污染日益突出、生态破坏现象普遍等问题，对此提出了针对性的水污染防治对策建议。

关键词　水污染防治；水环境质量；精细化管理；治理；问题；对策

1　引言

2015年，国务院发布《水污染防治行动计划》(以下简称《水十条》)，以改善水环境质量为主线，对产业结构调整、控源减排、生态修复等方面作出了系统部署。经过三年的实施，《水十条》各项任务措施得到落实，全国水环境质量明显改善。然而，我国工业化、城镇化、农业现代化的任务尚未完成，发展过程中带来的工业、农业等环境污染问题依然十分突出，流域水污染防治工作的复杂性、艰巨性和长期性没有改变，水环境保护仍面临巨大压力。

“十三五”时期是全面建成小康社会的决胜阶段，也是流域水污染防治的关键期。亟需深入分析当前流域水污染防治形势及问题，研究提出全国水污染防治对策，为国家水环境管理工作提供参考借鉴。

图1　改善水环境质量是当前我国水污染防治工作的根本点和出发点

2　近几年水污染防治的主要成效

2.1　地表水水环境质量总体改善

从地表水总体水质类别看，2016年，全国Ⅰ～Ⅲ类和劣Ⅴ类水体比例分别为67.8%、8.6%，与2012年相比，Ⅰ～Ⅲ类比例提高6.1个百分点，劣Ⅴ类比例降低2.3个百分点。十大流域中，西北诸河、西南诸河、浙闽片保持为优，长江、珠江流域为良好，黄河、松花江、淮河和辽河流域为轻度污染，海河流域为中度污染。

从常规污染物浓度看，2006—2015年，在全国GDP增加2.12倍的情况下，化学需氧量、氨氮、高锰酸盐指数、总磷浓度分别下降了50.2%、61.1%、48.1%、41.8%，表明自“十一五”实施水污染物总量控制以来，以点源有机污染为主的趋势得到有效遏制（图2）。

图2 主要水污染物浓度变化和GDP增长趋势

2.2 齐抓共管的治理格局初步建立

《水十条》实施后，环保部与31个省（区、市）人民政府签订了水污染防治目标责任书，明确1 940个地表水考核断面、884个地级及以上城市集中式饮用水水源、1 170个地下水点位、297个近岸海域点位，分流域、分区域确定重点任务和年度目标。发展改革委、住房城乡建设部、水利部、农业部等部门均出台落实《水十条》实施方案。各省（区、市）均结合本行政区域实际情况，将目标任务层层分解落实到市（县）政府、有关部门与重点企业。同时，京津冀及周边地区、长三角、珠三角分别建立水污染防治联动协作机制，形成水污染防治工作合力。

2.3 精细化管理水平逐步提升

为落实精细化管理要求，全国实施流域、水生态控制区、水环境控制单元三级分区管理，共划分1 784个控制单元，覆盖了全国31省（自治区、直辖市）、338个地级及以上城市、2 800余个县级行政区、4万余个乡镇（街道）。在此基础上，确定了1 940个国控地表水监测断面，公开发布了“十三五”期间水质需改善和水质需保持控制单元相关信息，目前343个水质需改善单元已全部完成达标方案编制，并按期实施针对性的治理工程，控制单元水质得到明显改善。

3　当前水污染防治面临的压力与挑战

虽然我国水污染防治工作取得积极进展，但形势依然严峻，主要体现在：

3.1　氮磷污染控制力度不足，富营养化问题突出

根据监测数据，1990—2016年，全国地表水高锰酸盐指数和氨氮浓度分别从10.47和1.89 mg/L下降到3.54和0.68 mg/L，而氮磷等营养物质逐步上升为首要污染物。这意味着经过多年治理，以高锰酸盐指数、氨氮等指标为代表的工业和城市污染总体上得到了遏制，营养物质由原来的次要问题正在转变为主要问题。2015—2016年，太湖、巢湖、滇池的蓝藻水华强度、面积均处于近五年同期较高水平，太湖2017年蓝藻强度为2007年之后最高，大面积暴发水华的风险仍长期存在。

3.2　工业企业距全面达标排放仍有较大差距

根据2016年国控重点工业源的监督性监测数据，超标排放的409家企业中，造纸、印染、制革、食品制造行业企业152家，占超标企业总数的37%，结构性污染较为突出。"散乱污"企业成为环保工作的突出短板，2017年4月7日至5月19日环保大督查共检查了1.2万家企业，其中没有任何治污设施的"散乱污"企业3 000家。当前工业企业仍存在环保意识不强、投入意愿不足、守法意识不高等问题，利用夜间和节假日偷排废水等违法排污行为时有发生。

3.3　农业源污染日益突出

首先，畜禽粪污综合利用率低。全国每年畜禽粪污产生量约38亿吨，综合利用率不到60%，剩余的畜禽粪污多数无组织堆放、积存，极易随雨水径流进入地表水体。其次，化肥、农药超量施用。2015年，全国化肥利用率仅为35%左右，多数化肥农药未得到有效利用。此外，农村环境基础设施建设滞后。截至2015年底，全国仍有40%的行政村未建垃圾收集处理设施，82%的行政村未建污水处理设施，农家乐和旅游带来的垃圾污水问题尤为突出，农村

污染治理模式尚未真正建立。

3.4 生态破坏现象普遍，高生态服务价值土地减少

近20年，全国湿地面积由36.6万km^2减少到32.4万km^2，减少了11.5%，其中具有生态涵养功能的滩涂、沼泽减少了10.7%。长江三角洲、珠江三角洲以及江淮平原、成都平原，大量的水稻田变成了城市、高速公路；东北大量的湿地被开垦变成了耕地。河湖面积大幅度萎缩，白洋淀30年来共发生13次干淀，洞庭湖、鄱阳湖湖泊面积分别比上世纪50年代减少了39.7%、43.6%。受流域生态用地破坏、非生态型水利工程建设等多重因素影响，河道栖息地退化、河滨岸带破坏，显著改变了生物原有生存环境，生物多样性受到重大威胁。

4 我国水污染防治对策建议

改善水环境质量是当前我国水污染防治工作的根本点和出发点。按照李干杰部长“围绕一个目标（全国水环境质量改善）、坚持两手发力（污染减排和扩容）、突出四种水体（集中饮用水水源地、黑臭水体、劣Ⅴ类水体、不达标的排污口水体）、加快四项整治（工业园区污染整治、生活源污染整治、农村面源污染整治、水生态系统保护和修复）、强化四个支撑（执法督察、流域协调和统筹、科技支撑、宣传引导）”的思路，有步骤、分阶段地设计实施路线图，打好打赢碧水保卫战。对于近期，可针对突出环境问题，重点实施以下措施：

持续开展饮用水水源地整治。重点完成长江经济带县级及以上城市集中式饮用水水源地、其他地区地级及以上城市地表水饮用水水源地的清理整治工作。所有县级及以上城市向社会公开饮水安全状况信息。

加大重点流域治理力度。实施《重点流域水污染防治规划（2016—2020年）》，督促相关地方依法编制实施不达标水体限期达标规划。加大“老三湖”（太湖、滇池、巢湖）、“新三湖”（丹江口、洱海、白洋淀）等重点湖泊流域面源污染防治及点源氮磷污染物排放控制。落实推进长江流域生态修复奖励政策，协调推动密云水库上游、赤水河流域生态保护补偿试点。

强化工业污染源治理。持续推进工业污染源全面达标排放，明确实施氮磷总量控制的行业及重点流域控制单元，严格控制氮磷新增排放。

深入推进农村环境综合整治。落实中央农村工作会议精神，督导2.5万个建制村开展环境综合整治。督促太湖流域苏、锡、常三市落实开放水域投饵养殖淘汰任务。加强环境监管执法，倒逼秸秆和畜禽粪污资源化利用，减少农业面源污染。

实施以控制单元为基础的流域水环境分区管理。按照国家机构改革和职能调整要求，统筹水资源、水环境、水生态，衔接主体功能区、生态保护红线、海洋功能区等，整合水功能区，全国建立以控制单元为基础、统一的水生态环境功能分区管理体系，并在控制单元层面落实“三线一单”、排污许可证、环境保护标准、排污交易等政策措施，进一步推动水环境精细化管理。

参考文献

[1] 赵越, 王东, 等. 实施以控制单元为空间基础的流域水污染防治[J]. 环境保护, 2017（24）: 12-16.

[2] 吴舜泽, 徐敏, 马乐宽, 等. 重点流域“十三五”规划落实“水十条”的思路与重点[J]. 环境保护, 2015, 43（18）: 14-17.

[3] 吴舜泽, 王东, 马乐宽, 等. 向水污染宣战的行动纲领:《水污染防治行动计划》解读[J]. 环境保护, 2015, 43（9）: 15-18.

[4] 王东, 秦昌波, 马乐宽, 等. 新时期国家水环境质量管理体系重构研究[J]. 环境保护, 2017, 45（8）: 49-56.

[5] 吴舜泽, 徐敏, 马乐宽, 等. 重点流域“十三五”规划落实“水十条”的思路与重点[J]. 环境保护, 2015, 43（18）: 14-17.

[6] 徐敏, 马乐宽, 赵越, 等. 水环境质量目标管理以控制单元为基础?[J]. 环境经济, 2015（8）: 18-19.

[7] 国务院. “十三五”生态环境保护规划[Z]. 国发〔2016〕65号, 2016-11-24.

本文原载于《中华环境》2018年第5期

三、全长江大保护的制度体系建设进展评估

苏利阳[1] 刘 宇[1]

（1：中国科学院科技战略咨询研究院，北京 100190）

摘要 从长江大保护的内涵特征出发，本文提出了长江经济带共抓大保护的制度构建逻辑，即保护优先制度、“共抓”大保护制度、绿色发展制度三大类。在此基础上，结合制度建设阶段划分，搭建起长江大保护制度建设进度评估框架，并结合相关资料分析各类制度建设进度。研究发现，2016年以来长江经济带共抓大保护的制度建设取得重大进展，突出表现在“保护优先制度”方面，但也存在内部进度不一的情况，“共抓”大保护和绿色发展制度建设依旧任重道远。展望未来，我国需要进一步加强保护优先新制度的建设，探索流域系统治理和整体保护的模式以及生态产品价值实现机制，从而为保护母亲河奠定良好的制度基础。

关键词 长江经济带；长江大保护；保护优先；绿色发展；制度；评估

党的十八大以来，我国积极推动生态文明制度建设，出台了《生态文明体制改革总体方案》，实施了政府机构改革，推进了中央环境保护督察和国家公园体制改革，改革工作取得重大进展。长江经济带占据我国1/5国土面积，人口和经济规模占比超过40%，自然也成为生态文明体制改革的重点区域。推动长江经济带生态文明制度建设成为重中之重。这从生态文明试点的分布可以看出，于2014—2015年设立的102个国家生态文明先行示范区中，有33个分布在长江经济带；但于2016年设立的国家生态文明试验区中，有2/3位于长江经济带，在一定程度上突显出国家对长江大保护制度建设的重视。

本文旨在通过定性定量相结合的方法，评估长江经济带共抓大保护的制度建设进度。在历经三年多的探索建设后，开展长江大保护制度建设评估有其客观必要性，这既有助于理解长江经济带生态文明建设的情况，也有助于把握生态文明体制改革和长江经济带两大国家战略的融合情况。长江经济带具有跨行

政区域属性，既是区域经济体又有着长江及其支流组成的流域，因此本文工作也有助于弥补已有文献重点关注全国层面生态文明体制改革进展评估的情况。

从不同角度出发，制度建设和分析有多种思路。党的十八届三中全会提出了“自然资源资产管理—自然资源监管—生态环保体制”的生态文明体制改革思路，杨伟民则介绍了“源头严防—过程严管—后果严惩”的制度设计逻辑，随后《生态文明体制改革总体方案》提出“四梁八柱”的设想。因此，长江大保护制度建设的评估也需以长江大保护制度构建的逻辑为起点，通过构建反映长江大保护内涵特征的指标体系，结合相关数据和资料，分析长江经济带共抓大保护的制度建设进展，并识别存在的主要问题和挑战。

1　长江大保护的内涵及制度构建逻辑

1.1　长江大保护的内涵特征

2014年3月，我国参照西方国家发展流域经济的做法，做出了“依托黄金水道，建设长江经济带”的战略决策，从而牵起了长江大开发热情，但同时也对长江生态环境带来冲击；2016年1月，面对大规模流域开发造成的局部水环境质量降低、水生态系统受损、水土流失加剧、环境污染风险加大等问题。

实现长江经济带的共抓大保护，符合我国国情需要，契合长江流域现状。具体来看，作为一个整体和实践指南，“共抓大保护，不搞大开发”的思想内涵包括了“一个阶段判断、一个重点突出、一个相互促进”。

“一个阶段判断”是基础，指长江经济带已经到了全面推进生态文明建设、追求保护优先的阶段。我国生态文明建设到了“三期叠加”的战略判断，套用到长江经济带，可发现三期叠加的判断在提出长江经济带“共抓大保护，不搞大开发”思想时就已有雏形了。长江经济带经济发展居于全国领先水平，同时生态地位极为突出，但受到的生态环境压力也更大，因此需比全国更早时间、更大力度地推进生态文明建设。

“一个重点突出”是关键，即突出“共抓”，既要求各方实现长江流域一盘棋，促进长江经济带实现上中下游协同发展、东中西部互动合作，也要求统筹水、产、城和生物、湿地、环境治理。尤其是要考虑到尽管从整体看，长江经济带的发展水平要高出全国平均水平，但内部分化较大，需要进行上中下游的统筹协调（图1）。这需要在制度上建立健全更加有效的区域流域协同保护生态环境的机制。

“一个相互促进”是出路，即以大保护为前提推动绿色发展，以绿色发展形成共抓大保护的命运共同体。保护是基础，是前提；绿色发展是目标。发展依旧是解决我国一切问题的基础和关键。只有以尊重自然、顺应自然、保护自然为前提，大力推动绿色发展，妥当形成保护与发展相互促进的格局，才能塑造共抓大保护的利益共同体，才能真正构建起共抓大保护的长效机制，真正实现保护。以法国国家公园体制改革为例，1963年法国建立第一个国家公园，基本套用美国式的严格保护模式，只关注自然生态系统的保护，使国家公园成为地方包袱；2006年法国开始国家公园体制改革，充分考虑了国家公园和周边地区经济社会发展的关系，逐步建立起绿色发展体系，最大限度地平衡了保护与发展的关系，达到了“保护好、有效益”的效果。

从上述角度看，构建长江经济带共抓大保护的格局并非一个简单的责任分工问题，而是涉及思想转变、制度体系变革、发展方式转型的系统工程。为此，要从生态系统整体性和长江流域系统性出发，针对各类生态隐患和环境风险，按照山水林田湖草是一个生命共同体的理念，研究提出从源头上系统开展生态环境修复和保护的整体预案和行动方案；在此基础上，厘清长江经济带实施大保护行动的利益格局影响，开展分类施策、重点突破，推动上、中下、游之间的生态补偿等举措；同时转变思路，积极探索推广绿水青山转化为金山银

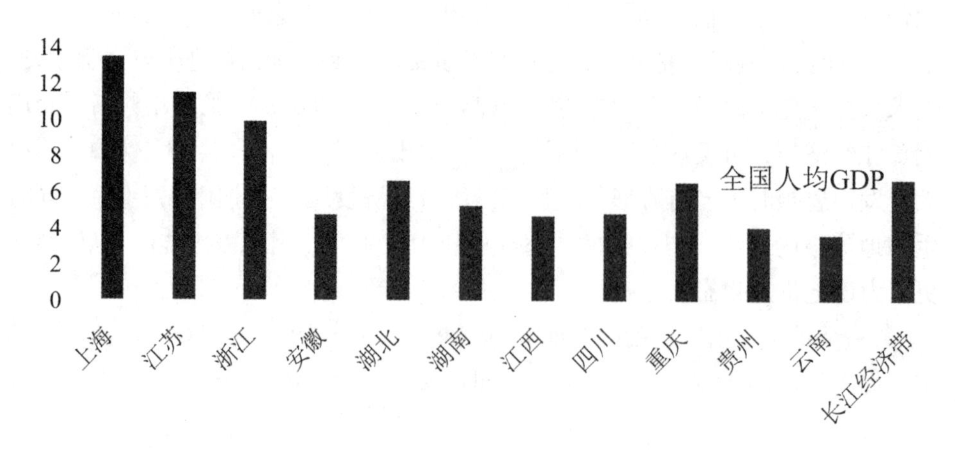

图1　2018年长江经济带人均GDP情况

山的路径。

1.2　长江大保护制度建设逻辑

基于长江大保护的内涵特征，我国提出了长江经济带共抓大保护的制度构建逻辑，以此作为评估制度建设进度的逻辑起点（表1）。

第一，在发展阶段转变下健全保护优先制度。这需要在水资源、水环境、生态保护等领域，构建起源头严防、过程严管、后果严惩的生态环境保护制度，扭转生态环境保护不断向经济发展和建设项目让步的格局。

第二，着力形成“共抓”大保护的体制制度。“共”字体现在既需要中央和地方的协作，也需要上、中、下游的合作保护，还需要相关部门按照山水林田湖草的生态系统完整性进行合作。首先需要组织协同，包括建立健全上、中、下游合作保护、部门合作的协调机制，实现长江流域的统一规划、统一实施、统一执法、统一监测；其次是实现政策和制度协调，即实现生态环境修复和保护各项制度的系统协调性，并实现整体推进。

第三，构建促进“绿水青山”转化为“金山银山”的绿色发展制度。要积极探索推广“绿水青山”转化为“金山银山”的路径，探索建立促进绿色发展的制度体系，包括建立起生态产品价值实现机制、流域上、中、下游之间生态补偿机制、流域性资源环境产权交易制度。

2　制度建设进展评估方法

2.1　制度建设的阶段划分及过程类型

按照政策实施进度，政策评估可以区分为事前评估、事中评估和事后评估，据此确定所采取的方法学。从长江经济带共抓大保护的建设进展看，一系列制度依旧处在建设落实的过程当中，本文属于事中评估。

根据西方公共管理学，政策过程包括了“议程设定—制定—执行—评估—终止/调整”等环节。但由于三方面的因素，传统理论很难完整描述中国的制度建设过程。第一，中国政府广泛采用试点这一工具，其既不属于“制定”，也不属于“执行”，因此需要将试点加入传统政策过程理论中。根据HEILMANN的研究，试点试验既有上级政府自上而下的部署，也有基层自发的探索。第二,一些制度建设通常需要立法、组织机构等方面的调整，需要一系列配套工作的推进，需要多个层级的政府的层层落实，因此从方案制定到运行实施绝非一蹴而就。第三，由于制度通常还需由基层来执行，不同地方政府的行动不一，存在部分地区已落实、其他地区仍在制定方案的现象。

因此，不同制度的建设过程有很大的差异。基于上述讨论，结合传统的政策过程阶段论以及相关研究，我们进一步提出制度建设的阶段划分及其类型(表2)。类型Ⅰ为简化模式，包括了“议程设定—方案制定—运行实施—调整优化”等环节，适合任务相对明确、主要由中央负责实施的制度，比如中央环保督察；类型Ⅱ则适合制度建设需要历经多方面的建设努力、实施主体通常为地方政府的情况，通过将模式Ⅰ中的运行实施区分为“部分运行”和“全面实施”两个环节，认为类型Ⅱ将包括“议程设定—方案制定—建设落实—部分运行—全面实施—调整优化”，如不动产统一确权登记；类型Ⅲ为是在类型Ⅰ的基础上，采取中央部署的试点，或者地方自发的探索模式，如碳排放权交易制度建设；类型Ⅳ为“议程设定—试点/探索—方案制定—建设落实—部分运行—全面实施—调整优化”，如空间规划编制。

表1 基于共抓大保护的制度体系建构逻辑

内涵	制度要求	具体制度、体制和机制
一个阶段判断	保护优先的制度	水资源保护制度
		水环境保护制度
		生态保护制度
一个重点突出	“共抓”大保护的制度	组织协调：建立健全区域间协调机制
		制度协调：推进区域间相关制度政策的衔接
一个相互促进	绿色发展制度	绿色发展制度体系

2.2 评估对象及资料来源

本文评估的长江大保护制度，主要为各类长江经济带文件确定的制度，包括《长江经济带生态环境保护规划》《关于加强长江经济带工业绿色发展的指导意见》《关于建立健全长江经济带生态补偿与保护长效机制的指导意见》等。我们把这些文件提到的“制度”进行梳理，并根据本文的分析框架进行分类，作为制度建设进度评估的依据（表3）。

需意识到的是，制度通常是一个复杂的集合体，因为一项制度可能会由多个子制度共同组成。例如，自然资源资产产权制度，既包括了统一确权登记，也包括了土地、森林、海域等各类资源的产权体系（如所有权、承包权、经营权等），还包括各类产权的权能应用（出让、转让、抵押等）。这些子制度的实施进度不一，自然资源产权制度建设进度评价就很难有统一的结论。鉴此，本文着力将研究对象"制度"分解细化，避免评价对象内嵌多种子制度的情况。

本文的资料主要来源于相关政府文件以及相关的新闻媒体报道、现场调研。主要以各级政府及相关部门门户网站等为主要平台，搜索全国及地方人大、国务院及其直属机构、9省2市地方政府及其职能部门所颁布的政策文件。

3 长江大保护的制度体系建设进展评估

3.1 总体描述

基于收集的政策文件，本文对长江大保护的制度进行了梳理，总计有25项制度。这其中，隶属于保护优先的制度占比达到56.0%，"共"抓大保护的制度文件达到24.0%，绿色发展相关制度文件占比20.0%，整体上反映当前制度建设的重心是构建起保护优先的制度体系为主。

从各种制度采取的建设过程类型看，有3项制度采取"议程设定—方案制定—运行实施—调整优化"即类型Ⅰ的制度建设过程；有10项制度不需要开展试点模式，但需要依靠地方层层落实，因此采用类型Ⅱ的制度建设过程；没有任何一项采取类型Ⅲ的制度建设过程，主要原因是以试点为起点的制度往往需依靠地方来实施；剩下的12项制度采取了类型Ⅳ的制度建设过程。

3.2 进展评估

3.2.1 保护优先的制度建设：优先实施运动式治理，同时探索建立长效机制

根据资料梳理，归属于保护优先的制度有14项。其中，有10项制度采取了类型Ⅱ的制度建设过程。其中有4项制度在议程设定后尚未正式启动，3项制度已经全面实施，部分运行的制度有4项，处在试点或探索阶段的有3项。

水资源保护制度多数采取类型Ⅱ的制度建设过程，但各项制度实施进行不

一。其中最严格水资源管理制度及其考核机制处在全面实施阶段，而高耗水项目淘汰目录制度、重点用水单位监控名录及计划用水制度主要为部分运行，地方全面实施仍需要一定时间。

表2　制度建设过程类型

制度建设过程类型	具体过程	适合的制度特征
类型I	议程设定—方案制定—建设落实—运行实施—调整优化	适合任务相对明确、主要由中央负责实施的制度
类型II	议程设定—方案制定—建设落实—部分运行—全面实施—调整优化	适合任务相对明确、需要中央地方共同实施或由地方实施为主的制度
类型III	议程设定—试点/探索—方案制定—建设落实—落实运行—调整优化	适合缺乏可借鉴经验的制度
类型IV	议程设定—试点/探索—方案制定—建设落实—部分运行—全面实施—调整优化	适合缺乏可借鉴经验、主要依靠地方实施的制度

表3　保护优先的制度建设进度评估

制度类别	制度	制度建设类型	制度建设进度
水资源保护	最严格水资源管理制度	类型II	全面实施
	高耗水项目淘汰目录制度	类型II	部分运行：目录（第一批）已经制定，并推动实施
	重点用水单位监控名录及计划用水制度	类型II	部分运行：诸多地方已建立监控目录并落实计划用水制度
水环境管理	入河污染源排放、排污口排放和水体水质联动管理	类型IV	议程设定：尚未步入制度方案设计阶段
	水环境监测预警	类型II	运行实施：方案已经制定并步入运行实施接单
	总氮排放总量控制	类型II	议程设定：相关制度尚未正式建立

（续表）

制度类别	制度	制度建设类型	制度建设进度
生态保护	生态红线划定	类型II	全面实施：生态红线已经基本划定
	重点生态功能区产业准入负面清单	类型II	部分运行：部分地区已发布清单
生态保护	涉水新建项目的生物多样性影响评估机制	类型II	议程设定：尚未正式开始制度建设
	探索建立沿江国家公园	类型IV	议程设定：尚未开始在沿江设立国家公园
危化物管理	危化品重大风险功能区等级和容量管控制度	类型IV	地方探索：如重庆出台了相关方案
	危险化学品适运性评估制度	类型II	部分运行：制定了内河危险化学品禁运目录，开展了水运危险化学品适运性鉴定与评估系统建设
	重点企业环境风险评估制度	类型II	地方探索
土壤制度	基于土壤环境质量的土地分级开发利用制度	类型IV	试点探索：少部分地区开展探索试验

作为重点的水环境管理制度，其新制度的建设进度较为缓慢。尽管相关氨氮、COD排放总量控制制度已经相对完善，但新制度如入河污染源排放、排污口排放和水体水质联动管理制度，以及重点区域的总氮排放总量控制仍未正式启动；在水环境质量预警方面，国家印发《长江流域水环境质量监测预警办法（试行）》，在相对较好的水环境质量监测体系的支撑下，水环境质量监测预警机制已经开始运行。

生态保护方面，涉水新建项目的生物多样性影响评估机制、探索建立沿江国家公园两项制度尚未正式启动；“三线一单”编制、重点生态功能区产业准入负面清单编制的技术指南或实施办法等均已完成，目前生态红线已经全面划定，同时部分地区编制了重点生态功能区产业准入负面清单，如重庆发布制定了重点生态功能区产业准入负面清单。

危险化学品管理和土壤方面的制度建设相对缓慢，如危险化学品重大风险功能区等级和容量管控制度、重点企业环境风险评估制度、基于土壤环境质量的土地分级开发利用制度仍停留在地方探索阶段，中央尚未介入全面的制度建设；危险化学品适运性评估制度方面，国家制定了内河危险化学品禁运目录，开展了水运危险化学品适运性鉴定与评估系统建设。

3.2.2 “共”抓大保护的制度建设：组织协调机制基本成型，但制度协调仍需探索

“共”抓大保护的制度建设包括了6方面的制度，采取类型Ⅰ、类型Ⅳ制度建设过程的各占一半。从实施进度看，2项组织协调型制度中有1项处在运行实施阶段，1项正处在建设落实阶段；4项制度协调型制度中有1项即跨省界重大生态环境损害赔偿制度建设没有正式启动，有2项处在小范围探索阶段，有1项已经在部分地区运行（见表4）。

处在运行实施阶段的制度主要是协商合作机制。国家印发了《长江经济带省际协商合作机制总体方案》，实现长江经济带“1+3”省际协商合作机制全面建立并有效运行。其中，长江下游从2004年开始从区域协作的角度提及生态环境治理，经常进行联合发文，反映下游区域生态环境协同治理的超前性。长江三角洲地区与八部委建立大气污染防治协作小组，研究联防联控政策，安排实施重点工作；长三角区域水污染防治协作机制与2016年12月正式启动，并发文部署区域水污染防治协作的重点工作。长江沿岸27个城市达成《长江流域环境联防联治合作协议》（见表5）。

统一的流域生态环境监管体系正处在建设落实阶段。针对长江流域“多龙管水、多龙治水”的问题，国家设立了长江流域生态环境监督管理局，目前机构已经完成挂牌，主要负责流域生态环境监管和行政执法相关工作。但该机构的职责与地方政府、区域生态环境督察局的关系仍有待进一步理顺，相关执法队伍需要进一步整合，需要在实践中不断发展完善。

处在小范围的试点试验阶段的制度有规划环评会商机制、省际环境信息共享机制。尽管国家发布制定了《关于开展规划环境影响评价会商的指导意见（试行）》，长江流域一些地方开始将流域上下游地区意见作为相关地区重大开发利用规划环评编制和审查的重要参考依据，但相关探索尚未制度化。省际环境信息共享机制的情况基本类似，仅在少数领域开展探索，尚未形成制度性规范。

在历经长时间的探索后，长江流域横向生态补偿机制建设进度已处在部分运行阶段。一是在全流域生态补偿方面，出台了指导性的顶层设计文件，发布《关于建立健全长江经济带生态补偿与保护长效机制的指导意见》，还提出中央财政通过水污染防治专项资金安排180亿元实施长江经济带生态修复奖励政策（2017—2020年）；二是探索横向生态补偿机制，云南、贵州、四川签订了赤水河流域横向生态保护补偿协议，浙江、安徽在新安江开展上下游水环境补偿等；三是安徽等省（区、市）相继建立了省（区、市）内生态补偿机制。但另一方面，生态补偿金额仍然偏低，未来仍需进一步调整完善，激发沿江地区生态保护动力。

3.2.3　绿色发展制度建设：整体处在试点建设阶段

长江大保护的绿色发展制度包括了市场化运作的生态产品价值实现、产权交易、绿色金融等。在制度建设过程类型上，鉴于绿色发展制度的复杂性，各项制度都采取了先试点后推行的模式。表6给出了各项制度的实施进展。总体看，长江经济带绿色发展制度建设停留在试点层面上，尚未形成覆盖全流域并行之有效的绿色发展制度。

表4　共抓大保护的制度建设进度评估

制度类别	制度	制度建设类型	制度建设进度
组织协调	协商合作机制	类型Ⅰ	运行实施：建立了长江经济带“1+3”省际协商合作机制；
	流域环境统一执法	类型Ⅰ	建设落实：组建了流域执法机构，但其职责有待进一步理顺；
制度协调	规划环评会商机制	类型Ⅳ	地方探索：仅有少部分地区零星探索，缺乏规划环评会商的制度性规范
	省际间环境信息共享	类型Ⅳ	地方探索：仅有少数领域开展探索，没有形成制度性规范
	跨省界重大生态环境损害赔偿制度	类型Ⅰ	议程设定：尚未正式启动相关制度建设
	横向生态补偿制度建设	类型Ⅳ	部分运行：在诸多地方开展运行实施

表5　长江经济带合作协商机制

合作机制类别	协商机制	参与单位
国家牵头的省际协调机制	长江经济带省际协商合作机制	由领导小组办公室牵头、沿江11省市参加的覆盖全域的省际协商合作机制
	长江三角洲地区与八部委建立大气污染防治协作小组	长江三角洲地区与八部委
省际协调机制	长江下游三省一市“三级运作、统分结合、务实高效”的合作协调机制	长江下游三省一市
	《关于建立长江上游地区省际协商合作机制的协议》	长江上游重庆、四川、云南、贵州四省市
	《关于建立长江中游地区省际协商合作机制的协议》	长江中游湖北、江西、湖南三省
	《关于加强两省市合作共筑成渝城市群工作备忘录》	四川、重庆
	《深化浙川合作框架协议》	浙江、四川
	《洞庭湖生态经济区水环境综合治理实施方案》	湖南、湖北两省合作共同开展洞庭湖生态治理
市县级协调机制	《长江流域环境联防联治合作协议》	长江沿岸27个城市

生态产品价值实现机制主要处在试点阶段。国家选择在浙江、江西、贵州开展试点工作，目标是探索各界参与、市场化运作、可持续的生态产品价值实现路径。目前看，相关试点已经取得了一些成效，如丽水在自然资源产权制度框架下推动了“河权到户”改革，把河道管理权和经营权分段或分区域承包给农户经营维护，从而实现全乡23条河道每千米年均增收6 000元。但总体上，市场化运作的生态产品价值实现机制尚未建立健全，尚未进入到全流域推广实施的范畴。

排污权、水权交易基本停留在试点阶段。2007年批复的11个地区开展

图2　构建长江经济带共抓大保护的格局并非一个简单的责任分工问题，而是设计思想体系转变、制度体系变革、发展方式转型的系统工程

排污权交易试点有5个位于长江经济带，形成了特色各异的排污权交易体系。2014年启动的7个水权试点省（区）有2个位于长江经济带，江西和湖北开展了水流确权、交易等探索。但历经多年探索，水权和排污权交易制度依旧面临市场培育不足、交易金额偏低等问题，远达不到在长江流域建立起产权交易制度的要求。

以绿色信贷为代表的绿色金融方面也以试点方式开展，国家在浙江、江西、广东、贵州、新疆5省（区）选择部分地方建设绿色金融改革创新试验区，其中3省处在长江经济带。试点地区涌现出诸多亮点工作，如浙江湖州聚焦绿色信贷，发布绿色融资项目、企业、银行及专营机构的评价规范；截至2018年6月，湖州市绿色信贷余额占全部信贷余额比重达到了22%，而全国平均水平仅为9%。但总体看，试点存在绿色标准界定不统一、金融机构获取绿色信息困难、基础设施建设滞后等问题。

表6 长江经济带绿水青山转化为金山银山制度建设进度

制度类别	制度	制度建设类型	制度建设进度
综合制度探索	生态产品价值实现	类型IV	试点阶段：试点区域已选定，试点实施方案已编制，部分成效彰显
环境产权交易	流域性排污权交易	类型IV	停留在试点阶段：试点区域建立了排污权交易体系，但试点效果尚未完全凸显
	流域性水权交易	类型IV	试点阶段：试点区域已选定，开展了水流确权、交易，但不具备全面推广条件
绿色金融制度	绿色信贷制度	类型IV	试点阶段：试点区域已选定，效果凸显，但制度化成果欠缺
	绿色发展基金	类型I	停留在议程设定：尚未正式出台和制定方案

国家还提出鼓励和支持沿江省（区、市）共同设立长江水环境保护治理基金、长江湿地保护基金，发挥政府资金撬动作用，吸引社会资本投入，实现市场化运作、滚动增值。但迄今为止，仅有部分城市如湖北宜昌设立绿色发展基金，长江经济带层面的绿色基金尚未正式启动，相关制度建设也较为滞后。

4 结语

本文在长江经济带“共抓大保护，不搞大开发”的背景下，分析了长江大保护的内涵特征，进而讨论构建长江大保护制度的构建逻辑，搭建起一个评估框架。在此基础上，本文利用已公开的资料，梳理了长江大保护的制度类别，并开展实施进度的评估工作，主要有以下结论。

第一，长江经济带共抓大保护的内涵极为丰富，本文认为主要包括了“一个阶段判断、一个重点突出、一个相互促进”三方面的特征。在此基础上，构建了长江大保护的制度建设逻辑，并结合制度建设进度搭建起分析框架。

第二，保护优先制度建设是当前重点工作，同时也是进展最快的领域，但内部进度不一。水资源管理制度建设进展较快；水环境管理和生态保护方面，制度建设进度存在两极分化的情况，旧制度已经基本落实运行，但新制度面临诸多技术和管理上的挑战，很多尚未正式启动；危化物管理和土壤方面的制度建设有待进一步提速。

第三，“共抓”大保护的制度建设依旧任重道远。目前，长江经济带跨行政区域的组织协调机制已经基本建立，流域生态环境监管机构已经组建。但上游和中游的合作机制尚有待深化，相关职责有待进一步理顺，各地区、各部门的利益诉求仍存在较大的差异，并且缺乏很好的制度来协调这种差异。

第四，绿色发展制度建设主要停留在试点阶段，资源与环境产权交易制度、抵押、入股的落实推进面临诸多挑战，如排污权交易历时多年探索，依旧未有重大突破，未来亟需进一步评估各类自然资源和环境产权制度的有效性和适用性，加大绿色发展的激励制度探索。

参考文献

[1] 国务院发展研究中心生态文明进展与建议课题组.生态文明体制改革进展与建议[M].北京：中国发展出版社，2018.

[2] 杨伟民.建立系统完整的生态文明制度体系[N].光明日报，2013-12-16.

[3] 李干杰.坚持走生态优先、绿色发展之路扎实推进长江经济带生态环境保护工作[J].环境保护，2016（11）：7-13.

[4] 张艳国.“共抓大保护、不搞大开发”思想的深刻内涵及其重大意义[N].光明日报，2018-6-14.

[5] 陈叙图，金筱霆，苏杨.法国国家公园体制改革的动因、经验及启示[J].环境保护,2019(19): 56-63.

[6] 习近平.在深入推动长江经济带发展座谈会上的讲话[J].求是，2019（13）：4-8.

[7] HEILMANN S.Policy Experimentation in China's Economic Rise[J].Studies in Comparative International Development, 2008, 43（1）: 1-26.

[8] 苏利阳，王毅.中国“央地互动型”决策过程研究：基于节能政策制定过程的分析[J].公共管理学报，2016, 13（3）: 1-11,152.

[9] 高世楫，王海芹，李维明.改革开放40年生态文明体制改革历程与取向观察[J].改革，2018（8）: 49-63.

[10] 韩刚.一池活水向“绿”流：写在湖州绿色金融改革创新一周年之际[N].湖州日报，

2018-6-12.
[11] 陈雨露. 绿色金融改革创新试验区85%试点任务已启动推进[EB/OL]. [2016-06-13]. http://www.gov.cn/guowuyuan/2018-06/13/content_5298248.htm.

本文原载于《环境保护》2019年第18期

四、推进长江经济带生态环境保护修复的总体思考与谋划

郜志云[1] 姚瑞华[1] 续衍雪[1] 王 东[2]

（1：生态环境部环境规划院长江经济带生态环境联合研究中心，北京 100190；
2：生态环境部环境规划院水部研究员，北京 100190）

摘要 推动长江经济带发展是党中央作出的重大决策，是关系国家发展全局的重大战略。新形势下推动长江经济带发展，要把修复长江生态环境摆在压倒性位置，坚持共抓大保护、不搞大开发。2018年4月初召开的中央财经委员会第一次会议明确提出长江保护修复是打好污染防治攻坚战七大重大标志性战役之一。为助力打好长江保护修复攻坚战，推动长江经济带高质量发展，本文在辨析长江保护修复面临突出环境问题的基础上，提出了系统治理、空间管控、三水共治、区域联动的战略重点，并从构建生态安全格局、完善治污体系、强化流域生态保护修复、防范环境风险、实施精准治理以及推动区域间联防联控等重点任务。

关键词 长江经济带；生态环境保护修复；生态屏障；“三水共治”；流域空间管控；“三线一单”

长江是中华民族的“母亲河”，是中华民族永续发展的重要支撑，流域上游是“中华水塔”，事关我国经济社会全局，也是珍稀濒危动植物的家园和生物多样性的宝库；中下游是我国无以替代的战略性饮用水水源地和润泽数省的调水源头。长江经济带发挥着确保中国总体生态功能格局安全稳定的全局性、战略性支撑作用。为加强长江经济带生态环境保护，国家先后制定和出台了《长江黄金水道环境污染防控治理的指导意见》《长江经济带发展规划纲要》《长江经济带生态环境保护规划》等相关文件，对长江经济带的环境保护和发展进行了战略布局和宏观设计。目前，长江经济带生态环境保护和修复仍面临诸多亟待解决的困难和问题，主要是生态环境形势严峻、流域发展不平衡不协调、生态环境协同保护体制机制尚未健全等。

1 长江经济带生态环境保护修复面临的严峻形势

1.1 局部岸线开发利用强度高，沿江生态屏障整体性保护不足

长江岸线粗放使用、布局矛盾问题依然突出。截至2016年，长江岸线总体利用率为15.1%，局部地区开发接近饱和，下游干流岸线开发利用比例在40%左右。局部江段岸线利用与水生态环境保护矛盾突出，仅溪洛渡以下长江干流和6条重要支流中下游河段以及2大湖泊共分布有各类国家级和省级自然保护区20个。近20年来城镇面积增加39.03%，沿江1 000 m岸边带城镇面积增长51.6%，农田、天然林地、灌丛、草地、湿地和沼泽等高生态服务功能土地面积均有不同程度减少。

1.2 污染物排放总量大强度高，造成部分区域和支流环境污染

流域水环境保护形势严峻。2016年度环境统计数据分析结果表明，长江经济带废水、化学需氧量、氨氮排放总量分别占全国的43%、37%、43%，分别是淮河、黄河流域的4倍、5倍，单位面积排放强度均为全国平均值2倍，单位GDP废水排放量是美国、德国、法国、英国等发达国家的3 ~ 4倍，中上游地区单位GDP化学需氧量、氨氮排放强度分别超出全国平均值11%和24%。高强度污染物排放造成长江局部污染严重。部分支流如府河、釐河、京山河、南淝河、派河等河流有机污染突出，乌江、岷江、沱江总磷超标严重。太湖、巢湖、滇池等湖泊水体富营养化问题尚未得到有效控制，大通湖等湖区的污染问题已经显现。

1.3 流域水流情势变化显著，珍稀濒危物种与特有种受威胁程度上升

长江流域已建成一批以三峡水库为核心的控制性水利水电工程，整个流域建有水库5.1万多个，总库容大于4 000亿m^3，其中上游分布水库1.3万余个。由于水库群投入运行，导致长江中下游水文情势发生新变化。江湖关系呈现新情势，与上世纪50年代相比，洞庭湖、鄱阳湖湖泊面积减少了39.7%、43.6%，湖泊调蓄能力降低，江湖关系紧张。与1996—2000年相比，2003—2012年长江中下游平均年渔获量减少了41%、"四大家鱼"（青鱼、草鱼、鲢鱼、鳙鱼）减少了94%。2007年正式公布白鱀豚功能性灭绝，2010年江豚实测数量比

1997年减少75%，江豚数量正在以每年5%~10%的速度下降。

1.4　重化工等高风险企业沿江密布，流域环境风险隐患突出

一是长江经济带结构性、布局性风险突出。长江经济带集中了全国40%的造纸、43%的合成氨、81%的磷铵、72%的印染布、40%的烧碱产能。沿江11省市化工产量约占全国的46%；全国近一半的重金属重点防控区位于长江经济带，长江上游成渝经济区88%的化学工业沿长江干流和岷江、沱江布局；长江中下游76.9%的化学工业园区集中分布在长江干流；长江沿线共布局化工园区60多个,生产企业约2 100家。

二是次生事件引发的环境风险防控压力大。长江干线港口危险化学品年吞吐量达1.7亿吨，生产运输的危险化学品种类多达250余种；长江经济带年均发生突发环境事件300多起，60%以上由生产安全和交通运输事故引发，企业排污、自然灾害及其他原因分别占16%、8%和15%，危险废物非法转移和倾倒也成为长江经济带突发环境事件诱因之一。

三是饮用水安全保障难度大。长江事关近4亿人的饮水安全，是沿江各省市的生命线。据调查沿江有2.4万多个排污口，其中规模以上入河排污口有8 051个，取水口和排污口分布犬牙交错，同时长江上饮用水水源同各类危、重污染生产储存区交错配置，流域内30%的环境风险企业位于饮用水水源地周边5 km范围内，饮用水水源保护区水运交通航道穿越现象较多，沿江饮用水安全隐患较多。

1.5　流域发展不平衡不协调问题突出，生态环境协同保护机制尚未健全

流域上中下游经济发展不均衡。据2014年经济数据统计，长江经济带人均GDP5.02万元，平均城镇化率54.24%，其中下游省份人均GDP约6.81万元，城镇化率63.37%，下游省份已基本实现城乡一体，全面发展。下游省份人均GDP分别为上游、中游省份的2.03倍和1.66的倍，下游省份城镇化率分别为上游、中游省份的1.37倍和1.23倍，中上游省份经济发展水平显著低于下游省份。

现行流域管理条块分割现象突出，流域生态环境保护管理机制碎片化。区域行政管理主体多元，长江生态环境保护、区域空间开发分段化管理；环保、

图1　打好长江保护修复污染防治攻坚战是新时期推动长江经济带发展的首要任务

水利、农业、交通、能源、安监、海事等多个部门均涉及长江的管理，受制于不同部门目标和职能定位的差异，出现“各管一段”的多头治理困境。流域条块分割管理，导致长江经济带有序开发和保护受到一定掣肘，流域生态环境保护管理缺乏协同性。

2　长江经济带生态环境保护修复的战略重点

2.1　加强改革创新战略统筹规划引导，推动长江经济带高质量发展

中共中央总书记习近平针对长江经济带发展症结所在，明确提出必须正确把握5个关系，即整体推进和重点突破的关系；生态环境保护和经济发展的关系；总体谋划和久久为功的关系；破除旧动能和培育新动能的关系；自我发展和协同发展的关系，体现了进入新时代中国经济转向高质量发展的全局性、长期性、战略性考量。坚持区域生态环境保护整体推进，重点突破，增强各项措施的关联性和耦合性，强化战略统筹和规划引导，治本和治标相结合、渐进和突破相衔接，循序渐进，久久为功；要深化改革、加快创新，把生态环境保护和经济发展辩证统一起来，坚持在发展中保护、在保护中发展，坚定不移走生

态优先、绿色发展之路，以生态优先倒逼产业转型升级，积极稳妥腾退化解旧动能，破除无效供给，彻底摒弃以投资和要素投入为主导的老路，为新动能发展创造条件、留出空间，实现“腾笼换鸟”“凤凰涅槃”，实现东中西部错位发展、协调发展、有机融合，推动整个长江经济带高质量发展，永葆“母亲河”生机和活力。

2.2　坚持山水林田湖草系统治理，强化上下游、东中西部协同保护

贯彻“山水林田湖是一个生命共同体”理念，通过山水林田湖草的系统保护，构建区域生态安全格局，统筹水上和陆域、上中下游、东中西部、污染源和污染介质，强化生态安全格局的构建及自然岸线管控和保护；加大重点生态功能区的保护，系统整体推进森林、湿地、湖泊等的系统保护和生态恢复；开展河湖生态缓冲带建设、水土流失综合治理以及富营养化湖泊治理等；加大生物栖息地及珍稀特有鱼类保护等，提高流域的生物多样性水平。

2.3加强流域空间管控，实施差别化的分区管治策略

根据长江流域生态环境系统特征，以主体功能区规划为基础，推行水环境、大气环境、土壤环境按生态环境分区管控，系统构建国土生态安全格局。西部和上游地区坚持保护优先、预防为主，中部和中游地区以系统保护、自然恢复为主，东部和下游地区以治理修复为主。根据东中西部、上中下游、干流支流环境功能定位与突出环境问题，制定差别化的保护策略与管理措施，实施精准治理。

2.4　扎实推进水资源合理利用、水环境治理改善和水生态保护修复“三水共治”

以共抓大保护、不搞大开发为导向，以生态优先、绿色发展为引领，以严格保护一江清水为核心，统筹山水林田湖草系统治理，把握水资源、水环境和水生态内在联系，扎实推进水资源合理利用、水环境治理改善和水生态保护修复“三水共治”。实施以控制单元为基础的水环境质量目标管理，严守水环境质量底线，保护饮用水源等良好水体，推进黑臭水体、排污口水体及劣Ⅴ类水体持续治理，坚持“不降级、反退化、无劣质、保安全”，确保流域水环境质量进一步改善。

图2　长江经济带结构性、布局性风险突出

2.5　完善体制机制，提高共抓大保护协同性

发挥区域协商合作机制作用，搭建上中下游、东中西部产业协作、生态环境保护和污染防治的跨区域联动机制。建立长江经济带生态补偿与保护长效机制相衔接的综合性奖补措施，推进形式多样的生态补偿方式。按照“谁受益谁补偿”及奖优罚劣的原则，探索建立上下游相邻省份及省域内市县建立流域横向生态补偿机制，加快长江保护修复，加快形成长江大保护格局。

3　长江经济带生态环境保护修复的主要任务

3.1　强化“三线一单”硬约束，系统构建区域生态安全格局实现“生产、生活、生态”空间严格管控

各省市要根据流域生态环境系统特征，以主体功能区为基础，系统构建长江经济带的区域生态安全格局，强化“生态保护红线、环境质量底线、资源利

用上线、环境准入负面清单”硬约束，积极推进长江经济带战略环评，统筹环境质量与自然生态的关系。

核定水资源利用上线，以合理利用水资源为路径，保障河湖最小生态水量（水位），改善江湖关系；推进生态保护红线划定，合理确定河湖岸线功能，推进长江干流和重点河湖生态缓冲带建设；确定环境质量底线，严格治理工业、生活、农业和船舶港口污染，切实保护和改善生态环境。提出环境准入负面清单，明确不同区域在空间布局、污染物排放、环境风险、资源开发利用等方面的差异化禁止和限制要求，逐步提高产业发展和资源环境承载能力的适应度。

严格流域生产、生活以及生态空间管控。从严控制生态空间转为城镇空间和农业空间，禁止侵占生态保护红线内空间违法转为城镇空间和农业空间。鼓励城镇空间和符合国家生态退耕条件的农业空间转为生态空间。制定和实施生态空间改造提升计划，提高生态空间的完整性和连通性。确保流域生态空间面积不减少，生态服务功能逐渐提高。

3.2　构建“三位一体”污染治理体系，坚持“减排、扩容”两手发力促进流域水质改善

构建源头防控、系统截污、全面治污“三位一体”的长江经济带水污染治理体系。以城镇污水、垃圾收集处置为突破口，推进县城、建制镇生活污水处理设施、配套管网建设，加快垃圾分类投放、收集、运输及分类处理体系建设；以工业源减排、农业农村污染防治、船舶港口污染控制为源头防控重点，确保长江范围内工业、生活、农业、移动源等污染得到系统拦截和有效控制，污染物排放量明显减少；开展入河排污口系统整治，加强入河排污口监管体系建设；以长江干流、三峡库区、洞庭湖、鄱阳湖、巢湖、太湖等为全面治污重点区域，以点带面，加快实现水污染治理全覆盖，促进水环境治理持续改善。

优化水资源生态调度保障重要河流及湖泊基本生态用水。加强水库群联合调度，将长江干流、重要支流和湖泊生态需水量作为流域水量调度的重要依据，保障长江干支流58个主要控制节点生态基流占多年平均流量比例在15%左右，其中干流在20%以上。长江大通断面非汛期生态环境需水量不低于1 171亿m^3。

3.3　加强流域生态保护修复，增强长江生态系统服务功能

通过山水林田湖草的系统保护，构建区域生态安全格局。加大重点生态功能区的保护，推进森林、草地、湿地、湖泊、生态岸线等的系统保护，开展河湖岸线生态缓冲带建设和湿地恢复、水土流失综合治理等，提升流域水源涵养能力，实现生态脆弱地区的修复保护，促进流域生态恢复。

强化河湖生态空间保护及岸线生态屏障建设。建立健全长江岸线开发利用和保护协调机制，严格岸线分区管理和用途管制，推进岸线生态功能恢复。以自然恢复为方针，推动长江干流及重点湖泊河湖生态缓冲带建设，在洱海、邛海、鄱阳湖、洞庭湖等重要湖泊实施湿地保护修复。

加强国家重点生态功能区及森林生态系统保护。推动若尔盖湿地、南岭山地、大别山、三峡库区、川滇森林、秦巴山地、武陵山区等国家重点生态功能区的区域共建，优先布局重大生态保护工程。继续实施天然林资源保护二期工程，全面停止天然林商业性采伐。在湖北、重庆、四川、贵州、云南等5省（市）开展公益林建设。加强新造林地管理和中幼龄林抚育，优化森林结构，提高森林覆盖率和质量。

3.4　优化沿江企业码头布局，健全应急管理体系防范环境风险

优化高环境风险企业与危化品码头布局。以化工企业、园区，化工码头为重点，严格实施企业市场准入制度，推动化工产业转型升级、结构调整和优化布局。推动长江干流、重要支流岸线延伸1 km范围内化工企业搬离或进入合规工业园区，整顿改造后仍不能达到要求的要依法关闭。全面推动环境风险评估制度，完成沿江石化、化工、医药、纺织、印染、危化品和石油类仓储、涉重金属和危险废物等重点企业环境风险评估，对环境隐患实施综合整治。

健全环境应急预案管理体系。遏制饮用水水源地、危化品运输、水运交通等重点领域重大环境风险。开展饮用水水源地突发环境事件风险评估，健全跨部门、跨区域环境应急协调联动机制；强化长江干流及主要支流危化品运输安全环保监管和船舶溢油风险防范，严厉打击未经许可擅自经营危化品水上运输等违法违规行为。

3.5　联动实施断面水质动态监测预警，推动建立基于控制单元的流域精细化管理体系

全面建成长江经济带国控和省控考核断面水质监测站网。建立上下游断面水环境质量监测、评估、预警机制，制定水体（断面）不达标处置预案，实施排污大户企业限产限排，确保满足水质达标要求。按月公布断面水质状况，按季度对达不到水质目标的断面进行预警通报，启动处置预案，确保下一季度满足水质目标要求。

建立污染源－入河排污口－水质断面空间输入响应关系，建立基于流域控制单元的精细化管理体系。衔接水功能区，细化控制单元，整合水文、水质、污染源及排污口数据，建立空间输入响应关系，将控制单元作为落实排污许可、区域限批等管理措施的基本空间单位。

3.6　构建上中下游联动保护工作机制，加快形成共抓长江大保护的格局

深入贯彻和落实《关于建立健全长江经济带生态补偿与保护长效机制的指导意见》，以建立完善全流域、多方位的生态补偿和保护长效体系为目标，优先支持解决严重污染水体、重要水域、重点城镇生态治理等迫切问题，着力提升生态修复能力，逐步发挥山水林田湖草的综合生态效益，构建生态补偿、生态保护和可持续发展之间的良性互动关系。加快推动流域内上下游相邻省份及省域内市县建立流域横向生态保护补偿机制，织牢流域生态安全网络，加快形成共抓长江大保护的格局。

4　结语

打好长江保护修复污染防治攻坚战是新时期推动长江经济带发展的首要任务，核心是要加强改革创新，推进体制机制建设，共抓大保护，集中力量解决突出环境问题，加快补齐生态环境建设短板，系统提升优质生态产品的供给力，为长江经济带高质量发展提供生态助力。

参考文献

[1] 李干杰. 坚持走生态优先、绿色发展之路扎实推进长江经济带生态环境保护工作[J]. 环境保护, 2016, 41（11）: 7-13.

[2] 腾艳. 中国地质大学（武汉）校长王焰新提出创新“生态长江”治理模式[N]. 中国国土资源报, 2015-11-25（06）.

[3] 环境保护部, 国家发展和改革委员会, 水利部. 关于印发《长江经济带生态环境保护规划》的通知（环规财[2017]88号）[EB/OL].（2017-07-17）. http://www.mep.gov.cn/gkml/hbb/bwj/201707/t20170718_418 053.htm.

[4] 吴舜泽, 王东, 姚瑞华. 统筹推进长江水资源水环境水生态保护治理[J]. 环境保护, 2016, 44(15): 16-20.

[5] 洪亚雄. 长江经济带生态环境保护总体思路和战略框架[J]. 环境保护, 2017, 45（15）: 12-16.

[6] 国家发展改革委, 环境保护部. 长江黄金水道环境污染防控治理的指导意见的通知[EB/OL].（2016-02-23）. http://www.ndrc.gov.cn/zcfb/zcfbtz/ 201602 /t20160226_790572. html.

[7] 姚瑞华, 王东, 孙宏亮, 等. 长江流域水问题基本态势与防控策略[J]. 环境保护, 2017（19）: 46-48.

[8] 曹国志, 於方, 王金南, 等. 长江经济带突发环境事件风险防控现状、问题与对策[J]. 中国环境管理, 2018（1）: 81-85.

本文原载于《环境保护》2018年第9期

五、全流域多方位生态补偿政策为长江保护修复攻坚战提供保障

——《关于建立健全长江经济带生态补偿与保护长效机制的指导意见》解读

姚瑞华[1]　李　赞[2]　孙宏亮[3]　巨文慧[2]

（1：生态环境部环境规划院长江经济带生态环境联合研究中心副研究员，北京100012；2：生态环境部环境规划院，北京 100012；3：生态环境部环境规划院高级工程师，北京100012）

摘要　《关于建立健全长江经济带生态补偿与保护长效机制的指导意见》（财预〔2018〕19号），是中央财政加强长江流域生态补偿与保护的制度设计，其以建立完善全流域、多方位的生态补偿和保护长效体系为目标，从专项转移支付资金整合、推进生态环保领域财政事权和支出责任划分改革、增加重点生态功能区及均衡性转移支付财力补助、实施上下游生态保护修复奖励政策、健全基于生态环境质量改善为核心的激励约束机制等方面进行了统筹安排。该项政策实施将推动实现从单领域补偿拓展到综合补偿，对加快建立健全长江经济带生态补偿与保护的长效机制，实现生态补偿　生态保护和可持续发展之间的良性互动具有重要意义，是打好长江保护修复污染防治攻坚战的重要保障。

关键词　长江保护修复；长江经济带；生态补偿；资金保障；生态权重；重点生态功能区

推动长江经济带发展必须从中华民族长远利益考虑，走生态优先、绿色发展之路，把修复长江生态环境摆在压倒性位置。中共十九大报告明确指出，“以共抓大保护、不搞大开发为导向推动长江经济带发展”。这是新时代推动长江经济带发展的总体要求和根本遵循。为贯彻落实党中央、国务院关于长江经济带生态环境保护的决策部署，2018年2月，财政部印发和实施了《关于建立

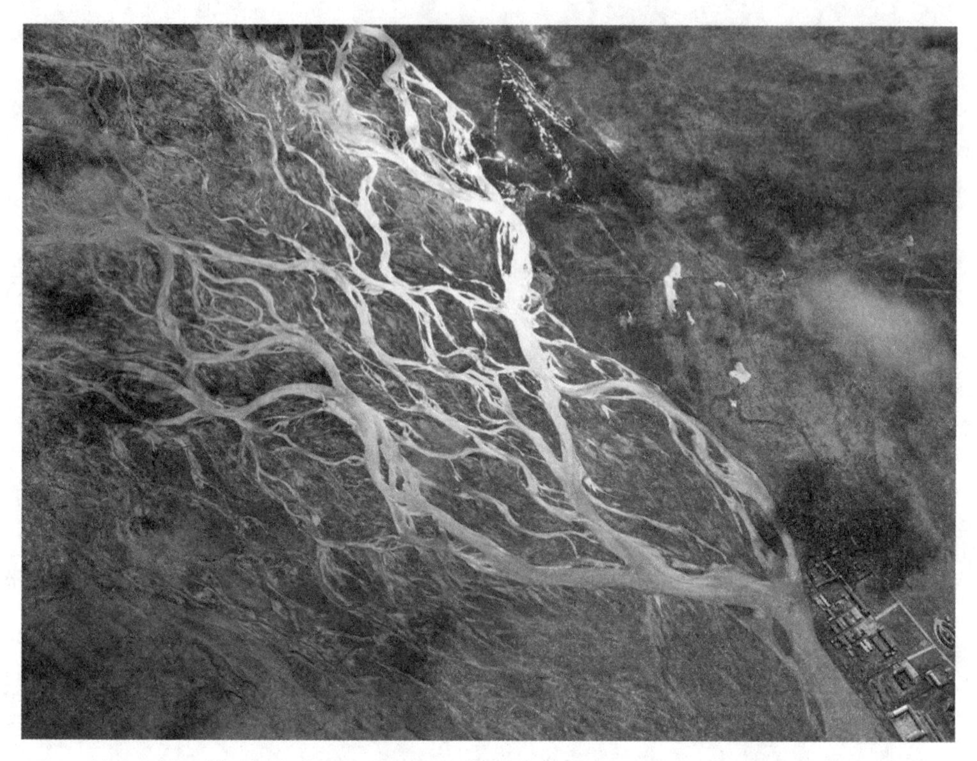

图1　转移支付政策既以生态环保指标为基本要素，又以推动环境质量持续改善为主要目的

三江源——长江源沱沱河交汇

健全长江经济带生态补偿与保护长效机制的指导意见》(财预〔2018〕19号)(以下简称《指导意见》)，明确要积极发挥财政在国家治理中的基础和重要支柱作用，推动长江流域生态保护和治理，建立健全长江经济带生态补偿与保护长效机制，实现生态补偿、生态保护和可持续发展之间的良性互动，为打好长江保护修复攻坚战提供坚实的资金保障。

1 《指导意见》的主要内容和作用

《指导意见》确立了“生态优先，绿色发展。统筹兼顾，有序推进。明确权责，形成合力。奖补结合，注重绩效”的指导原则。通过中央和地方两条线对长江经济带生态补偿与保护工作进行了制度性安排，中央通过四种途径加大对地方环保投入支持，地方财政重点是做好资金统筹、绩效监管、资金奖补以及财力保障等工作。力求中央和地方联动发力，从根本上解决长江经济带生态环境保护投入不够、治污能力不足等问题。

1.1　增加均衡性转移支付分配的生态权重，调动地方政府环境保护和污染治理的积极性和主动性

中央财政增加生态环保相关因素的分配权重，加大对长江经济带相关省（市）地方政府开展生态保护、污染治理、控制减少排放等带来的财政减收增支的财力补偿，进一步发挥均衡性转移支付对长江经济带生态补偿和保护的促进作用。转移支付政策既以生态环保指标为基本要素，又以推动环境质量持续改善为主要目的，而且体现了对生态保护力度大、污染治理成效好区域的倾斜，其政策引导性作用非常大，将有力地调动地方政府转变发展方式，加强生态建设和环境保护的积极性和主动性。同时，鼓励地方政府对岸线周边、生态保护红线区及其他环境敏感区域内落后产能排放整改或搬迁关停要给予一定的政策性资金支持，切实加强重点水域及生态红线地区生态空间的保护水平和能力。

1.2　加大对重点生态功能区直接补偿的资金倾斜，能显著提高生态保护和民生改善能力

国家重点生态功能区承担水源涵养、水土保持、防风固沙和生物多样性维护等重要生态功能，关系全国或较大范围区域的生态安全，是构建国家生态安全屏障的重要支撑。加强国家重点生态功能区环境保护和管理，是增强生态服务功能，构建国家生态安全屏障的重要支撑，是建设美丽中国的重要任务。在长江流域，一些重点生态功能地区经济基础薄弱，是国家确定的禁止开发区、限制开发区。在这些区域，完善县域生态质量考核评价体系，突出以生态环境质量改善为核心，根据生态功能类型和重要性实施精准考核，强化资金分配与生态保护成效挂钩机制。让重点生态功能区地区守得住绿色青山，共享经济社会发展成果，做到“绿起来”与“富起来”结合，真正实现“绿色青山就是金山银山”，经济效益、社会效益与生态效益统一。

1.3　鼓励流域内上下游相邻省（市）或省域内市县建立横向生态保护补偿机制，织牢流域生态安全网络

长江是中华民族的母亲河，是中华民族永续发展的重要支撑，流域上游是

“中华水塔”，也是珍稀濒危动植物的家园和生物多样性的宝库；中下游是我国无以替代的战略性饮用水水源地和润泽数省的调水源头。加强长江流域生态环境保护工作，需要上下游11省（市）共同发力形成合力，齐力构建上中下游共抓大保护的工作格局，才有可能取得实效。《指导意见》要求相关省份和市县要积极推动流域保护的共商共建，中央财政将视机制建立的进度给予梯级奖励。按照“早建早给、早建多给”的原则，鼓励地方政府早建机制，将极大地调动地方政府签订补偿协议的积极性，对于加快形成共抓长江大保护的格局具有重要意义。

1.4 将修复长江生态环境摆在压倒性位置，优先实施重点生态工程

以山水林田湖草为有机整体，重点开展长江经济带防护林体系建设、水土流失及岩溶地区石漠化治理、脆弱湖泊湿地综合治理、流域水生态修复保护等重点生态修复工程。《指导意见》提出加大专项对长江经济带的支持力度，在支持开展森林资源培育、天然林停伐管护、湿地保护、生态移民搬迁、节能环保等方面，中央财政将结合生态保护任务，通过林业改革发展资金、林业生态保护恢复资金、节能减排补助资金等向长江经济带予以重点倾斜。

图2　长江沿线是我国重要的人口密集区和产业承载区

2 《指导意见》实施对长江经济带生态环境保护的重要意义

建立健全长江经济带生态补偿与保护长效机制，是落实“以共抓大保护、不搞大开发为导向推动长江经济带发展”重大战略导向的重要举措，是打赢长江保护修复攻坚战役的关键之举。

2.1 强化资金分配与生态保护成效挂钩机制，从制度设计上防止产业转移带来污染转移

长江沿线是我国重要的人口密集区和产业承载区，沿江工业发展各自为政，依托长江黄金水道集中发展能源、化工、冶金等重工业，上中下游产业同构现象将愈发突出，部分企业产能过剩，一些污染型企业向中上游地区转移。《指导意见》提出：鼓励地方政府对岸线周边、生态保护红线区及其他环境敏感区域内落后产能排放整改或搬迁关停要给予一定政策性资金支持。习近平总书记在湖北调研时强调：要把长江沿岸有污染的企业都搬出去，企业搬迁要做到人清、设备清、垃圾清、土地清，彻底根除长江污染隐患。该项政策将加大地方政府淘汰落后产能的工作力度，确保重要水域及生态红线等地区得到有效保护。要牢固树立保护生态环境就是保护生产力、改善生态环境就是发展生产力的理念，进一步强化资金分配与生态保护成效挂钩机制，从制度设计上防止产业转移带来污染转移，为实现“腾笼换鸟”、长江经济带绿色发展注入动力。

2.2 推动上中下游协同保护，构建“共抓大保护、不搞大开发”的工作格局

长江多年平均水资源总量约9 958亿m^3，约占全国水资源总量的35%。每年长江供水量超过2 000亿m^3，保障了沿江4亿人生活和生产用水需求，还通过南水北调惠泽华北、苏北、山东半岛等广大地区。确保一江清水绵延后世、永续利用是沿江各省市的共同责任，长江流域上下游关系复杂，还涉及众多支流，长期以来存在上游污染下游遭殃、上游保护下游享福等权责不对等问题。而且各省市在长江保护方面均有不同的利益诉求，建立公平合理、完善高效的长江经济带生态保护补偿机制意义重大。《指导意见》将签订补偿协议的主动权下放到各省市，以奖励促机制体制建设，调动流域内上下游相邻省份及省域内市县建立流域横向生态保护补偿机制的积极性和主动性，加快织

牢流域生态安全网络，构建长江大保护的格局，增加保护长江生态环境的协同性和整体性。

2.3 完善生态环境保护投入机制，为长江经济带生态文明建设和区域协调发展提供重要的财力支撑和制度保障

长江经济带横跨我国地理三大阶梯，资源、环境、交通、产业基础等发展条件差异较大，地区间发展差距明显，上游地区在长江经济带生态环境保护中担负着重要责任，但是也存在着财力不足、投入有限、效益不高等问题，即使在经济较发达的地区，也存在基层政府资金缺口大、责任压力大等问题。《指导意见》提出因地制宜突出资金安排重点，集中财力保障长江经济带生态保护的重点任务，加大长江上游等生态功能重要、保护地位突出地区的资金保障力度，优先支持解决严重污染水体、重要水域、重点城镇生态治理等迫切问题，着力提升生态修复能力，逐步发挥山水林田湖草的综合生态效益，构建生态补偿、生态保护和可持续发展之间的良性互动关系，推动长江经济带高质量发展，加速长江保护修复攻坚战的实现。同时，《指导意见》还提出省级财政部门要结合环境保护税、资源税等税制改革，充分发挥税收调节机制，科学界定税目，合理制定税率，夯实地方税源基础，形成生态环境保护的稳定投入机制。推进生态环保领域财政事权和支出责任划分改革，明确省以下流域治理和环境保护的支出责任分担机制，对跨市县的流域要在市县间合理界定权责关系，充分调动市县积极性。

2.4 建立市场化、多元化的生态补偿机制，全面激发沿江省市生态环境保护内生积极性

目前，国家推行的流域生态补偿多以资金补助为主，且主要依靠国家或地方财政转移支付，不仅加重政府负担，也无法保证生态补偿措施持续运转，存在补偿政策稳定差、可持续保护能力不足的问题。《指导意见》提出要积极推动建立政府引导、市场运作、社会参与的多元化投融资机制，鼓励和引导社会力量积极参与长江经济带生态保护建设。研究实行绿色信贷、环境污染责任保险政策，探索排污权抵押等融资模式，稳定生态环保PPP项目收入来源及预期，加大政府购买服务力度，鼓励符合条件的企业和机构参与中长期投资建设。探索推广流域水环境、排污权交易和水权交易等生态补偿试点经验，推行

图3　完善高效的长江经济带生态保护补偿机制意义重大

环境污染第三方治理，吸引和撬动更多社会资本进入生态文明建设领域。在流域生态补偿多元化投入机制和多样化补偿模式方面的积极探索，将极大地增强补偿的适应性、灵活性和针对性，实现由“输血式补偿”向“造血式补偿”的转变，为补偿提质增效，也真正建立流域生态保护的长效机制。

2.5　建立健全激励引导机制，让生态环境保护成效高的地区多获得奖补资金

加强长江经济带生态环境保护要在加大污染治理的同时，从源头上限制引进和建设可能产生污染的项目，坚决杜绝边治理边污染、边建设边污染的问题。要切实破解“污染重地区、获得补助资金多”的不合理现象，避免走“先污染后治理”的老路，根本上就是要加大对生态环境质量好、改善幅度大地区的奖补力度，污染严重、生态破坏突出的地区不但拿不到中央资金，还应被严肃追责。《指导意见》提出以生态环境质量改善为核心，根据生态功能类型和重要性实施精准考核，强化资金分配与生态保护成效挂钩机制。对考核评价结果优秀的地区增加补助额度，让保护环境的地方不吃亏、能受益、更有获得感；对生态环境质量变差、发生重大环境污染事件、主要污染物排放超标、实行产业准入负面清单不力和生态扶贫工作成效不佳的地区，根据实际情况对转移支付资金予以扣减。保护生态环境越好的地区获得奖补资金越多，地方政府

则会加大生态建设的积极性、主动性和创造性，切实按照绿色发展的要求推进地区经济社会发展。

3 推进《指导意见》实施的工作建议

《指导意见》是中央财政加强长江流域生态补偿与保护的制度设计，是推动长江经济带高质量发展的重大财政制度安排，是打好长江保护修复污染防治攻坚战的重要财政保障，应结合当前长江生态环境保护和修复的重点工作，促进政策实施并产生积极的作用。

一是清单式管理推进长江保护修复攻坚方案实施。长江经济带11省市应尽快制定本省的长江保护修复攻坚方案，实施清单式管理，建立“问题清单、目标清单、任务清单、责任清单、项目清单”，明确工作优先序和实施步骤；利用好财政政策，加快推动实施重点水域、重点区域和重要水体治理工程，坚持污染防治和生态保护修复协同推进，确保3年时间明显见效。

二是实行干支流统筹推进和上中下游联防联控。以长江干支流为经脉，以山水林田湖为有机整体，以改善长江水环境质量为核心，坚持“减排、扩容”两手发力，扎实推进水资源合理利用、水生态修复保护、水环境治理改善“三水并重”，以控制单元为抓手，强化长江污染治理的网格化和精细化管理；发挥好财政在国家治理中基础和重要支柱作用，上中下游协同推进，以点带面，积小胜为大胜，打赢长江保护修复的攻坚战役。

三是加强长江保护修复的整体性和协同性。深入推进流域系统治理，加强入河排污口监测体系建设，建立管理台账，实施动态监管；完善长江水质监测网络，建立水质断面监测、评估和预警机制，制定不达标水体达标整治方案以及应急处理处置预案，确保断面水质满足达标要求。完善体制机制，发挥区域协商合作机制作用，建立健全生态补偿与保护长效机制，强化上中下游共抓大保护的协同性。

参考文献

[1] 财政部关于建立健全长江经济带生态补偿与保护长效机制的指导意见（财预〔2018〕19号）[EB/OL].（2018-02-24）. http://www.gov.cn/xinwen/2018-02/24/content_5268509.htm.

[2] 关于印发《长江经济带生态环境保护规划》的通知 [EB/OL].（2017-07-17）. http://www.zhb.gov.cn/gkml/hbb/bwj/201707/t20170718_418053.htm.

[3] 李干杰. 坚持走生态优先、绿色发展之路扎实推进长江经济带生态环境保护工作 [J]. 环境保护, 2016(11): 7-13.

[4] 洪亚雄. 长江经济带生态环境保护总体思路和战略框架 [J]. 环境保护, 2017（15）: 12-16.

本文原载于《环境保护》2018年第9期

六、黄河流域水污染防治“十四五”规划总体思考

路　瑞[1]　马乐宽[1]　杨文杰[1]　韦大明[1]　王　东[1]

（1：生态环境部环境规划院，北京 100012）

摘要　系统梳理了近年以来黄河流域生态环境保护状况，分析了水环境质量、水生态、水资源等方面存在的主要问题，以问题为导向，结合十九大提出的美丽中国目标实现和机构改革的新形势，从空间管控、三源共治、“水环境、水资源、水生态”三水统筹等方面科学谋划了黄河流域水污染防治“十四五”规划，以期改善黄河流域水环境质量，助力美丽中国目标实现。

关键词　黄河流域；水污染防治；空间管控；“十四五”

黄河流域（涉及山西、内蒙古、山东、河南、四川、陕西、甘肃、青海、宁夏等9省（区）69个地市329个区县）是我国重要的农牧业生产基地、华北西北的重要生态屏障，流域面积79.5万km^2，占全国总面积的8%；黄河是中华民族的母亲河，它以占全国2%的河川径流量养育了12%的人口，灌溉了15%的耕地，创造了约14%的国内生产总值，具有很高的生态价值和经济价值，在我国经济社会发展和国土空间格局中具有战略性、全局性地位。其中青海、四川、甘肃、宁夏、陕西、内蒙古6个省（区）属于西部地区；《“十三五”脱贫攻坚规划》提出的生态保护扶贫中退牧还草、水土保持、沙化土地封禁保护区建设、湿地保护与恢复、农牧交错带已垦草原综合治理等重大生态建设扶贫工程均涉及黄河流域，因此做好黄河流域水生态环境保护与修复，为西部大开发、脱贫攻坚等重大战略部署提供基础支撑具有重要意义。

图1　黄河作为中华民族的母亲河，对美丽中国目标实现具有重要意义

1　黄河流域近年来生态环境保护状况

2018年，黄河流域地表水水质达到或优于III类比例为66.4%，水质劣于V类比例为12.4%，较2006年分别提高了16.4个百分点和降低了12.6个百分点，由2006年的中度污染改善为轻度污染（图2）。COD、氨氮和总磷较2006年分别降低56.0%、78%和45%。

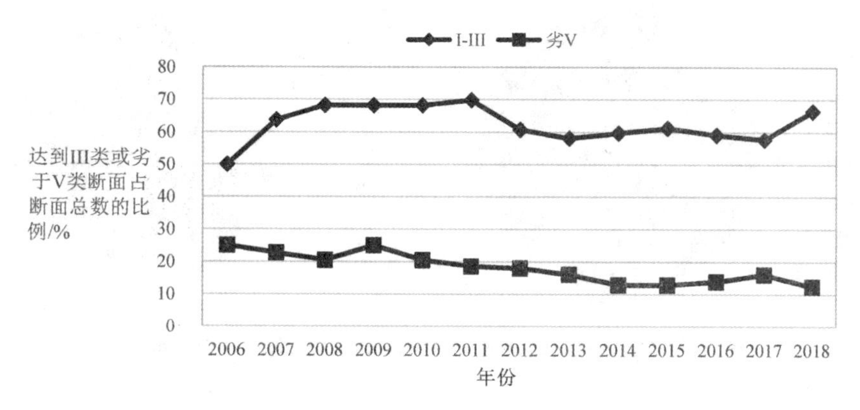

图2　2006—2016年黄河流域地表水水质I–III、劣V类断面比例

2 黄河流域水生态环境保护存在的突出问题

2.1 汾河等污染严重水体水质无明显改善

根据《2018年中国生态环境状况公报》，黄河流域劣V类断面比例为12.4%，仅低于海河和辽河流域，劣V类断面主要分布在汾河及其支流、涑水河、三川河、清涧河等。其中汾河流域2006—2018年持续重度污染。汾河干流温南社断面2012—2018年水质持续为劣V类；黄河支流涑水河张留庄断面水质2006—2018年水质持续为劣V类。陕西省铜川市渭河支流石川河2015—2017年持续为劣V类；延安市清涧河王家河断面2017—2018年水质均为劣V类。

2.2 污染排放区域性、结构性特征突出

根据2015年环境统计数据，陕西、内蒙古和山西是COD的主要排放区域，COD排放量分别占流域总排放量的22.4%、17.1%和16.5%，三省COD总排放量占流域总排放量的56.0%；陕西、山西和甘肃是氨氮的主要排放区域，氨氮排放量分别占流域总排放量的23.5%、20.3%和15.3%，三省COD总排放量占流域总排放量的59.1%，见图3、4。化学原料和化学制品制造业、农副食品加工业、食品制造业为主要排污行业为主要的排污行业，见图5、6，其中宁夏、陕西、甘肃、内蒙古为工业污染物的主要排放区域。

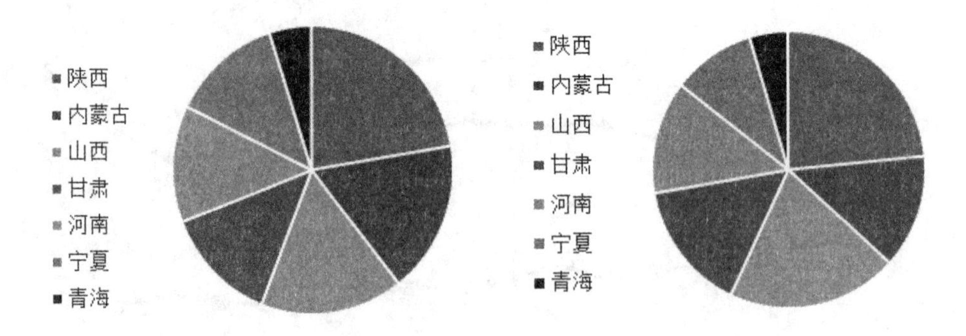

图3　2015年黄河流域COD排放区域构成　　图4　2015年黄河流域氨氮排放区域构成

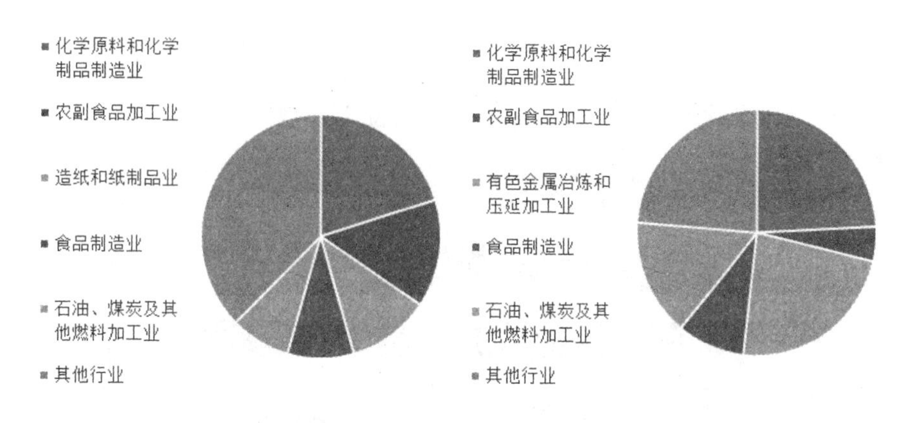

图5　2015年黄河流域COD排放行业构成　图6　2015年黄河流域氨氮排放行业构成

2.3　水资源禀赋差，生态流量保障不足

2017年黄河流域水资源总量不足长江的1/10，位于全国十大流域第八位，仅比辽河流域和海河流域略高；人均水资源量不足1 000 m^3，属于水资源相对匮乏区域；受气候变化和人类活动对下垫面的影响，黄河水资源总量明显减少。1919—1975年系列，黄河流域多年平均天然径流量约为580亿m^3；1956—2000年系列为535亿m^3。黄河流域水资源开发利用率超过70%，地表水开发利用率超过80%，开发强度在全国十大流域中仅低于海河流域排第二位，远超一般流域40%的生态警戒线。农业用水是黄河流域的主要用水户，2013—2017年农业用水量占用水总量之比是全国的1.1倍，是长江流域的1.4倍，见图7、8，生态环境用水不足5%；水资源的过度开发与不合理利用，与黄河流域径流量年内分布不均的特点叠加，造成部分支流生态流量不足，河流的生态环境功能受到影响。

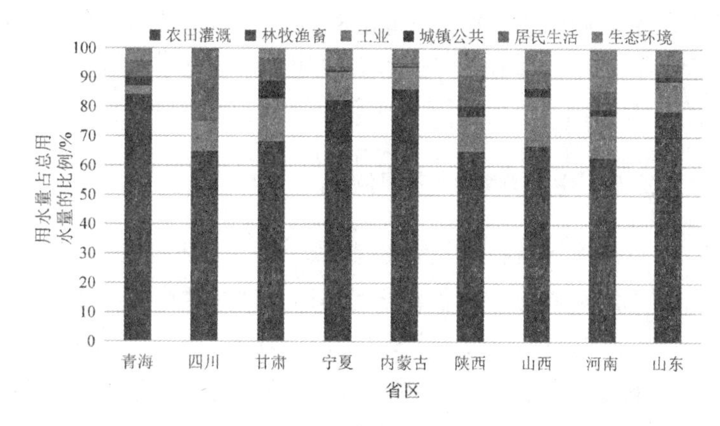

图7　2017年黄河流域各省区用水结构

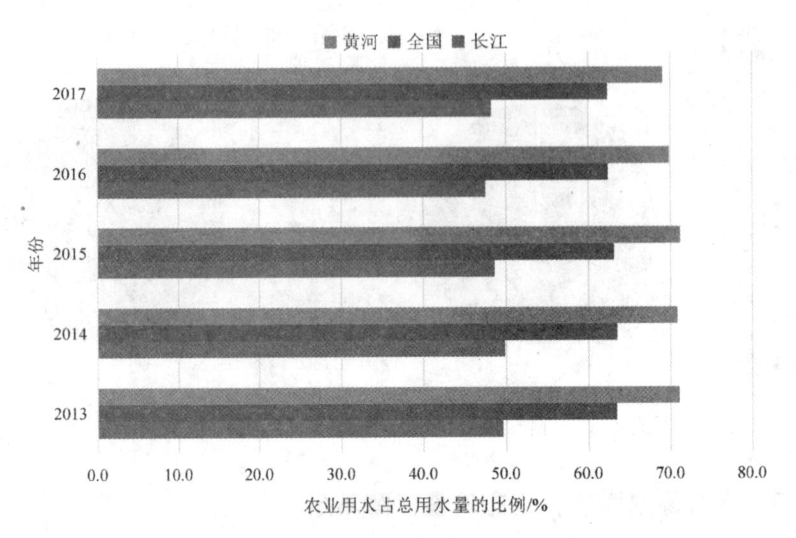

图8　2017年长江、黄河和全国农业用水占比情况

2.4　水生态系统服务功能减弱

一是部分湖泊、湿地严重退化。黄河下游区域人口密集，河道湿地开垦种植现象较多，导致湿地面积、水鸟栖息地等日益减少；诺尔盖泥炭沼泽湿地近2/3呈现退化和沙化。二是水土流失面积大。目前，黄河流域水土流失面积46.5万km^2，占总流域面积的62%。其中，强烈、极强烈、剧烈水力侵蚀面积分别占全国相应等级水力侵蚀面积的39%、64%、89%，是我国水土流失最为严重的地区。三是生物多样性减少。据2019年生态环境部黄河流域生态环境监督管理局调查数据：20世纪80年代，黄河流域有鱼类130种，其中土著鱼类24种，濒危鱼类6种；到本世纪初，干流鱼类仅余47种，土著鱼类15种，濒危鱼类3种。

2.5　生态环境潜在风险高

黄河流域是我国重要的能源、煤化工基地之一，在国家“5+1”能源基地发展总体布局中（山西、鄂尔多斯盆地、西南、蒙东、新疆5个综合能源基地与中东部核电站建设）涉及3个能源基地，未来产业高速发展的形势仍将持续；黄河流域煤化工行业（包括炼焦、氮肥制造及部分化学品制造企业等）约占全国煤化工企业数量的80%，受煤炭供需关系的影响，煤化工企业主要集聚在山西、陕西和内蒙古等煤炭大省，污染集中、风险集中，沿河分布的特征依然存在，黄河干流及支流水质断面与风险企业交织分布，1 km范围内约有1 800多个风险源，以陕西南部、山西省、河南省、山东省较为集中。治污设施和技术、企业监管及沿河污染预警应急水平等尚未完全达到高质量绿色发展的要求。黄河三角洲湿地是以黄河为水资源支撑的淡水湿地，受黄河水资源短缺的制约，生态环境风险不容小觑。黄河下游宽浅、淤泥、摆动和游荡河道以及滩区190万人口的生产与安全，加剧了黄河治理开发与生态保护的困难。

3 黄河流域水污染防治“十四五”规划总体思考

党的十九大指出“加快生态文明体制改革，建设美丽中国”“要提供更多优质生态产品以满足人民日益增长的优美生态环境需要，必须坚持节约优先、保护优先、自然恢复为主的方针，形成节约资源和保护环境的空间格局、产业结构、生产方式、生活方式，还自然以宁静、和谐、美丽”。同时，党的十九大还确定了美丽中国实现年限：“从2020—2035年，在全面建成小康社会的基础上，再奋斗十五年，基本实现社会主义现代化。到那时，生态环境根本好转，美丽中国目标基本实现。”黄河作为中华民族的母亲河，对美丽中国目标实现具有重要意义，在生态文明体制改革和国务院机构背景下，面向生态文明建设和生态环境保护的新战略、新职能、新任务、新要求，统筹布局，切实把水生态环境质量改善与社会经济发展、水生态环境管理工作结合切来，科学谋划黄河流域水污染防治“十四五”规划。

3.1 着力构建新形势下黄河流域生态环境保护空间管理体系

“九五”以来我国水污染防治分区、分级、分类的管理体系促进了流域差异化、精细化管理水平日益提升。“十四五”期间继续推进流域控制单元精细化管理。坚持山水林田湖草系统治理，按流域整体推进水生态环境保护，衔接水功能区，结合“十三五”国控断面布设情况和“十四五”国控断面增设工作，统筹国控断面、水功能区、流域边界、行政区划边界，细化“十四五”控制单元，明确考核断面，建立排放源（工业、生活、面源）和单元水质明确清晰的响应关系，将流域生态环境保护责任层层分解到各级行政区域；结合实施河长制湖长制，建立完善责任体系。

综合考虑控制单元水环境问题严重性、水生态环境重要性、水资源禀赋、人口和工业聚集度等因素，筛选“十四五”优先控制单元，坚持污染减排与生态扩容“两手发力”，研究提出针对性对策措施，制定因地制宜的治理方案。不达标单元要制定水质达标方案。

3.2 继续推进三源共治的污染源管理

继续实施以环境质量为核心的总量减排制度。根据黄河流域环境质量改善要求提出流域和沿黄九省区排放总量的削减指标计划和调整产业结构的建议，重点加大对造纸和纸制品业、化学原料和化学制品制造业、农副食品加工业等行业总氮、总磷控制，汾河等污染严重水体或控制单元，排污总量大幅削减。

强化生活污染防治，以黑臭水体治理为着力点，补齐城镇污水收集和处理设施短板。加快渭河、汾河、大黑河等水体汇水范围内城镇污水处理设施一级A提标改造，提高甘肃、宁夏和内蒙古等省区污水处理厂负荷率；全面加强汾河流域忻州、运城，渭河流域定西、天水，河南等地区配套管网建设。完成黄河流域大中型灌区取水许可管理；优先开展饮用水水源地汇水区等敏感区域的农村环境综合治理。强化造纸、食品、酿造、化工等重点行业企业的全面稳定达标，因地制宜开展落后产能淘汰、清洁化改造、循环经济、煤化工等行业深度治理等，推进黄河流域工业高质量发展。重点实施汾河、都斯兔河等流域规模化畜禽养殖污染治理，提高乌梁素海河套灌区及重点城市内的规模化畜禽养殖污水处理标准；以汾渭平原主产区和河套灌区主产区为重点实施农田退水污染控制；适时调整山东、河南、内蒙古等农田灌溉用水比重较高、亩均灌溉用水量较大的省区的农业种植面积。

3.3 突出三水统筹的系统治理体系

黄河流域资源型缺水是短板，以往的水污染防治工作主要关注削减污染物排放量，对水体自净能力关注较少。增加环境容量，重点是保障生态流量、保护和恢复水生态。

优先在黄河干流、洮河、湟水、大通河、无定河、泾河、渭河、北洛河、汾河、伊洛河、沁河等11条河流，沙湖、鹤泉湖、乌梁素海、南海湖、黄河河口湿地、桃力庙–阿拉善湾海子等6个湖库开展生态流量保障试点。持续维护龙羊峡水库、香山湖、鸭子荡水库、小浪底水库、王瑶水库、东平湖等水体水质；确定黄河干流、大通河、渭河主要控制断面和各断面不同时段的生态流量目标。按“一河（湖）一策”要求，制定重点河湖生态流量保障实施方案，开展重点河湖生态流量调度与监管工作，切实保障生态流量。

其次，保护和恢复水生态。衔接水功能区划，完善细化控制单元，根据水质改善需求和水体功能保护需求，沿汾河等划定生态缓冲带，分优先管控、重要管控和一般管控等类型分类实施空间管控。腾退侵占的生态空间，因地制宜采取退耕还湿等措施，确保河湖滨岸缓冲带面积不减少。因地制宜扩大河湖浅滩等湿地面积，减少污染物入河（湖），进一步增加环境容量；强化黄河下游区和入海口生态修复。

3.4　研究流域特色问题的解决方案

以宁东、陕北和鄂尔多斯能源化工基地等为重点，防范环境风险。开展化工园区、饮用水水源、跨界水体、重要生态功能区环境风险评估试点，进一步优化沿河取水口和排污口布局，黄河干流沿岸严格控制炼焦、化工、制药、有色冶炼、化纤、纺织印染等项目水环境风险，合理布局生产装置及危险化学品仓储等设施；湟水河、渭河、汾河等控制造纸、煤炭和石油开采、氮肥化工、煤化工及金属冶炼行业发展速度和经济规模。着力防范都斯兔河鄂尔多斯市、黄河乌海市、乌兰木伦河鄂尔多斯市、沈河渭南市、榆溪河榆林市等环境风险。

加强科技创新引领。深入开展黄河流域污染成因研究与治理等重点领域研究，指导开展煤化工行业有机废水处理、农业节水等技术攻关，制定相应技术指南与工程规范，引导能源化工行业绿色发展。

4　结语

黄河作为中华民族的母亲河，是我国华北和西北地区主要的供给水源，黄河流域水污染防治任务任重而道远，“十四五”我国生态环境保护将进入精细化治理的转型阶段，因此黄河流域水污染防治“十四五”工作必须坚持以水环境质量改善为核心，同步要推动水量和水生态保护，在以往水生态环境保护工作基础上，构建空间、源、责任的三大体系，统筹三水，抓住流域特色问题，促进流域资源环境生态的协同保护。

参考文献

[1] 方兰，李军. 粮食安全视角下黄河流域生态保护与高质量发展中国环境管理[J]. 中国环境管理,2019,5: 5-10

[2] 国务院关于印发“十三五”脱贫攻坚规划的通知[EB/OL].(2016-11-23)[2016-12-02]. http://www.gov.cn/zhengce/content/2016-12/02/content_5142197.htm.

[3] 国家环保总局国家质量监督检验检疫总局. 地表水环境质量标准（GB 3838-2002）[S], 北京：2011.

[4] 关于印发地表水环境质量评价办法（试行）的通知[EB/OL].[2011-03-09]. http://www.mee.gov.cn/gkml/hbb/bgt/201104/t20110401_208364.htm.

[5] 生态环境部. 2018年中国生态环境状况公报 [R/OL]: 2019. http://www.sohu.com/a/317672129_100218212.

[6] 水利部. 2017年中国水资源公报 [R/OL]. [2018-11-16]. http://www.mwr.gov.cn/sj/tjgb/szygb/201811/t20181116_1055003.html.

[7] 水利部黄河水利委员会. 黄河水资源公报2017 [R/OL],北京：2018.

[8] 黄河水利委员会. 黄河流域水土保持公报 [R/OL].http://www.yrcc.gov.cn/other/hhgb/2017szygb/index.html#p=1.

[9] 关于印发重点流域水污染防治规划（2016—2020年）的通知[EB/OL].[2017-10-19]. http://www.mee.gov.cn/gkml/hbb/bwj/201710/t20171027_424176.htm.

本文原载于《环境保护科学》2020年第1期

七、河湖生态缓冲带政策框架设计研究

文宇立[1,2] 马乐宽[1,2] 赵 越[1,2] 王 东[1,2]

（1：生态环境部环境规划院，北京 100012；2：长江经济带生态环境联合研究中心，北京 100012）

摘要 近年来，长江经济带地表水环境质量改善成效显著，化学需氧量、氨氮等污染状况明显好转，但是氮、磷污染问题逐步凸显，并已成为长江等重点流域的主要污染因子。在“减排污”系列措施生态环境质量改善空间不断缩窄的情况下，“扩容量”的重要性开始显现。本文详细梳理了长江经济带区域水生态环境保护存在的问题，论证了河湖生态缓冲带作为“扩容量”措施之一的重要性和必要性；同时基于对国外实践经验和研究成果的总结，结合我国现行政策体系，详细分析了河湖生态缓冲带政策工具分类、实施对象、技术方法和建设管理要求等方面问题，初步提出了政策框架设计构想，为下一步按照相关上位法规政策要求，在长江经济带推行河湖生态缓冲带政策提供决策参考。

关键词 水生态环境；政策框架；空间管控；长江经济带；河流；湖库；生态缓冲带

1 研究背景

长江经济带生态环境保护工作已进入攻坚阶段。随着攻坚战不断深入，长江经济带水生态环境改善任务难度不断增大，单单依靠污染治理设施建设、污染治理工艺提标改造等减排措施，难以确保全区域水生态环境持续改善，难以保障顺利实现水生态环境质量目标。对于水质较好、污染防治总体水平较高的长江经济带，在“减排污、扩容量、防风险”三项主要措施中，河湖生态缓冲带等“扩容量”系列措施已成为污染防治攻坚阶段的重要举措，将在长江经济带生态环境攻坚战中发挥巨大作用。

为全面贯彻习近平生态文明思想，近期印发的《长江保护修复攻坚战行动计划》将“强化生态环境空间管控，严守生态保护红线”作为长江经济带水生态环境质量持续改善首要任务，明确提出开展生态缓冲带综合整治，严格控制与长江生态保护无关的开发活动，积极腾退受侵占的高价值生态区域，大力保护修复沿河环湖湿地生态系统，提高水环境承载能力。为确保河湖生态缓冲带顺利实施，为长江经济带水生态环境改善提供有效支撑，亟需结合区域实际需求，做好政策制度顶层设计。

2　长江经济带生态环境保护状况

2.1　水环境质量整体呈好转趋势

2017年，长江经济带Ⅰ～Ⅲ类地表水断面比例为77%，较2010年提高了28个百分点；劣Ⅴ类地表水断面比例仅为3%，较2010年降低了11个百分点，水质总体改善幅度十分明显（图1）。从地表水主要污染物浓度变化趋势来看，化学需氧量、氨氮、总磷等3项指标年均浓度显著下降，2017年较2010年分别下降了35%、61%和37%（图2）。

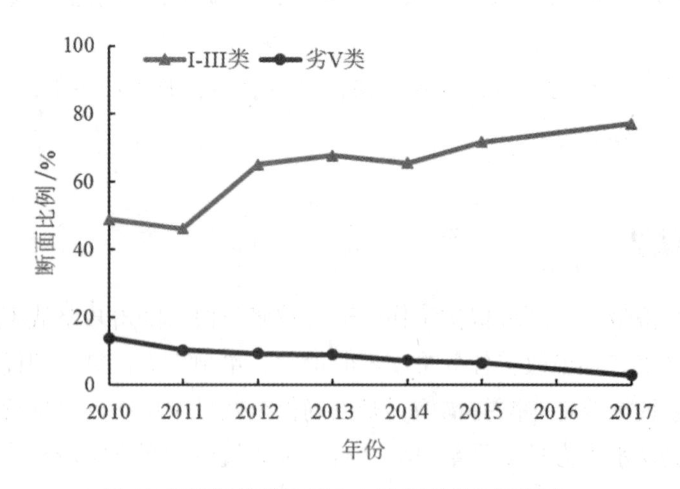

图1　长江经济带地表水水质类别变化趋势图

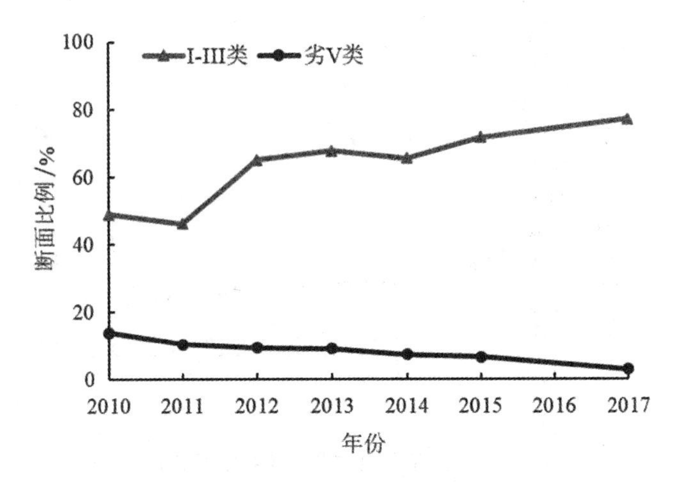

图2　长江经济带地表水主要污染物浓度变化趋势图

2017年，长江经济带河流型断面中，Ⅰ～Ⅲ类断面比例接近84%，较2010年提高了26个百分点，劣Ⅴ类断面比例仅为2%左右，较2010年降低了12个百分点（图3）；化学需氧量、氨氮、总磷等3项指标年均浓度显著下降，较2010年分别下降了34%、64%和41%（图4）。2017年湖库型断面中，Ⅰ～Ⅲ类断面比例为40%，较2010年提高了17个百分点，劣Ⅴ类断面比例为7%左右，较2010年降低了5个百分点（图5）；化学需氧量、氨氮、总磷等3项指标年均浓度显著下降，较2010年分别下降了30%、57%和34%（图6）。

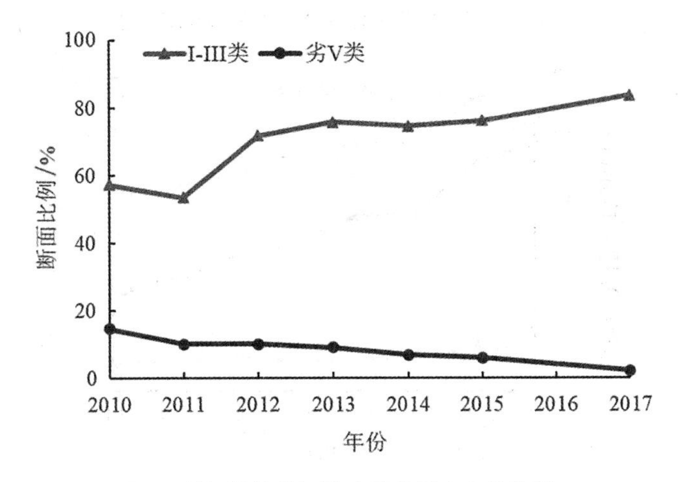

图3　长江经济带河流水质类别变化趋势图

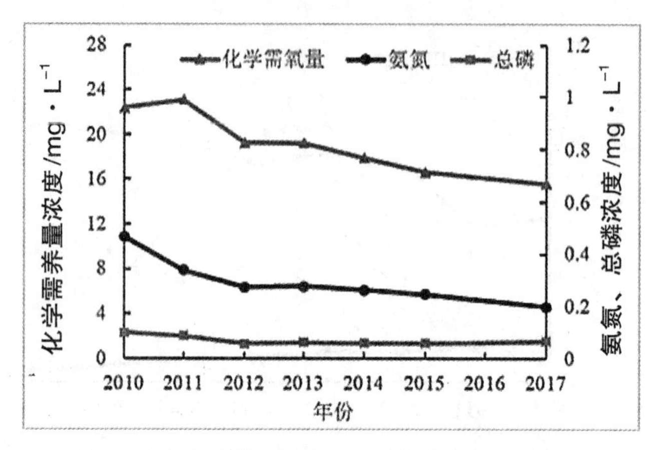

图4　长江经济带河流主要污染物浓度变化趋势图

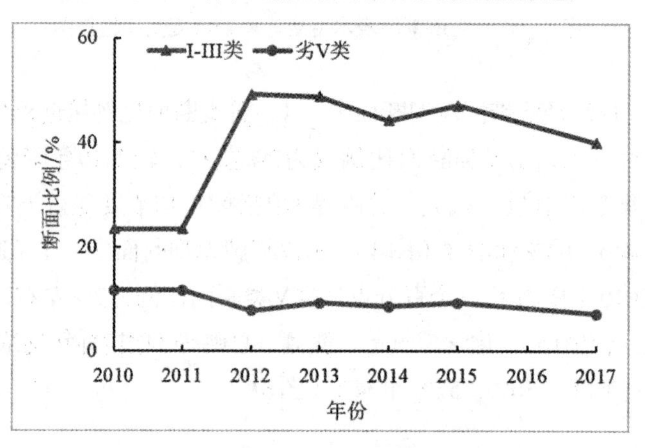

图5　长江经济带湖库水质类别变化趋势图

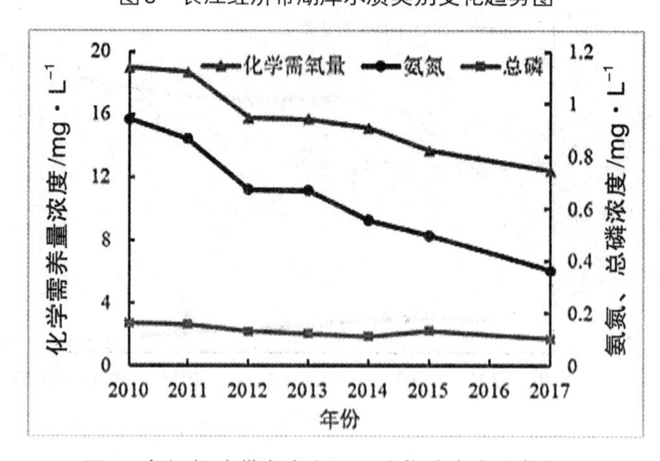

图6　长江经济带湖库主要污染物浓度变化趋势图

2.2　污染减排工作全速推进

根据住建部门统计数据，近几年来，长江经济带污水处理能力和污水处理率大幅提升，区域内城市和县城污水处理能力由2010年的5 192.2万m^3/d上升至2015年的6 796.2万m^3/d，增长超过30%，城市污水处理率由2010年的83.5%上升至2015年的92.7%，提高近10个百分点，县城污水处理率由2010年的58.6%上升至83.4%，提高20多个百分点（图7）。

根据《“十三五”全国城镇污水处理及再生利用设施建设规划》，到2020年，预计区域内城市和县城污水处理能力将增加1 728万m^3/d，总处理能力达8 500万m^3/d。届时，长江经济带城市和县城污水处理能力预计将超过污水排放量，污水处理率将分别超过95%和85%目标要求。此外，根据环境统计基础数据表，近年来，长江经济带污水处理设施的平均出水浓度也在逐步降低，化学需氧量、氨氮和总磷出水浓度由2010年40.82 mg/L、5.51 mg/L和0.627 mg/L，下降至36.29 mg/L、4.13 mg/L和0.579 mg/L（图8）。

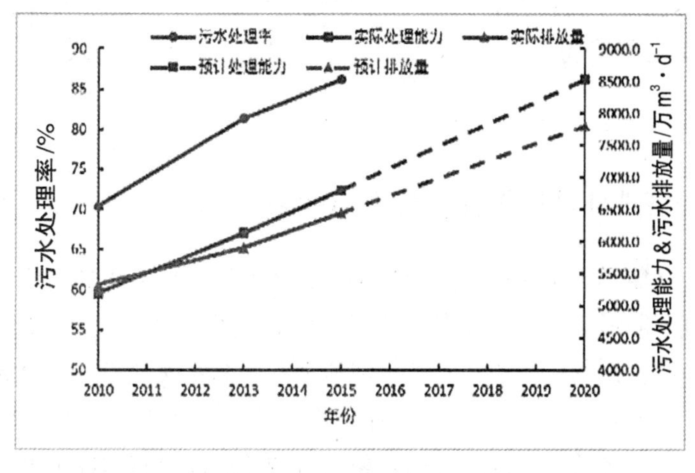

图7　长江经济带污水处理能力及污水处理率变化趋势图

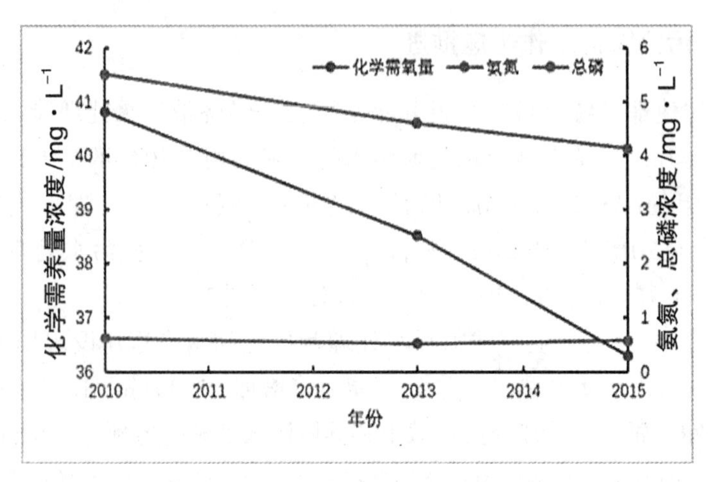

图8 长江经济带污水处理设施主要污染物出水浓度变化趋势图

截至2017年底，按照《水污染防治行动计划》要求，长江经济带11省（市）已基本完成化工、石化、有色金属、印染等重点行业企业清洁化改造工作；94%的省级及以上工业集聚区已按要求建成污水集中处理设施，91%已按要求配套建设自动在线监测设备；完成近6万个地下油罐防渗改造；完成禁养区内规模化养殖场（小区）搬迁约13万家，2017年度完成1.6万个美丽乡村改造。

3 长江经济带环境保护存在的突出问题

污染攻坚瓶颈逐步显现。近两年来，长江经济带地表水环境质量整体持续改善的难度不断增大，甚至在局部地区（如部分重点湖库、重要支流）出现水质反复的情况。据统计，长江经济带河流型断面高锰酸盐指数、氨氮平均浓度已优于Ⅱ类水标准，难以进一步大幅下降；河流总磷浓度下降幅度并不明显，部分河流甚至出现总磷浓度上升的现象；近两年湖库总磷浓度呈上升趋势，总氮浓度持续偏高，富营养化问题并未得到有效缓解，蓝藻水华频发。

点源减排空间不断缩窄。一方面，长江经济带大部分省份已县县，甚至镇镇建成污水处理设施，污水处理能力在经历“十一五”“十二五”大幅、快速提升阶段后，城镇污水处理率已接近90%，其增速将逐步减缓。另一方面长江经济带污水处理设施化学需氧量、氨氮、总磷等主要指标出水平均浓度已达到或远低于欧盟、日本、新加坡、以色列等发达国家排放标准，进一步降低污染物出水浓度要求，将大幅增加污水处理成本，使得部分污水处理设施难以持续正常运行，导致污水偷排、漏排、超标排放等问题，反而增加区域内污染负荷。

面源污染问题逐步凸显。根据第一次污染源普查数据结果，2010年中国地表水总氮、总磷大部分来自于面源，分别占到排放总量的60%左右和70%左右；此外，随着近两年来长江经济带点源控制力度不断增强，城镇污水处理率、工业企业废水排放达标率快速提升，畜禽养殖废弃物资源化利用进程加速，全区域的点源污染负荷显著降低，面源污染逐步成为扼制地表水环境改善的重要原因。

重减排、轻扩容的思想仍较为普遍。由于减排工程见效快，很多地方工作重点基本放在“减排污”上，优先考虑提高污水处理能力、加严污水排放标准

图9 河湖生态缓冲带水陆交替，能量、物质交换较为频繁，生物多样性与丰度均较高，是众多物种的重要栖息地

或者关停关闭重污染企业等减排措施。鲜有地方将流域作为一个整体，系统考虑“减排污”和“扩容量”，进行综合施策。重减排、轻扩容的思想，往往导致各地投入大量人力、物力，表面上污水处理能力提升、达标率提高等成绩突出，账面污染排放量大幅减少，但水质改善收效不明显或不稳定。

沿河、环湖地区生态环境保护与资源开发利用的矛盾突出。河湖生态缓冲带水陆交替，能量、物质交换较为频繁，生物多样性与丰度均较高，是众多物种的重要栖息地，具有拦截地表径流面源污染和增大土层迁移阻力、有效减少水土流失等多项重要生态环境保护功能。但沿河、环湖区域历来是人类活动较为集中的场所，特别是近些年来，沿河、环湖开发项目不断增多。据统计，长江流域江苏、上海岸线开发利用强度分别达到60.9%和50%；江苏、安徽等地工业港口不断挤占生态敏感区域。无序、高强度的开发利用，导致沿河、环湖地区自然属性和水体水文条件大幅改变，生态功能不断退化，严重影响水生态环境质量。

4 河湖生态缓冲带划定政策框架建议

目前，在国家层面还未对河湖生态缓冲带政策的定位、实施对象、技术方法、监管要求等进行统一明确。为确保河湖生态缓冲带顺利实施，为长江经济带流域水生态环境改善提供有效支撑，亟需尽快做好顶层设计，明确政策定位和实施对象，统一相关技术方法，制定分类监管要求。

4.1 明确政策定位

政策定位重点需要明确两个方面，一方面是河湖生态缓冲带作为一项生态环境保护政策工具，其强制性等如何确定；另一方面是在现行的空间管控体系下，河湖生态缓冲带与其他空间管控要求的关系（图10）。

按照政策工具强制性程度的分类方法，政策工具可分为强制性、鼓励性和混合型等3类。在沿河、环湖地区开发与保护的矛盾较为突出，当前各地对资源开发利用的需求较强的情况下，若将河湖生态缓冲带政策作为一项非强制性政策工具，难以推广实施；若作为强制性政策工具，由于资金等各方面原因，将使得政策推进阻力增大。为此，考虑到中国的实际情况，同时依据《水污染防治法》《长江经济带攻坚战方案》等法律政策要求，可将河湖生态缓冲带作

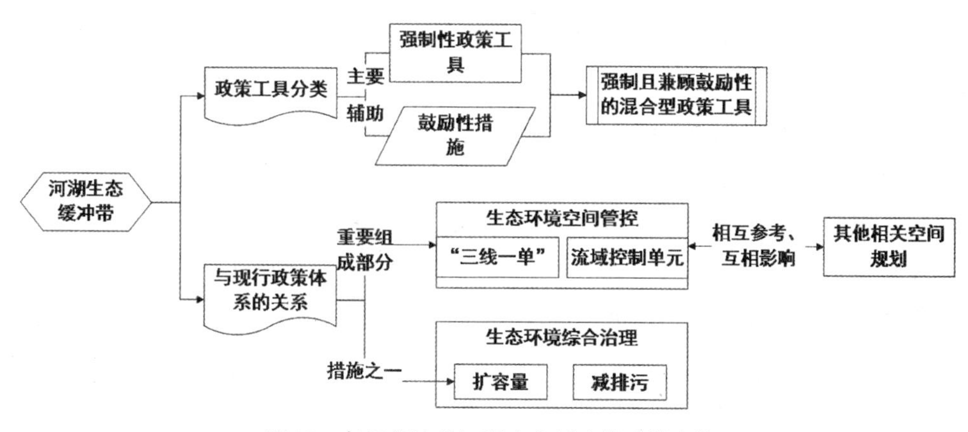

图10　长江经济带河湖生态缓冲带政策定位图

为一项混合型政策工具，在国家层面定位为以强制性为主的生态环境空间管控措施；鼓励各级政府制定相应政策措施，对一些执行效果较好的地区、企业或土地所有者，适当给予奖励或补贴。

对于与现行政策体系的关系，重点需要明确与现行生态环境保护政策的关系和其他空间规划的关系。在现行生态环境保护体系内，河湖生态缓冲带作为一项拦截面源污染、扩大环境容量、维护生态系统健康的有效措施，应纳入“减排污、扩容量”系列措施中统筹考虑；同时作为一项生态环境空间管控措施，应有机融入“三线一单”和流域控制单元体系中，作为流域水环境管理的基础空间管控区域。

对于与其他空间规划的关系，按照习近平总书记关于“破坏生态环境就是破坏生产力，保护生态环境就是保护生产力，改善生态环境就是发展生产力”的论断，已经明确了生态文明建设在“五大建设”中的基础地位。河湖生态缓冲带等一系列生态环境保护措施，均应作为岸线资源开发利用、港口码头等其他相关空间规划制定的重要依据之一。

4.2　明确政策实施对象

长江经济带河网分布较为密集，特别是在中下游地区，江、河、溪、涌等纵横交错，湖泊、水库、坑塘密布。明确政策实施的对象，是在长江经济带推动政策顺利实施、取得良好效果的关键之一。鉴于长江经济带沿河、环湖地区保护与开发矛盾较为突出以及河湖水体众多等实际情况，长江经济带河湖生态缓冲带政策的实施对象应聚焦在区域内所有已明确功能的河流和湖库（长江区明确水体功能的河流长度总计52 660 km，湖库面积总计13 610 km^2）；对于未明确使用功能的水体，通常为规模较小或生态环境功能重要性较低的水体，可暂不列入河湖生态缓冲带政策实施的范畴。此外，按照政策分阶段实施的要求，首先应针对长江干流、上游水质要求较高的一级支流和太湖、巢湖等重要湖库划定生态缓冲带；其次针对水质不达标的水体进行划定；最终实现长江经济带所有具备水体功能的河流、湖库均划定生态缓冲带。

4.3 统一技术方法

在国家层面，统一河湖生态缓冲带划定技术方法十分必要，可以避免各地各自为政导致的上下游、左右岸政策的不匹配，保持流域政策体系的完整性，突出流域水生态系统流动、扩散等特征。缓冲带具体划定技术方法可以借鉴欧美等国实践经验，遵循“底线思维”，采用操作性较强的经验法，重点依据水体功能保护需求，兼顾当地水生态环境质量与开发利用现状，确定河湖生态缓冲带宽度等关键参数的底线要求。根据对大量研究结果和实践经验的统计分析，若汇水范围内有特定生态系统保护需求的，其河湖生态缓冲带宽度要求通常在100 m以上；针对大型哺乳类动物保护区，宽度要求通常在1 km以上；针对拦截面源污染（包括氮、磷、悬浮物等）的需求，宽度要求通常在5~65 m之间；针对护堤固岸的需求，宽度要求通常在5~20 m。

对于部分生态环境空间管控基础较好、技术能力较强的地区，可以水体功能、水生态环境质量目标为划定核心依据，采用模型法或空间叠置法进行河湖生态缓冲带的划定。对于以拦截面源污染为主的缓冲带，可采用统计回归模型、基于动态机制的数学模型或综合优化模型等模型方法进行测算；对于生态系统较为敏感、发展与保护矛盾突出的地区，可采用空间评估叠加法，对区域内各个网格进行评估打分，叠加确定生态缓冲带的宽度。

4.4 明确缓冲带建设要求

河湖生态缓冲带的建设应优先考虑自然生态修复，充分利用当地生态系统自我修复能力，减轻政策措施实施的资金负担，提高政策落实的积极性，促进政策顺利实施。在优先考虑自然生态修复的前提下，需针对流域/区域不同类型的问题，分门别类确定各河湖生态缓冲带的建设、维护要求。

针对污染拦截的问题，通常情况下，植被类型越复杂，缓冲带对地表径流携带污染物的拦截效率越高。为此，对于有特殊保护要求或水质不达标的水体，其生态缓冲带可按照草－灌－林的方式，合理划分不同种类植被种植宽度，选取适宜的植被种植。

针对水土对于水土流失、护岸固堤的问题，可根据所处地区自然植被特征，确定缓冲带建设要求。针对生态系统完整性和连通性的问题，应按照保护物种栖息地要求进行修复。

4.5　分类确定管理要求

河湖生态缓冲带的管理要求切忌“一刀切”，应遵循生态保护优先、保护与发展相协调的原则，根据相应水体的生态环境保护需要，参照“三线一单”，对河湖生态缓冲带进行分类管理，将其分为有限管控区、重点管控区和一般控制区。分类的标准和依据应以缓冲带对应的水体功能为核心，高功能水体对应的缓冲带应全部划定为优先管控区，应包括涉及饮用水水源地一级保护区、自然保护区核心区、生态保护红线区及水功能目标为Ⅰ、Ⅱ类的水域对应的缓冲带；良好水体对应的缓冲带应划定为重点管控区，包括涉及饮用水水源地二级保护区、自然保护区缓冲区及水功能目标为Ⅲ类的水域对应的缓冲带；其他水域对应的缓冲带划为一般管控区。

优先管控区。涉及饮用水水源地、自然保护区、禁止开发区和生态保护红线等法定保护区的，其管控要求按照相关法律法规要求执行。其他优先管控区，原则上应纳入生态保护红线管理。除相关政府部门批准的科学研究活动外，禁止其他可能对管控区造成危害或不良影响的大规模生产、建设活动，保证河湖滨岸的连通性；与生态保护（修复）功能不符的生产活动和建设项目，应按照“守、退、补”原则，逐步清退、搬迁；加强生态保护和修护工作，合理种植生态景观植被，提高水体（区域）环境承载能力；缓冲带范围内及其周边居民集聚区应加强生活污水收集处理工作，禁止未经处理的生活污水直接排放；除市政排污口以外，不得新增工业等其他类型排污口，新增市政排口需经过详细论证，确保不会对水体环境造成影响；周边农田应强制实施测土配方施肥，严格控制农药、化肥施用量，降低农药、化肥流失对水生态环境的影响。

重点管控区。涉及饮用水水源地二级保护区、自然保护区缓冲区等法定保护区的，其管控要求按照相关法律法规要求执行。其他重点管控区内，应严格控制开发利用强度，特别要严格控制岸线开发强度，科学制定岸线开发方式；禁止不符合主体功能区划、水（环境）功能区划要求的经济活动；因地制宜地提出正、负清单，对于不符合区域产业发展要求的应限期清退；加大生态修复力度，尽力维护沿河、环湖生态空间的生态完整性；鼓励划定区域内及其周边农田实施测土配方施肥，积极推行有机生态农业，减少农药、化肥施用量，降低农药、化肥流失对水生态环境的影响；区域内新增废水排放口，应详细评价其生态环境影响，在确保生态环境功能不退化的条件下方可批准建设；废水排放方式应充分利用生态缓冲带自净能力，尽可能减少废水排放对水体的影响。

一般控制区。应以生态环境质量为约束，统筹引导沿河、环湖地区经济社会和谐发展，科学合理布设入河（湖）排污口，控制污染物排放量，避免生态环境质量退化；积极强化沿河、环湖农村环境综合整治，开展农村垃圾、污水治理和村容村貌提升，推进农村“厕所革命”，减少农村生活污水直排，杜绝沿河、环湖垃圾乱堆乱放等污染防治措施。

5 结语

河湖生态缓冲带是“山水林田湖草海”体系中的重要组成部分，在拦截污染、护堤固岸、维护生态系统完整性与连通性有着举足轻重的作用。河湖生态缓冲带政策的制定与实施是贯彻习近平生态文明思想，落实《长江保护修复攻坚战行动计划》等上位法规政策的重要举措，是改善生态环境质量的有效手段，是生态环境保护工作“顺应自然、尊重自然”的具体体现。在国家层面，明确政策的定位、对象，统一规范技术方法，划定技术、管理要求的底线，加强对各地工作的指导，是下一步各地顺利、高效推动实施河湖生态缓冲带的基础。由于长江经济带区域跨度较大，不同地区自然条件、社会经济发展、生态环境等基础条件各异，对于河湖生态缓冲带范围划定的技术方法和缓冲带宽度的底线要求还有待结合实际，进一步深入研究。

参考文献

[1] 环境保护部, 国家发展和改革委员会, 水利部. 长江经济带生态环境保护规划[Z]. 2017.

[2] 生态环境部, 国家发展和改革委员会. 长江保护修复攻坚战行动计划[Z]. 2019.

[3] 住房和城乡建设部. 城乡建设统计年鉴[R]. 2010—2015.

[4] 环境保护部. 中国环境状况公报[R].2010—2016.

[5] 牛建敏, 钟昊亮, 熊晔.美国、欧盟、日本等地污水处理厂水污染物排放标准对比与启示[J].资源节约与环保,2016(06): 301-302.

[6] Singapore National Environment Agency. Environmental Protection and Management Act[Z]. 2008.

[7] 张扬, 国冬梅. 以色列水环境保护研究及经验借鉴[J]. 环境与可持续发展, 2017, 42（06）: 43-47.

[8] 环境保护部. 第一次全国污染源普查公报[R]. 2010.

[9] RAEDEKE K J（ED）. Streamside management: riparian wildlife and forestry interactions. Proceedings of A Symposium on Riparian Wildlife and Forestry Interaction[M]. Contribution No.59. University of Washington, Seattle, Washington, USA. 1988.

[10] NAIMAN R J, FETHERSTON K, MCKAY S, et al. River ecology and management: lessons from the Pacific Coastal Ecoregion[J]. Journal of the North American Benthological Society, 2000, 16（2）: 313-314.

[11] JUNK W J. Flood tolerance and tree distribution in central Amazonian floodplains[J]. Tropical Forests, 1989: 47-64.

[12] 任丽昀, 袁志友, 王洪义, 等. 中国北部半干旱区乔木、灌木和草本3种不同生活型植物的氮素回收特征[J]. 西北植物学报, 2005（03）: 497-502.

[13] 王华玲, 赵建伟, 程东升, 等. 不同植被缓冲带对坡耕地地表径流中氮磷的拦截效果[J]. 农业环境科学学报, 2010, 29（09）: 1730-1736.

[14] 秦东旭, 吴耕华, 刘煜, 等. 不同类型河岸缓冲带水质净化效果研究[J]. 水土保持应用技术, 2017（04）: 1-3.

[15] 张政, 付融冰. 河道坡岸生态修复的土壤生物工程应用[J]. 湖泊科学, 2007（05）: 558-565.

[16] 王万忠, 焦菊英. 中国的土壤侵蚀因子定量评价研究[J]. 水土保持通报, 1996（05）: 1-20.

[17] DOMINIKA K, TJIBBE K, KAMILLA S, et al. Effect of riparian vegetation on stream

bank stability in small agricultural catchments[J]. CATENA, 2019,（172）: 87-96.

[18] HOWLLET M, RAMESH M, PERL A. Studying public policy: policy cycles and policy subsystems[M]. Oxford: Oxford University Press, 2003.

[19] United States Environmental Protection Agency. Aquatic Buffer Model Ordinance[Z]. 2002.

[20] United Kingdom Rural Payments Agency. GAEC 1 - Establishment of buffer strips along watercourses [Z]. 2016.

[21] United Kingdom Rural Payments Agency. SW4: 12m to 24m watercourse buffer strip on cultivated land[Z]. 2015.

[22] LEE P, SMYTH C, BOUTIN S. Quantitative review of riparian buffer width guidelines from Canada and the United States[J]. Journal of Environmental Management, 2004, 70(2): 165-180.

[23] HAWES E, SMITH M. Riparian buffer zones: functions and recommended widths[R]. Connecticut: Yale School of Forestry and Environmental Studies, 2005.

[24] HANSEN B, REICH P, LAKE P S, et al. Minimum width requirements for riparian zones to protect flowing waters and to conserve biodiversity: a review and recommendations with application to the State of Victoria[R]. Monash: Department of Sustainability and Environment, Monash University, 2010.

本文原载于《人民长江》2019年第11期

八、京津冀区域水环境质量改善一体化方案研究

徐　敏[1]　赵康平[2]　王　东[1]　赵　越[1]　续衍雪[2]

（1：环境保护部环境规划院水环境规划部研究员，北京 100012；2：环境保护部环境规划院工程师，北京 100012）

摘要　京津冀区域水环境污染严重是影响“首都圈”民生福祉和可持续发展的突出问题，改善环境质量，是当前京津冀区域的核心任务。本文基于对京津冀区域水资源、水环境现状的分析，通过北运河实地调研和监测深入研判区域水环境存在的问题，并提出环境标准制定、直排污水治理、源头控制、再生水利用、人工湿地深度处理等方面的对策建议，以期为京津冀区域环境质量改善提供决策依据。

关键词　京津冀；水环境质量；水污染防治；水环境保护；一体化方案

京津冀区域水环境质量改善一体化方案研究推动京津冀协同发展，是党中央、国务院在新的历史条件下提出的重大国家战略，生态环境问题已成为影响京津冀区域可持续发展的突出短板，突破京津冀区域水污染防治工作瓶颈，发挥重点区域示范带动作用，对全国水环境保护意义重大。

1　京津冀区域水环境质量概述

1.1　区域水系

京津冀区域由滦河和海河两大水系组成。滦河水系包括滦河干流及冀东沿海32条小河；海河水系包括海河北系的蓟运河、潮白河、北运河、永定河4条河流和海河南系的大清河、子牙河、漳卫南运河、黑龙港运东、海河干流5条河流。

京津冀流域水系呈典型的扇形分布，受闸坝控制影响入海口多，海河北系

的蓟运河、潮白河、北运河、永定河均通过永定新河入海；海河南系大清河、子牙河、黑龙港河通过闸坝调度由独流减河入海，南运河通过闸坝调度由独流减河或马厂减河入海。另外纳入“水十条”考核的在河北境内发源的主要河流还有13条，这些河流汇水范围较小、河长较短并直接入海。

1.2 水文水资源状况

2015年京津冀区域水资源总量为169.52亿m^3，其中入海水量约占地表水资源总量的26.3%，入海流量集中在7—9月，入海水量约占全年的40%。京津冀总用水量为249.05亿m^3，用水量远超区域水资源总量，一方面是由于大量超采地下水，另一方面是由于区域内水资源重复利用率高，特别是农业用水，地表水资源量的大部分用作农灌用水。

海河水系9条主要河流和入海河流呈显著季节性特点，断流现象突出。2016年汛期，卫星影像覆盖的333条河流中227条存在干涸现象，干涸河道长度为4 279.4 km，占河道总长度的27.4%，其中32条河流的干涸比达100%，105条河流超过50%。此外，据《2011年海河流域水文年鉴》，海河水系9条主要河流断流均在6个月以上，潮白河、永定河中下游段、大清河、子牙河中游段等全年断流。入海河流中，海河北系饮马河、永定新河等断流3个月以上，海河南系北排水河断流6个月以上，独流减河、南排水河和子牙新河等呈全年断流状态。

1.3 水质状况

区域水质总体状况。京津冀区域“水十条”地表水考核断面共有118个，2014年（基准年）Ⅱ～Ⅲ类断面40个、Ⅳ～Ⅴ类21个、劣Ⅴ类57个；劣Ⅴ类断面占地表水考核断面总个数的48.3%，按行政区域分，北京有13个，天津有13个，河北有31个；按断面类型分，3 4个跨省界断面中劣Ⅴ类断面有22个，17个入海口断面中劣Ⅴ类11个。参照《地表水环境质量标准》（GB 3838—2002）各指标的Ⅴ类标准值进行评价，劣Ⅴ类断面的主要超标因子为氨氮、COD和总磷，各指标超标倍数情况见表1。

表1　京津冀区域超Ⅴ类标准值的超标倍数情况

省(市)	氨氮		COD		总磷	
	平均值	最大值	平均值	最大值	平均值	最大值
北京	3.58	7.53	0.96	1.83	2.23	6.19
天津	1.22	5.32	0.42	0.74	0.4	0.89
河北	5.4	27.6	1.15	6.43	2.26	5.82

按“水十条”签订的目标责任书内57个劣Ⅴ类断面的水质目标中，到2020年需消除劣Ⅴ类的断面是21个。“水十条”对2020年未要求消除劣Ⅴ类的36个断面分别提出了水质改善的要求，根据现状水质和治污水平等因素，对主要污染指标（COD、氨氮、总磷）等设置了浓度值目标。即使以“水十条”生态环境部（原环境保护部）与各省签订的《水污染防治目标责任书》2020年考核目标与水功能区目标相比，仍有约40%的断面低于水功能区目标，也就是说，“十三五”期间京津冀区域水质只能得到阶段性改善，与达到水功能区目标的差距仍然较大。

典型水系干流、支流水质。北运河是京津冀区域极具重要性和代表性的水系，本文基于北运河实地调研和监测分析干流、支流水质状况，干流跨京、津、冀三省（市），全长约220 km，通过永定新河入海。支流有清河、坝河、小中河、通惠河、凉水河等，承担北京市中心城区90%的排水任务（水系概化见图1）。在干流设置断面17个、支流断面13个、排污沟（排污口）8个进行监测。

北运河干流水质全程为劣Ⅴ类，从上游到下游COD、氨氮、总磷浓度总体呈上升趋势（图2），下游污染重于上游，蔺沟河、清河、坝河、朝阳干渠（排污沟）、小中河、凉水河等城市内河支流汇入后，北运河水体水质明显变差。

水质监测结果显示，北运河支流水质劣于干流（表2），干流COD可达到Ⅴ类水标准要求，但支流COD超出干流一倍以上，排污沟COD超出干流两倍以上；干支流氨氮和总磷则远超Ⅴ类水标准要求（图2和图3）。其中凤港减河、朝阳干渠等排污沟COD高达100 mg/L以上，氨氮高达50毫克/升以上，总磷高达3 mg/L以上。调研中还发现区域内城市内河包括清河、小中河、朝阳干渠等水体有黑臭现象。

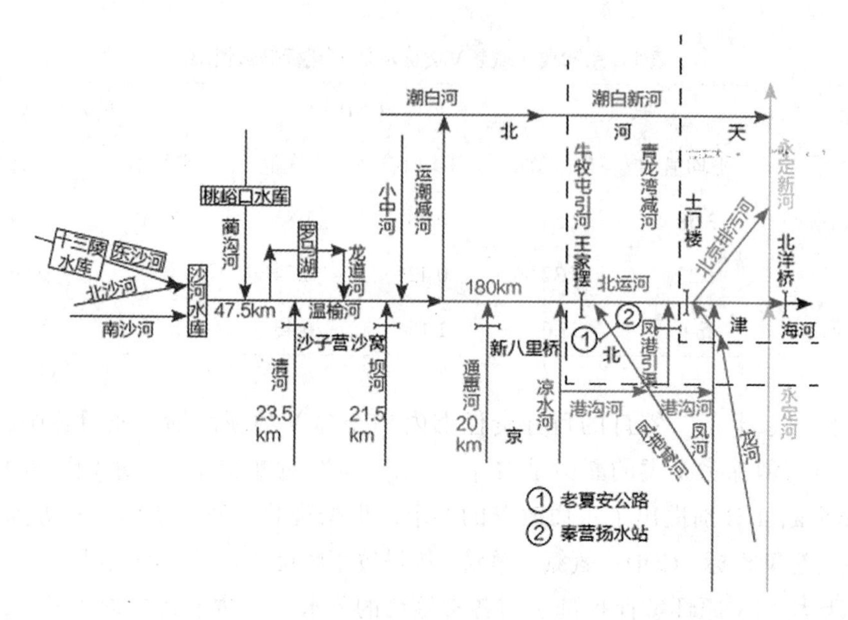

图1　北运河水系概化图

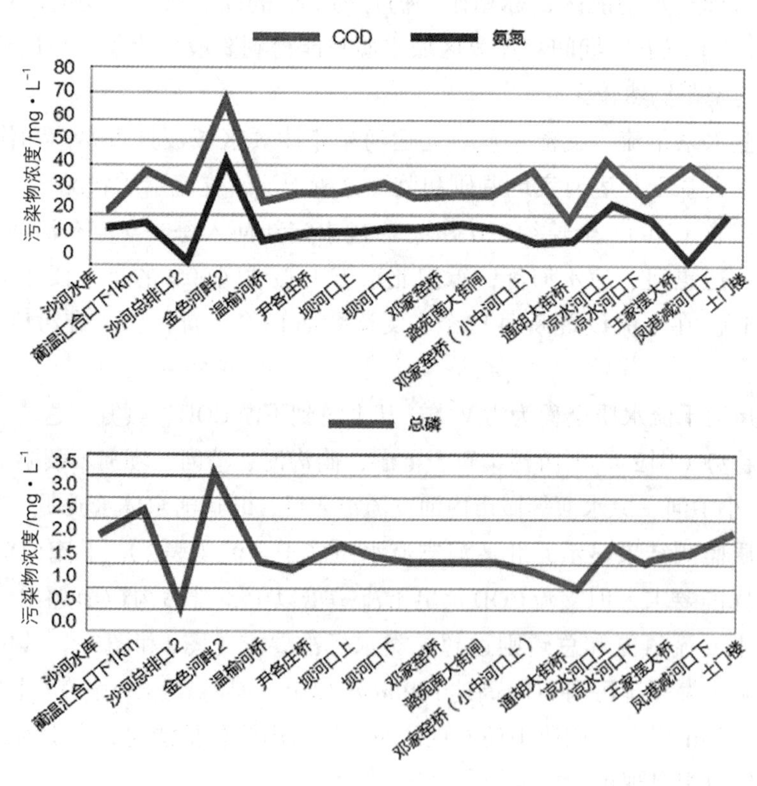

图2　北运河干流沿程污染物浓度变化趋势

表2　北运河干、支流平均浓度/mg·L^{-1}

类别	COD	氨氮	总磷
干流	33.59	16.62	1.69
支流	76.31	28.49	1.89
排污沟	107.88	19.48	1.62

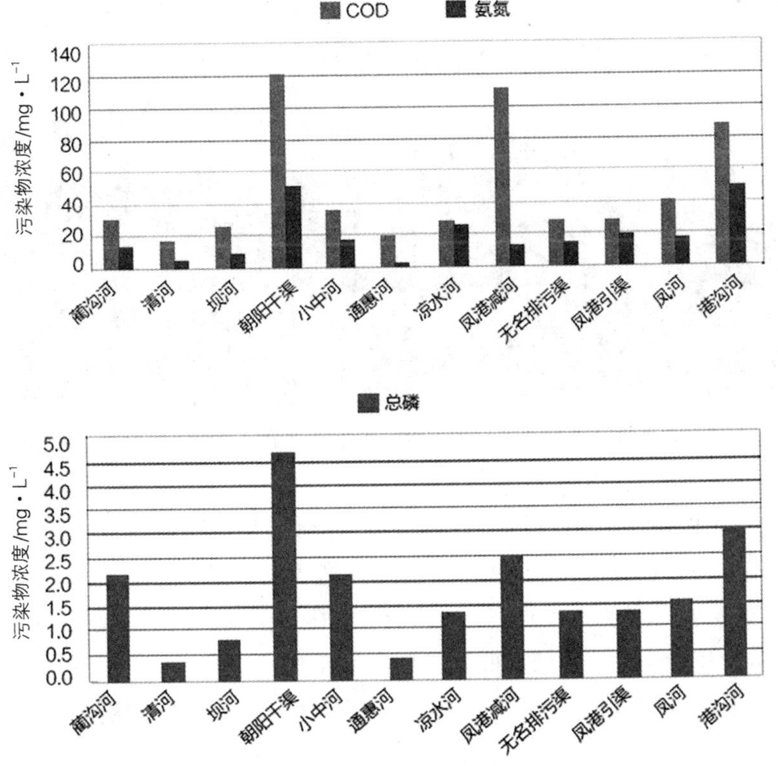

图3　北运河支流污染物浓度

2　京津冀水环境现存的问题

2.1　未建立与使用功能需求相适应的标准体系

我国以水体使用功能确定水体应执行的质量标准及污染源的排放标准，但

图4　突破京津冀区域水污染防治工作瓶颈对全国水环境保护意义重大

指标值设定时未充分考虑水域使用功能的差异化需求。如《地表水环境质量标准》（GB 3838—2002）中规定，“Ⅴ类主要适用于农业用水区及一般景观要求水域”，氨氮浓度限值为2.0 mg/L，总磷浓度限值为0.4 mg/L。功能和水质类别之间、功能和指标浓度限值之间缺乏内在联系。

根据水环境功能区划结果，北运河干流为景观娱乐和农业用水功能，其中北京境内均为景观娱乐功能；景观娱乐用水区占55%，农业用水区占45%；北运河水体水质要求达到Ⅳ类或Ⅴ类。三省（市）主要污染指标为COD、总磷和氨氮。对于景观娱乐水体，消除黑臭为当前首要任务，按《城市黑臭水体整治工作指南》，应优先确保氨氮浓度低于8 mg/L、DO高于2 mg/L。

2.2　污染源尚未得到全面有效控制

第一，生活源治理缺乏统筹的思路和必要手段。

管网建设总量不足，大量污水未经处理直排。根据北京市规划委资料，北京市中心城区现状污水收集率为83%，每天约有50万t污水直排入河；城乡结合部污水直排现象较为普遍；新城规划范围内每天约有40万t污水直排入河。据测算，北运河干流汇水范围内生活污水现状排放总量约为1.15亿t/年，按照“水十条”要求，到2019年，地级以上城市污水处理率要达到95%，以氨氮为例，即使处理达标的污水浓度达到2 mg/L，未经处理的污水浓度按40 mg/L，加权平均后氨氮平均值为3.9 mg/L，距《地表水环境质量标准》V类图1北运河水系概化图标准要求仍有较大差距。京津冀仅依靠水体自净降解，消除劣V类污水的目标实现难度极大。

按污水处理厂数量计，北运河50%以上污水处理厂不能稳定达到一级A排放标准。2014年北运河干流汇水范围内共有18座城镇污水处理设施，设计处理能力为49.61万t/日，实际处理水量9 918万t/年，平均负荷率约为55%。其中10座污水处理厂出水COD、氨氮、总磷、总氮等达不到一级A标准。出水超标的原因一是超负荷运转（如小红门污水处理厂设计能力为60万t/日，实际处理水量为80万t/日）；二是部分规模相对较小的污水处理厂尚未完成提标改造。

已具备点源特征的村镇生活源治理设施缺失。农村污水直排入河的污水虽然总体上水量不大，但部分沿岸农村生活污水采用自流方式或通过明渠或简单处理后直排入河，且部分污水直接下渗到地下水体。调研监测某村庄生活污水直排入清河的排污沟COD为168 mg/L、氨氮为23.8 mg/L。

第二，以小微企业为代表的工业源治理存在死角和盲点。

根据2014年环境统计数据，北运河汇水范围内共有352家工业企业。重点行业包括化工、造纸、农副食品加工等行业，污染物排放量约占73%，其中，造纸行业主要分布在北京通州和顺义、河北香河等；化工行业主要分布在北京通州和天津北辰。

从排污结构看，虽然工业COD仅占该地区污染物排放总量12.8%，但由于工业小微企业等不在常规的环境统计范围之内，其影响未能在环境统计中体现。调研中发现凤港减河水体呈现泛红现象，凤港减河总铁为0.54 mg/L，初步推断是钢铁加工企业排放污水导致；北京出境的河流除氨氮、总磷超标外，凤河和港沟河的石油类超标倍数均达19.4倍、北运河王家摆断面石油类超标11倍，直接导致河北出境的土门楼断面石油类超标6倍，初步分析是由于汽修、机械加工等小微企业排放的污水所致。

2.3 缺乏对控源减污方案的科学系统性、长期稳定性、经济合理性的深入分析

第一，现有污水处理厂稳定达标难度大。北京、天津已经提出了城镇生活污水排放实施地方排放标准的要求，北京市要求自2015年12月31日起城镇污水处理厂执行北京市地方排放标准，要求污水处理厂主要污染物排放浓度与污水处理厂的受纳水体水质标准相当；到2017年底天津市污水处理厂处理规模的97%将执行地表水Ⅳ类标准，其余3%执行地表水Ⅴ类标准；河北省也已启动地方排放标准的制定工作。

截至2015年底，从三省（市）现有的582个污水处理厂的运行情况看，仅有50%处理规模执行一级A，以及5%处理规模执行地方标准，三省（市）提标改造任务艰巨。与此同时，提标后的污水处理厂能否实现全年稳定达到排放标准要求，特别是冬季水温较低时氨氮能否达标仍需要时间检验。

第二，实施“地标”建设投资和运行成本高。据统计，达到一级B排放标准的污水处理厂，吨水投资1 500~2 000元，运行费0.8~1.4元/t水；提升至一级A标准，吨水造价增至2 250~3 400元，运营费增至1.1~2.1元/t水，大约是一级B的1.5倍；主要指标提升至地表水Ⅳ~Ⅴ类水质标准时，吨水造价增至3 000~4 500元，运营费增至1.5~3元/t水，大约是一级B的2倍。

第三，基于水质改善的针对性排污要求缺失。“水十条”要求“未达到水质目标要求的地区要制定达标方案，将治污任务逐一落实到汇水范围内的排污单位，明确防治措施及达标时限”。目前北京、天津以“批处理”的模式确定的污水处理厂排放标准与水质目标改善的关联性不强，精细化程度不足。

2.4 生态流量难以保障

京津冀区域现有水库1 193座，闸坝11 014座，降水和地表径流层层截留，“水十条”考核的部分断面位于排污沟上（如考核北京的老夏安公路、秦营扬水站等断面）、部分断面由于闸坝的控制表面上未断流，但实际上没有天然径流补充。

上游地区北京、河北为保证城市景观用水需求，在辖区行政区范围内对有水的河段建设闸坝或橡胶坝，造成下游河段枯竭现象进一步加剧。以北运河北京段为例，沙河水库以下有主要闸坝30多座，其中温榆河、北运河干流有9座水闸

和5座橡胶坝，其他闸坝分布在清河、坝河、小中河、通惠河、凉水河等主要支流上。北京市水资源严重匮乏，部分生产、生活用水尚依靠超采地下水解决，无法兼顾下游省市的河道生态用水需求。河北省和天津市也面临同样的问题。

3　京津冀水环境质量改善一体化方案建议

总体思路：以区域水质改善为核心，打破行政区域限制，落实打破行政界限的统筹设计理念，加强顶层设计，以满足农用、景观娱乐、饮用水源、水生态等使用功能为前提，针对不同污染源、不同污染物采用针对性的控源措施和标准要求，实现治污方案最优化、投入最小化、效益最大化，确保实现“水十条”2020年目标。

3.1　开展水质目标框架下不同类型功能水体的水环境质量标准体系研究

开展京津冀区域不同类型水体（湖泊、水库、河流和湿地）和水环境质量现状评价，分析农用、景观娱乐、饮用水水源、水生态等不同类型功能水体的水环境质量现状和发展趋势，建立不同情境下、不同功能水体主控因子与水环境质量的压力响应关系，科学确定参照状态，并制定更具针对性的农用、景观娱乐、饮用水源、水生态等功能水体的水环境质量评价指标体系和技术方法。此外，在满足水质目标前提下，针对京津冀区域重点污染源、畜禽养殖污染源，以及城市和农业面源污染、废弃矿区和场地等，提出基于水质目标要求的排放限值，并作为许可要求纳入排污许可管理。

3.2　强化生活源和工业源的污染治理和监管，确保达标排放

一是减少直排污水对环境的影响；强化污水处理设施的监管，确保各项污染指标全面稳定达到排放标准，是当前首要的污染防治措施。2015年，北京、天津城市污水处理率分别为88.4%和91.5%，与“水十条”要求的2019年达到95%的目标相比仍有差距。按估算，将1 t直排的生活污水纳入污水处理厂进行处理，与对10 ~ 20 t生活污水实施提标改造的环境效益相当，由此可知，加大生活污水收集处理率是更为经济、有效、合理的治理模式。此外，三省（市）仍有污水处理厂、工业企业超标排放的现象，应加大监管，全面实现污水处理厂和工业企业达标排放。

考虑提标改造的建设和运行费用情况，污水处理厂全面提标改造的投资和运行成本较高。如对北京而言，排污集中、排污强度大的中心城区和通州等区域有必要实施Ⅳ类标准；但全市域的其他区域在没有实现一级A稳定达标的情况下，要求达到地方标准仍具有一定的难度。因此，提升污水处理率、加大监管确保达标排放应是当前京津冀水环境治理中的主要对策。

二是强化工业污染源头控制，严控有毒有害污染物排入环境。实施工业污染源全面达标排放计划。加大超标排放小微企业的取缔力度，尤其是非环境统计范围内的小微企业，要发挥公众参与和监督作用。依据环统数据库筛选重点行业、重点企业及其分布状况，根据原辅材料、工艺特点等，确定特征污染物，分区域落实治污措施。

定期评估沿河湖工业企业、工业集聚区的环境和健康风险，落实防控措施。不定期开展涉有毒有害污染物排放的重点行业、重点企业的专项执法，定期督查排污单位达标排放情况，排查超标、超总量企业整治完成情况。

3.3 重点整治城市黑臭水体，确保公众景观水的安全

结合住建部黑臭水体整治工作，应重点整治城市黑臭水体。在思路上，控源减污仍是首要措施。在控源减污措施仍然达不到水质改善需求的情况下，采取底泥疏浚、渠化河道改造、净化塘、人工湿地等措施，实施生态拦截及污水深度处理，进一步减少进入水体的污染物。通过上游水利设施的优化调度，增加河道生态流量，提高环境容量。必要时，可通过设置曝气、跌水设施等工程，提高河流溶解氧浓度，消除水体黑臭。

3.4 加大再生水利用规模，将部分提标改造的污水处理厂出水作为生态补水，确保安全农灌

2015年京津冀区域城镇污水处理量约为49.1亿t/年，约占地表水资源总量的73%。大部分城镇污水处理厂出水能够达到《城镇污水处理厂排放标准》一级A和一级B标准（或达到相关地方排放标准），尾水排入环境后大部分用于农田灌溉、工业生产、城市绿化、道路清扫、车辆冲洗、建筑施工和生态景观等用水。因此，针对用于农田灌溉的城镇污水处理厂尾水和河道径流，要重点完善再生水利用设施，要加强涉有毒有害污染物排放的企业监管，禁止涉有毒有害污染物排放的废水纳入城市管网和城镇污水处理厂，对河道内涉有毒有

害污染物排放的企业加密监管频次，确保安全回用。

3.5　因地制宜建设人工湿地，控制入海氮磷负荷

建议结合河道水文流量、闸坝调度等信息，重点针对严重污染河道、污水处理厂尾水、生态流量缺乏河段等，建设人工湿地进一步削减污染负荷。人工湿地分为潜流湿地、生态净化塘、表流湿地3种类型，其中潜流湿地水质净化效率较高，但冬季3种湿地净化效率均会下降30%~50%。考虑综合治理效率和用地条件，建议北京、天津选用潜流湿地，河北选用生态净化塘。

京津冀三省（市）中，北京市用地相对紧张，不具备大规模建设人工湿地的条件，且北京市中心城区的主要污水处理设施提标改造工程均已动工，占全市污水处理规模的60%以上，建议仅针对出水不稳定达标问题，在污水处理厂周边地区用地许可的情况下，将人工湿地等作为污水处理厂出水的深度处理措施，确保达标排放。而对天津市和河北省，考虑用地相对宽松、运行费用低、入海口较多等因素，在选址可行的基础上，建议在蓟运河、永定新河、陡河、饮马河、青静黄防潮闸、子牙新河、北排水河和沧浪渠等入海河流的入海口附近建设人工湿地强化入海河流的氮磷控制，改善渤海湾水质。

参考文献

[1]　水利部. 2015年海河流域水资源公报[R/OL]. http://www.hwcc.gov.cn/hwcc/static/szygb/gongbao2015/index.htm.

[2]　国务院. 水污染防治行动计划[EB /OL]. [2015-4-16]. http://www.gov.cn/zhengce/content/2015-04/16/content_9613.htm.

[3]　国家发展和改革委员会, 环境保护部. 京津冀协同发展生态环境保护规划[Z].2015.

[4]　环境保护部. 2015年中国环境统计年报[M]. 北京: 中国环境出版社, 2016.

本文原载于《环境保护》2018年第17期

第三章

土壤污染防治攻坚战

土好才能粮好，土安才能居安

一、加快推进土壤污染防治八项基础工作

王夏晖

（环境保护部环境规划院生态部主任、土壤环境保护中心主任、研究员，北京 100012）

民以食为天，食以安为先。土好才能粮好，土安才能居安。土壤环境质量关系百姓民生福祉，关系国土生态安全，关系国家可持续发展大计。制定实施《土壤污染防治行动计划》（以下简称“土十条”）是党中央、国务院坚决向污染宣战的“三大战役”之一，是系统开展环境污染治理的重要战略部署，是加快推进生态文明建设推动全面小康进程的重大举措。与大气污染、水污染治理相比，土壤污染防治基础更为薄弱，历史欠账较多，如不能抓紧补齐短板，势必影响到土壤污染防治目标按期实现。未来一段时期，土壤污染防治工作既处于大有作为的重要战略机遇期，也面临矛盾叠加、风险隐患增多的严峻挑战。为有效管控土壤污染风险，促进土壤资源科学利用，需要集中力量优先抓好影响全局、制约各项任务措施有效落实的基础性工作。

1　绘制一张图，开展全国土壤污染状况详查

在土壤污染状况调查、土地利用调查、耕地地球化学调查、农产品产地重金属污染调查等相关调查基础上，以影响农产品质量安全的农用地和存在较高环境风险的重点行业企业用地为重点，加密调查点位，提高调查精度，组织开展全国土壤污染状况详查。通过详细调查，查明我国耕地等农用地土壤污染的面积、分布及其对农产品质量的影响，掌握重点行业企业用地中的污染地块分布及其环境风险。根据土壤污染状况详查数据，结合已开展的相关调查结果，绘制全国土壤环境质量分布图，实现“一张图”管理。

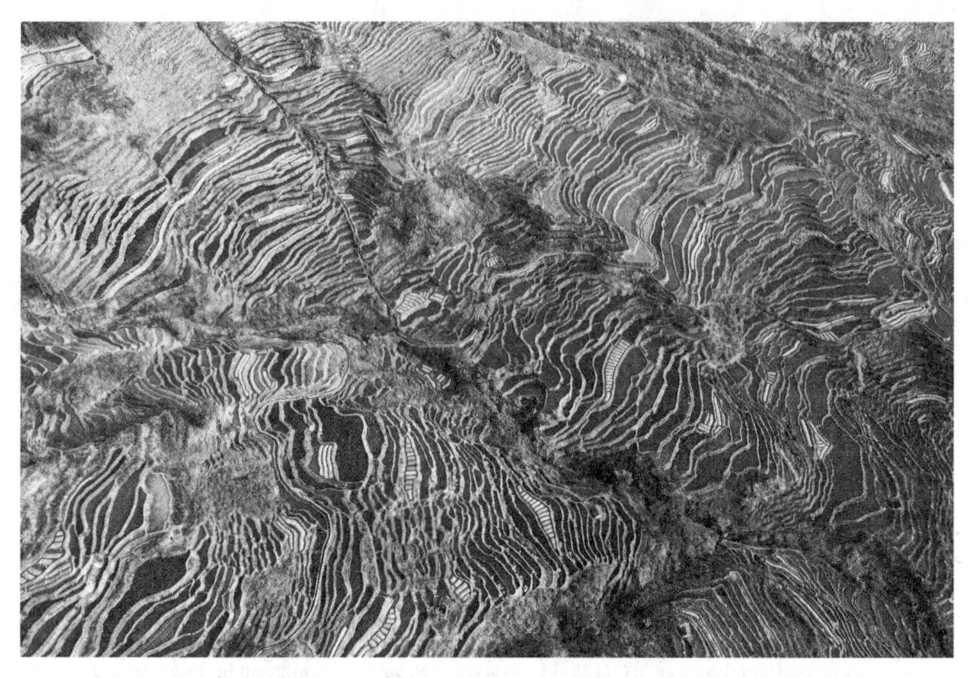

图1　土壤环境质量关系百姓民生福祉，关系国土生态安全

2　出台一部法，加快推动土壤污染防治立法

充分借鉴国际上发达国家和地区土壤污染防治立法经验，加快我国土壤污染防治专项法律起草、论证、审议、颁布等工作，改变目前土壤污染防治有关规定分散、不系统，难以适应新形势下土壤环境管理工作需要的问题。在法律条文中，可明确建立土壤环境质量状况定期调查制度、整合与共享各部门各领域土壤环境信息资源、落实土壤污染防治各方责任、建立土壤污染防治稳定资金机制等。同时，适时修订污染防治、城乡规划、土地管理、农产品质量安全等相关法律法规，增加或强化土壤污染防治有关内容。

3　形成一张网，建设全国土壤环境质量监测网

与水、大气环境质量监测网并行，以环保部门环境质量监测体系为主体，

充分发挥农业、国土等行业监测网作用，形成国家、省、市、县四级土壤环境质量监测网络。加快在全国布设土壤环境质量监测点位，逐步实现土壤环境质量监测点位覆盖到所有县（市、区）。各地可根据工作需要，补充设置监测点位，增加特征污染物监测项目，提高监测频次。开展土壤环境质量背景点建设和监测工作，以实现土壤环境历史序列数据的对比评估和演变趋势预测分析。利用环保、国土、农业等部门相关监测、检测、调查数据，构建全国土壤环境大数据平台，发挥大数据平台在污染防治、城乡规划、土地利用、农业生产中的作用。

4　编制一个清单，开展农用地土壤环境质量类别划定

考虑到农用地包括耕地、林地、草地、园地等不同利用类型，受污染程度、主要污染物、农产品受影响状况等存在明显不同，为提高措施针对性、降低管理成本，需要抓紧开展农用地土壤环境质量类别划定工作。可根据污染程度将农用地划分为优先保护类、安全利用类、严格管控类等不同类别，开展土壤和农产品协同监测与评价，结合农业、国土部门组织开展的农用地分等定级工作，以耕地为重点，逐步建立农用地土壤环境质量类别清单。各地根据质量类别清单，分别采取差异化的技术、管理、政策措施。

5　建立一个名录，建立地块开发土壤调查评估制度

近年来，由于我国城镇化对土地资源的巨大需求，工矿企业关闭搬迁遗留的地块成为建设用地重要来源之一。由于目前在规划和供地环节尚没有对污染地块开发明确土壤环境质量要求，导致污染地块开发利用带来的人体健康危害风险显著增加，“毒地”事件时有发生。针对这一问题，在开展重污染行业企业用地排查、建立潜在污染地块清单基础上，根据每宗地块开发利用前的土壤环境调查评估结果，进一步确定地块土壤环境质量状况，建立污染地块名录及其直接开发利用的负面清单。同时，为实现土尽其用，降低土地开发成本，在编制土地利用总体规划、城市总体规划、控制性详细规划时，应根据地块土壤环境质量合理确定其用途。

6　实施一个工程，推动土壤环境风险有效管控

根据发达国家长期开展污染防治总结出来的“1∶10∶100”投入原则，即针对同一保护目标，如果预防性投入需1万元，则风险管控需10万元，治理修复需100万元。做好污染预防是需要坚持的优先举措，但对于已经受到污染的土壤则要实施以风险管控为主的重点工程。工程内容主要应包括土壤环境基础调查、风险评估、监测和预警体系建设、污染源治理等风险前端控制项目，重点污染源日常监控、污染物排放去向全程跟踪等风险过程控制项目，以及突发污染事件应急处置、土壤污染治理与修复等风险终端控制项目。通过土壤环境风险管控工程实施，带动覆盖土壤环境调查、分析测试、风险评估、治理与修复工程设计和施工等全过程的环保产业发展。

7　设立一个专项，保障土壤污染防治资金来源

相比水污染和大气污染，土壤污染治理通常需要更长的时间、需要的资金也更多。现有土壤污染防治资金多为各级财政投入，渠道单一且不稳定。为根本解决这一问题，2016年中央财政已整合重金属污染防治专项资金等，设立土壤污染防治专项资金。在中央财政资金引导下，各地也应设立本级土壤污染防治专项资金，同时应统筹高标准农田建设、测土配方施肥等相关财政资金，加大对耕地土壤环境保护等支持力度。此外，通过政府和社会资本合作（PPP）模式，发挥财政资金撬动功能，带动更多社会资本参与土壤污染防治。大力发展绿色金融，研究设立环境银行，为重大土壤污染防治项目提供支持。鼓励符合条件的企业发行股票或债券。

8　落实一个责任建立土壤污染防治多元共治体系

《环境保护法》明确规定，地方各级人民政府对本行政区域的环境质量负责。据此，地方各级人民政府应根据本地土壤污染防治工作需要，健全土壤环境管理体制，组织编制相关规划、计划或方案，做好顶层设计，细化任务分工，制定推进时间表和路线图，并督促落实。土壤污染防治涉及多个部门，应建立部门协调机制，明确职责定位，形成工作合力。排放污染物的企业事业单

位，应建立权责明晰的环境保护责任制度，加强内部管理，将土壤污染防治纳入环境风险防控体系，严格依法依规建设和运营污染治理设施，并承担损害评估、治理与修复的法律和经济责任。土壤污染防治工作涉及面广、任务量大，需要公众广泛参与。应加强土壤污染防治知识宣传培训，正确引导舆论导向，发挥公众在企业排污、部门履职等方面的监督作用。

本文原载于《世界环境》2016年第4期

二、污染土壤绿色可持续修复的内涵与发展方向分析

侯德义[1]　李广贺[2]

（1：清华大学环境学院土壤与地下水教研所、环境学院副教授，北京 100084；
2：清华大学环境学院土壤与地下水教研所、环境学院教授，北京 100084）

摘要　实施绿色可持续修复可以有效地避免过度修复，减少修复过程中的二次污染、能源和材料的消耗、危险废物的产生。本文分析了欧美国家在40多年污染土壤修复历史经验和教训基础上进行绿色可持续修复的发展历程，总结了典型的绿色可持续修复技术与方法，根据我国土壤修复的现状提出了进行绿色可持续修复的必要性和增强风险管控的科学认识与管理能力、通过精细调查与精准修复增强绿色可持续性、推动基于全生命周期评价的决策方法的发展方向建议。

关键词　污染土壤；绿色可持续修复；全生命周期评价；二次影响

随着国内工业和农业的高速发展，大量的工业用地和农业用地土壤被各种有毒有害的化学物质所污染，给人们的身体带来健康风险，也向环境管理部门提出了严峻的挑战。相比于水污染和大气污染，土壤污染具有隐蔽性强、自净能力差、风险积累时间长等特点。这些特点给污染土壤修复带来了极大的困难，也是各级管理部门有效实施国务院最新颁布的“土十条”所必须面临的挑战。近10年间，欧美修复界最重要的一个变化是绿色可持续修复（green and sustainable remediation, GSR）运动的兴起。绿色可持续修复综合考虑全生命周期社会、经济、环境影响，可以有效地减少过度修复和二次污染，值得我国在污染土壤修复过程中借鉴。

1　绿色可持续修复的定义和历史发展

污染土壤修复起源于20世纪70年代末期。在过去的40年间，欧美国家在

改进污染土壤修复技术和建立健全法律法规方面取得了较多的进展。譬如，20世纪80年代和90年代盛行的异位土壤焚烧和地下水抽提处理技术，到了21世纪逐渐被原位土壤和地下水修复技术所取代。而在最近十年间，国际修复界最重大的进展之一是绿色与可持续修复的兴起。绿色可持续修复理念无论在专业修复技术规范，政府指导性政策制定，还是学术研究方面都表现出了日益增强的趋势。

各国政府和不同的行业协会对绿色可持续修复的定义略有差异。譬如欧洲国家更多地提倡“可持续修复（sustainable remediation）”，而美国更多地提倡“绿色修复（green remediation）”。绿色修复的提出主要是因为美国环保署的组织功能由于受到其法律授权的约束，而不能对修复过程中的社会和经济影响做出更多的干涉。美国政府技术与政策联合委员会（ITRC）在2011年提出了绿色可持续修复的概念，可以更好的结合绿色修复以及可持续修复的理念。根据ITRC的定义，绿色可持续修复是一种超越传统的决策方式，它是“技术、产品、流程”等在特定污染场地的应用。这种应用在控制土壤和地下水中潜在受体污染风险的同时，综合考虑了社区情况、经济影响以及环境效应，达到“净效益最大化”。ITRC认为绿色可持续修复可以应用于修复的全过程，并且应该同时包括短期的和长期的影响。

绿色可持续修复的前身是欧盟政府间修复组织于2002年提出的“可持续污染场地管理（sustainable land management）”概念。这一概念以风险管理为核心，强调修复过程中社会、经济、环境影响的全面优化。在21世纪初，欧洲学者和工业团体对可持续修复进行了大量的研究并推动其发展。2006年左右，在美国建立的可持续论坛（SURF）推动了绿色可持续修复在该国的大力发展。2007年美国总统发布了推动联邦政府在各项业务中积极采取可持续手段的行政指令，美国环保署相应地在2008年发布了绿色修复的指导性文件，提倡在污染场地修复的过程中必须全面减少修复伴生的负面环境影响，包括对大气污染、水资源循环、生态多样性、土壤营养缺失等的影响。此后，美国的多个联邦机构及州政府相继颁布了鼓励绿色修复的政策和指导文件。

绿色可持续运动在欧美的兴起有如下几个原因：一是严格的和“一刀切”的修复标准导致了一些失败的修复工程，工程技术人员将失败的部分原因归咎于“过度修复（over engineering）”。这种过度修复的设计方案往往源于对污染物在土壤中的迁移和转换缺乏充分的科学认识，过于乐观地估计修复技术的有效性。二是传统的修复决策过程，包括基于风险的污染场地管理，皆没有定量考虑污染修复本身所带来的负面环境影响。这些负面的环境影响，亦即所谓的“二次影响（secondary impact）”，包括材料和能源的消耗、废物的产生、制造修复材料和装备能源过程中的污染物排放以及污染修复过程中的二次污染。三是公众、公司和学术团体对绿色和可持续观念日益强烈的认同。在追求可持续发展的大环境下，对修复手段的“绿色可持续化”需求也逐渐增强。

过去10多年里，绿色可持续修复在欧美国家获得了飞速发展。如图1所示，绿色可持续修复的相关文献数量在此期间基本呈指数增长的趋势。英国、荷兰、加拿大、巴西、意大利等国相继成立了专业的绿色可持续修复组织。各国政府部门和行业协会不断发布新的政策、指南、应用软件等。两大国际标准组织，ASTM和ISO都已经发布或者有待发布绿色可持续修复相关的国际标准。可以预见，绿色可持续修复将逐渐成为污染土壤修复领域的一个主流观念和必要元素。

2　绿色可持续修复的技术与方法

不少修复行业的从业者根据绿色可持续修复的字面意思认为，绿色可持续修复就是使用植物或者生态的修复方式来进行环境治理。这是一个误解，和国

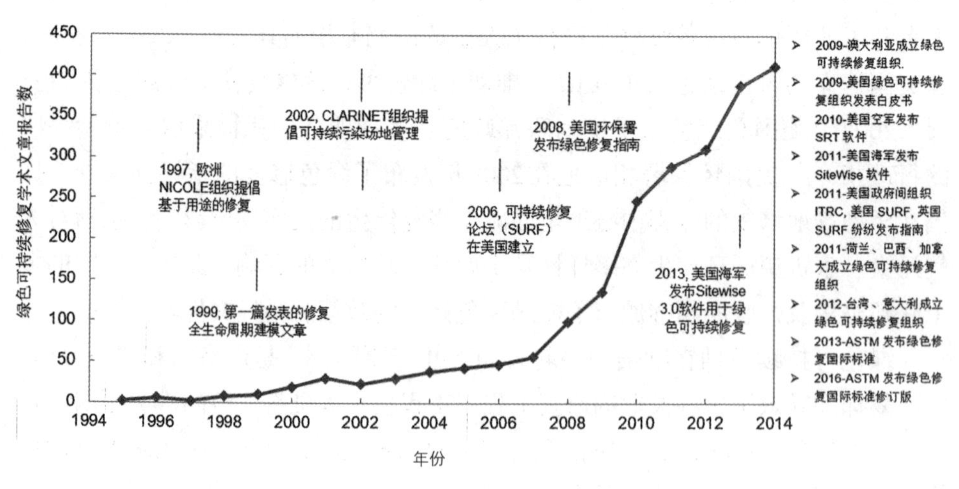

图1　绿色可持续修复发展历史

际修复界通用的理解并不一致。真正的绿色可持续修复技术必须是基于可持续评价来界定的。在某些情形下，植物修复的确能够在较低的能耗和材料消耗的前提下达到修复的目标，从而比其他修复方式更为“绿色可持续”。但是，在另外一些情形下，植物修复有可能由于效率较低、耗时较长和生物质处理过程中的能耗以及二次污染排放被认为是“非绿色可持续”的。相对应的，高能耗的修复方式，可能在很多情形下是“非绿色可持续”的；但是，在处理土壤中氯代烃造成地下水长期污染的场地时，基于热脱附技术的修复方式有可能因为能够更快地去除污染物，使得整个生命周期的环境二次影响最小，从而成为最为“绿色可持续”的技术。

虽然在具体界定一个修复技术是否“绿色可持续”的时候，必须是基于对具体场地修复的可持续评价得出；但是，已有的科学研究发现已经得出了一些通用的结论。譬如，实施绿色可持续修复要求更精确地界定污染范围，通过小点多处的处理达到同样的风险管控目的；倾向于采取原位处理而非异位处理方式；对于低风险和难去除的污染物采用监测自然衰减的手段等。为了减少二次影响，必须全面考虑修复所使用的材料和能源，对水资源的影响，所产生废物的毒性和数量等。在实施绿色可持续修复的过程中，通常采取全生命周期评价的方法，对修复活动涉及的所有材料、能源、设备都进行“摇篮—坟墓”式的环境影响评价，全面综合地计算修复所获得的“净效益”。以此方式来选取最可持续的修复方案，识别热点问题，并相应地进行改进和优化。通过对这些技术和方法的有效使用，修复工作者可以达到避免过度修复和减少二次影响的目标。

3　我国污染土壤修复的现状分析

我国土壤污染的问题比较严重。随着人民生活水平和健康意识的提高，政府部门对土壤环境质量日益重视，尤其是继“土十条”颁布后，污染土壤修复预计即将进入高速发展的时期。但是，我国污染土壤修复也面临着很多的困难。譬如，我国的面源污染较多，部分地区的重金属污染物自然本底值偏高，造成大面积土地的土壤质量超标。这种大面积的污染极难依赖传统的工程方法来完成修复，如果采取强制性方法进行修复，其带来的二次影响有可能超过污染土壤本身带来的危害。对于点源造成的污染土壤进行修复也有很多的困难。

图2　真正的绿色可持续修复技术必须是基于可持续评价来界定的

最古老的“一刀切”的统一修复标准曾经为美国和荷兰带来了很多“过度修复”的问题，随后发展起来的基于风险的修复标准则对管理部门的专业水平、设计和施工单位的职业道德操守以及公众的理智参与都提出了很高的要求。目前我国在这几个方面的工作都比较落后，这给实施当下国际通用的基于风险的修复标准提出了很大的挑战。

土壤修复另外一个很大的困难是我国的土壤污染和地下水污染在很多时候仍然被分别对待。虽然这种现状在很大程度上是由历史原因和行政管理困难造成的，难以在短期内克服，但是这种人为隔离土壤污染与地下水污染的做法同样是违背科学原理的。从更长的时间尺度上来考虑，这种单独修复污染土壤而不考虑污染地下水的行为，是一种“不绿色”“不可持续”的做法，必然在将来带来很多的问题，造成大量的二次影响。笔者认为，这些困难既是挑战，也是机遇。我国在攻克污染土壤修复难题的同时，必然在自然科学和管理科学方面都取得一些普适性的进展。以绿色可持续修复为例，我们在法律和政策方面的历史包袱小，有机会能够很好地利用最新的科学发现，建立世界领先的绿色可持续修复技术和管理体系。

4　推动我国污染土壤的绿色可持续修复的必要性

绿色可持续修复理念的一个最重要的目的是减少二次影响，包括二次污染。传统的污染修复方式可能导致较多的二次污染。在某些情况下，二次污染的负面效应可能远超过修复本身带来的正面效应。一个典型的案例发生在英国的Corby市。在20世纪80年代至90年代间，Corby市的市政部门在一些搬迁的工厂旧址上进行地产开发，在开发的过程中同时进行了污染土壤的治理。但是，直至21世纪初，人们才发现污染土壤治理的过程中造成了巨大的二次污染，导致Corby市的居民出现很多的健康问题，包括新生畸形儿等。最近发生的常州外国语学校受相邻土壤污染地块影响的事件，也体现了控制二次污染对于污染土壤修复的重要性。英国的剑桥大学、雷丁大学以及丹麦科技大学等研究机构的学者对污染土壤修复过程中的二次影响进行了全生命周期建模，结果证明在土壤修复过程中对二次影响进行定量化考量非常必要。二次影响涵盖各类环境危害，其中尤其以空气污染最为显著。考虑到我国空气污染情况严重，我们在根据“土十条”要求实施污染土壤修复的过程中尤其需要全面考虑二次污染，以避免“捡了芝麻，丢了西瓜”的后果。

在传统污染土壤修复环境管理和决策过程中，强调的是污染所在地的风险和影响，而忽略修复过程本身所造成的跨地域、跨时间的负面环境影响，也忽略了环境修复对社会和经济的影响。我国目前的修复工程具有规模大、操作粗放、缺乏精细管理、决策过程只基于一时一地考虑等特点。这些特点使得修复工程的环境效益大打折扣，甚至可能导致环境负效益。在修复技术和修复药剂的开发方面，部分科研工作者片面追求处理效率提高，不够重视技术和药剂本身的环境影响。推动我国污染土壤的绿色可持续修复，可以有效改变现状，让有限的资源得到更好的配置，使得我国污染土壤修复工作更良性和有效发展。

5 政策与管理重点发展方向

5.1 增强风险管控的科学认识与管理能力

我国在制定土壤环境质量标准方面做了大量的工作。目前业界有两种声音，一种认为目前我国适合采取统一的修复标准而非基于风险评价的修复标准，以避免从业者钻空子，偷工减料。另外一种则认为我们需要积极推进基于风险管控的修复方式。笔者认为，基于风险评价的修复是一种必然的趋势，使用统一的修复标准容易造成过度修复，尤其是在忽略二次影响的前提下，有可能出现大量花费人力和物力之后，环境净效益却为负值。为了增强风险管控，除需增强管理部门的专业素养和监管能力及加强对业主和施工方的责任控制外，我们认为还有两点需要加强：一是必须加强有关风险评价的科学研究，用符合我国国情的风险模型和参数来取代目前普遍使用的源自欧美的风险模型和参数；二是需要超越简单的风险评价，将全生命周期考虑（包括二次影响），和健康与生态风险评价有机结合来更全面，更综合地评价环境成本与收益，优化修复标准。

5.2 通过精细调查与精准修复增强绿色可持续性

我国现行的污染土壤修复项目普遍存在轻调查设计、重工程的倾向。很多场地在没有被彻底调查的情况下，就确定了污染和修复的范围。这种现状是违背国际修复界通用做法的。调查不细致容易导致污染物残留，而且由于使用者认为已经修复完全，因而可能升高暴露的风险。另外，调查布点过于稀疏会导致大量的干净土壤被误作为污染土壤被处理，由于修复的流程往往会使得土壤失去本身的一些功能，这一做法会导致“健康”的土壤变成不良的土壤。从绿色可持续修复的角度，我们认为这种做法会大大减少修复所带来的正面效益，并增加修复负面环境成本，出现修复工作环境净效益可能小于零的情形。

5.3　推动基于全生命周期评价的决策方法

如上所述，传统的决策方法容易造成修复过程中的某些环境代价被忽视。为了推动可持续的发展，我们必须开发新的基于全生命周期考量的决策方法。这种方法不是止步于对土地流转各个环境加强管控（譬如上海市环保局在2016年6月13日发布了《上海市经营性用地和工业用地全生命周期管理土壤环境保护管理办法》所包括的内容），更重要的是对跨时间、跨地域的环境、社会、经济效益进行综合地考量。这种考量可以在不同的层次得到体现。在国家和地方政府层面，这种新的基于全生命周期的可持续评价的决策方法，可以科学定量地制定环境标准指导值。这种综合的方法相比单纯的基于风险评估的方法更符合可持续发展的理念。在具体项目层次，这种基于全生命周期评价的决策方法可以用于对比待选修复方案，并对选定的修复方案进行不断优化。

参考文献

［1］ HOU D, AL-TABBAA A. Sustainability: A newimperative in contaminated land remediation[J]. Environmental Science & Policy, 2014, 39（5）: 25-34.

［2］ ITRC. Green and Sustainable Remediation: APractical Framework[R]. Washington, DC: 2011.

［3］ AL-TABBAA A, HARBOTTLE M, EVANS C. RobustSustainable Technical Solutions, in SustainableBrownfield Regeneration[M]. Oxford: BlackwellPublishing, 2007.

［4］ LEMMING G, HAUSCHILD M Z, CHAMBON J, et al.Environmental impacts of remediation of atrichloroethene-contaminated site: life cycleassessment of remediation alternatives[J]. Environmental Science & Technology, 2010, 44（23）: 9163-9169.

[5] HOU D, AL-TABBAA A, GUTHRIE P, et al. Using ahybrid LCA method to evaluate the sustainability ofsediment remediation at the London Olympic Park[J].Journal of Cleaner Production, 2014（83）: 87-95.

本文原载于《环境保护》2016年第20期

三、我国污染场地治理与风险评估

尧一骏

（浙江大学环境与资源学院副教授，浙江 310058）

摘要　我国土壤污染形势十分严峻，存量巨大且不断增长的污染土壤与治理投入资金严重不足之间的矛盾，决定了我国土壤治理必须从长远考虑。因此目前主要通过改变土壤使用目的达到“风险管控”，但这一做法对已建污染场地存在局限。文章对我国土壤污染的总体情况进行分析，并针对上述重点难点进行探索，提出对策建议。

关键词　土壤污染防治行动计划；“土十条”；棕地；污染场地；风险评估；末端风险控制

我国土壤污染严重，治理需求紧迫，按照现有技术条件，1 000万亩耕地修复可能会消耗高达数千亿元和数十年时间。对于一个发展中国家而言，这不是一个合乎实际的解决方法。治理的需求十分紧迫，土壤修复也要“算大账、算长远账”。环境保护部部长陈吉宁多次强调，治理土壤污染是个“大治理”过程，不是要以投入几万亿元的方式解决。2016年的5月，国务院颁布的《土壤污染防治行动计划》即“土十条”正验证了陈部长的这一说法，国家不会投入几万亿元的资金进行土壤污染的治理，而是主要通过改变土壤使用目的达到“风险管控”。这是由当前我国土壤污染治理领域的主要矛盾决定的。这个主要矛盾就是存量巨大且不断增长的污染土壤与治理投入资金严重不足之间的矛盾。

1　土壤污染及治理现状

一般认为，国内污染场地（即非农业污染土壤）的数量在10万~100万个之间，而国内真正开始大规模主动修复城市土壤是从2013年开始。在过去的

3年里，据统计大约有100个左右的站点得到了修复治理，而平均每个项目投入大约为5 000万元人民币。按此进行估测，要全部修复国内现有的污染场地，需要投入大约5万~50万亿元人民币。

除了城市土壤污染，我国的农田污染形势也相当严峻。2014年国土资源部和环境保护部的调查表明，全国耕地土壤点位超标率为19.4%。2010年全国耕地面积为1.22亿公顷（18.26亿亩），按照1/5被污染耕地计算，全国被污染耕地约为0.24亿公顷（3.65亿亩），若以每667 m^2（亩）4万元成本计算，则需投入14万亿元以上。

但是，“十二五”期间（2011—2015年）用于全国污染土壤修复的中央财政资金仅为300亿元，而且修复对象包括了受污染农田、城市“棕色地块”及工矿区污染场地，平均每年约60亿元，相对于数万亿至数十万亿元的土壤修复需求来说是杯水车薪。2015年，全球用于土壤和地下水的治理投入约为600亿美元，美国一家就占了180亿美元，约为其GDP的0.1%。按此比例计算，中国在未来的十年内土壤污染治理投入也不可能超过每年1 000亿元人民币。更何况作为发展中国家，中国的投入重点在于经济发展，环保投入也不可能达到发达国家的水平。因此，在可见的将来，中国要全部修复受污染的土壤不大现实，必须要寻求另外的方法来治理污染土壤。

为了解决或者说是缓和存量巨大且不断增长的污染土壤与治理投入资金严重不足之间的矛盾，一方面必须增加土壤污染治理的投入；另一方面，对暂时无力治理的污染土壤，可以通过控制污染土壤使用目的的方式实现风险管控，从而在缺乏土壤治理资金的条件下达到保护相关人群身体健康的目的，这也就是“土十条”里提倡的风险管控。

在“土十条”中对农用地采用一种分级管理的方式，根据土壤的污染物种类和浓度确定其使用方式，即“按污染程度将农用地划为三个类别：未污染和轻微污染的划为优先保护类，轻度和中度污染的划为安全利用类，重度污染的划为严格管控类，以耕地为重点，分别采取相应管理措施，保障农产品质量安全”；而对建设用地，采取准入管理，即前工业用地用途变更为居住或者公共用地，必须进行土壤污染调查和风险评估，如有需要，则必须进行相应的修复，否则不能进行利用。

2　土壤污染治理的技术难点

2.1　需结合国情发展风险评估技术

无论是治理土壤污染还是对污染土壤进行分类管理，都必须基于土壤污染对人体健康风险评估的结果进行。对于污染场地（场地）来说，我国由于场地治理的历史较短，因此借鉴了大量发达国家的场地健康风险评估（风评）技术。例如，我国2014年颁布的《污染场地风险评估技术导则》就是基于美国的ASTM-RBCA技术文件。但是，国内外的典型场地存在一定的差异性，国外的经验照搬到国内往往会“水土不服”。

土壤污染问题是伴随着工业化而产生。美国等发达国家由于工业化较早，土壤污染问题的产生也较早。但由于土壤污染对人体健康的影响往往是慢性长期的，一开始发达国家对此并没有充分的认识，于是导致在工厂搬迁后，原有的工业用地被直接用来兴建新的民用建筑。等土壤污染的负面影响显露出来时，居民已经在污染地块上居住很多年了。标志世界土壤污染治理开端的“拉夫运河”事件正是这样爆发的。因此，美国的典型场地上面往往都已经有居民存在了，场地风评的对象正是这些当前场地上居住的居民，风险判断以直接监测对象所处的环境（如室内空气）为主；而中国属于发展中国家，工业化相对发达国家较迟，土壤问题产生的事件也较晚，因此国内当前开展治理的大部分污染场地属于前工业用地，场地治理性质属于“棕地再开发”，风评对象为场地治理后在该地块上生活居住的人群，风险判断只能是依靠模型预测，当前土壤的调查数据只能作为模型的参数使用。这里值得说明的是，模型并不单单指数学方程。美国环保署在技术文件中指出，依据以往经验总结的污染物浓度衰减系数等方式同样属于模型预测。

由于中国和美国典型场地之间的差异，导致中美在场地风评流程上存在一定差异。如表1所示，目前国内用来计算场地修复目标值的风评模型是国外用于第二层次风险评估的风险筛选模型，其特点是高度简化和理想化，直接搬用国外高度简化的风险筛选模型对复杂的国内场地（土壤结构、下垫面类型、地表建筑分布以及微生物降解的多样性等）进行风评，计算的最终风险控制目标值往往与真实值相差过大，这既不利于保护居民的健康安全，也降低了场地治理的效率。事实上，当前国内污染场地的修复预算动辄数千万元甚至上亿元，就与此有相当大的关系。这也进一步激化了国内场地治理的核心问题，即场地的巨大存量与有限的场地治理投入之间的矛盾。

表1　中美污染场地风险评估流程比较

多层次风险评估		美国	中国
风险评估对象		当前场地上的居民	未来场地上的居民
风险逐步排除	第一层次	资料收集与初步土壤、地下水采样调查	
	第二层次	应用风险筛选模型（高度简化和理想化）	
	第三层次	直接针对风评对象所处环境的监测	由于风评对象尚不存在，无法实施针对风评对象的监测
风险评估结果		由第三层次的监测数据判断风险，相对合理	由第二层次的筛选模型预测结果判断风险，误差过大

美国的特征场地类型决定了其主要利用监测来判断风险，而模型仅作为辅助使用，其应用的模型往往较为简陋，离实际情况差别较大；而中国当前的主要场地类型决定了其必须依靠模型（广义）来预测判断未来的风险，完全依靠美国的技术是走不通的。必须根据我国的国情，发展符合自己需求的风险评估技术，如研发更符合我国复杂场地特征（土壤结构、下垫面类型、地表建筑分布以及微生物降解的多样性等）的风险评估模型，这类模型（技术）一方面要求相比风险筛选模型能够更加反映场地的实际情况，另一方面必须足够简单，方便推广使用，而这有待于土壤治理投入的增加和土壤治理实践经验的积累。

2.2　已建污染场地治理仍是难题

“土十条”的核心理念是依据风险进行用途管理，即对人群健康具有严重的威胁或者具有高度商业价值的场地进行修复治理；其他的则基于污染物性质和浓度决定的风险大小等进行限制用途的风险管控。然而，这两条措施对于已经盖好房子住进居民的已建污染场地是无效的，除非先将居民迁出去，而这在大多数情况下是难以做到的。

在过去的将近20年中，中国的房地产事业蓬勃发展，相当一部分新建筑物是建造在没有进行过任何土壤污染调查的前工业用地上。事实上，国内仅仅从2013年才真正开始全国范围内的主动污染土壤治理工程（图1）。2014年国

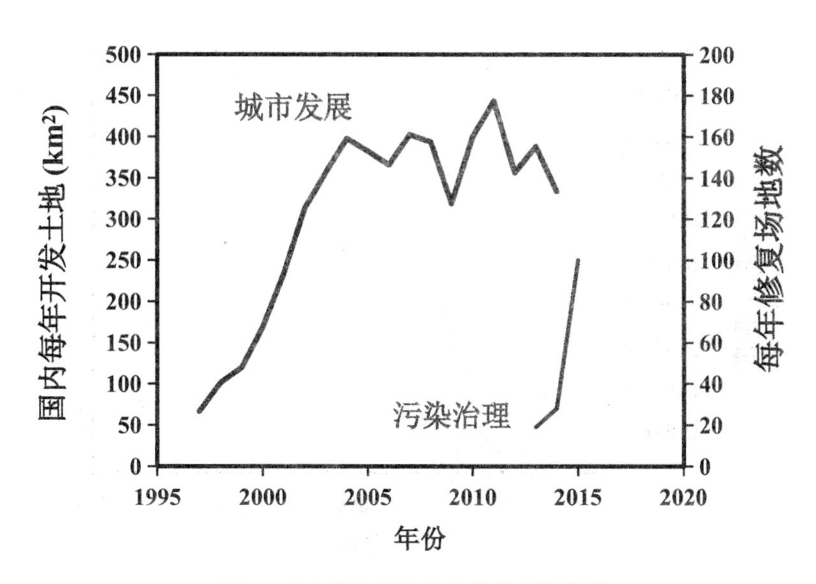

图1　国内每年开发土地和修复场地数

注：来源，中国产业信息网，中国统计年鉴（1997—2015年）

土资源部和环境保护部的土壤调查表明，前工业用地的点位超标率超过30%。这意味着这些污染场地上的居民健康可能遭受来自地下土壤污染物的威胁，例如蒸气入侵（vapor intrusion）。更严重的是，大部分情况下，由于仅是低浓度暴露，居民直到恶性后果爆发可能才会意识到污染的严重性，甚至爆发后也没有意识到。这不禁令人想起美国的“拉夫运河”惨案。在该事件中大部分的人都是知道恶性后果产生后才意识到污染的严重性。

同类型的情况在全国10万个加油站附近的居民生活小区也可能发生（图2）。据报道，目前国内共有40万个地下储油罐，而这些储油罐由于使用期限或者是设计的局限性，往往存在较为严重的泄漏问题。例如，2010年，为了编制《加油站渗泄漏污染防控标准》中国科学院对天津市部分加油站做了调查。结果显示，地下水样品中，总石油烃检出率为85%，强致癌物多环芳烃为79%，部分样品中检出挥发性有机物苯、甲苯、二甲苯。2007年，据中国地质科学院调查，在苏南地区的29个加油站调查样本中，超过七成存在渗漏现象。由于地下储油罐泄露而被污染的地下水和土壤，同样会对附近的居民的健康造成威胁。事实上，类似的问题在发达国家已经是相当常见了。美国环保署专门

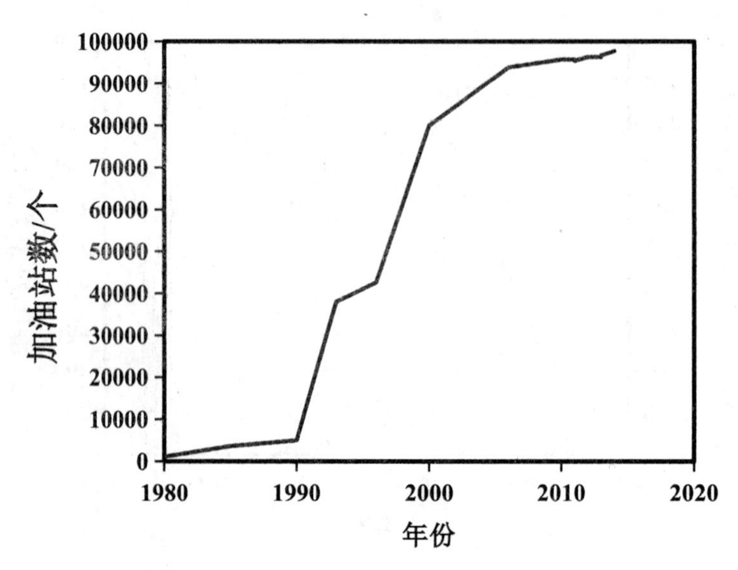

图2　中国加油站发展趋势图（1908—2020年）

设立了Office of Underground Storage Tanks来处理地下储油罐泄漏引起的环境污染问题。

3　土壤污染治理的改进建议

对有居民居住的污染场地的治理，中国可以向遭受过类似问题的发达国家学习。比如，美国就有类似的问题，并且已经采取了相应的措施来处理这类问题。首先，环保部门应该依据地块之前和现在的用途，收集可能存在风险的该类站点的信息，并进行监测。如果监测结果确认土壤或者地下水存在污染问题，环保部门应该建立“灰名单”以便跟踪监测处理。接着，环保部门应根据污染物的可能暴露途径进行相应的风险评估，使得这些污染场地得到优先关注。最后，如果确认有风险存在，可以采取合适的“末端控制”技术以切断居民的健康暴露途径。这意味无需对土壤进行耗资巨大的深度修复。正如前文所言，把__居民迁走，房屋拆掉的解决方法并不现实。这种替代的风险控制手段在美国的蒸气入侵污染场地治理实践上已经得到了相当成熟的应用，而蒸气入侵的末端控制技术又是源自历史更早的氡气污染问题。类似的，在受到污染的饮用水井治理问题上，完全的修复同样耗资巨大。而采用“入口处理系统（point of entry treatment systems, POETS）”同样可以达到保护居民健康的目的。

土壤污染和水污染以及大气污染不同。水环境和大气环境均有较强的自净能力，只要控制防止新的污染，水环境和大气环境就能自己相对较快的恢复正常。例如，通过采取了一系列“史上最严”的应急减排措施，如机动车限行与管控、燃煤和工业企业停限产、工地停工和调休放假等，北京成功地制造了“APEC蓝”。类似，地表水的水循环平均更新周期均在十天左右。这意味着，只要人们不去制造新的污染，水环境和大气环境就能自己在较短时间内恢复正常。因此水污染和大气污染的治理重在一个“防”字，即控制污染源，减小污染物的排放量。而土壤污染则不同，其自净能力较差。因为大气环境和水环境本质上都是溶液，大气环境和水环境的自净实际上是物理化学反应的进行，相对较为容易；而土壤是一个水—气—固三相系统，其自净要难得多。虽然《土壤污染防治行动计划》沿用了《水污染防治行动计划》和《大气污染防治行动计划》的名称，以“防”为主的治理措施并不能完全保护人民群众的健康不受到伤害。因此，只针对现有“棕地”的防控是不完全的土壤污染治理政策，不能忽视已住有居民的污染场地的治理。

参考文献

[1] 国务院. 土壤污染防治行动计划[R]. 2016.

[2] “土十条”今年出台 陈吉宁:“大治理”不是要投入几万亿元[N]. 新华社，2016-01-11.

[3] 中商产业研究院. 2016年中国土壤修复行业发展报告分析[EB/OL]. [2016-03-24]. http://ecep.ofweek.com/2016-03/ART-93017-8420-29079465.html.

[4] 环境保护部, 国土资源部. 全国土壤污染状况调查公报[R]. 2014.

[5] 蓝虹, 马越. 我国土壤污染修复所需资金额巨大 亟需政府基金[N]. 中国环境报，2014-04-10.

[6] IBISWorld. Remediation & environmental cleanup services in the US: market research report[EB/OL]. 2016. http://www.ibisworld.com/industry/default.aspx?indid=1517.

[7] 环境保护部.污染场地风险评估技术导则[S]. 2014.
[8] ASTM. Standard Guide for Risk Based Corrective Action Applied at Petroleum Release Sites[S]. 1995.
[9] Environmental Protection Agency. OSWER Draft Guidance for Evaluating the Vapor Intrusion to Indoor Air Pathway from Groundwater and Soils(Subsurface Vapor Intrusion Guidance)[S]. 2002.
[10] Environmental Protection Agency.OSWER Technical guide for assessing and mitigatingvapor intrusion pathway from subsurface vapor sources to indoor air[S]. 2015.
[11] 中国土壤修复行业发展历程、政策环境、盈利模式分析及行业市场前景展望[EB/OL]. [2014-05-16]. http://www.chyxx.com/industry/201405/244970.html.
[12] 污染企业遗留用地隐患多 中国潜在污染场地超50万块[EB/OL]. [2015-01-28]. http://society.people.com.cn/n/2015/0128/c136657-26464528.html.
[13] The McIlvaine Company. $40 Billion World Site Remediation Annual Market by 2015[EB/OL]. 2012. http://home.mcilvainecompany.com/index.php/ component/content/article/7-news/376-nr1697.
[14] BECK. ECKARDT C. The Love Canal Tragedy[EB/OL]. 1979. https://www.epa.gov/aboutepa/love-canal-tragedy.
[15] 凯德产业经济研究中心. 2016-2022年中国加油站产业发展现状及发展前景报告[EB/OL]. 2016. http://home.mcilvainecompany.com/index.php/component/content/article/7-news/376-nr1697.
[16] 岳家琛,俞琴.十万加油站，地下藏污已到爆发期？[N].南方周末，2014-12-12.
[17] 周迅.苏南地区加油站地下储油罐渗漏污染研究[D].中国地质科学院，2007.

本文原载于《环境保护》2016年第20期

四、农田污染土壤的绿色可持续修复：分析框架与相关思考

侯德义[1] 宋易南[2]

（1：清华大学环境学院地下水与土壤环境教研所副教授、博士生导师、青年千人学者，北京 100019；2：宋易南，清华大学环境学院土壤与地下水教研所，北京 100019）

摘要 农田污染土壤修复可能导致直接或间接的社会经济环境影响，比如环境二次污染、食品安全、农作物产量等。在推动农田污染土壤绿色可持续修复的过程中，最重要的目的之一便是统筹这些影响因素，使修复获得的环境、社会、经济效益最大化。本文介绍了我国农田污染土壤修复现状，可持续性评价在绿色可持续修复中的作用以及在我国实施所面临的挑战，并基于此提出了农田污染土壤的绿色可持续修复分析框架。最后，从可持续性评价应用、鼓励公众参与、加强污染预防、采取经济鼓励政策等方面为我国农田污染土壤的绿色可持续修复提出了建议。

关键词 农田污染；土壤污染；土壤修复；可持续修复；绿色修复；修复弹性；可持续性评价

1 我国农田污染土壤修复现状

随着我国社会经济的快速发展，工业和农业活动带来了严重的土壤污染问题，对生态环境和人体健康带来了巨大风险。根据环保部发布的《全国土壤污染状况调查公报》，在实际调查的约630万km^2面积的土壤中，总的点位超标率达16.1%。在不同类型土地中，农田土壤环境质量堪忧，耕地点位超标率达19.4%。面对严峻的土壤污染状况，国务院于2016年颁布了《土壤污染防治行动计划》（以下简称“土十条”），为我国土壤污染防治工作提供了行动纲领。对于农田污染土壤修复，“土十条”要求：2018年底前，完成农用地土壤污染

状况详查；到2020年，完成66.67万公顷（1 000万亩）受污染耕地的治理与修复；到2030年，受污染耕地安全利用率达到95%以上。

我国农田土壤污染来源多样，包括农药、化肥的过度施用，污水灌溉，地膜弃置，大气沉降，工业三废的排放等。各类污染物中，镉、镍、铜、砷、汞、铅等重金属污染最为突出，其次是滴滴涕（DDT）、多环芳烃（PAHs）等有机污染。我国近年来农药的年生产量约370万t，我国单位面积农药使用量是世界平均水平的2.5倍。与自然成土过程摄入的重金属相比，由于人类活动迁移至土壤的重金属的生物活性更高。目前，针对重金属污染农田土壤的修复技术包括：采用生物炭、堆肥、沸石、黏土、石灰等作为稳定剂对重金属污染物原位稳定化；植物修复，利用高富集植物吸收去除土壤中的重金属污染物；原位电动修复，利用电化学的原理去除污染；采用硅素营养作为土壤改良剂限制重金属向植物根系的迁移；采用氯化钙、氯化铁等化学药剂进行原位土壤淋洗；对耕作过程中的灌溉进行优化管理。对于PAHs等有机物污染农田，修复技术包括生物修复和植物修复等。

图1　农业可持续性是农田污染土壤修复可持续性考虑中的重要环节

通过修复受污染的农田土壤，不仅可抑制土壤中污染物向植物迁移，保障农产品安全，还能降低生态环境风险和土地使用者的健康风险，带来巨大的环境和社会经济效益。然而，近年来修复从业者发现，修复行为本身也会造成严重的环境二次影响，尤其是当采用不恰当的修复方式时，修复所带来的环境负面影响可能会超过土壤中污染物暴露的影响，从而使修复的“净环境效益”为负值。另一方面，采用诸如土壤淋洗、稳定化等技术进行污染土壤修复时，还需要考虑修复技术对土壤理化和生物性质的影响。因此，为了实现可持续的农用地管理，修复受污染农田前需要进行综合全面的考虑。

2　推动绿色可持续修复在我国面临的挑战

近十年来，绿色可持续修复运动引起了各国政府环保部门、修复从业者、以及学术界的广泛关注。绿色可持续修复旨在避免“过度修复”，减少二次影响。近两年，绿色可持续修复在我国得到了快速发展。2016年3月，环保产业协会启动了《污染场地绿色可持续修复通则》的标准制定工作，旨在为绿色可持续修复的实施提供指导框架；2017年6月，“中国可持续环境修复大会”在北京召开并签署《推动绿色可持续性修复的倡议书》；2017年10月，中国可持续修复论坛（SuRF-China）成立。与此同时，我国科研工作者在包括绿色可持续修复的框架研究、全生命周期的环境二次影响评估、不同修复技术的可持续性比较等多个方面开展了相关研究，并在国际学术期刊上发表多篇研究成果。随着修复行业在国内的发展，未来绿色可持续修复相关的科学研究以及应用会持续增长。

然而，绿色可持续修复的实施还存在很多挑战，可持续性评价是其中最重要的挑战之一。目前，可持续性评价没有统一的定义。比如，Hacking和Guthrie将其定义为“帮助以达成可持续发展为目的的规划和决策的方法”；George和Gibson将其定义为“依据一套可持续性标准进行的评估”等。可持续性评价是实施绿色可持续修复的核心环节，可持续性评价分为两种：前瞻性的可持续性评价以及回顾性的可持续性评价。前瞻性的可持续性评价可以为修复的规划、设计、实施和场地管理提供决策依据；回顾性的可持续性评价可以界定修复工程是否“绿色与可持续”。修复的可持续性是具体和相对的。比如，我们无法脱离具体的场地条件、修复目标等前提来比较两种修复技术哪种更具有可持续性，同时，也只有当存在多种可行的修复方案时，我们才能判断哪种修复方案更加可持续。

不同于风险评价，修复的可持续性评价是多目标性的，即具有“三重底线”原则：环境、社会、经济效益得到平衡。可持续性评价的方法很多，Ness将这些方法总结为三类：指标评价法、过程评价法、以及综合评价法。多标准分析评价（multi-criteria analysis, MCA）是典型的指标评价方法，可以通过对环境、社会、经济各项指标的分析，对修复的总体可持续性及其趋势做出判断。生命周期评价（life cycle assessment, LCA）是典型的过程评价方法，注重于一个产品或者服务的生命周期内的输入和输出，即从原材料的获取到最终废弃物的处置过程中所产生的各类影响（主要是环境方面）。20世纪90年代，Diamond初步建立了污染场地修复的LCA评价框架，首次将LCA应用于污染场地修复，之后LCA在修复领域的应用开始普及。在美国，LCA是修复领域研究者们使用最广的可持续性评价工具。而在英国，人们更倾向于使用MCA。过去十多年，各国有关政府部门和机构都陆续发布了各种污染场地修复的可持续性评价导则、技术指南以及工具软件，为修复决策提供支撑。表1列出了各国现有的污染场地修复可持续性评价指南中典型的可持续性评价指标。可以看出，这些指标涵盖了污染场地修复的各个方面。

尽管农田土壤污染造成了巨大的环境和社会风险，但通过现有的工业场地修复可持续性评价体系难以对污染农田修复进行全面的分析评价，使我国污染农田土壤修复受阻。因此，亟需建立一套污染农田土壤修复可持续性评价体系，以采取最佳的修复方法和模式，提高修复的环境、社会、经济效益，推进我国污染农田土壤的绿色可持续修复。

表1　污染场地修复 主要的可持续性考量因素

	指标类型	具体指标
环境影响	能源消耗	总能耗；可再生能源使用情况；净能耗减少
	大气排放	温室气体排放；典型污染物排放；扬尘产生；运输里程
	水环境影响	总用水量；回用水量；地表水及地下水的影响
	土地及生态影响	土壤扰动；生物多样性；噪声、异味、光污染；土地使用功能改变；景观影响
	资源消耗与废物产生	燃料使用量；矿物资源消耗；资源回用；废物产生量

（续表）

	指标类型	具体指标
社会影响	健康与安全	场地施工人员安全；修复期间污染暴露时间；周边居民的健康风险；事故发生概率
	公众参与及公平性	公众参与程度；公众满意度；公平性
	场地的长期管理	修复弹性；修复的长期有效性；可持续性的验证
	社会福利	提供公共娱乐场所；对文化资源的保护
经济影响	直接经济投入/效益	修复建设成本；修复运行维护成本；生命周期内的资金投入
	间接经济投入/效益	再开发建设时间；土地闲置时间；资产增值；税收影响
	就业影响	商业发展空间；创造就业岗位；创造人力资本

3　农田污染土壤绿色可持续修复分析框架

农田土壤污染具有污染来源多样、污染面积大、污染深度浅（大部分污染在土壤表层30 cm以内）、修复周期长等特征。相比于工业污染场地修复，农田污染土壤修复的目标也不同。比如，工业污染场地修复是为了将场地使用者和环境敏感受体的健康风险控制在可接受的水平，而农田污染土壤修复的主要目的是为了提升土壤生长能力，恢复农业生产，保障农产品安全。基于这些特点，农田污染土壤修复可持续性分析框架如图2所示。由于农田污染土壤修复周期往往较长，需要同时考虑农田污染土壤修复的一次、二次、三次影响。一次影响指场地污染物对社会生产和人们的生活造成的影响，二次影响指修复行为所导致的影响，三次影响指修复后场地条件变化对社会生产和人们的生活造成的影响。在农田污染土壤绿色可持续修复分析框架的应用上，需要整合不同方面的考量因素。如可以通过MCA的方法，即通过赋分和加权将不同类型的影响评价结果进行整合，分析农田污染土壤修复的总体可持续性。

3.1　农田污染土壤修复的环境可持续性考虑

与工业污染场地修复类似，农田修复的环境可持续性考虑分为两部分。第一部分是土壤中污染物的迁移、暴露对人体健康造成的危害，通常通过健康风险评估（health riskassessment, HRA）进行量化分析。第二部分为修复本身所造成的

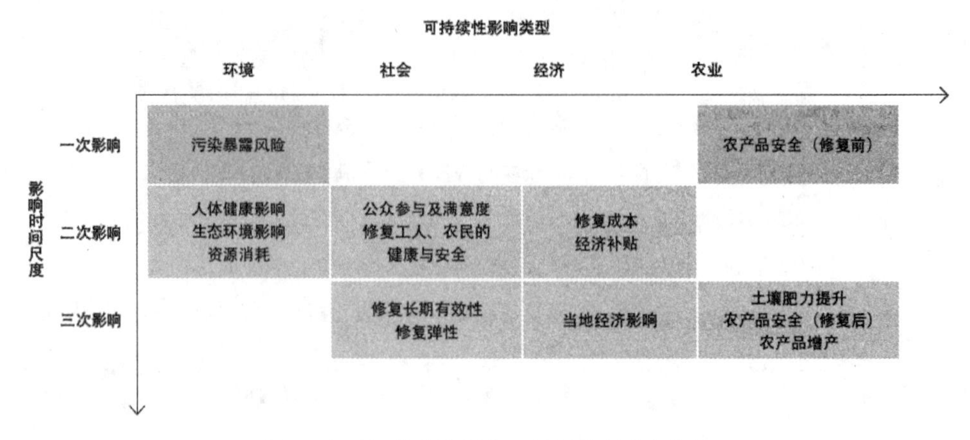

图2　农田污染土壤绿色可持续修复分析框架

各类影响，如资源的消耗、污染物的释放、废弃物的产生等，目前LCA被广泛用于修复二次影响的定量分析。LCA分为中点指标法（midpoint indicator）和端点指标法（endpoint indicator）。其中，中点指标法可以阐述修复所导致的各个方面的影响，如温室气体排放、大气颗粒物排放、水体富营养化、土地酸化等；而端点指标法可以将各类环境影响高度整合，归为人体健康、生态环境以及资源消耗三大类。端点指示法便于人们决策分析，因此在这个分析框架中引入了LCA端点指标法的评价指标作为考量因素，以全面涵盖各类环境二次影响。目前，已经有研究成功将HRA与LCA相结合，用于优化制定污染场地修复目标。

3.2　农田污染土壤修复的社会可持续性考虑

农田污染土壤修复的社会可持续性考虑包括修复工人与农民的健康与安全、公众参与及满意度、修复有效期和修复弹性。一项针对世界范围内200多名修复从业者的问卷调查显示，降低场地修复工人以及场地周边社区居民的健康与安全风险被认为是提升修复可持续性最重要的手段。因此，需要考虑修复方式是否能够有效防止污染物的释放，以及修复操作的安全性。公众参与及满意度主要取决于修复的规划和决策过程中，农民的参与程度以及对修复实施的反馈。修复弹性是一个相对较新的概念，主要指修复的长期有效性以及修复效果对外界环境变化的敏感性。很多农田土壤修复手段通过改变土壤的理化性质以降低污染物的生物有效性，但无法将污染物从土壤中去除。王菲等人对位于英国的一个以水泥为钝化剂的固化/稳定化项目展开了研究，发现固化/稳定化修复能够保持17年的有效性。但目前没有研究可以证明以降低污染物生物有效性为目的的修复手段在更长期限内是有效的（比如20年后）。另一方面，由诸如酸雨导致土壤酸化等原因，可能会使土壤中的重金属再次活化。因此，对污染农田土壤修复的修复弹性评估尤为重要。

3.3　农田污染土壤修复的经济可持续性考虑

修复的经济可持续性包括修复的成本和效益。修复的生命周期花费以及因修复占用农田给予农民的补贴是主要的经济可持续性考虑因素，这些指标可通过工程经济的方法加以量化。从区域性角度来看，农田修复后对农民的生活影响以及对当地的经济影响也需要被考虑，这些指标可以通过当地人民生活水平和地方税收等方面反映。

3.4　农田污染土壤修复的农业可持续性考虑

农业可持续性是农田污染土壤修复可持续性考虑中的重要环节，也是其区别于工业污染场地可持续性分析的主要因素，主要包括土壤肥力提升、农产品安全以及农产品增产三个方面。土壤肥力作为耕地功能的基本保障，可以从土壤pH、理化和生物等指标反映。美国农业部自然资源保护局基于这些指标，已经建立了成熟的土壤质量评价方法。纵然农田污染土壤修复对于农业的影响与当地社会经济影响密切相关，但是农业可持续性是对农田污染土壤修复从更大区域尺度、更加长远角度的考虑。

4　关于农田绿色可持续修复的思考

4.1　通过可持续性评价选择最佳的修复技术

我国不同地区的气候条件、土壤性质以及农田污染来源不同，导致不同地区最佳的污染农田修复方式可能也不同，可以通过可持续性评价来选择最佳的修复技术。同时，针对某一特定技术设计修复方案时，也要有各方面的可持续性考虑。比如，当采取固化/稳定化技术时，需要防止使用对土壤肥力造成破坏的钝化剂，影响农作物的生长。当使用植物修复时，需要妥善处置重金属富集植物，防止二次污染。另一方面，其他地区或国家的农田修复经验也值得我们借鉴。比如，日本作为最早开展农田污染土壤修复的国家之一，客土法、化学修复、植物萃取、耕地轮作等都是常用的修复手段。

4.2 鼓励农田污染土壤修复的公众参与公众参与

可以通过雇佣当地农民参与农田污染土壤修复工作来实现，同时可以节省修复开支，具有巨大的社会经济效益。植物修复是我国应用较多的农田污染土壤修复技术，目前已有农民参与修复的成功案例，并且实现了污染修复目标和农民创收。有项目专门调查了农民的生活方式和种植农作物类型的倾向，以设计契合农民习惯的修复方案。此外，还可以通过经济补贴或者将能源植物种植与修复相结合的方式，鼓励农民积极参与修复。

4.3 加强污染预防

1997—2014年，我国耕地污染比例从7.3%增至了19.4%。历史经验表明，污染预防是可持续环境管理的重中之重。不对污染源采取控制措施将会使农田污染防治工作在先污染再治理的道路上不断循环，甚至无法使修复达标。“土十条”提出了关于加强污染源监管、做好土壤污染预防工作的要求，但是，完善农田污染监管体系还需多部门的共同努力。比如，为了推广高效低毒低残留农药，需要农业部颁布相关的标准和鼓励政策。

4.4 经济政策促进农田污染土壤修复

我国农田污染大多发生在经济欠发达的农业地区，以恢复土壤肥力、保障农作物生产为目的的污染农田土壤修复不影响土地的商业价值，而土地升值是污染场地修复的主要商业驱动力，导致资金更多流向工业污染场地修复，使污染农田土壤修复经济受阻。有案例研究表明农田污染土壤修复的成本可以超过在同等面积农田种植农作物30年收益的总和。然而，修复大面积受污染农田的重要性不言而喻。我国是人口大国，国家层面上保证充足的粮食供应以及食品安全是极其重要的。然而随着城市化发展，我国的粮食进口依赖性越来越强，有研究显示，到2020年我国粮食缺口可能达1亿t。从食品安全、粮食增产、农民创收等方面来看，农田污染土壤修复的间接效益远大于直接效益。因此，通过更多经济政策上的激励为农田污染土壤修复提供驱动力是必要的。比如，由于土壤修复对于城市减排的贡献巨大，有学者建议将碳减排纳入修复目标，以获得有关部门的资金支持。

参考文献

[1] 环境保护部, 国土资源部. 全国土壤污染状况调查公报[R]. 2014, 36（5）: 10-11.

[2] P LESAGE, T EKVALL, L Deschênes, et al. Environmental assessment of brownfield rehabilitation using two different life cycle inventory models Part 2: Case study[J]. International Journal of Life Cycle Assessment, 2007, 12（7）: 497-513.

[3] HOU D, A AL-TABBAA. Sustainability: A new imperative in contaminated land remediation[J]. Environmental Science & Policy, 2014, 39（5）: 25-34.

[4] 谷庆宝, 侯德义, 伍斌, 蒋晓云, 李发生. 污染场地绿色可持续修复理念、工程实践及对我国的启示[J]. 环境工程学报, 2015, 9（8）: 4061-4068.

[5] B NESS, E URBEL-PIIRSALU, S ANDERBERG, et al. Categorising tools for sustainability assessment[J]. Ecological Economics, 2007, 60（3）: 498-508.

[6] CA PAGE, ML DIAMOND, M CAMPBELL, et al. life cycle frame work for assessment of site remediation options: Case study[J]. EnvironmentalToxicology & Chemistry, 2010, 18（4）: 801-810.

[7] G LEMMING, C BULLE, M MARGNI, et al. Life cycleassessment（LCA）as a decision-suppport tool for the evaluation of environmental impacts of site remediation on the global, regional and local scale[J]. Environmental Science & Technology, 2010, 49（7）: 4255-62.

[8] Y SONG, D HOU, J ZHANG, et al. Environmental and socioeconomic sustainability appraisal of contaminated land remediation strategies: A case study at a mega-site in China[J]. Science of the Total Environment, 2018（610–611）: 391-401.

[9] D HOU, Z DING, G LI, et al. A Sustainability Assessment Framework for Agricultural Land Remediation in China[J]. Land Degradation & Development, 2017.

[10] D HOU, S QI, B ZHAO, et al. Incorporating life cycle assessment with health risk assessment to select the ‘greenest’ cleanup level for Pb contaminated soil[J]. Journal of Cleaner Production, 2017.

[11] D HOU, GUTHRIE P, RIGBY M. Assessing the trend in sustainable remediation: A

questionnaire survey of remediation professionals in various countries[J]. Journal of Environmental Management, 2016（184）: 18-26.

[12] WANG F, WANG H, AL-TABBAA A. Leachability and heavy metal speciation of 17-year old stabilised/solidified contaminated site soils[J]. Journal of Hazardous Materials, 2014（278）: 144-151.

[13] T ARAO, S ISHIKAWA, M MURAKAMI, et al. Heavy metal contamination of agricultural soil and countermeasures in Japan[J]. Paddy & Water Environment, 2010, 8(3): 247-257.

[14] D HOU, LI F. Complexities Surrounding China's Soil Action Plan[J]. Land Degrad ation & Development, 2017.

[15] 陈同斌，雷梅，万小铭. 修复一方净土[J]. 人与生物圈，2016（5）: 74-80.

[16] 王铮，吴凤羽. 中国粮食进口量逼近红线原因分析及定量测算[J]. 农业经济，2015(1): 116-118.

[17] D HOU, Y SONG, J ZHANG, et al. Climate change mitigation potential of contaminated land redevelopment: A city-level assessment method[J]. Journal of Cleaner Production, 2017.

本文原载于《环境保护》2018年第1期

五、宁夏贺兰县土壤重金属分布特征及其生态风险评价

周勤利[1] 王学东[1] 李志涛[2] 王夏晖[2] 何 俊[2] 季国华[2]

（1：首都师范大学资源环境与旅游学院，北京 100048；2：生态环境部环境规划院，北京 100012）

摘要 为研究西北地区农田土壤重金属分布特征及其生态风险，以宁夏贺兰县为研究区，采集农田表层土壤样品140个，分析测试了Cr、Ni、Cu、Zn、As、Cd和Pb含量，并采用内梅罗综合污染指数和Hakanson潜在生态风险指数法进行了重金属生态风险评价。结果表明：宁夏贺兰县农田表层土壤Cr、Ni、Cu、Zn、As和Pb元素均低于国家土壤环境二级标准，仅有1.42%样点的Cd元素出现超标；与宁夏土壤背景值相比，各元素都有不同程度的累积，其中Cd和Ni元素超出背景值的点位率分别达到100%和85%；土壤各重金属元素的分布特征较为一致，各元素含量分布比较均匀，高值区集中在中部和东部地区，主要受人类活动的影响。单因子污染指数分析结果表明，Cd元素0.71%的点位为中度污染水平，Ni和As分别有7.14%和5%的点位处于尚清洁水平，Cr、Cu、Zn、Pb全部清洁，尚未造成污染。重金属的单项生态风险指数（Eir）表明，Cd元素的平均潜在生态风险指数为97.68，达强烈风险水平，是最主要的生态风险元素。宁夏贺兰县农田土壤环境质量整体良好，Cd和Ni累积严重，值得关注。

关键词 宁夏；土壤；重金属；分布特征；潜在生态风险

近年来，随着人口的快速增长、工业的迅速发展以及农药与化肥的广泛施用，大量的重金属污染物通过污水灌溉、大气干湿沉降和污泥农用等途径进入土壤环境，导致土壤污染日益严重，对农产品质量安全与人类健康产生了影响。过量的重金属危害极大，毒性极强，对环境、生态系统和人类都有较大的威胁，例如Cd在土壤中过量存在会导致植物生长缓慢，并可以通过生物富集和食物链进入人体，对人体健康产生威胁。基于此，土壤重金属的累积日益受

到国内外学者和政府部门的关注，并进行了大量的调查和研究评价工作。

据环保部和国土部公报显示，我国土壤污染点位超标率为16.1%，南方土壤污染重于北方，长三角、珠三角和东北老工业基地等部分区域土壤污染问题较为突出。宁夏位于我国西北部的黄河上游地区，随着近些年矿业开采、污水灌溉的发展，土壤中也出现了重金属累积的现象。樊新刚等分析了宁夏石嘴山河滨工业园区表层土壤的重金属含量，发现土壤中Cu、Cd污染较重，Cr、Zn和Pb污染较轻。王美娥等以宁夏某枸杞种植地为研究对象的调查评价发现，土壤中Zn、Cd、Cu、Mn、Pb元素累积明显。罗成科等对宁东基地不同工业园区周边土壤重金属污染特征进行了分析，发现元素Cd、Cr、Pb、Hg受工业园区影响呈现明显的累积趋势。潘佳颖等对贺兰山东麓葡萄主产区土壤中重金属含量的分析发现，元素Cu、Cr含量超过宁夏土壤背景值，Cu、Cr、Ni达到轻度污染水平。贺兰县是宁夏北部引黄灌区的核心区，农业基础雄厚，素有“塞上江南”之美誉，是全国粮食生产先进县、中国果菜无公害十强县、中国西部四季鲜菜之乡，2010年被农业部确定为全国首批51个国家

图1　宁夏位于我国西北部的黄河上游地区，近年来土壤中也出现了重金属累积的现象

级现代农业示范区之一，因此有必要系统掌握贺兰县土壤环境质量状况，但近几年有关贺兰县土壤重金属情况的报道较少。鉴于此，本研究通过大量实测数据，对宁夏贺兰县农田土壤重金属含量状况进行评价，旨在为农业生产的合理开发和规划提供科学依据，同时为生态环境的保护、水土资源的合理利用与管理提供理论依据。

1　材料与方法

1.1　研究区概况

贺兰县位于我国西北内陆，宁夏回族自治区北部，105° 53′~106° 38′ E，38° 26′~38° 54′ N之间，属于青铜峡引黄灌区，东临黄河，西倚贺兰山，南与银川市郊为邻，北与平罗县接壤。土地总面积约占宁夏总面积的2.33%。贺兰县地势西高东低，总趋势由西南向东北倾斜，全县地貌自西向东大致分为贺兰山地、山前洪积平原、黄河近代冲积平原及其他风沙地和黄河水面，属温带大陆性气候，降水少而蒸发强烈，多年平均降水量138.8 mm。

贺兰县主要灌溉方式为黄河水漫灌，而宁夏段的黄河水质污染逐年加重，且部分乡镇由于灌溉水资源不足和高阶地引水困难，选择抽取排水沟的水进行灌溉，而农田排水沟接纳了大量农田使用的化肥和农药以及生活和工业污水，其水质已不符合农田灌溉水标准。贺兰县的新平污灌区位于县城东北方向，距离县城约3 km，包括习岗镇2个村，立岗镇4个村和金贵镇2个村，耕地面积约1 100 hm^2，主要种植春小麦、玉米和水稻。该污灌区以汉延渠为引水渠，每年初春，因渠水不足，当地村民抽取银新干沟污水补入汉延渠，为间歇性清污混灌区，混合水污清比约为0.1~0.2，混合后水质良好，但农作物有不同程度的减产。如今，贺兰县农田的污灌历史已长达30多年，为了进一步了解当地农田土壤的环境质量状况，特进行了取样调查研究。

1.2　样品的采集与处理

土壤样品采集覆盖整个贺兰县，面积大约为1 599 km^2，包括4镇1乡3农场。具体采样点以2 km × 2 km的网格为基础布点，然后根据地形、土地利用类型并结合卫星影像和行政区划进行调整，遇到明显污灌处采样进行加密处理。由于本研究区域为贺兰县农业用地范围，主要采集农田及其周边土壤，而西北地区以山地林地为主，农业用地少，所以洪广镇西北部采样点稀疏。最终采样点设置为习岗镇13个、金贵镇19个、立岗镇25个、洪广镇34个、常信乡30个、3个独立农场19个，共140个采样点，采样点具体分布见图1。

采集0~20 cm的表层土壤，每个样品采用5点混合法，用四分法取约1 kg的样品，保存在密封袋内带回实验室。自然风干后取100 g，用木质工具碾碎并用玛瑙研钵研磨、混匀过筛后保存，用于土壤理化性质及重金属含量分析。

1.3 样品的分析与测试

土壤各项理化指标的测定均采用常规方法：土壤pH采用电位法（水：土=2.5 ：1），有机质采用重铬酸钾容量法，速效磷采用碳酸氢钠法，速效氮采用扩散吸收法，速效钾采用四苯硼钠比浊法，全磷采用$HClO_4$–H_2SO_4法，全氮用开氏法，全钾用火焰光度法。测得的土壤基本理化性质：pH7.9 ~ 8.5，有机质10.84~20.49g/kg，全氮0.88~1.13g/kg，全磷0.38~0.65g/kg，全钾15.8~24.99g/kg，速效磷12.92~21.24mg/kg，速效氮49.64~90.15mg/kg，速效钾104.54~163.27mg/kg。

土壤中重金属元素Cr、Ni、Cu、Zn、Cd、Pb采用微波消解和电感耦合等离子体质谱仪（ICP–MS，安捷伦7500）测定，As元素采用微波消解和火焰原子吸收分光光度法测定。测定时土壤标样选用国家标准土壤样品（GBW 07408）进行参比。

1.4 数理统计方法

数据正态分布检验采用SPSS16.0软件，空间插值分析采用ArcGIS10.2软件。

1.5 评价方法

1.5.1 土壤重金属评价

单因子污染指数法是对土壤中单一污染元素的指数进行测算和评价的方法，其公式为

$$P_i=\frac{x_i}{s_i} \tag{1}$$

式中：P_i为污染物i的污染指数；x_i为污染物i的实测值，mg/kg；s_i为污染物i的评价标准，mg/kg。

$P_i \leqslant 1$时，未受污染，$P_i>1$时，受到污染，P_i越大，污染越重。

内梅罗综合污染指数法综合考虑了单因子污染指数的平均值和最高值，能较全面地反映环境质量，其公式为

$$P_{综}=\sqrt{[P_{i\max}^2+P_{i\text{ave}}^2]/2} \tag{2}$$

其中，$P_{综}$为综合污染指数；$P_{i\max}$为参与评价的重金属元素中的单因子污染指数最大值；$P_{i\text{ave}}$为重金属元素的单因子污染指数平均值。土壤重金属污染评价分级具体见表1。

表1　土壤重金属污染评价分级表

等级划分	$P_{综}$	污染等级	污染水平
I	$P_{综} \leqslant 0.7$	安全	清洁
II	$0.7<P_{综} \leqslant 1$	警戒线	尚清洁
III	$1<P_{综} \leqslant 2$	轻污染	土壤轻度污染，作物已受污染
IV	$2<P_{综} \leqslant 3$	中度污染	土壤、作物均受中度污染
V	$P_{综}>3$	重度污染	土壤、作物已严重污染

1.5.2　生态风险评价

采用Hakanson潜在生态风险指数法评价贺兰县土壤重金属风险程度，计算公式为

$$C_f^i=\frac{C^i}{C_n^i} \tag{3}$$

$$E_r^i=T_r^i \times C_f^i \tag{4}$$

$$\text{RI}=\sum_{i=1}^{m} E_r^i \tag{5}$$

式中：C_f^i为单项污染系数；C^i为样品中污染物i的实测值，mg/kg；C_n^i景值，

mg/kg；E^i为污染物i的单项潜在生态风险指数；T_r^i为污染物i的毒性系数，Cr、Ni、Cu、Zn、As、Cd、Pb的毒性系数分别为5、30、2、10、5、5、1；RI为综合潜在生态风险指数。

E_r^i和RI可分别评价某种污染物和多种污染物的潜在生态风险程度，等级划分标准：$E^i \leqslant 30$或$RI \leqslant 135$为轻微生态风险，$30<E^i \leqslant 60$或$135<RI \leqslant 265$为中等生态风险，$E^i>60$或$RI>265$为强烈生态风险；$C^i \leqslant 1$为轻微污染，$1<C_f^i \leqslant 3$为中等污染，$3<C_f^i \leqslant 6$为强烈污染，>6为极强污染。

2 结果与讨论

2.1 贺兰县土壤重金属含量总体状况

贺兰县农田土壤中Cr、Ni、Cu、Zn、As、Cd、Pb元素河水的水质污染逐年加重，排水沟接纳了大量的城的平均含量分别为40.18、28.86、21.14、58.74、11.82、0.35mg/kg和16.66mg/kg（表2），分别为宁夏土壤背景值的0.64、1.33、0.96、1、0.97、3.21倍和0.81倍，其中Cd、Ni元素超出背景值的点位率分别为100%和85%，Pb、Cr元素超出背景值的点位率分别为12.14%和2.86%，其他元素超出背景值的点位率为37.14%~42.86%。与国家土壤环境质量二级标准（GB 15618—1995）相比，Cr、Ni、Cu、Zn、As、Pb6种元素均未超标，Cd元素有2个点位超标，其最大值为1.33mg/kg，是土壤环境质量标准的2.2倍。与19年前在贺兰县污灌区测得的土壤重金属结果相比，Pb含量增长了0.81倍，Cd含量增长了3.86倍。上述结果表明，贺兰县土壤中7种重金属元素具有较明显的累积趋势，Cd元素尤为明显。变异系数可以对不同量纲的指标进行比较，根据Wilding对变异程度的分类，元素Cr、Ni、Cu、Zn、As、Cd、Pb的变异系数介于17%~34%，属于中等变异，表明贺兰县农田土壤中以上重金属元素在空间上具有一定的离散程度，其含量变化受成土母质和人类活动的双重影响。

由表2可以看出，宁夏土壤背景值含量远远低于国家土壤环境质量二级标准，表明调查区土壤重金属的累积主要来自于人为活动。首先是灌溉水源的影响，贺兰县农田主要引黄河水灌溉和排水沟污灌，黄河水的水质污染逐年加重，排水沟接纳了大量的城市生活污水、工业废水和农田退水，当地主要排水沟银新干沟的水质为劣V类，已不符合农田灌溉标准，排水沟的水最终排入黄河，进一步加剧了黄河水 的污染。当地农民长期引污水灌溉农田，造成土壤中 重金属的累积。其次，农田化肥和畜禽粪尿的施用也 对土壤中重金属累积有一定影响，Luo 等对我国农业土壤重金属来源的研究表明，我国畜禽粪便中的Cd含量为1.3~3.8mg/kg，各种类型化肥中的Cd含量为0.05~3mg/kg，而当地村民进行畜禽养殖，除了向农田施用化肥，还会施用畜禽粪便腐熟的农家肥，长此以往加剧了农田土壤重金属的累积。所以污水灌溉、农田化肥和畜禽粪便的长期施用可能是影响当地农田土壤重金属累积的主要因素。

表2　宁夏贺兰县土壤重金属含量的描述性统计

项目 Items	Cr	Ni	Cu	Zn	As	Cd	Pb
最大值/mg·kg^{-1}	102.61	59.78	40.52	84.59	21.34	1.33	23.87
最小值/mg·kg^{-1}	8.72	9.65	7.93	21.14	1.10	0.12	6.09
平均值/mg·kg^{-1}	40.18	28.86	21.14	58.74	11.82	0.35	16.66
标准差/mg·kg^{-1}	13.57	7.88	4.86	10.37	2.73	0.11	2.81
变异系数/%	34	27	23	18	23	32	17
土壤环境质量二级标准限值/mg·kg^{-1}	250	60	100	300	25	0.6	350
点位超标率/%	0	0	0	0	0	1.42	0
宁夏土壤背景值/mg·kg^{-1}	62.7	21.7	22.1	58.8	12.2	0.109	20.60
超出背景值的点位率/%	2.86	85.00	37.14	42.86	36.43	100	12.14

2.2　贺兰县土壤重金属的空间分布特征

为了更好地分析重金属含量的空间分布特征，采用地统计学的方法并结合ArcGIS软件中的地统计分析模块对调查区土壤中各重金属含量进行插值分析。此分析要求数据符合正态分布或近似正态分布，故而采用SPSS16.0对数据进行K–S正态分布检验，检验结果（表3）表明，Cu、Zn、As和Pb呈正态分布，Ni和Cd呈对数正态分布，而Cr既不呈正态分布也不呈对数正态分布。考虑

Cr元素中可能存在异常值，因此将异常值剔除后再进行正态检验，结果显示Sig=0.01，仍然不服从正态分布。

利用ArcGIS软件中的地统计分析模块，选取各重金属含量数据进行普通克里金插值，通过选用不同模型进行交叉验证，选取标准平均值最接近于0、标准均方根预测误差最接近于1、平均标准误差最接近均方根预测误差、均方根预测误差最小的模型为最优模型，最终确定球面函数模型作为各元素的插值模型生成预测表面，其中Ni、Cd元素在插值前进行了对数转换处理。最终绘制出贺兰县土壤重金属元素（Cr元素除外）的空间分布图（图2）。

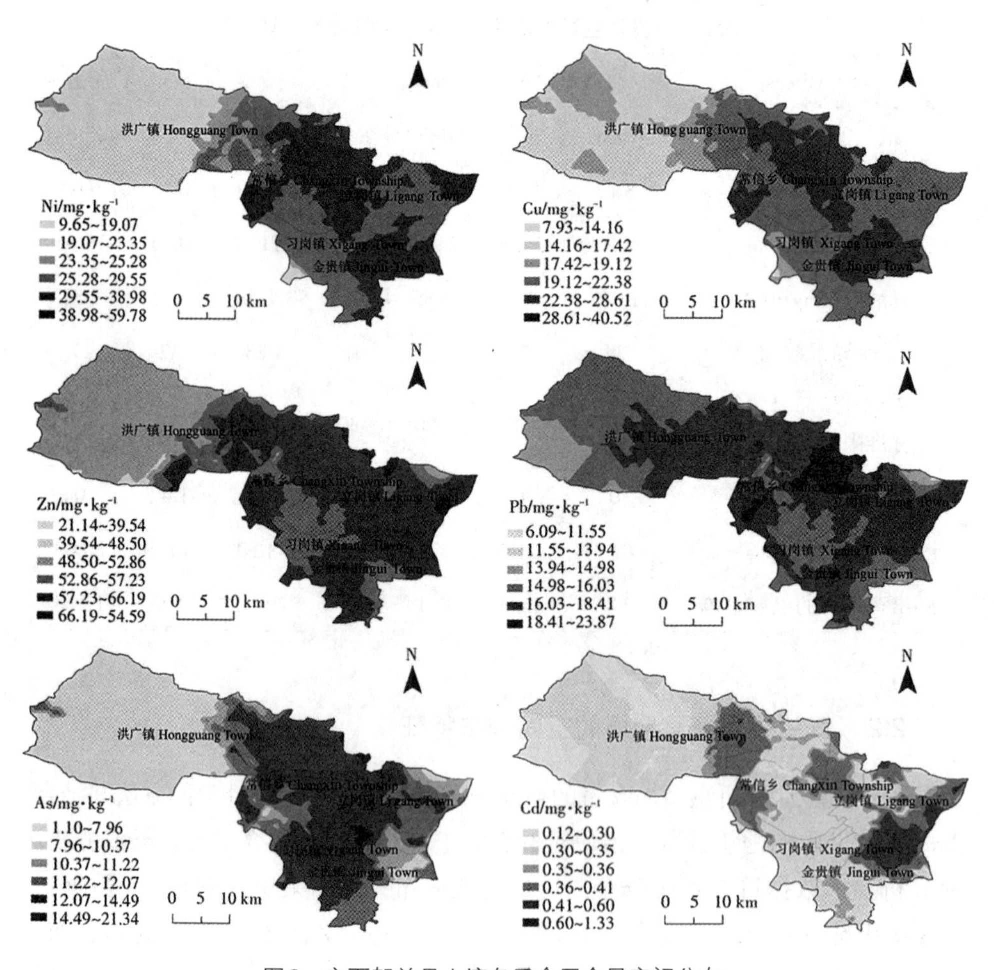

图2　宁夏贺兰县土壤各重金属含量空间分布

整体来看，贺兰县各重金属含量分布比较均匀，各重金属含量高值区主要分布在贺兰县中部和东部，东部位于黄河近代冲积平原上，地形平坦，耕地多，居民多，交通发达，工厂集中，人类活动频繁，因此贺兰县中东部重金属含量相对较高。具体到每个元素：土壤中Cu、Ni元素浓度较高的地区主要分布在贺兰县的中部和东南部，包括洪广镇东部、常信乡中部、金贵镇中东部及新平污灌区；As元素浓度较高的地区位于贺兰县中部，包括洪广镇东部、常信乡中东部、立岗镇西部、金贵镇西北部和习岗镇，浓度最高的地区出现在新平污灌区；Pb、Zn元素分布相似，整体比较均匀，高浓度区域集中于常信乡东北部，常信乡东北部有两条主要交通干道穿过，交通活动频繁，汽油和燃油添加剂在汽车运行中产生的颗粒物会通过大气进入土壤，导致土壤中Pb、Zn含量升高；Cd元素高浓度区域位于立岗镇与金贵镇交界处，中部和西部呈斑块分布，立岗镇与金贵镇交界处行政村分布集中，家家户户都有畜禽养殖，畜禽粪便腐熟的农家肥是村民向农田施用的主要肥料，长此以往造成土壤中Cd元素的累积；由于Cr元素数据及其转换数据均不满足正态分布，未进行空间插值处理，只对其进行了分级符号显示（图3），由图3可以看出，Cr元素分布比较均匀，中部和东南部浓度较高。

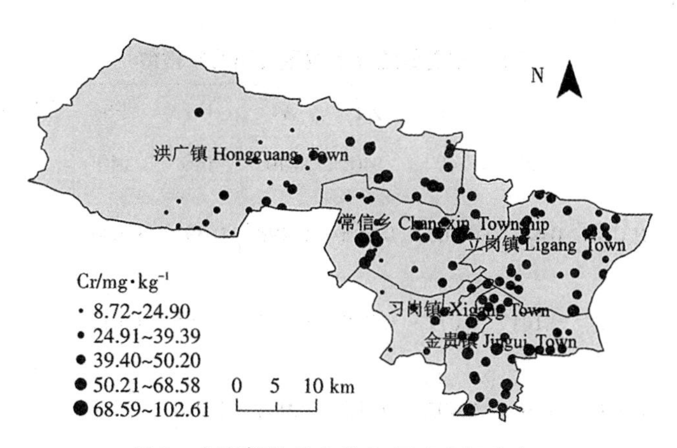

图3　宁夏贺兰县土壤Cr元素空间分布

2.3　土壤重金属评价

根据国家土壤环境质量标准（GB 15618—1995）对贺兰县土壤中的重金属进行污染指数评价，其结果见表4、表5。

由单因子污染指数法得出，各元素总体处于清洁水平，其中Cr、Cu、Zn、Pb全部清洁，没有造成污染；Ni、As、Cd分别有92.86%、95.00%和83.57%的点位处于清洁水平，有7.14%、5.00%和15.00%的点位处于尚清洁水平；Cd有0.71%的点位为轻污染，0.71%的点位为中度污染。采用内梅罗综合污染指数法，得出研究区土壤质量属于III级轻微污染水平。

表4　宁夏贺兰县土壤重金属元素单因子污染状况比例（%）

元素(样品个数）Element（Number of Samples）	I（清洁 Clean）	II（尚清洁 Slight clean）	III（轻污染 Light pollution）	IV（中度污染 Moderate pollution）	V（重污染 Heavy pollution）
Cr（n=140）	100				
Ni（n=140）	92.86	7.14.			
Cu（n=140）	100				
Zn（n=140）	100				
As（n=140）	95.00	5.00			
Cd（n=140）	83.57	15.00	0.71	0.71	
Pb（n=140）	100				

表5　宁夏贺兰县土壤重金属污染指数

项目 Items	Cr	Ni	Cu	Zn	As	Cd	Pb	综合 Comprehensive
样本数	140	140	140	140	140	140	140	
单项污染指数平均值	0.151	0.481	0.203	0.196	0.498	0.591	0.048	
单项污染指数最小值	0.035	0.161	0.071	0.070	0.044	0.195	0.017	
单项污染指数最大值	0.410	0.996	0.405	0.282	0.984	2.215	0.068	
内梅罗综合污染指数								1.621
污染级别(程度)								III级（轻微污染）

注:污染指数根据国家土壤环境质量二级标准计算。

2.4　生态风险评价

以宁夏土壤背景值作为参比值，按照Hakanson潜在生态风险评价相关公式计算得到贺兰县土壤中和RI值（表6）。从重金属单项污染系数（Cf）i来看（表6、表7），贺兰县农田土壤中Cd元素有56.43%的点位为强烈污染，42.14%的点位为中等污染；Ni元素和Zn元素分别有85.00%和42.86%的点位为中等污染；Cu元素和As元素分别有37.14%和36.43%的点位为中等污染。各个重金属的潜在污染程度为Cd>Ni>Zn>As>Cu>Pb>Cr。

从重金属单项潜在生态风险指数Ei来看（表6、表7），宁夏贺兰县土壤中的Cd元素有98.57%的样点存在强烈风险，它对重金属综合潜在生态风险的贡献率达到78.07%，是最主要的生态风险重金属，其余重金属都属于轻微的潜在生态风险，各重金属潜在生态风险的次序为Cd>As>Ni>Cu>Pb>Cr>Zn。各重金属的综合潜在生态风险指数（表6）表明，7种重金属潜在生态风险指数RI为46.47~392.06，平均值为125.12，由此推知，贺兰县农田土壤重金属有轻微的潜在生态风险。

表6　宁夏贺兰县土壤重金属潜在生态风险评价

	项目 Items	最大值 Max value	最小值 Min value	平均值 Average
C_f^i	Cr	1.64	0.14	0.64
	Ni	2.75	0.44	1.33
	Cu	1.83	0.36	0.96
	Zn	1.44	0.36	1.00
	As	1.75	0.09	0.97
	Cd	12.19	1.07	3.26
	Pb	1.16	0.30	0.81
E_r^i	Cr	3.27	0.28	1.28
	Ni	13.77	2.22	6.65
	Cu	9.17	1.79	4.78
	Zn	1.44	0.36	1.00
	As	17.49	0.90	9.69
	Cd	365.81	32.15	97.68
	Pb	5.79	1.48	4.04
RI		392.06	46.47	125.12

表7　宁夏贺兰县C_f^i、E_r^i土壤分级样点百分比（%）

重金属 Heavy metals	C_f^i				E_r^i		
	轻微污染 Slight pollution	中等污染 Moderate pollution	强烈污染 Intense pollution	极强污染 High Pollution	轻微风险 Slight risk	中等风险 Moderate risk	强烈风险 Intense risk
Cr	97.14	2.86	0	0	100	0	0
Ni	15.00	85.00	0	0	100	0	0
Cu	62.86	37.14	0	0	100	0	0
Zn	57.14	42.86	0	0	100	0	0
As	63.57	36.43	0	0	100	0	0
Cd	0	42.14	56.43	1.43	0	1.43	98.57
Pb	87.86	12.14	0	0	100	0	0

根据计算得到的综合潜在生态风险指数（RI）绘制了贺兰县土壤重金属综合潜在生态风险分布图（图4），从图4中可以看出，贺兰县大部分地区有轻微的潜在生态风险，呈强烈潜在生态风险的地区集中于Cd元素浓度的高值区，呈中等潜在生态风险的地区分布在高值区周围，以及洪广镇中部，常信乡西部、东北部和立岗镇北部的小部分地区，呈不规则斑块状分布，对比Cd元素空间分布图可知，其分布与Cd元素的空间分布极其相似，表明贺兰县土壤的潜在生态风险主要受Cd元素影响，进一步证实Cd元素是贺兰县最主要的生态风险元素。

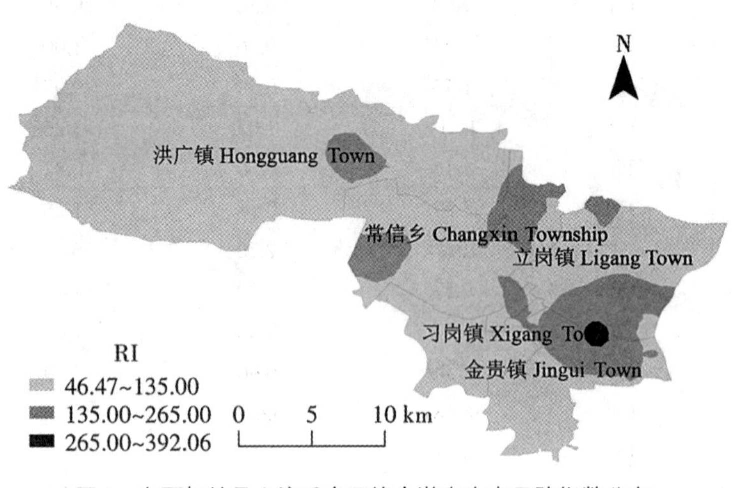

图4　宁夏贺兰县土壤重金属综合潜在生态风险指数分布

3　结论

（1）贺兰县农田土壤Cr、Ni、Cu、Zn、As、Pb元素含量均低于国家土壤环境质量二级标准，仅有1.42%的样点Cd元素出现超标。与宁夏土壤背景值相比，7种重金属元素都有不同程度的累积，其中Cd元素累积最明显。

（2）贺兰县农田土壤Cr、Ni、Cu、Zn、As、Cd、Pb含量整体分布比较均匀，高值区分布在贺兰县中部和东部，主要受污水灌溉等人类活动影响。单因子污染指数表明，Cr、Cu、Zn、Pb元素没有造成污染，土壤属清洁水平，Cd元素累积明显，已对土壤构成一定威胁。整体土壤质量属于III级轻微污染。

（3）对照宁夏土壤背景值以及潜在生态风险评价结果可知，Cd元素潜在风险最大，其他元素存在轻微的潜在风险。由RI值推知，贺兰县土壤有轻微的重金属潜在生态危害。

研究表明，目前贺兰县的土壤环境质量良好，未产生明显污染。尽管如此，长期的污水灌溉、农田化肥和畜禽粪便的施用加剧了土壤中重金属元素的累积，今后应加强对污水灌溉等方面的监测，防止土壤环境质量下降。

参考文献

［1］　谢团辉. 胡况的调查与评价[J]. 农业资源与环境学报,2018, 35（2）: 155-160.

［2］　刘小燕, 陈棉彪, 李良忠, 等. 云南会泽铅锌冶炼厂周边土壤重金属污染特征及健康风险评价[J]. 农业资源与环境学报, 2016, 33（3）: 221-229.

［3］　楚纯洁, 周金风. 平顶山矿区丘陵坡地土壤重金属分布及污染特征 [J]. 地理研究, 2014, 33（7）: 1383-1392.

［4］　李三中, 徐华勤, 陈建安, 等. 某矿区砷碱渣堆场周边土壤重金属污染评价及潜在生态风险分析[J]. 农业环境科学学报, 2017, 36（6）: 1141-1148.

［5］　王腾飞, 谭长银, 曹雪莹, 等. 长期施肥对土壤重金属积累和有效性的影响[J]. 农业环境科学学报, 2017, 36（2）: 257-263.

［6］　ZHAO F, MA Y, ZHU Y, et al. Soil contamination in China: Current sta- tus and mitigation strategies[J]. Environmental Science & Technology, 2015, 49（2）: 750-759.

[7] 王世玉，吴文勇，刘菲，等. 典型污灌区土壤与作物中重金属健康风险评估[J]. 中国环境科学，2018, 38（4）: 1550-1560.

[8] WANG F, LI C, WANG J, et al. Concentration estimation of heavy metal in soils from typical sewage irrigation area of Shandong Province, Chi- na using reflectance spectroscopy[J]. Environmental Science & Pollu- tion Research International, 2017, 24（20）: 16883-16892.

[9] Alghobar M A, Suresha S. Evaluation of metal accumulation in soil and tomatoes irrigated with sewage water from Mysore City, Karnataka, In- dia[J]. Journal of the Saudi Society of Agricultural Sciences, 2015, 16（1）: 49-59.

[10] 杨伟红，李振华，王雪梅. 开封市污灌区土壤重金属污染及潜在生态风险评价[J]. 河南农业科学，2016, 45（11）: 53-57.

[11] 宁翠萍，李国琛，王颜红，等. 细河流域农田土壤重金属污染评价及来源解析[J]. 农业环境科学学报，2017, 36（3）: 487-495.

[12] 许晓玲，呼世斌，刘晋波，等. 施用污泥堆肥对土壤中重金属累积和大豆产量的影响[J]. 环境工程，2018, 36（3）: 108-111.

[13] 王社平，程晓波，刘新安，等. 施用污泥堆肥对草莓生长及土壤重金属的影响[J]. 环境工程学报，2017, 11（7）: 4375-4382.

[14] 陈怀满. 环境土壤学[M]. 北京：科学出版社，2010: 49-50.

[15] 王美娥，彭驰，陈卫平. 宁夏干旱地区工业区对农田土壤重金属累积的影响[J]. 环境科学，2016, 37（9）: 3532-3539.

[16] Marrugo-Negrete J, Pinedo-Hernández J, Díez S. Assessment of heavy metal pollution, spatial distribution and origin in agricultural soils along the Sinú River Basin, Colombia[J]. Environmental Re- search, 2017, 154: 380-388.

[17] 杨克敌. 环境卫生学[M]. 北京：人民卫生出版社，2004: 200.

[18] 环境保护部，国土资源部. 全国土壤污染状况调查公报[R]. 北京：环境保护部，国土资源部，2014.

[19] 樊新刚，米文宝，马振宁，等. 宁夏石嘴山河滨工业园区表层土壤重金属污染的时空特征[J]. 环境科学，2013, 34（5）: 1887-1894.

[20] 罗成科，毕江涛，肖国举，等. 宁东基地不同工业园区周边土壤重金属污染特征及其评价[J]. 生态环境学报，2017, 26（7）: 1221-1227.

[21] 潘佳颖，王建宇，王超，等. 贺兰山东麓葡萄主产区土壤重金属分布特征及污染评价[J]. 干旱区资源与环境，2017（6）: 173-178.

[22] 包长征. 对开展国家现代农业示范区农业改革与建设试点的思考：以贺兰县为例[J]. 宁夏农林科技，2013, 54（12）: 79-84.

[23] 马广福，包长征，张亚娟，等. 贺兰县耕地土壤盐渍化现状与改良对策[J]. 宁夏农林科技，2014, 55（11）: 26-32.

[24] 葛焕松. 暖泉农场耕地土壤盐渍化现状及改良措施[J]. 宁夏农林科技，2013, 54（8）: 43-45.

[25] 马维新，马广福，李广成. 贺兰县测土配方施肥现状及建议[J]. 宁夏农林科技，2015, 56（2）: 25-26.

[26] 李飒，李陇堂，岳自恒. 贺兰县现代农业发展及对策研究[J]. 农业科学研究，2012, 33（3）: 81-87.

[27] 曹艳春，冯永忠，杨引禄，等. 基于GIS的宁夏灌区农田污染源结构特征解析[J]. 生态学报，2011（12）: 3468-3477.

[28] 杨晓娟，靳军良，王金保. 宁夏水环境污染成因分析与评价[J]. 宁夏农林科技，2014, 55（11）: 46-48.

[29] 孙正风，王金保，马京军. 宁夏污水灌溉对土壤和农产品质量的影响[J]. 宁夏农林科技，1999, 40（4）: 7-11.

[30] 鲍士旦. 土壤农化分析[M]. 3版. 北京：中国农业出版社，2000: 10- 18.

[31] Hakanson L. An ecological risk index for aquatic pollution control: Asedimentological approach [J] . WaterResearch, 1980, 14（8）: 975-1001.

[32] 中国环境监测总站. 中国土壤元素背景值[M]. 北京：中国环境科学出版社，1990: 330-381.

[33] 张鹏岩，秦明周，陈龙，等. 黄河下游滩区开封段土壤重金属分布特征及其潜在风险评价[J]. 环境科学，2013, 34（9）: 3654-3662.

[34] 环境保护部. 土壤环境质量标准 GB 15618—1995[S]. 北京：中国环境科学出版社，2006.

[35] 吕建树，张祖陆，刘洋，等. 日照市土壤重金属来源解析及环境风险评价[J]. 地理学报，2012, 67（7）: 971-984.

[36] WILDING L P. Spatial variability: Its documentation, accommodation and implication to soil survey[M]//Nielsen D R, Bouman J. Soil spatial variability. Wageningen: The Neitherlands, 1985: 166-194.

[37] 张爱平，杨世琦，易军，等. 宁夏引黄灌区水体污染现状及污染源解析[J]. 中国生态农业学报，2010, 18（6）: 1295-1301.

[38] 张爱平. 宁夏引黄灌区农业非点源污染评价[J]. 生态学杂志，2013, 32（1）: 156-163.

[39] ZHANG AI-PING. An assessment of agricultural non-point source pollution in Ningxia irrigation region, northwest China[J]. Chinese Journal of Ecology, 2013, 32（1）: 156-163.

[40] LUO L, MA Y, ZHANG S, et al. An inventory of trace element inputs to agricultural soils

in China[J]. Journal of Environmental Management, 2009, 90（8）: 2524-2530.

[41] WANG Y Q, SHAO M A, GAO L. Spatial variability of soil particle size distribution and fractal features in water-wind erosion crisscross region on the Loess Plateau of China[J]. Soil Science, 2010, 175（12）: 579-585.

本文原载于《农业资源与环境学报》2019年第4期

六、四川省江安县某硫铁矿区周边农田土壤重金属来源解析及污染评价

李志涛[1, 2]　王夏晖[1]　何　俊[1]　季国华[1]　何　军[1]　朱文会[1]

（1：生态环境部环境规划院，北京 100012；2：天津大学环境科学与工程学院，天津 300072）

摘要　为全面了解四川省江安县某硫铁矿区对周边农田土壤的影响，系统采集207个表层土壤样品和10个背景土壤样品，对 pH 和重金属含量进行测定，采用多元统计方法解析重金属的主要来源，并对土壤重金属污染指数评价、潜在生态风险进行研究。结果表明：研究区农田土壤重金属背景值受矿区影响普遍高于全国、四川省土壤背景值，存在不同程度的累积现象；多元统计分 析结果显示Cr、Ni、Cu和Cd来源相似，主要受硫铁矿区工业活动影响；Hg和As主要来源于成土母质；Zn可能受人为活动和自然因素双重影响；研究区土壤Cd污染最严重，均值为1.55 mg/kg，超标率高达99.03%，Cu次之，超标率为37.20%，整体以中度污染为主；背景参比值的选取显著影响潜在风险评价结果，以研究区土壤背景值作为参比时，79.71%采样点存在中等生态风险，主要是Cd和Hg的风险较高。研究表明，硫铁矿区工业活动导致周边农田镉污染严重，本研究为后续耕地土壤污染防治提供科学依据。

关键词　硫铁矿区；重金属；农田土壤；污染评价；来源解析

随着我国城市化、工业化和农业集约化的飞速发展，土壤污染问题日益凸显，尤其是土壤重金属污染对局部生态系统、地下水乃至人体健康等构成严重威胁。在矿山开采、选矿、冶炼等生产过程中产生的废弃物不仅污染企业用地，而且对周边耕地土壤带来生态风险。江安县是四川省宜宾市主要矿产工业区之一，相关探测表明硫铁矿储量达4 600余万t，煤储量达4 200余万t，还有碳磷矿等矿产品。对环境影响较大的为硫铁矿（主要矿物为黄铁矿），同时伴生有铜、镍、镉等重金属。长期的矿山不合理开采和尾矿库不规范建设、运

营，导致农田土壤污染问题突出。现阶段国内对硫铁矿区土壤重金属污染情况研究主要体现在重金属含量、空间分布、环境质量等方面；目前以宜宾市江安县为研究区的土壤重金属污染报道主要集中在不同乡镇稻田土壤、耕地整体的土壤重金属污染状况调研，而有关硫铁矿区对周边农田土壤质量的影响、重金属的主要来源及污染评价的系统性研究报道较少。

因此，本文以硫铁矿区周边农田土壤为研究对象，对不同点位表层土壤的pH和8种重金属元素（Cd、Hg、As、Pb、Cr、Cu、Ni、Zn）含量进行检测分析，通过相关分析、主成分分析及聚类分析等多元统计分析方法全面解析重金属的主要来源，综合运用单因子、综合污染指数法和潜在生态风险评价法对矿区周边农田土壤重金属污染特征进行分析，探讨背景参比值对潜在生态风险评价结果的影响，旨在为矿区周边农田土壤重金属污染源头预防、风险管控、土壤修复、矿区综合治理提供科学依据。

1　材料与方法

1.1　研究区概况与样品采集

研究区地处江安县南侧，系“喀斯特”地貌，属中亚热带湿润季风气候区，矿产资源丰富。目前大部分矿山企业已关停废弃，在硫铁矿区周边选取5个自然村，在约225 hm^2的采样区域内以120 m × 120 m网格布点，污染源附近按80m × 80m加密布点，共布设207个表层土壤点位，采用手持GPS进行采样定位，按照《农田土壤环境质量监测技术规范》（NY/T 395—2012）采集土壤，以对角线法或者梅花法采集5个以上采样分点，经充分混合后，四分法采集约2 kg土壤样品，带回实验室自然风干，去除杂质，玛瑙研磨、过筛备用。此外研究还布设10个背景土壤点位，根据NY/T 395—2012，坚持“哪里不污染在哪里布点”的原则，在研究区域附近，选择未受污染或相对未受污染，且成土母质、土壤类型及农作历史等一致的区域布点。按照《农用地土壤样品采集流转制备和保存技术规定》（环办土壤〔2017〕59号）有关规定，山地丘陵地区土壤深层样取样深度需达到1.2 m，当出现某一样点在其附近多处采样未达到采样规定深度时，可根据实际深度采样。由于研究区域位于山地，且土层较薄，在约0.5 m深度即达母质层，故选取0.3~0.5 m土壤进行混合，作为背景

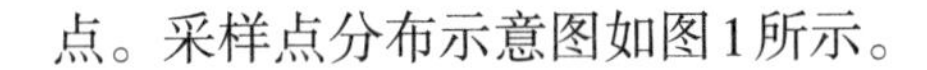
点。采样点分布示意图如图1所示。

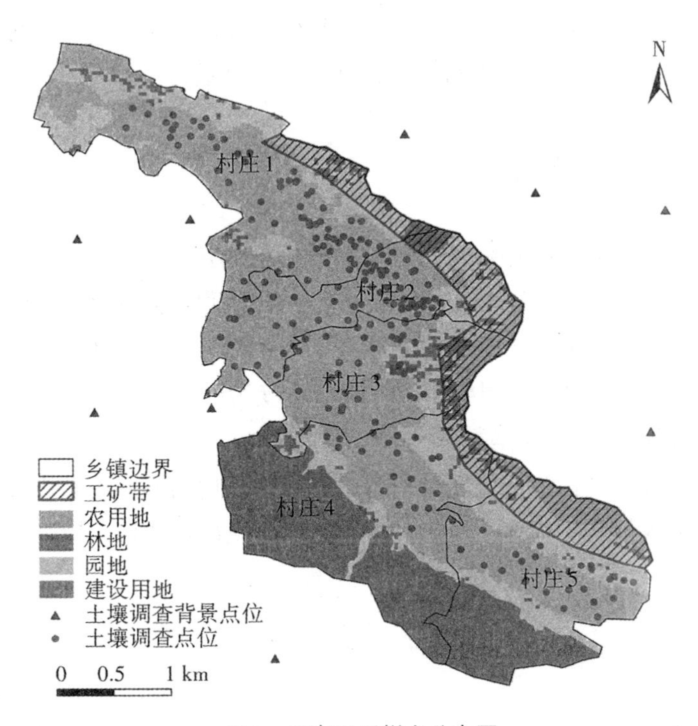

图1 研究区采样点分布图

1.2 样品测定

土壤样品pH测定参照《土壤pH的测定–电极法》(NY/T 1121.2—2006),采用固液比1 : 2.5玻璃电极法测定。土壤样品经$HCl-HNO_3-HF-HClO_4$消解后,采用火焰原子吸收光谱法测定Cu、Zn、Cr、Ni含量;利用石墨炉原子吸收光谱法测定Pb、Cd含量;用$HCl-HNO_3$进行消解,然后利用原子荧光法测定As、Hg含量。采用国家土壤成分标准物质(GSS系列)进行质量控制,回收率介于(100 ± 10)%之间。

1.3 重金属污染评价方法

目前土壤重金属评价方法众多,各种方法侧重点各异。为了客观科学地反映土壤重金属污染现状,本文在文献调研的基础上,综合选取了几种主要的评价方法。

1.3.1 单因子污染指数法

作为最基础的评价方法，单因子污染指数法是以土壤环境质量标准值为评价标准来衡量单一重金属元素的污染程度，计算公式为

$$P_i=\frac{C_i}{S_i} \tag{1}$$

式中：Pi为污染物i的污染指数；Ci、Si分别为污染物i的实测含量和环境质量标准，mg/kg。环境质量标准参考《土壤环境质量农用地土壤污染风险管控标准（试行）》（GB 15618—2018）。污染等级根据Pi值划分为：$P_i \leqslant 1$无污染；$1<P_i \leqslant 2$轻度污染；$2<P_i \leqslant 3$中度污染；$P_i>3$重度污染。

1.3.2 内梅罗综合污染指数法

为了突出高浓度污染物对土壤质量的影响，采用内梅罗综合污染指数法兼顾污染物的最大值和平均值，对多种重金属的污染进行评价，计算公式为

$$P_n=\sqrt{\frac{P_{i\max}^2+P_{i\text{ave}}^2}{2}} \tag{2}$$

式中：P_n为综合污染指数；$P_{i\max}$、$P_{i\text{ave}}$分别为各单项污染指数的最大值和平均值。根据P_n将污染程度划分为5个等级：$P_n \leqslant 0.7$安全；$0.7<P_n \leqslant 1.0$警戒线；$1.0<P_n \leqslant 2.0$轻度污染；$2.0<P_n \leqslant 3.0$中度污染；$P_n>3$重度污染。

1.3.3 潜在生态风险评价法

瑞典学者Hakanson在考虑重金属含量的基础上，兼顾重金属的生物毒性，建立了一套评价重金属污染及生态危害的方法；该方法引入毒性响应系数，将重金属的环境效应、生态效应与毒理学有效联系起来，反映多种重金属对生态环境的影响潜力，目前在重金属风险评价研究中应用较为广泛。计算公式为

$$RI=\sum_{i=1}^{n}E_i=\sum_{i=1}^{n}T_r^i \cdot C_f^i=\sum_{i=1}^{n}T_r^i \cdot \frac{C_p^i}{C_n^i} \tag{3}$$

式中：RI为综合生态风险指数；E_i为污染物i的单项潜在生态风险指数；T_r^i为污染物i的毒性响应系数（Cd：30；Hg：40；As：10；Pb、Cu、Ni：5；Cr：2；Zn：1）；C_f^i为污染物i的污染系数；C_p^i、C_n^i分别为污染物i的实测含量和环境背景值，mg/kg。重金属潜在生态风险指数分级标准见表1。

表1　重金属潜在生态风险评价标准

单项 Single item		综合 Synthesis	
E_i	生态危害等级 Ecological risk level	RI	生态危害等级 Ecological risk level
<40	低生态风险	<150	低生态风险
40~80	中等生态风险	150~300	中等生态风险
80~160	较高生态风险	300~600	高生态风险
160~320	高生态风险	≥600	极高生态风险
≥320	极高生态风险		

2　结果与讨论

2.1　土壤重金属含量

土壤背景值可以作为衡量土壤重金属累积和污染程度的依据。背景土壤样品的pH及重金属含量信息见表2，与全国和四川省土壤背景值相比，8种重金属平均含量均明显超出背景值，其中Cd、Cu平均含量较高，分别为中国土壤背景值的3.9倍和3.8倍，为四川省土壤背景值的4.8倍和2.7倍。硫铁矿的形成除了与S、Fe成矿元素供给与沉积密切相关外，通常还会伴生Cd、Cu等元素，矿产开采容易导致这些元素在土壤中累积，因此矿区周边农田土壤重金属背景值偏高。

表2　背景土壤样品pH和重金属含量

		重金属含量 mg·kg^{-1}							
项目	pH	Cd	Hg	As	Pb	Cr	Cu	Ni	Zn
最大值	7.72	0.60	0.162	19.9	48.5	240	157	106	186

（续表）

重金属含量 mg·kg^{-1}									
项目	pH	Cd	Hg	As	Pb	Cr	Cu	Ni	Zn
最小值	4.57	0.17	0.102	10.0	19.6	73	21	25	94
中位值	5.99	0.41	0.125	15.6	31.8	135	87	67	147
平均值	6.05	0.38	0.126	14.9	32.4	143	85	64	140
标准差	1.28	0.14	0.018	3.4	9.9	68	52	31	28
全国土壤背景值	—	0.097	0.065	11.2	26	61	22.6	26.9	74.2
四川省土壤背景值	—	0.079	0.061	10.4	30.9	79	31.1	32.6	86.5

对研究区207个表层土壤样品pH和重金属含量进行分析，描述性统计结果见表3，农田土壤pH变化范围为3.74~8.38，平均值为6.68，其中78.5%样品点位的土壤pH在5.5~8.38，适合植物正常生长。从重金属含量来看，Cd、Hg、As、Pb、Cr、Cu、Ni、Zn的平均值分别为1.55、0.261、12.2、46.2、115、74、59、113 mg/kg，除了Cd，其他7种元素的平均值均未超过《土壤环境质量农用地土壤污染风险管控标准（试行）》（GB 15618–2018）限定的筛选值。为研究土壤污染的次生与原生问题，文章对表层样品的变异系数进行了讨论。变异系数（CV）通常用于衡量样品之间的差异程度，CV越大，变异程度就越大；CV>100%为强变异，10%<CV≤100%为中等变异，CV≤10%为弱变异。从表3可以看出，8种重金属的变异系数范围为21.31%~71.57%，均属于中等变异强度。其中Cd的变异系数最大，表明矿区周边不同点位农田土壤中Cd含量空间分布差异明显，离散性较大，受外界影响较大。其他7种重金属变异程度大小顺序为Pb>Hg>As>Zn>Cu>Ni>Cr，Pb的变异系数为52.76%，在一定程度上受外界活动影响；Hg、As、Zn、Cu变异系数接近，表明外界活动对4种元素含量分布的影响比较一致；Ni、Cr变异系数均小于30%，说明其分布相对均匀，受外界的影响较小。

2.2 土壤重金属来源解析

对研究区农田土壤8种重金属含量之间相关关系进行Pearson相关性分析，结果见表4。Cd与Cr、Cu、Ni、Zn之间存在显著正相关性（$P<0.01$），当元素

之间相关性显著时，同源性较高，因此推测这5种元素在来源上可能具有一致性。Cd与另外3种元素（Hg、As、Pb）相关性较弱，说明Hg、As、Pb的来源途径与Cd有显著的差异。

为探究土壤重金属的来源成因，基于相关性矩阵，对8种元素进行主成分分析，结果见表5。可以提取3个特征值大于1的主成分（PC，principal compo-nent），累积解释总变量方差的68.8%，其中第一主成分（PC1）的方差贡献率为33.1%，在3类主成分中所占比例最大，表明PC1显著影响研究区域土壤重金属分布。PC1的主要成分载荷包括Cd、Cr、Cu、Ni和Zn，分别为0.619、0.796、0.731、0.915和0.501。在同一主成分上具有较高载荷的元素可能存在同源性，土壤重金属来源主要有成土母质（自然因素）与人类活动等，何沛南等针对江安县耕地土壤Cd含量异常高的现象研究发现，形成土壤的母岩中Cd均值低于背景值，表明成土母质并不是Cd的污染源。由于研究区的喀斯特地貌，原生矿中呈分散状态存在的Cd在后期成矿作用下会在溶洞矿中次生富集；在早期矿山开采过程中伴生的Cd硫化物转移到烟气和废渣里，烟气中的Cd经过净化处理后进入酸性废水，在后续处理工艺后，最终也转移到冶炼废渣里。目前矿区关停废弃的部分厂区内仍堆放着硫铁矿原矿和废渣，矿渣淋溶水随着降水和地表径流进入周边农田土壤中，使得Cd在土壤中持续累积。综上认为研究区农田土壤Cd的主要来源是矿区内的硫铁矿原矿、矿渣及尾矿库。相关分析和主成分载荷结果均表明PC1的5种重金属可能具有相同来源，研究发现不仅Cd、Cr、Cu、Ni、Zn等重金属与硫铁矿开采和冶炼过程引发的污染有关，赋存在硫铁矿矿石中伴生元素的弱酸可交换态、易还原态和可氧化态在工矿业活动过程中，也能够发生迁移转化，进入周边环境，因此将工矿业人为活动视为PC1的主要来源较为合理。

表3　土壤pH与重金属含量统计表

重金属含量 /mg·kg^{-1}									
项目	pH	Cd	Hg	As	Pb	Cr	Cu	Ni	Zn
最大值	8.38	9.65	0.831	44.3	294.4	186	226	135	609
最小值	3.74	0.36	0.011	4.6	25.1	34	21	24	54
中位值	6.89	1.31	0.235	11.6	42.3	114	75	58	108

（续表）

重金属含量 /mg · kg^{-1}									
项目	pH	Cd	Hg	As	Pb	Cr	Cu	Ni	Zn
平均值	6.68	1.55	0.261	12.2	46.2	115	74	59	113
标准差	1.11	1.11	0.110	4.9	24.4	25	26	17	42
变异系数/%	16.65	71.57	42.07	40.12	52.76	21.31	35.91	29.09	37.62

表4　土壤重金属元素相关性分析

元素 Element	Cd	Hg	As	Pb	Cr	Cu	Ni	Zn
Cd	1	−0.059	−0.111	−0.028	0.217**	0.309**	0.549**	0.316**
Hg		1	0.380**	0.319**	0.112	−0.108	0.075	0.077
As			1	0.147*	0.088	−0.356**	0.092	0.074
Pb				1	0.022	0.013	−0.001	0.315**
Cr					1	0.522**	0.665**	0.303**
Cu						1	0.571**	0.355**
Ni							1	0.429**
Zn								1

注：双尾检验，*表示在$P<0.01$水平上显著，*表示在$P<0.05$水平上显著。

表5　土壤重金属主成分分析成分矩阵

元素 Element	初始因子载荷 Component matrix			旋转后因子载荷 Rotated component matrix		
	PC1	PC2	PC3	PC1	PC2	PC3
Cd	0.622	−0.164	−0.011	0.619	−0.162	0.063
Hg	0.055	0.768	−0.096	0.007	0.709	0.314
As	−0.061	0.750	−0.464	−0.018	0.883	−0.030
Pb	0.125	0.607	0.673	−0.090	0.181	0.892
Cr	0.754	0.095	−0.321	0.796	0.213	−0.035
Cu	0.763	−0.317	0.157	0.731	−0.384	0.162

（续表）

元素 Element	初始因子载荷 Component matrix			旋转后因子载荷 Rotated component matrix		
	PC1	PC2	PC3	PC1	PC2	PC3
Ni	0.886	0.040	–0.262	0.915	0.130	0.019
Zn	0.637	0.258	0.399	0.501	–0.003	0.617
特征值	2.749	1.725	1.033	2.648	1.552	1.307
累积方差贡献率/%	34.4	55.9	68.8	33.1	52.5	68.8

Hg、As元素在PC2上有较大载荷，这2种元素含量平均值均明显低于GB15618—2018规定的风险筛选值，表明土壤Hg、As污染风险低，可认为主要受成土母质自然因素影响。第三主成分中Pb、Zn的载荷较高，环境中Pb、Zn通常具有十分相似的来源，被称为交通污染元素，是机动车污染的标志性元素。此外，Zn在PC1和PC3上载荷接近，当同一种元素在不同的主成分上载荷相当时，认为该元素具有两类主成分的来源，因此Zn可能具有双重来源。

作为一种判别重金属来源的有效方法，聚类分析根据元素之间的亲密程度进行分类，处于同一类中的元素，通常具有相近的行为、相同的来源；聚类分析的距离越近，关系越密切。根据聚类分析结果（图2），当组间距离为15时，可将8种重金属划分为3类；Cr、Ni、Cu、Zn和Cd归为一大类，对应了PC1的主要载荷，并且与相关分析的显著性结果一致，因此这5种元素具有同源性，主要来源于硫铁矿区工矿业人为活动。Hg、As可划分为一大类，与PC2的主要载荷相对应。结合上文分析可知，该类元素受人为活动影响较小，主要来源于自然因素。第三类为Pb，表明Pb可能具有其他来源，与主成分分析结果吻合。

相关分析、主成分分析以及聚类分析结果基本一致，相互验证，综合3种多元统计分析方法，可以将矿区周边农田土壤重金属来源划分为3组：（1）Cd、Cr、Cu和Ni主要来源于工矿业活动等人为因素；（2）Hg、As主要来源于成土母质自然因素；（3）Pb可能来源于交通污染，Zn可能具有双重来源，工矿业活动和交通污染。

2.3 土壤重金属污染评价

本文综合利用单因子和内梅罗污染指数法反映硫铁矿区周边农田土壤重金属污染状况。重金属单因子污染指数评价结果见表6。除Hg不超标外，其他7种重金属均有不同程度的超标情况，点位超标率顺序为Cd>Cu>Ni>Cr>Pb>As>Zn>Hg。Cd超标最严重，在207个点位中，有205个均出现超标情况，其中17个轻度污染，69个中度污染，119个重度污染。根据《全国土壤污染状况调查公报》显示，全国土壤Cd超标率为7%，而研究区Cd超标率高达99.03%，最大超标16.1倍，平均超标3.8倍，Cd污染严重。研究结果与吴到懋等提出的江安县稻田土壤Cd污染程度最为严重，而As、Cr、Cu、Hg、Ni、Pb、Zn总体情况良好这一结论一致。从Cd的污染指数空间分布（图3a）可以发现，总体上，靠近工矿带（污染源）的农田土壤Cd含量明显高于其他区域，同时随着灌溉水流或地表径流迁移到其他区域，导致研究区域Cd污染面积分布较大。

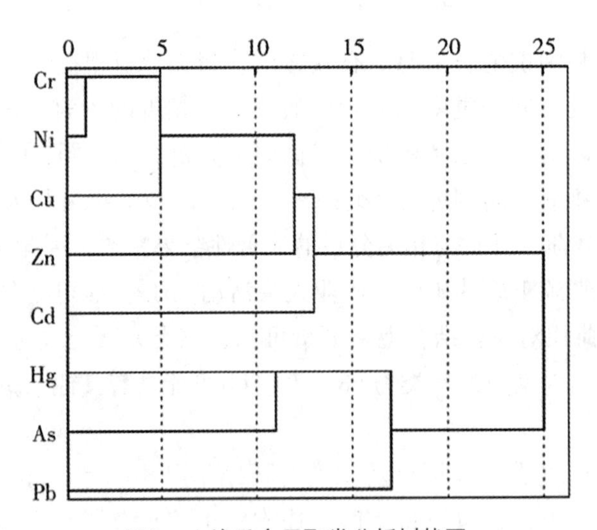

图2　土壤重金属聚类分析树状图

表6　单因子污染指数结果

元素 Element	土壤监测点数量 Sample number	超标点位数 Excessive point	污染指数 Pollution index				超标率 /% Excessive proportion
			P_i< ≤ 1.0	1<P_i ≤ 2	2<P_i ≤ 3	P_i>3	
Cd	207	205	2	17	69	119	99.03
Hg	207	0	207	0	0	0	0
As	207	2	205	2	0	0	0.97
Pb	207	3	204	1	2	0	1.45
Cr	207	4	203	4	0	0	1.93
Cu	207	77	130	69	8	0	37.20
Ni	207	16	191	15	1	0	7.73
Zn	207	1	206	0	0	1	0.48

为了反映多种重金属元素对土壤的作用，采用内梅罗综合污染指数法进行评价（表7），在研究区207个土壤监测点位中，2个点位属于安全、未污染，2个点位处在警戒线，轻度、中度、重度污染点位数量分别为57、79、67个，占比分别为27.54%、38.16%、32.37%，以中度、重度污染为主，研究区受污染比例高达98.06%，因此硫铁矿区周边农田土壤受到了较严重的重金属污染，应该引起重视。土壤重金属综合污染指数空间分布如图3b所示，从区域分布来看，重度污染点位主要集中分布在硫铁矿区及尾矿库等重点污染源，即工矿带所在区域下游，而且随着距污染源距离的增加，污染程度呈逐渐降低的非均匀分布趋势。结合表7和图3b，重度污染点位超标率从高到低依次为村庄2、村庄3、村庄4、村庄1和村庄5。经过现场实地勘查，村庄2和村庄3尚堆存有硫铁矿冶炼废渣，经地表径流进入农田土壤，使得该区域污染严重，另外3个村庄由于远离重点污染源，受到的污染程度相对较小。综合来看，土壤Cd污染是研究区农田土壤风险管控和治理修复需要关注的重点污染因子，尤其是村庄2和村庄3属于重点关注区域。

2.4 土壤重金属潜在生态风险

分别以四川省背景值和研究区土壤背景值作为参比标准，对8种重金属进行潜在生态风险评价（表8）。As、Pb、Cr、Cu、Ni和Zn等元素在两个背景参比下的单项潜在生态风险指数Ei平均值均低于40，属于低生态风险。而Cd、Hg的Ei平均值均高于40。与单因子、内梅罗综合污染指数结果相比较，Hg的单项潜在风险较高，这主要与潜在生态风险评价考虑了重金属生物毒性，Hg的毒性响应系数很高有关；类似地，虽然Cu的点位超标率较高（37.20%），仅次于Cd，但Cu的毒性系数较低，因此Cu的单项潜在生态风险较小。

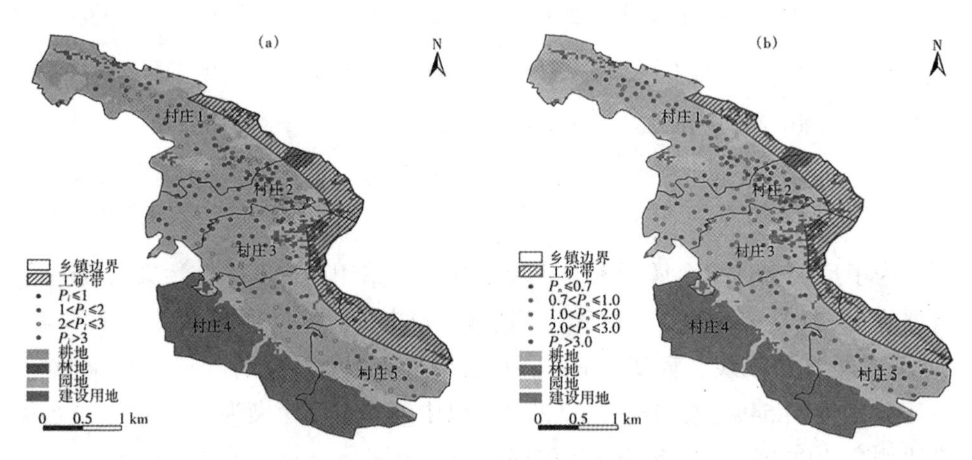

图3 研究区土壤Cd污染指数（a）及重金属综合污染指数（b）分布

表7 内梅罗综合污染评价结果

采样区域 Sampling region	点位数量 Sample amount	P_n					评价等级比例 Classification proportion/%				
		$P_n\leqslant 0.7$	$0.7<P_n\leqslant 1.0$	$1.0<P_n\leqslant 2.0$	$2.0<P_n<3.0$	Pn>3	安全 Clean	警戒线 Warning limit	轻度污染 Slight pollution	中度污染 Moderate pollution	重度污染 Heavy pollution
村庄1	62	0	0	19	25	18	0	0	30.65	40.32	29.03
村庄2	51	0	0	9	21	21	0	0	17.64	41.18	41.18
村庄3	46	0	0	13	18	15	0	0	28.26	39.13	32.61
村庄4	23	0	1	9	6	7	0	4.35	39.13	26.09	30.43
村庄5	25	2	1	7	9	6	8.00	4.00	28.00	36.00	24.00
合计	207	2	2	57	79	67	0.97	0.97	27.54	38.16	32.37

表8　潜在生态风险级别点位占点位总数的百分数（%）

环境背景值 Background	项目 Item	单项潜在生态风险等级 Ecological risk level of single-factor pollution					综合潜在生态风险等级 General level of potential ecological risk			
		低 Low	中等 Medium	较高 Considerable high	高 High	极高 Serious	低 Low	中等 Moderate	高 High	极高 Serious
四川省	Cd	0	0	0.48	12.08	87.44	0	0.48	29.95	69.57
	Hg	0.48	0.97	52.66	42.51	3.38				
研究区域	Cd	1.93	27.54	57.00	11.11	2.42	7.25	79.71	11.59	1.45
	Hg	2.42	53.62	41.06	2.90	0				

当以四川省背景值作为参比时，87.44%的土壤样品Cd潜在生态风险为极高，100%点位Cd的生态风险达到较高及以上，超过98%的点位Hg潜在风险为较高及以上；而当以研究区土壤背景值作为参比时，由于土壤背景中Cd、Hg平均含量明显高于四川省背景值，因此Cd、Hg的单项潜在生态风险程度均有所降低，超过80%的样品中Cd、Hg潜在风险为中等和较高。综合潜在生态评价结果表明，参比为四川省背景值时，69.57%采样点RI值处于极高生态风险；而以研究区土壤背景值作为参比，79.71%采样点生态风险为中等。结合两个背景值的对比分析，发现在应用Hakanson潜在生态风险评价方法时，环境背景值Cn的选取会显著影响Ei和RI，进而影响潜在生态风险评价结果，尤其在研究矿区、尾矿库、污染场地周边土壤重金属污染特征时，需要合理、谨慎地选择背景参比值。以研究区土壤背景值作为背景参比计算的潜在风险指数，认为更能真实地反映研究区域的潜在生态风险。

3　结论

（1）江安县某硫铁矿区周边农田土壤重金属背景值含量明显高于全国土壤、四川省土壤背景值，存在不同程度的富集现象。

（2）研究区农田土壤中Cr、Ni、Cu和Cd含量主要受工矿业活动影响；Hg、As主要来自自然因素；Zn具有双重来源。

（3）农田土壤重金属整体以中度污染为主，其中Cd污染最严重，平均超标3.8倍；选取研究区土壤背景值为参比时，农田土壤潜在生态危害为中等，Cd、Hg为主要生态危害因子。

参考文献

[1] 王笑峰，蔡体久，张思冲，等．不同类型工矿废弃地基质肥力与重金属污染特征及其评价[J]. 水土保持学报，2009, 23（2）: 157-161, 218.

[2] WANG XIAO-FENG, CAI TI-JIU, ZHANG SI-CHONG, et al. Characteristics and evaluation of matrix fertility and heavy metal pollution of dif- ferent types of industrial and mining wasteland[J]. Journal of Soil and Water Conservation, 2009, 23（2）: 157-161, 218.

[3] HUANG Y, CHEN Q Q, DENG M H, et al. Heavy metal pollution and health risk assessment of agricultural soils in a typical periurban area in southeast China[J]. Journal of Environmental Management, 2018（207）: 159-168.

[4] 李玉梅，李海鹏，张连科，等．包头某铜厂周边土壤重金属分布特征及来源分析[J]. 农业环境科学学报，2016, 35（7）: 1321-1328.

[5] HUANG S H, YUAN C Y, LI Q, et al. Distribution and risk assessment of heavy metals in soils from a typical Pb-Zn mining area[J]. Polish Journal of Environmental Studies, 2017, 26（3）: 1105-1112.

[6] GAO Y F, LIU H L, LIU G X. The spatial distribution and accumulation characteristics of heavy metals in steppe soils around three mining areas in Xilinhot in Inner Mongolia, China[J]. Environmental Science and Pollution Research, 2017, 24（32）: 25416-25430.

[7] ZHANG Y M, LI S, CHEN Z, et al. A systemic ecological risk assessment based on spatial distribution and source apportionment in the abandoned lead acid battery plant zone, China[J]. Journal of Hazardous Materials, 2018（354）: 170-179.

[8] HUANG D W, GUI H R, LIN M L, et al. Chemical speciation distribution characteristics and ecological risk assessment of heavy metals in soil from Sunan mining area, Anhui Province, China[J]. Human and Ecological Risk Assessment: An International Journal, 2018, 24（6）: 1694-1709.

[9] 周艳，陈樯，邓绍坡，等．西南某铅锌矿区农田土壤重金属空间主成分分析及生态风险评价[J]. 环境科学，2018, 39（6）: 2884-2892.

[10] 吴到懋，李茂洁，熊春莲，等．宜宾市江安县稻田土壤重金属现状评价[J]. 四川环境，2015, 34（4）: 128-135.

[11] 何沛南，何明友，白宪洲．基于 GIS 耕地土壤重金属元素异常信息提取及其污染源探讨[J]. 矿物岩石地球化学通报，2018, 37（5）: 1-6.

[12] GUO G H, WU F C, XIE F Z, et al. Spatial distribution and pollution assessment of heavy metals in urban soils from southwest China[J]. Journal of Environmental Sciences, 2012,

24（3）: 410-418.

[13] 尹国庆, 江宏, 王强, 等. 安徽省典型区农用地土壤重金属污染成因及特征分析[J]. 农业环境科学学报, 2018, 37（1）: 96-104.

[14] 陈凤, 董泽琴, 王程程, 等. 锌冶炼区耕地土壤和农作物重金属污染状况及风险评价[J]. 环境科学, 2017, 38（10）: 4360-4369.

[15] 郭鹏飞, 仇雁翎, 周仰原, 等. 杭州某污染场地土壤重金属污染调查及风险评价[J]. 云南化工, 2018, 45（5）: 212-216.

[16] HAKANSON L. An ecological risk index for aquatic pollution control. A sedimentological approach[J]. Water Research, 1980, 14（8）: 975- 1001.

[17] 张海珍, 唐宇力, 陆骏, 等. 西湖景区土壤典型重金属污染物的来源及空间分布特征[J]. 环境科学, 2014, 35（4）: 1516-1522.

[18] 中国环境监测总站. 中国土壤元素背景值[M]. 北京: 中国环境科学出版社, 1990.

[19] 石兰英, 田新民, 王永林, 等. 兴凯湖地区天然沼泽和森林土壤重金属分布特征及潜在生态风险[J]. 湖北农业科学, 2017, 56（22）: 4299-4303.

[20] 李三中, 徐华勤, 陈建安, 等. 某矿区砷碱渣堆场周边土壤重金属污染评价及潜在生态风险分析[J]. 农业环境科学学报, 2017, 36（6）.

[21] 吴劲楠, 龙健, 刘灵飞, 等. 某铅锌矿区农田重金属分布特征及其风险评价[J]. 中国环境科学, 2018, 38（3）: 1054-1063.

[22] 段续川, 李苹, 黄勇, 等. 北京市密云区农业土壤重金属元素地球化学特征及生态风险评价[J]. 现代地质, 2018, 32（1）: 95-104.

[23] 易求实, 李敦顺. 从国家危险废物标准角度思考硫酸厂酸性废水处理技术[J]. 硫酸工业, 2009（2）: 39-44.

[24] 刘娟, 王津, 陈永亨, 等. 硫铁矿和冶炼废渣中毒害重金属形态分布特征及环境效应的研究[J]. 地球环境学报, 2013, 4（2）: 1243-1248.

[25] 郑袁明, 宋波, 陈同斌, 等. 北京市不同土地利用方式下土壤锌的积累及其污染风险[J]. 自然资源学报, 2006, 21（1）: 64-72.

[26] SUN C Y, ZHAO W J, ZHANG Q Z, et al. Spatial distribution, sources apportionment and health risk of metals in topsoil in Beijing, China[J]. International Journal of Environmental Research and Public Health, 2016, 13（7）: 727-740.

[27] 吕建树, 何华春. 江苏海岸带土壤重金属来源解析及空间分布[J]. 环境科学, 2018, 39（6）: 2853-2864.

[28] 李卫平, 王非, 杨文焕, 等. 包头市南海湿地土壤重金属污染评价及来源解析[J]. 生态环境学报, 2017, 26（11）: 1977-1984.

本文原载于《农业环境科学学报》2019年第6期

第四章

核安全规划与发展

防城港核电厂全景

一、深入开展核安全科技研发，提高核安全科技创新水平

——《核安全法》科技创新内容的解读

李小丁[1]　张黎辉[1]

（1：生态环境部核与辐射安全中心，北京 102445）

摘要　2017年，我国核领域最高级别的法律——《核安全法》出台，填补了多年的法律空白。《核安全法》中对核安全科技创新做出了规定，从政府和研发主体两个角度进行了论述，从出台政策保障、鼓励到安排科研项目，进行了具体而全面的规定。同时，对核安全监管科研进行了特别规定。本文对涉及核安全科研的条款进行了详细的解读，较为全面的对核安全科研正在开展的工作及面临的问题进行了分析，并提出了未来的工作建议。

关键词　科技创新；核安全法；核安全规划

1 《核安全法》发布背景

2017年9月，十二届全国全国人大以145票赞成、2票弃权的表决结果，通过了《中华人民共和国核安全法》（以下简称《核安全法》），并于2018年1月1日起施行。作为核安全领域的顶层法律，《核安全法》的出台不仅填补了核安全领域多年根本大法的空白，也为实现核能与核技术利用事业安全健康的发展提供了坚实的法律保障。

科技创新是产业发展、民族进步的灵魂，也是国家强盛的基石和根本；科技创新是推动核能与核技术利用产业发展的不竭动力，也是确保核与辐射安全的有力支撑。我国政府历来高度重视并积极推动核安全科技创新工作，随着核安全领域的科技研发不断深入，研究领域由单一的反应堆、辐射防护、放射性废物处理处置专业扩展到核与辐射安全的各个领域。核安全科技创新在《核安

全法》中同样有所体现——在《核安全法》第一章“总则”中，专门用一条的篇幅阐述科研工作的相关职责和任务。并在第六章“监督检查”当中，对核安全监管科研提出了相关要求。《核安全法》的出台，表明我国政府从国家法律的高度，首次对核安全科研工作进行了全方位的规定。

2 以《核安全法》为引领，全方位保障核安全科技创新

《核安全法》第十条第一款“国家鼓励和支持核安全相关科学技术的研究、开发和利用”。我国国家政府一直高度重视核安全科研工作，出台了法律、相关政策规划以支持科技创新的研究与应用，国家领导人在各种重要场合也多次发表讲话，强调科技创新、核安全科研的重要性。

2012年，国家发布《核安全与放射性污染防治“十二五”规划及2020年远景目标》，规划将“推动科技进步，促进安全持续升级”作为重点任务提出，规划指出要有针对性的开展核安全技术研发，集中力量突破制约发展的核安全关键技术，提升我国核安全整体水平。经过五年的贯彻落实，取得了一定成果，做出了一些成绩，也暴露了一些问题。再此基础上，2017年国家发布的《核安全与放射性污染防治“十三五”规划及2025年远景目标》再次就核安全科研进行了全面部署，提出了“夯实基础、突破瓶颈、提升水平、拓展领先”四步走的科研新思路，比“十二五”规划更具有针对性、可实施性，且责任落实到具体单位。

2015年，最新修订的《促进科技成果转化法》通过人大审议并发布实施，该法的制定意在促进科技成果转化为现实生产力，规范科技成果转化，加速科学技术进步，给核安全领域的科研成果转化渠道、转化活动指明了方向，提供了强有力的法律保障。

2016年国务院发布《中国的核应急》白皮书，成为涉核领域的第一部白皮书。“核应急科技创新”作为重要的章节体现在白皮书中，并详细划分了核应急专业领域，部署了七大类技术研究。

《核安全法》第十条第一款“加强知识产权保护”。知识产权是基于创造性智力成果和工商业标记依法产生的权利的统称，是权利人其作品、发明、实用新型、外观设计、商标、集成电路布图设计等客体享有的专有的权利，包括占有、使用、处分和收益的权利。无论是核能发展还是核安全，都有赖于知识产

权提供重要支撑。拥有自主知识产权，即掌握了核心竞争力，才能在激烈的市场竞争当中拥有一席之地。

“十二五”以来，依托大型先进压水堆及高温气冷堆重大专项，我国核电技术加快实现自主创新，取得了阶段性成果和重要突破，并形成了一系列拥有自主知识产权的技术。压水堆分项构建了知识产权管理体系，形成了CAP1400型号等一批高水平知识产权成果。华龙一号百万千瓦级压水堆核电机型已经获得743件专利和104项软件著作权，范围覆盖了设计技术、专用设计软件、燃料技术、运行维护技术等领域。高温气冷堆核电站和低温供热堆也拥有多项专利和软件著作权。加强核安全科技研发的知识产权保护，有利于激励和推动我国核安全领域的技术创新。

我国在知识产权方面认知与管理方面一直比较薄弱，尽管在国家科技重大专项上已经取得了一定成果，但仍暴露出不少问题。例如，课题承担单位普遍存在“重硬轻软”、重技术研发轻知识产权保护的问题。缺乏专门知识产权人才，产权分析、专利布局能力欠缺。另一方面，由于国外在燃料组件和设计软

图1　国产首台百万千瓦级压力容器

件等核心领域已进行长期专利布局和知识产权保护，客观上为我国自主创新制造了较大难度。技术层面上，一些核心部件尚未国产化，也影响了知识产权的工作进度。有效的专利申请是科技创新的有机组成部分，只有重视知识产权工作，才能保护住科研成果的"幼苗"，保障科技创新源源不断的产出。

3　以《核安全法》为依托，全力落实核安全科研专项

《核安全法》第十条第二款"国务院有关部门应当在相关科研规划中安排与核设施、核材料安全和辐射环境监测、评估相关的关键技术研究专项，推广先进、可靠的核安全技术"。我国政府通过在国家级规划中安排科研项目、设立国家级重大专项、谋划经费专项渠道等方式，有力支持核安全科研工作的开展。

国家核安全规划中，专设"科技研发"部分，并分层次、分内容设置了"重点任务"与"重点工程"。核安全"十三五"规划中，根据多次专家论证结果筛选了需重点关注的12个核安全领域，具体安排了任务与工程，这12个领域包含与核设施、核材料安全相关的严重事故分析、设备材料老化、运行许可证延续关键技术、新型反应堆安全评价、非能动安全技术等等，也包含了与辐射环境监测、评估相关的内陆核电安全及环境影响评价技术、放射性废物处置技术、高放废物处理处置技术等。2011年，科技部组织实施的国家科技支撑计划，其中"核电厂核安全保障关键技术研究"项目通过可行性论证并正式启动，该项目围绕核电厂厂址应急条件评估、严重事故分析与管理、应急准备与响应关键技术、核事故后果评价系统等核电厂核安全保障关键技术开展研究。同时，国家政府也十分注重国家科技支撑计划与先进压水堆、高温气冷堆、乏燃料后处理等国家科技重大专项的有机结合，相互协调补充，进行动态调整管理，力争突破关键技术，提升核行业整体安全水平。

核领域三项重大专项对我国核产业发展意义重大，是当前提升我国核电及核安全领域自主创新能力的关键途径。目前三项重大专项已取得了不少阶段性成果和重要突破——重大技术研发方面，我国具备了三代核电批量化建设的基础和条件，球形燃料元件试制成功通过辐照考验，实现了我国在高温气冷堆核心技术上的重大突破；重大装备研制方面，反应堆压力容器、蒸汽发生器、690合金U形管、核级锆材等关键设备及材料实现了国产化。CAP1400主泵、

数字化仪控、高温堆主氦风机等关键设备已处于工程样机制造阶段。燃料球的高温气冷堆燃料元件生产线已开始试生产。后处理厂卧式剪切机和连续溶解器的核心部件已开始加工制造；重大试验平台及验证体系建立方面，建成了非能动安全型核电站数字化仪控系统等一系列试验平台。高温气冷堆工程实验室集中建设了大型氦气试验回路等13项试验平台；示范工程建设方面，CAP1400示范工程已具备开工建设条件。全球首座高温气冷堆商业示范电站2012年开工建设。压水堆和高温气冷堆核电站示范工程的建设，标志着我国先进核电自主技术已具有较强的国际竞争力。人才培养方面，在专项牵引下，通过自主培养与引进智力相结合，打造了一支技术水平高、工程经验丰富、专业配备合理、老中青结合的研发团队，在重大难题协同攻坚中发挥了关键作用。

核安全科研投资金额和渠道不断增加。“十二五”期间中央财政安排核能开发科研项目经费近20亿元，用于核能开发及核安全科研工作。核设施退役及放射性废物治理设立专项资金，获得经费53亿元。设立核电站乏燃料处理处置政府性基金，共安排预算10亿元。据粗略估算，已开展的科研项目共有近10多个项目渠道。虽然政府对科研的投入日益加大，但现阶段核安全科研的经费渠道仍比较有限，经费管理有待完善。我国现行科研经费管理条块分割、政出多门，核安全科研缺乏整体规划。核安全科技研发一直没有专项投资渠道，主要分散在核电重大专项、核能开发科研等几个重大项目中，由多个政府部门管理，且在项目中内容偏少、经费欠缺，缺乏系统、全面、有效的协调。未来应推动出台核与辐射安全科研专项规划，设立国家级核安全科研专项，确立科研总体思路和技术路线，统筹安排核安全科研项目及项目资金。

4　以《核安全法》为根据，全面开展核安全科技研发

《核安全法》第十条第三款“核设施营运单位和为其提供设备、工程以及服务等的单位、与核安全有关的科研机构等单位，应当持续开发先进、可靠的核安全技术，充分利用先进的科学技术成果，提高核安全水平”。目前我国展开核安全科研的单位主要有国务院相关部门下设的技术支持单位、各核电集团下设的技术研发中心、各省市环保部门下设的研究部门及单位、有涉核专业的院校、中物院等。无论是各级政府部门还是企事业单位、大专院校均设立了专门的科研机构、安排了专职的科研人员。

2013年，国家核安全局下属技术支持单位核与辐射安全中心对上述开展核安全科研的60多家单位进行了调研，初步建立了核安全科研课题题库。各单位对各自开展的课题在必要性、内容、可实施性及下一步建议等方面进行了详细论述。此次摸底式调研有利于对我国核安全科研现状进行整体而深入的了解，便于下一步统筹规划安排，共同攻克技术难关。

在国家核安全规划的引领下，"十二五"期间各科研单位开展了230余项核安全关键技术研究，涉及10个核安全领域，取得了10余项系统研发软件著作权。

表1　各核安全领域科研单位及从事的研究清单

序号	核安全专业领域	相关研究单位
1	核安全安全管理技术	依托国家核与辐射安全监管技术研发基地，充分利用高等院校、科研院所和核能企业单位，支持核安全技术科研单位基础能力建设，建设或改造一批核安全技术研发中心，搭建一系列国家级核安全技术研发平台。有针对性地开展核安全技术研发，集中力量突破制约发展的核安全关键技术，开发具有我国自主知识产权的核心技术，提高核安全整体水平
2	反应堆安全技术	中广核技术研究院、中广核工程有限公司、苏州热工研究院有限公司、中国核动力研究设计院、中物院二所、中国原子能科学研究院、哈尔滨工程大学等研究堆方面，由中国原子能科学研究院牵头，联合相关高校、科研单位、装备制造和安装企业，成立了快堆产业化技术创新战略联盟
3	核电厂厂址安全技术	国家能源局结合福岛核事故的经验反馈启动了在运在建核电站应对超设计基准事故安全技术研发计划。江苏省科技厅组织了国家科技支撑计划"核电厂核安全保障关键技术研究"项目，围绕核电厂厂址应急条件评估、严重事故分析与管理等核电厂核安全保障关键技术开展研究
4	核安全设备质量可靠性技术	核能相关设计和研究机构对设备可靠性开展相关研究工作，包括可靠性数据和可靠性数据库、设备状态监测、以可靠性为中心的维修（RCM）、设备老化管理、设备失效根本原因分析等。从目前的研究工作来看，主要集中在运行阶段的设备可靠性，而对于设计阶段的设备可靠性涉及较少

（续表）

序号	核安全专业领域	相关研究单位
5	核燃料循环设施安全技术	863重点项目“核燃料循环与核安全技术研究”课题由中国原子能科学研究院、清华大学、华北电力大学、西安交通大学和上海交通大学等合作执行；中国核电工程有限公司开展了核燃料后处理厂设计基准事故和严重事故初步研究、后处理厂临界安全控制方法及溶解器临界安全分析研究等
6	核技术利用安全技术	北京大学核技术及应用研究工作主要涵盖加速器物理与技术、射线和粒子束与物质的相互作用、核探测技术、离子束分析与加工技术、核药物研制等领域；中国原子能科学研究院自主设计研制了辐照加速器装置
7	放射性物品运输和实物保护技术	核与辐射安全中心组织开展公益科研项目安全“监管体系研究”，中国核电工程有限公司在实物保护评价技术方面已开展了十余年研究工作，在单条路径和二维评价方面取得了一定的成果
8	核应急与反恐技术	核事故后果评价和应急决策系统研究；核应急通信监测与装备研究；应急创新技术支持研发等研究任务
9	辐射环境影响评价及辐射照射控制技术	核工业北京化工冶金研究院提出了铀矿井控氡通风原理，研制了氡和氡子体刻度与检定装置、固体氡源、氡和 γ 个人剂量计，研究了环境氡测量刻度方法，开展了核工业30年铀矿冶辐射环境水平调查研究。核工业第四研究设计院、中国核电工程公司、中国辐射防护研究院、上海核工程研究设计院、苏州热工研究院、中国工程物理研究院和清华大学等单位在放射性核素的迁移扩散及分析、流出物环境影响评价模型分析及其他环境影响评价关键技术等方面也开展了多项研究
10	放射性废物治理和核设施退役安全技术	中核四川环保工程有限责任公司和中核四〇四有限公司就相关核设施的退役、高放废液处理技术、低中放废物处理处置技术、高放废物处置场址的调查分析及安全评价技术、铀矿冶污染场址的治理技术、放射性废物最小化等开展了攻关研究

虽然各科研单位取得了不少研究成果，但科研项目和科研成果比较分散。各科研单位主要根据自身需求和能力开展相关科研工作，有些工作存在交叉重复，有些工作前期论证不充分，而基础性、公益性科研工作又缺乏应有的关注，导致核安全科研整体工作秩序性、规划性较差。未来应整合科研单位现有资源，依托国家核与辐射安全监管技术研发基地建设的科技平台，建立国家级

核与辐射安全研究重点实验室，形成一批国家级核安全技术研发公共平台，实现统一共享，合力开展核安全基础研究和重大共性技术研发，进一步提高自主创新能力。

5 以《核安全法》为指导，全面深化改革核安全科技奖项

《核安全法》第十条第四款“国务院和省、自治区、直辖市人民政府及其有关部门对在科技创新中做出重要贡献的单位和个人，按照有关规定予以表彰和奖励”。对在科技创新中做出重要贡献的单位和个人予以表彰和奖励，从社会角度，利于提升公众对核安全的信心，从研发者角度，利于增强核安全科技开发的动力，营造核安全科技研发的积极氛围。奖励包括荣誉奖励、物质奖励和给予提职、晋级奖励等多种方式。国务院2003年修订《国家科学技术奖励条例》，规定获得技术发明奖或科学技术进步奖的获奖条件的由国家授予国家技术发明奖或国家科技进步奖。2017年，国务院发布《关于深化科技奖励制度改革的方案》，进一步完善了科技奖励制度，引导省部级科学技术奖高质量发展，鼓励社会力量设立的科学技术奖健康发展。

图2 核安全监管技术研发是国家核安全局的重点工作之一

国家环境保护部组织评审的“环境保护科学技术奖”，是我国环境保护科研领域的重要奖项，也是最高奖项，每年评选一次。环保科技奖还将根据国务院《关于深化科技奖励制度改革的方案》要求继续改革，持续提升授奖项目质量，并研究建立已获奖项目的跟踪评估机制。中国核能行业协会是全国性非盈利社会团体，在核能行业具有一定影响力与号召力，协会设立“中国核能行业协会科学技术奖”，每年进行一次评奖。

6　以《核安全法》为基石，全面构建核安全监管技术研发体系

《核安全法》第七十一条“国务院核安全监督管理部门应当组织开展核安全监管技术研究开发，保持与核安全监督管理相适应的技术评价能力”。核安全监管技术研发是国家核安全局的重点工作之一，“十二五”期间启动的核安全监管技术研发能力建设工作得到了各级政府、领导的大力支持，并在顺利推进中。2015年，国家核与辐射安全监管技术研发基地正式开工建设，截至2015年末，项目完成支出约1.3亿元。预计在“十三五”时期末，全面建成国家核与辐射安全监管技术研发基地，包括建设压水堆安全性技术实验平台、核安全监控预警与应急响应平台、核安全国际合作交流平台、核电厂运行安全仿真分析技术实验室等。持续开展校核计算与独立验证研究，在堆芯事故分析、概率安全分析、辐射防护计算、环境影响评价等方面开展校核计算，不断提高校核计算能力；在压水堆非能动安全系统性能、热工水力关键试验、核安全设备、数字化仪控系统、放射性废物安全等方面开展独立验证研究。目前，研发基地尚有部分建筑面积未落实，一定程度上影响了校核计算和试验验证台架和平台的构建进程。未来应持续稳步推进研发基地的主体工程建设，全面开展科研验证实验室及共同配套设施的试验设备购置等内涵建设。通过核安全监管技术研发基地的构建，实现核与辐射安全监管从“文件审查、现场监督”等单一手段向“在线监控、分析评价、校核计算、实验验证”等综合技术手段的转变，形成相对独立，较为完整的核与辐射安全分析评价、校核计算和实验验证能力，不断提升我国核与辐射安全监管水平。

同时，国家核安全局一直在开展风险指引型核安全监管技术研究，结合我国监管现状，研究制定适用于我国监管要求的风险指引型核安全监管框架，制定具体监管活动实施程序，开发数据库平台。

参考文献

[1]　中华人民共和国核安全法. [Z]. 2017年.
[2]　环境保护部. 核安全与放射性污染防治“十三五”规划及2025年远景目[Z]. 2017.
[3]　董毅漫. 核安全“十二五”规划（2011—2015）实施评估报告[M]. 2017.
[4]　核安全规划研究项目组. 国家核安全“十三五”重大问题研究[M]. 2018.

二、“十三五”期间我国核技术利用辐射安全监管领域“放管服”改革情况概要及思考

龚　宇[1]　曲云欢[1]

（1：生态环境部核与辐射安全中心，北京 102445）

摘要　国务院持续推进简政放权、放管结合、优化服务，不断提高政府效能。生态环境部门也积极开展生态环境各个领域的审批和监管改革工作。本文回顾了我国核技术利用辐射安全监管领域近年来在“放管服”改革背景下审批和监管的改革举措，结合我国核技术利用领域发展现状，提出作者对进一步加强辐射安全监管领域“放管服”改革的思考。

关键词　核技术利用；辐射安全；放管服；管理

核技术利用辐射安全监管是生态环境保护的组成部分，近年来随着我国经济的发展，核技术利用领域进入到快速增长的时期，“十三五”期间我国放射源数量以每年5%到10%的速度递增。截至2019年底，我国持有辐射安全许可证从事核技术利用相关工作的单位7.8万家，在用放射源14万余枚，在用射线装置近20万台（套），从事核技术利用领域工作的辐射工作人员数十万人。核技术利用领域具有数量多、地域分布广泛、涉及行业众多等特点。生态环境部在“十三五”期间针对核技术利用辐射安全监管领域的特点，推出了一系列“放管服”改革措施。

1　深入推进简政放权

生态环境部门积极配合国务院行政审批改革，降低了部分风险较低的核技术利用项目的审批层级，并采取积极措施减少企业在申请辐射安全许可各环节的经济成本。

下放审批权限，降低审批层级。将医用Ⅰ类放射源单位、制备正电子发射

图1　核技术利用辐射安全监管是生态环境保护的组成部分

计算机断层扫描用放射性药物自用单位的辐射安全许可证核发权限下放到省级生态环境部门。两次修订《建设项目环境影响评价分类管理名录》，将销售放射性同位素、医疗机构使用植入治疗用放射性粒子源环境影响评级等级降为环境影响登记表。

简化审批模式。发布《关于规范放射性同位素与射线装置豁免备案管理工作的通知》，规范放射性同位素与射线装置豁免顶层设计。发布《关于实施碘-125放射免疫体外诊断试剂使用有条件豁免管理的公告》，对极低风险碘-125放免药盒使用统一豁免管理。发布《关于实施对公共场所柜式X射线行李包检查设备最终用户免于辐射安全管理的公告》，对公共场所柜式X射线行李包检查设备的用户单位实行豁免管理。发布《关于放射性药品辐射安全管理有关事项的公告》，将放射性药品及其原料的进口和转让审批有效期由6个月延长至一个自然年。

多重举措降低企业负担。发布《关于做好放射性废物（源）收贮工作的通知》停征城市放射性废物送贮费，切实减轻企业负担，促进废旧放射收贮。推动辐射安全与防护培训改革，建立“国家核技术利用辐射安全与防护培训平台”，辐射安全与防护培训从培训机构收费培训全面改革为线上免费培训，预计全国每年为核技术利用单位节约培训费2.5亿元。与国家卫生计生委联合印发《关于医疗机构医用辐射场所辐射监测有关问题的通知》，引导各服务机构依法依规开展医疗机构医用辐射场所辐射监测工作，避免医疗机构医用辐射场所重复监测，切实减少医疗机构的支出成本。

2　加强事后监管，促进社会公平正义

在做好取消下放事项的同时，各级生态环境部门加大事中事后监管力度，出台一系列法规标准指导辐射安全监管工作。

推动修订《放射性同位素与射线装置安全和防护条例》及其配套部门规章、修订《射线装置分类办法》，进一步优化放射性同位素与射线装置辐射安全监管，对部分射线装置分类进行了调整、降级管理以及考虑实施豁免备案管理，并创新提出了对不同活动种类适用不同监管分级要求的模式。编制《生态环境部辐射安全与防护监督检查技术程序》（第四版），指导各级生态环境部门加强对核技术利用单位的事中事后监管。

加强高风险核技术利用单位管理。加强对高风险移动放射源的全过程管理，建立“全国高风险移动放射源在线监控平台”，推动全国高风险移动放射源实现在线实时监控。开展全国废旧放射源收贮单位废旧放射源清理工作，做到废旧放射源账物相符，消除安全隐患。

建立配套机制，配合环评机制改革。为健全核与辐射类建设项目环境影响评价管理工作配套机制，生态环境部印发《核与辐射建设项目环境影响评价机构监督检查实施办法》及其配套文件《核与辐射建设项目环境影响报告书（表）质量评估技术指南（试行）》，组织开展核技术利用环境影响评价文件后评估工作，切实加强核技术利用领域环评事后监管。

3　优化政府服务，提高办事效率

生态环境部门在下放和削减行政审批事项的同时，不断规范行政审批的流程，优化行政审批过程的服务质量。

规范行政审批行为。生态环境部制定了核技术利用领域行政审批事项的服务指南及技术审评大纲，明确审批时限，以标准化促规范化，减少自由裁量

权。发布《生态环境部关于废止、修改部分规章的决定》，明确减少核技术利用项目辐射安全行政审批的申请材料。

推行网上审批，加强信息系统部门间互联互通。升级“国家核技术利用辐射安全管理系统”，实现辐射安全许可证和放射性同位素审批备案手续网上申请、网上受理、网上审批。“国家核技术利用辐射安全管理系统”实现与商务部、海关总署放射性同位素进出信息共享，减少企业申报放射性同位素进出审批的工作量。

加强信息公开和社会监督。生态环境部建立了“全国核技术利用单位辐射安全许可证信息公开查询平台”，提高信息公开效率。制定印发了《核技术利用项目公众沟通工作指南（试行）》，对企业和生态环境部门开展公众沟通工作进行指导。积极推动核技术利用企业开展科普宣传和公众沟通，维护公众的知情权、参与权、监督权，创建和谐的公共关系。

4　进一步加强辐射安全监管领域“放管服”改革的思考

辐射安全监管领域经过数年“放管服”改革，监管模式日益科学合理，行政审批效率逐渐提高。但随着核技术利用行业的不断发展，信息化等技术水平不断提高，作者认为我国辐射安全监管仍然需靠沿着“放管服”改革的道路积极探索、不断前行。

推动“网上审批+电子证照”的无纸化审批。核技术利用领域未能实现真正的不见面审批，其原因是作为审批“输入端”的申请材料和“输出端”许可证、审批单均未做到真正的无纸化。《生态环境部关于废止、修改部分规章的决定》明确了办理辐射安全许可相关业务无需提交各级生态环境部门所出具审批备案文件的纸质材料，但其他职能部门审批文件以及各类监测、检定报告仍然未做到数据互联互通，无法取消纸质申请材料。各级政府部门正在推进的“电子证照”多数只是针对许可证，而各类审批备案单据未能走上电子化的道路。加强“全国核技术利用辐射安全管理系统”与各职能部门的业务系统的互联互通实现数据工作，推动各类申领材料真正的电子化、数据化，推动证照、审批备案单据的电子化，从而实现不见面审批。

探索进一步简化低风险放射性同位素与射线装置的审批备案手续。我国对于放射性同位素与射线装置采取根据风险等级不同进行分级管理，但是目前对于不同级别的放射性同位素与射线装置采取的是大致相同的审批流程，从某种意义来讲是不尽合理的。研究免除短半衰期放射性药物的转让审批、放射的备案活动采取网线进行、适当增加仅使用Ⅲ类射线装置单位的许可证有效期，这些举措可以有效减少低风险辐射源的行政审批数量，将行政资源集中到高风险辐射源的监管。

加强行业自律。核技术利用单位点多面广，发展日新月异，监管部门难以做到无死角的监管，也难以把每一项规范都纳入法规标准。发挥行业协会的行业自律作用，通过行业内部安全文化交流，制定行业标准、订立行业公约等方式可以促进核技术利用领域的安全水平，从而达到政府的归政府，市场的归市场，行业的归行业。

参考文献

[1] 中国政府网. “放管服”3年改变有哪些[EB/OL]. (2007-06-20) [2020-02-28]. http://www.gov.cn/xinwen/2017-06/20/content_5203845.htm.

[2] 环境保护部核与辐射安全监管三司. 核技术利用辐射安全法律法规汇编[M]. 北京: 中国环境科学出版社, 2012.

[3] 2004—2013年全国辐射事故汇编[M]. 北京: 中国原子能出版社, 2015.

三、基于核安全的核能发展重点问题

董毅漫[1]　李光辉[1]　曲云欢[1]

（1：生态环境部核与辐射安全中心，北京 102445）

摘要　发展核能是我国优化能源结构、保障能源安全、促进污染减排和应对气候变化的重要手段，也是我国实施“一带一路”和核电“走出去”等方面的关键问题，安全高效发展核电是我国核能发展的基本要求。福岛核事故后，世界核能发展的安全性再次受到质疑，我国也不例外。本文介绍了我国核电和核安全发展现状，分析了核电发展面临的机遇与挑战，论述了核安全与核能发展之间的辩证关系，从核安全的角度提出了核能发展需关注的几个问题。

关键词　核能；核安全；核电；核能接受度；公众健康；放射性废物；核事故

1　我国核电发展与安全现状

1.1　我国核电实现高效发展

自2006年以来我国核电实现快速发展，已经成为世界核电领域发展的领导者。截至2016年12月31日，我国运行核电机组35台，在建核电机组21台，总装机容量为5 677万千瓦，运行核电装机容量世界第三，在建核电装机容量世界第一。受福岛核事故影响，核电发展的节奏显着降低，但在前些年快速发展的余温下，运行核电规模仍将持续增长，至2020年，中国核电总装机容量有望超过法国跃居世界第二。

我国核电发展过程中大量引进世界各国的各类先进机型，并在此基础上消化、吸收、再创新，开发具有自主知识产权的机型，最终形成了我国机型种类众多，更新换代很快的局面。在堆型上我国核电坚持走压水堆路线，以

图1 核安全是核能发展的生命线，是核能发展的前提和基础

重水堆为辅。运行核电机组中，机型以法国M310较多，俄罗斯VVER、加拿大CANDU6与我国自主研发机型CNP300、CNP600、M310+、CPR1000并存。在建核电机组中，机型以美国AP1000较多，法国EPR、俄罗斯VVER与我国自主研发机型华龙一号、高温气冷堆HTR-PM、CNP600、M310+、CPR1000、ACP1000、ACPR1000并存。

“十二五”期间，我国积极开展具有自主知识产权及安全水平较高的先进核电技术研发，核电技术快速发展。融合“能动与非能动”先进设计理念成功研发了“华龙一号”，完成了AP1000引进、消化、吸收、再创新项目CAP1400示范工程设计，高温气冷堆示范工程也已实现开工建设。

1.2 我国核电安全业绩处于国际先进水平

我国核电安全水平不断提高，安全业绩良好。运行核电机组迄今未发生过国际核事件分级（INES）2级及其以上的运行事件和事故，在世界核电运营者协会（World Association of Nuclear Operators，WANO）综合排名中，大多数指标处于世界中等以上水平，部分指标处于世界领先水平。2014年，中核集团秦山二期3号机组、秦山三期2号机组综合指标在全球381台机组排名并列世界第一。2015年，中核集团12台运行核电机组共有80.3%的WANO指标达到世界先进水平。2016年，中广核18台运行核电机组（防城港2号机组投产不满一个季度，未纳入统计）共有72.2%的指标达到世界前1/4的先进水平。运行核电机组放射性废物产生量逐年下降，放射性气体和液体废物排放量远低于国家标准许可限值，对流出物监测和辐射环境监测结果表明，各核电厂的流出物排放远低于国家规定的标准限值，核电厂周边的辐射环境水平始终保持在天然本底涨落范围以内。

在建核电厂质量保证体系运转正常，在选址、设计、制造、建设、安装和调试等各环节均实施了有效管理，工程建造满足设计要求，总体质量受控。"十二五"期间开工建设的阳江5、6号机组，福清5、6号机组，田湾3、4、5号机组，防城港3号机组，红沿河5、6号机组，高温气冷堆示范工程等11台核电机组，设计上严重堆芯损坏事件发生的概率低于10^{-5}/（堆·年），大量放射性物质释放事件发生的概率低于10^{-6}/（堆·年）。

2 核电发展面临的机遇与挑战

2.1 国内与海外市场共同发展的新机遇

2.1.1 国内核电仍将稳步发展

发展核能是我国军事安全、能源安全、环境安全、经济安全的重要保障，是优化能源结构、促进污染减排和应对气候变化的关键手段。然而，与核电快速发展的态势相比，核电装机容量与发电量在全国电力容量和发电量占比仍然维持很低的水平。2016年核电运行装机容量占全国电厂装机容量的2.04%，核电发电量占全国发电量的3.56%。安全高效的发展核电仍将是我国核能发展的基本定位。按照《核电中长期发展规划（2011—2020年）》，到2020年，我国核电装机容量将达到5 800万kw，在建容量将达到3 000万kw，新建核电项目建设速度预计在4~6台机组/年，因此，"十三五"核电仍将稳步发展。

2.1.2 海外市场成为开拓重点

全球金融危机后，我国经济发展进入"新常态"，意味着调整经济结构、转变经济增长方式、提高经济增长质量成为我国经济工作的新模式，兼有调整能源结构和带动装备制造业提升"功效"的核电受到重视，作为我国实施"一带一路"和核电"走出去"等方面的重要载体，在当前中国企业"走出去"的时代特征下，国际领域的核电建设交流与合作不断深化，核电海外市场也将得到拓展。根据国际原子能机构提供的数据，未来10年，全球即将上马60~70个核电机组，全球核电市场的空间将达到万亿元人民币的规模。近年来，我国不断突破欧洲市场，拓展亚非拉市场，已相继与英国、罗马尼亚、巴基思坦、阿根廷等国达成合作协议，中核、中广核、国家电投三大核电企业都开始在国际舞台亮相。

2.2　安全运行与公众压力不断增大的新挑战

2.2.1　核电安全运行压力持续升高

核电规模不断扩大。2016年我国运行核电机组数量与2011年相比翻了一番多，2016年新投运核电机组是2011年的5倍，我国AP1000、EPR、高温气冷堆、华龙一号等核电新机型的世界首台核电机组都将在"十三五"期间、在我国投入建设或运行，预计核电运行事件将呈现攀高趋势，国内核电多种堆型、多种技术、多类标准、不同状态并存的局面将更加复杂。

乏燃料增长与后处理能力不足的矛盾日益凸显。预计到2020年核电运行产生的乏燃料累计量将超过1万t，虽然大型商用乏燃料后处理厂建设已经提上了议事日程，但由于选址、技术路线、经济考虑等原因，商用乏燃料后处理厂建设何时启动还未可知。

放射性废物处理处置安全关系环境安全与公众健康。核电中低放废物产生量和积累量将保持高增长趋势。预计到2020年，核电中低放固体废物年产生量将接近3 000 m^3，累计量将超过3万m^3。我国中低放废物集中处理路线尚未明朗，中低放固体废物处置能力建设推进缓慢，高放废物处置地下实验室尚未取得实质进展。

核安全设备制造事件、重大不符合项或将处于高发态势。在核电设备国产化率不断提高的背景下，由于缺乏工程经验、对关键技术掌握不足、核安全意识薄弱导致的核安全设备制造事件、重大不符合项或将呈现高发态势。

2.2.2　公众对核电接受度将会逐步降低

随着社会经济文化的不断发展，公众对其所处的自然环境和社会环境的要求也越来越高。据2014年12月中国社会科学研究院发布的《中国社会发展年度报告（2014）》，中国社会发展进入了一个新阶段，人们的诉求更多地体现在对自身权益的保护，关注自己与周围社会群体生活质量的提高，强调社会公平正义的实现以及对公共事务参与表达出强烈的意愿。

核能相关知识的复杂性、事故影响的深远性、以及人类在核能发展初期将其用于军事目的的行为在很大程度上给公众心理留下了深深的恐惧感，核安全问题历来是社会关注的焦点。福岛核事故后，公众对核安全更加关注，对涉核项目高度敏感。公众对核电接受度已成为影响核电发展最重要的因素之一。据南京大学毕军教授研究成果《福岛核事故对中国核电站附近居民的核电风险感知的影响》，在福岛核事故发生后，所有核电站附近居民核电接受度都明显降低，距当地核电站10 km范围内的居民表现更为明显。

国内质疑核能的声音日渐高涨，可以预见未来将会更加强烈。质疑意见代表向高学历人群发展。质疑观点主要集中在对核事故的恐惧，对内陆核电影响长江流域环境的担心，对放射性废物处理处置和核设施退役技术的担忧，对恐怖袭击、核武器攻击、大飞机碰撞设防能力的不信任，对核从业人员及核安全监管缺乏信心等方面。反核的活动和行为也表现出更加频繁、更加激烈的趋势，涉核舆论环境也将更加复杂。

3　准确把握核安全与核能发展的辩证关系

3.1　发展核能是必经的，必要的，必须的，更是必然的

发展核能可减少我国对化石能源的依赖程度，有利于实现我国调整优化能源结构、破解日趋强化的资源环境约束、加快经济发展方式转变的重要战略目标，有效保障我国能源安全与经济安全。

随着核能与核技术利用在工业、农业、国防、医疗和科研等领域的广泛应用，核能发展不仅与国家安全密切相关，更与人民生产、生活等基本利益息息相关，更是重大民生问题。和平利用核能，为人类造福，是我国作为核大国必须承担的责任。

近年来，我国环境总体恶化的趋势没有得到根本扭转，采取大幅降低能源消耗强度和二氧化碳排放强度等手段应对气候变化的压力不断增大。核电是降低粉尘、二氧化硫、重金属等污染物排放，减少二氧化碳、甲烷等温室气体排

放的惟一可替代化石能源实现规模化、稳定化生产的基核能源。发展核能是我国扭转环境总体恶化的趋势、减缓气候变化的必然之选。

3.2　核安全问题究其本质是发展问题、民生问题、社会问题、全球问题

一旦发生严重核事故，核能发展必然受到严重影响甚至停滞不前，一方面，相关产业链条也可能因此断裂，会对能源供应及工业生产秩序造成冲击；另一方面，核事故引发的高额核损害赔偿不仅会断送几十年核能企业安全运行带来的经济效益，同时可能殃及国家财政，导致国家经济受损，影响到一个国家的经济发展。

一旦发生严重核事故，其泄漏的放射性物质对环境造成的影响可能需要几年、几十年、甚至上百年的时间才能彻底消除，其对公众健康造成的影响可能会延伸到几代人身上。因核事故而被迫疏散和重建家园的人们，不仅生活、居住受到影响，甚至可能丧失其原有的工作和经济来源。

一旦发生严重核事故，本来就恐核的公众会更加恐慌，严重威胁社会公众心理安全，不仅影响社会公众对核电的接受度，还会显着降低政府公信力，带来社会动荡、政权不稳。

一旦发生严重核事故，其泄漏的放射性物质可以通过大气、海洋扩散至全球，引发国际争端。同时其影响甚至会波及全球，导致世界上众多国家在核能发展问题上犹豫、退缩甚至意见分化。

3.3　必须秉持核能发展和核安全并重的理念

党的十八大以来，党中央要求在发展核能与核技术利用事业的同时，必须坚持理性、协调、并进的核安全观，秉持发展和安全并重、权利和义务并重、自主和协作并重、治标和治本并重的理念，并将核安全纳入国家总体安全体系，写入了《国家安全法》。

核安全是核能发展的生命线，是核能发展的前提和基础。没有核安全的核能是“毒药”，不但会危害环境安全和公众健康，甚至会危害国家安全，其走向只能是灭亡；能够确保核安全的核能是“良药”，是打开当前我国社会、经济发展与资源环境约束之惑的钥匙，会为我国社会、经济发展带来不可估量的环境效益和经济效益。因此，要发展必先保安全，保安全就是促发展。

4　核能发展应关注的几个问题

4.1　树立核能发展的政治意识

在核能发展中，必须树立政治意识，所有核能行业的党员、干部以及从业人员必须以高度负责的态度和严、慎、细、实的工作作风对待核能发展中的所有核安全问题，向党中央、国务院、全国人民保证核能绝对安全，万无一失。

4.2　进一步提升核能的安全水平

“打铁还需自身硬”，核能要发展，首先要具备高水平的核安全。更高的安全性能是先进核能的重要特征，核能发展的显着标志就是核安全综合水平进一步提高。2017年4月，环境保护部（国家核安全局）、国家发展和改革委、财政部、国家能源局、国家国防科工局联合发布的《核安全与放射性污染防治“十三五”及2025年远景目标》指出，核安全综合水平的提高不仅要持续提升运行核电厂安全业绩、保证在建机组质量、新建机组从设计上实际消除大量放射性物质释放

图2　我国核电安全水平不断提高，安全业绩良好

的可能性，使核电安全继续保持国际先进水平，还要统筹推进乏燃料后处理能力建设和放射性废物处理处置能力建设提高放射性污染防治水平，强化管理提高核安全设备质量可靠性，防控结合提升核安保水平，常备不懈加强核应急响应，开拓创新推进核安全科技研发，提升能力推进核安全监管现代化建设。

4.3　推进全球核安全治理

核安全无国界，在互联互通时代，没有哪个国家能独自应对，也没有哪个国家能置身事外，确保核能安全，实现核能可持续发展，是全人类的福祉。我国核安全监管部门经过多年发展，在应对核能发展中多种堆型、多种技术、多类标准、不同状态并存的复杂局面方面积累了一定经验，是国外核安全监管部门没有经历过的。我们要以开放包容的心态，与世界其他国家一起，加强核安全领域的国际合作，构建合作、共赢的国际核安全体系，推进全球核安全治理，打造核安全命运共同体。积极学习国际核安全先进理念和先进技术，汲取国际经验和教训。推广国家核安全监管体系，分享我国良好实践，帮助有需要的国家提升监管能力。依托核与辐射安全监管技术研发基地，推动建设核与辐射安全国际合作交流平台。加强国际履约，促进履约成果转化，强化核安全双多边国际交流与合作。

4.4　营造良好的公众沟通氛围

据法国电力公司EDF多年来的研究表明，对核能的支持与反对与教育水平并无关联，人们对核能了解越多，就会越赞同核能的可能性并不存在，相反，一个人的文化和社会层次越高，就越容易产生怀疑；公众对核能的态度基本分为三种：支持、反对和没有立场；对核能最感兴趣的人群是那些已经形成坚定的支持或反对态度的人群；在政府公信力比较高的国家，政府的决策对公众观点具有强大的影响力。

在我国公众中，除了核行业从业人员外，对核能安全敏感的人群主要有四类：高学历人群、女性、利益相关者、低收入者。高学历人群作为社会的中产阶级独立意识较强，更加关注自身的健康与利益，期望高质量的生活，希望更多的参与到社会经济政治管理决策中来。女性由于承担人类繁衍的大任，出于母性保护意识，对可能危害子孙后代健康的环境和安全问题尤为敏感。利益相关者更多的是从自身利益是否受损出发，对可能危害其利益的事物更加关注。低收入者对辐射安全敏感的原因多是出于辐射知识缺乏和对核事故的恐惧心理。

因此，要根据不同的公众类型，从体制机制上采取有效措施，营造良好的公众沟通氛围，开展相应的科普宣传和公众沟通。首先在国家核电安全监管层面，应建立公众沟通的专业部门或机构，保障核设施建设过程中公众依法参与的权利。其次是建立完善的核电信息公开制度，加强核电项目不同阶段的建设信息和监管部门许可审批、监督执法、环境监测、事故事件的信息公开。三是与利益相关者就其利益点进行深入沟通，保证其利益不会因核安全问题受损，且一旦受损能够得到及时有效满意的补偿。四是开展简单、生动、通俗的核能安全科普知识讲座，快速提高普通公众的核安全认知水平，争取原来对核能发展没有立场的公众支持核能。五是保障对核能持有不同态度人员的发言权和质疑权，开展理性沟通，针对质疑的具体问题进行技术探讨和深入交流。

参考文献

[1] 环境保护部（国家核安全局）等. 核安全与放射性污染防治“十三五”规划及2025年远景目标[EB/OL]. [2017-3-28]. http://energy.people.com.cn/n1/2017/0323/ c71661-29165181-3.html.

[2] 习近平在华盛顿核安全峰会上的讲话[EB/OL]. [2016-4-2]. http://news.xinhuanet.com/world/2016-04/02/ c_1118517898.htm.

[3] 习近平在荷兰海牙核安全峰会上的讲话 [EB/ OL]. [2016-3-25]. http://news.xinhuanet.com/ politics/2014-03/25/c_126310117.htm.

[4] 李克强. 确保核电建设和运营管理绝对安全不断提升我国核电研发制造水平[EB/OL]. [2017-5-26]. http://news.xinhuanet.com/politics/2017-05/26/ c_1121041275.htm.

[5] 中国核能行业协会. 核能协会发布我国2016年核电运行报告[EB/OL]. [2017-1-25]. http://news.bjx.com.cn/ html/20170125/805618.shtml.

[6] 核电纵横. 全国核电安全监管情况媒体座谈会召开 [EB/OL]. [2015-4-20]. http://news.xinhuanet.com/ politics/2015-04/20/c_127709586.htm.

[7] 中国经营报. 未来10年全球核电市场将达万亿规模 [EB/OL]. [2014-9-12]. http://news.bjx.com.cn/ html/20140914/546236.shtml.
[8] LEI HUANG, YING ZHOU, YUTING HAN, et al. Effect of the Fukushima nuclear accident on the risk perception of residents near a nuclear power plant in China[J]. Proceedings of the National Academy of Sciences of the United States of America, 2013, 110(49): 19742-19747.

本文原载于《环境保护》2017年第18期

四、放射性药品生产活动监管思路探讨

聂鹏煊[1] 王晓涛[1] 陈栋梁[1]

（1：生态环境部核与辐射安全中心，北京 102445）

摘要 辐射安全相关法规没有明确规定放射性同位素生产的含义，核技术应用领域尤其是放射性药品领域对某种操作是否属于放射性同位素生产有不同理解。针对几种有争议的放射性药品相关操作，本文通过给出放射性同位素生产的界定原则并分析了具体的操作过程与工艺流程，给出了活动种类界定建议。

关键字 放射性药品；放射性同位素生产；活动种类

1 概述

我国辐射安全相关法规明确规定“放射性同位素包括放射源和非密封放射性物质”，因此生产放射性同位素可分为生产放射源与生产非密封放射性物质两种情况。然而法规没有进一步对放射性同位素生产的含义做出清晰的规定，核技术应用领域中对生产的定义有不同理解，导致后续辐射安全监管要求的差异。因此需要研究明确生产的定义和范畴，规范放射性同位素生产活动特别是非密封放射性物质生产活动的辐射安全管理。

非密封放射性物质的生产主要应用于放射性药品行业，近年来发展十分迅速，新增了大量放射性药品生产企业与医疗机构，核与辐射安全中心利用国家核技术利用辐射安全管理系统（以下简称“管理系统”）对我国放射性药品生产单位进行了查询统计，管理系统中状态正常的具有放射性药品生产许可的单位共113家，其中放射性药品生产单位58家，医疗单位55家。这个数量还将继续快速增长，在可预见的未来仍有数十家放射性药品生产单位将申请辐射安全许可证。确定放射性药品生产活动的界定原则，明确哪些操作活动属于生产范畴，有助于理顺放射性药品辐射安全监管，对于促进行业健康发展有着重要意义。

2　生产活动界定原则

为了解决核技术利用领域中对放射性同位素尤其是放射性药品生产活动的理解偏差问题，需要通过对几种没有争议的生产活动进行比较分析，进一步明确放射性同位素生产的含义。

我国目前仅有5家放射源生产单位，对于放射源生产归类为放射性同位素生产不存在争议。以Co-60放射源生产为例，Co-60放射源是使用反应堆辐照的原料棒生产加工而来。该生产过程中，Co-60原料棒被切割后封装，本身放射性虽并无改变，但本身物理形态与结构形式发生了重大变化，因此Co-60放射源生产活动属于生产放射性同位素。

使用回旋加速器生产F-18放射性药品属于放射性同位素生产也不存在争议。该生产过程是利用回旋加速器加速粒子轰击O-18水从而产生F-18核素，然后将产生的F-18核素经专用防护管道系统传输至热室的药物合成器内，工作人员通过控制合成热室外面的工作站进行药物合成或由合成器自动进行药物合成，再通过无菌滤膜传输到无菌收集瓶内，然后将有放射性药品的收集瓶放进分装罐内备用。该生产过程创造出了新的放射性同位素F-18，因此被没有争议的划归为生产放射性同位素。

根据上述两种生产活动的分析可见，判断某一涉及放射性的生产过程是放射性同位素生产的原则是：

（1）生产过程中有新的放射性物质被创造；

（2）原有放射性物质的物理结构、化学形态被改变。

也就是说如果在操作过程中满足上述条件之一，该操作应被判定为放射性同位素生产，并按照生产放射性同位素进行许可管理。

3　典型放射性药品操作活动的界定建议

放射性药品是指含有放射性核素、用于医学诊断和治疗的一类特殊制剂，广泛应用于癌症的诊疗、心肌成像和心脏疾病诊断，以及神经退行性疾病的状态监测。我国医疗中常用的诊断用放射性药品使用核素主要有Tc-99m、F-18和C-11等，可分为单光子放射性药物和正电子放射性药物，它们可结合单光子断层扫描仪（SPECT）或正电子断层扫描仪（PET），在分子水平上研究药物在活体内的功能和代谢过程，实现生理和病理过程的快速、无损和实时成像，一般用于神经系统、心血管系统、消化系统、骨关节和肿瘤等显像；治疗用核素主要有Sr–89、I–131和I–125等，一般用于骨肿瘤、甲状腺疾病、血液病和放射性核素介入治疗等。

根据本报告提出的生产活动界定原则，对几种需要界定的放射性药品操作进行分析如下。

3.1 放射性药品研发及临床研究

在药品安全监管领域，放射性药品的管理是针对放射性药品的不同环节分别制定各环节的监管规定，各个环节包括研究、生产、经营、运输、使用、检验等。放射性药品研发与临床研究环节的监管在法规中有单独的章节进行规定。在辐射安全监管领域，放射性同位素的辐射安全许可活动种类分为生产、使用、销售三种，不同活动种类分别有不同的许可条件与管理。放射性药品研发与临床研究的最终目的在于研发新型放射性药品用于生产销售，是否因此将其划分为放射性同位素生产，业内一直存在争议。

目前，我国药品标准收载了由14种放射性核素制备的36种放射性药品，与美国药典已收录的22种核素制备的69种放射性药品相比还有不小差距，尚有众多种类的放射性药物待研发试验。按照《放射性药品管理办法》（国务院令第25号）的规定，研制单位在制订新药工艺路线的同时，必须研究该药的理化性能、纯度（包括核素纯度）及检验方法、药理、毒理、动物药代动力学、放射性比活度、剂量、剂型、稳定性等，因此新的放射性药品研制需要进行一系列的放射性同位素操作及试验。

同样根据《放射性药品管理办法》（国务院令第25号）规定，新型放射性药品从研发开始需历经几次监管部门审批，才可进入商业生产环节，分别是研制→审批→临床试验或验证→获得新药证书→申请生产→审核颁发批准文号。可见放射性药品在研发与临床试验阶段距离药品的真正商业生产还有两到三个审批环节。建议参考药品安全监管体系，在辐射安全管理中将放射性药品研发及临床试验按照使用放射性同位素进行辐射安全许可管理。

3.2 放射性药品分装

放射性药品分装典型的代表为I–131放射性药品的分装，其工艺流程一般为首先将高比活度的I-131原液按照要求进行稀释，然后对放射性药品进行分装，稀释和分装一般在具有防护功能的手套箱中进行操作，最后对药品轧盖。

在实际工作中，放射性药品分装有两种情形，一是放射性药品生产企业分装后销售，二是医院分装后自用。监管部门对这两种情形进行有区别的管理，放射性药品生产企业分装后销售的行为，按照生产非密封放射性物质进行许可管理；医院购买I-131放射性药品并稀释分装后自用的行为，按使用非密封放射性物质进行许可管理。

由放射性药品分装的工艺流程可知，I-131的物理化学存在形式在整个操作过程中没有改变，操作过程仅仅改变了I-131放射性药品的适用性，使其能够满足特定病人的诊疗需求。因此，该生产过程无新放射性物质产生，也没有改变原放射性物质的物理结构、化学形态，应归类为使用放射性同位素。建议此类放射性药品分装活动，无论以销售为目的还是以制备自用药物为目的，均按照使用非密封放射性物质进行许可管理。

3.3 I-125籽源生产

I-125籽源主要用于浅表、胸腹腔内的肿瘤的治疗，可通过大规格注射针的植入器经皮植入或手术中放置于肿瘤内达到治疗目的。I-125籽源的一般生产工艺流程为：首先对钛管、I-125原料溶液等生产原材料进行质控；随后将钛管一端进行焊封，利用加热炉使银丝表面氧化；然后使用摇摆机使I-125溶液吸附于银丝之上，并将吸附有I-125核素的银丝装入一端封闭的钛管中，对钛管另一端进行焊封；最后对I-125籽源进行清洗和检漏后，将其分装进西林瓶中。

从实际操作的角度看，I-125籽源的生产工艺流程与密封放射源生产工艺流程比较相近，均是放射性物质密封在金属包壳之内，整个生产过程改变了I-125的物理状态（溶液→固体→密封），应属于放射性同位素生产，建议按照生产非密封放射性物质进行许可管理。

3.4 生产放射性核素发生器

目前我国常见放射性核素发生器多为钼锝发生器、锗镓发生器两种，其中以钼锝发生器最为普遍。以原子高科生产的钼锝发生器为例，典型生产工艺流程为：首先制备冷柱并对冷柱的消毒及无菌检测，检测合格后进行发生器组装；然后使用Mo-99原料溶液配置料液，并对料液进行分装及灌注，Mo-99母体或以$^{99}MoO_4^{2-}$的形式被Al_2O_3吸附，或以$^{99}MoO_4^{2-}$的形式与Zr^4+以凝胶的形式装填在色谱柱；最后对发生器盖帽并进行试通。

从钼锝发生器生产过程来看，整个操作过程对Mo-99核素的操作较为简单，但该过程改变了Mo-99核素存在形式的物理结构，使其被封装在钼锝发生器内，应属于放射性同位素生产，建议按照生产非密封放射性物质进行许可管理。

3.5 放射性核素发生器淋洗

典型的放射性核素发生器淋洗以钼锝发生器的淋洗为例，其工艺流程包括淋洗、标记、分装三部分。淋洗是将氯化钠淋洗溶液小瓶插入发生器的双针，然后将置入钨合金罐的负压瓶插入发生器的单针，借助负压瓶的负压，使淋洗溶液淋洗发生器的吸附柱，使得Tc-99m被洗脱入负压瓶中，获得高锝酸钠淋洗液。标记是将淋洗所得到的高锝酸钠淋洗液，经质检合格后转移超净工作台内，用一次性无菌注射器抽取适量的淋洗液注入有铅防护的冻干品瓶中，振摇、静置。分装是将已标记好的铅罐转移至另一超净工作台内，取样送检后，根据用药单位订药要求将药品分装至一次性无菌注射器中。

与放射性药品分装类似，在实际工作中，放射性核素发生器淋洗按照放射性药品生产企业淋洗后销售与医院淋洗自用两种情况进行有区别的管理，其中放射性药品生产企业淋洗后销售的行为，按照生产非密封放射性物质进行许可管理；医院自行购买放射性核素发生器进行放射性药品淋洗并自用的行为，按使用非密封放射性物质进行许可管理。

从淋洗的操作流程可知，该生产过程改变了Tc-99m的物理与化学存在形式，所以应归类为放射性同位素生产。建议放射性核素发生器淋洗按照生产非密封放射性物质进行许可管理。

3.6 C-14药物生产

C-14放射性药物主要形态为碳-14尿素呼气试验药盒，用于幽门螺旋杆菌的检测，具体生产工艺流程为将碳-14尿素（固体粉末状态)、柠檬酸和阿司帕坦按照一定比例混合，加入高纯无水乙醇溶解，然后使用移液枪分装到胶囊中，在真空干燥箱内干燥，质检合格后塑封包装，完成试验药盒生产。

从C-14尿素呼气试验药盒的生产工艺来看，C-14核素在整个工艺流程中存在的物理状态与化学形式发生了改变，应属于放射性同位素生产，建议按照生产非密封放射性物质对C–14放射性药物生产进行许可管理。

4　结论

通过对法律法规的回顾以及生产含义的分析，得出生产放射性同位素的判定原则为生产过程中是否有新的放射性物质被创造或原有放射性物质的物理结构、化学形态是否被改变，并依据这一原则对放射性药品不同操作活动进行界定，建议：

1. 加速器生产放射性同位素、生产放射性核素发生器、放射性核素发生器淋洗、生产I–125籽源、生产C–14放射性药品按照生产非密封放射性物质进行许可管理；放射性药品分装按照使用非密封放射性物质进行许可管理。

2. I–131等放射性药品分装按照使用非密封放射性物质进行许可管理。

3. 放射性药品研发及临床试验不论是否有新的放射性物质生成，均按照使用放射性同位素进行辐射安全许可管理。

参考文献

[1]　放射性同位素与射线装置安全和防护条例（国务院第449号令）[Z]. 2005.
[2]　放射性药品管理办法（国务院第25号令）[Z]. 2017.
[3]　放射性同位素与射线装置安全许可管理办法（环保部3号令）[Z]. 2008.
[4]　放射性同位素与射线装置安全和防护管理办法（环保部18号令）[Z]. 2011.
[5]　建设项目环境影响评价分类管理名录（环保部第44号令）[Z]. 2017.
[6]　电离辐射防护与辐射源安全基本标准（GB 18871-2002）[Z]. 2002.

五、关于完善我国放射性废物管理法规标准的建议

刘　婷[1]　宋大虎[1]　黄　力[1]　田　宇[1]

（1：生态环境部核与辐射安全中心，北京 102445）

摘要　本文介绍了我国放射性废物管理法规标准体系的现状，以及制修订情况，并对IAEA在该系列的安全标准进行了全面的梳理。对存在的问题进行了分析，提出推进放射性废物管理法律立法；加快该系列现行法规标准制修订进度；跟踪IAEA的最新进展，根据我国实际情况，按照《核安全法》要求对该系列法规标准体系进行完善；对法规和强制标准中的内容进行合理转化的建议。

关键词　放射性废物；法规；标准；核电；核安全

1　前言

随着我国核电的快速发展，产生的放射性废物越来越多。我国放射性废物的处理处置已得到社会的广泛关注。保障核安全，不仅要保障运行安全，还应对放射性废物进行有效管理。目前我国放射性废物管理法规标准体系已基本建立，但对比IAEA的根据国际先进经验和我国核电发展的实际情况，仍需要进行完善。《核安全法》中也对放射性废物的安全管理提出了要求，有必要分析我国目前该系列的法规标准体系，提出需要改进的地方，为后期完善修订法规标准体系提供建议，以更好地指导放射性废物安全的管理。

2　现状

我国核与辐射安全法规标准体系按照专业方向分为10个部分，放射性废物管理系列是第4部分，涉及放射性固体废物的贮存、处置、选址，核电厂放射性废物管理和系统的设计、γ 辐照装置退役以及核技术利用放射性废物库

选址、设计与建造技术要求等方面。

2.1　我国放射性废物管理法规标准体系基本形成

根据国家核安全局于2019年7月发布的《核与辐射安全法规状态报告》，我国现行核与辐射安全法规体系中涉及到放射性废物管理的有2部法律、1部行政法规、2部部门规章和9项导则。在《放射性污染防治法》和《核安全法》2部法律中贯穿了对放射性废物的安全要求，《放射性污染防治法》第六章，《核安全法》第三章还集中对放射性废物的安全管理提出要求。放射性废物管理系列法规体系详见表1。

表1　放射性废物管理系列法规体系表

序号	编号	法规名称
法律2部		
1	中华人民共和国放射性污染防治法（2003年6月28日发布，2003年10月1日施行）	
2	中华人民共和国核安全法（2017年9月1日发布，2018年1月1日施行）	
行政法规1部		
1	放射性废物安全管理条例（2011年12月20日发布，2012年3月1日施行）	
部门规章2部		
1	HAF401-1997	放射性废物安全监督管理规定
2	HAF402-2013	放射性固体废物贮存和处置许可管理办法
导则9项		
1	HAD401/01-1990	核电厂放射性排出流和废物管理
2	HAD401/02-1997	核电厂放射性废物管理系统的设计
3	HAD401/03-1997	放射性废物焚烧设施的设计与运行
4	HAD401/05-1998	放射性废物近地表处置场选址
5	HAD401/06-2013	高水平放射性废物地质处置设施选址
6	HAD401/07-2013	γ辐照装置退役
7	HAD401/08-2016	核设施放射性废物最小化

（续表）

序号	编号	法规名称
8	HAD401/09-2019	放射性废物处置设施的监测和检查
9	HAD4XX-2004	核技术利用放射性废物库选址、设计与建造技术要求（试行）

根据生态环境部核与辐射安全中心于2019年5月统计的现行国家核安全局制定或管理的放射性废物管理系列的规范性文件有6项，其他部委制定的相关规范性文件有2项，详见表2。国家核安全局制定或管理的国家标准和环境标准有16项，详见表3。

表2　放射性废物管理系列规范性文件列表

序号	编号	法规名称
生态环境部（国家核安全局）发布的规范性文件6项		
1	公告2017年第65号	放射性废物分类
2	环办〔2014〕9号	关于印发放射性固体废物贮存许可证申请表等四个文件格式的通知
3	环办〔2014〕10号	关于印发核退役项目竣工环境保护验收有关申请材料格式和内容的通知
4	环办〔2013〕12号	关于发布《矿产资源开发利用辐射环境监督管理名录（第一批）》的通知
5	环办函〔2011〕1150号	关于加强 γ 辐照装置退役工作管理的通知
6	环境保护部公告2010年第31号	关于发布《放射性物品分类和名录》（试行）的公告
其他部委发布的规范性文件2项		
1	科工二司〔2014〕314号	核电站乏燃料处理处置基金项目管理办法
2	财综〔2010〕58号	核电站乏燃料处理处置基金征收使用管理暂行办法

表3　国家核安全局制定或管理的放射性废物管理系列标准体系标准表

序号	编号	标准名称
1	GB 9132-2018	低、中水平放射性固体废物近地表处置安全规定
2	GB 11928-1989	低、中水平放射性固体废物暂时贮存规定

（续表）

序号	编号	标准名称
3	GB 11929–2011	高水平放射性废液贮存厂房设计规定
4	GB 12711–2018	低、中水平放射性固体废物包装安全标准
5	GB 13600–1992	低中水平放射性固体废物的岩洞处置规定
6	GB 14500–2002	放射性废物管理规定
7	GB 14569.1–2011	低、中水平放射性废物固化体性能要求–水泥固化体
8	GB 14569.3–1995	低、中水平放射性废物固化体性能要求–沥青固化体
9	GB 14585–1993	铀、钍矿冶放射性废物安全管理技术规定
10	GB 36900.1–2018	低、中水平放射性废物高整体容器–球墨铸铁容器
11	GB 36900.2–2018	低、中水平放射性废物高整体容器–混凝土容器标准
12	GB 36900.3–2018	低、中水平放射性废物高整体容器–交联高密度聚乙烯容器
13	GB/T 14588–2009	反应堆退役环境管理技术规定
14	GB/T 15950–1995	低、中水平放射性废物近地表处置场环境辐射监测的一般要求
15	HJ/T 5.2–1993	核设施环境保护管理导则放射性固体废物浅地层处置环境影响报告书格式与内容
16	HJ/T 23–1998	低、中水平放射性废物近地表处置设施的选址

2.2　放射性废物管理法规标准制修订工作有序开展

2019年3月的“十三五”期间放射性废物管理系列法规制修订项目有29项，其中一类项目5项，二类项目19项，三类项目5项；截至2019年7月，已发布的有4项。详见表4。

表4　“十三五”期间放射性废物管理系列法规制修订项目及进展（至2019年7月）

序号	名称	层级	状态	进展情况
一类项目5项				
1	放射性废物处理、贮存和处置许可管理办法	规章	修订	已报批

（续表）

序号	名称	层级	状态	进展情况
2	放射性废物安全管理办法	规章	修订	报批稿（初稿）I
3	核设施退役管理办法	规章	制定	征求意见中
4	核技术利用放射性废物最小化	导则	制定	报批稿
5	放射性废物近地表处置安全全过程系统分析和安全评价	技术文件	制定	征求意见中
二类项目19项				
1	放射性流出物排入环境的审管控制	导则	制定	前期调研
2	核燃料循环设施流出物排放管理	导则	制定	送审稿 I
3	放射性废物清洁解控	导则	制定	前期调研
4	放射性污染物料（设备）再循环再利用	导则	制定	前期调研
5	加工、处理和贮存放射性废物的质量管理	导则	制定	前期调研
6	医疗、工业、农业、研究和教学应用中产生的放射性废物管理安全导则	导则	制定	报批稿
7	放射性废物处置前管理的安全全过程系统分析和安全评价	导则	制定	征求意见稿编制中
8	放射性废物的贮存	导则	制定	前期调研
9	核设施的放射性废物处置前管理	导则	制定	报批稿
10	放射性废物处置的质量管理	导则	制定	前期调研
11	放射性废物处置设施的监测与监视	导则	制定	已发布
12	放射性废物地质处置设施安全要求	导则	制定	报批稿（初稿）I
13	核动力厂和研究堆的退役	导则	制定	征求意见稿编制中
14	实践终止后场址解除监管控制的要求	导则	制定	送审稿 I
15	核燃料循环设施的退役	导则	制定	前期调研
16	医学、工业和研究设施的退役	导则	制定	送审稿 I

（续表）

序号	名称	层级	状态	进展情况
17	核设施退役安全评价	导则	制定	报批稿
18	过去核活动和事故影响区域的环境整治	导则	制定	报批稿
19	核动力厂放射性废物管理系统的设计和运行	导则	修订	送审稿 I
三类项目5项				
1	放射性废物地质处置安全管理规定	规章	制定	前期调研
2	放射性废物和被放射性废物污染物品入境或跨境转移管理办法	规章	制定	前期调研
3	中等深度处置设施的选址	导则	制定	前期调研
5	放射性废物中等深度处置设施安全	导则	制定	前期调研
5	高放固体废物地质处置环境影响评价	导则	制定	前期调研

截至2019年3月，“十三五”期间标准制修订项目有11项，其中一类项目6项，二类项目4项，三类项目1项；已发布的有4项，详见表5。

表5　“十三五”期间放射性废物管理系列标准制修订进展（至2019年3月）

序号	名称	状态	进展情况
一类项目6项			
1	放射性固体废物近地表处置要求	修订	报批稿
2	低、中水平放射性固体废物包装安全标准（修订GB 12711–1991）	修订	已发布
3	低中水平放射性固体废物的浅地层处置规定（修订GB 9132–1988）	修订	已报批
4	低、中水平放射性废物高完整性容器–球墨铸铁容器	制定	已发布
5	低、中水平放射性废物高完整性容器–混凝土容器	制定	已发布
6	低、中水平放射性废物高完整性容器–交联高密度聚乙烯容器	制定	已发布
二类项目4项			

（续表）

序号	名称	状态	进展情况
1	低、中水平放射性废物近地表处置场环境辐射监测的一般要求（修订GB/T 15950-1995）	修订	报批稿（初稿）
2	放射性废物近地表处置的废物接收准则（修订GB 16933-1997）	修订	已报批
3	近地表放射性固体废物处置设施安全分析报告的标准格式与内容	制定	前期调研
4	放射性废物近地表处置场的环境影响评价报告标准格式与内容	制定	前期调研
三类项目1项			
1	放射性废物体和废物包的特性鉴定	制定	已立项

2.3 IAEA在放射性废物管理方面的安全标准现状

根据IAEA于2019年8月发布的“LONG TERM STRUCTURE OF THE IAEA SAFETY STANDARDS AND CURRENT STATUS”，IAEA安全标准涉及到放射性废物管理的通用安全要求有2项，通用安全导则9项；放射性废物处置设施系列中特定安全要求1项，特定安全导则6项。详见表6。

表6 IAEA放射性废物处置设施系列安全标准列表

序号	编号	名称
通用系列/通用安全要求2项		
1	GSR Part 5	放射性废物的处置前管理 Predisposal Management of Radioactive Waste（2009）
2	GSR Part 6	核设施的退役 Decommissioning and Termination of Activities（2014）
通用系列/通用安全导则9项		
1	GS-G-3.3	放射性废物处理、搬运和贮存的管理系统 The Management System for the Processing, Handling and Storage of Radioactive Waste（2008）

（续表）

序号	编号	名称
2	GSG–1	放射性废物分类 Classification of Radioactive Waste（2009）
3	GSG–3	放射性废物处置前管理的安全案例和安全评价 The Safety Case and Safety Assessment for the Predisposal Management of Radioactive Waste（2013）
4	RS–G–1.7	排除、豁免和解控的概念运用 Application of the Concepts of Exclusion, Exemption and Clearance
5	GSG–9	放射性环境释放的监管控制 Regulatory Control of Radioactive Discharges to the Environment（2018）
6	WS–G–3.1	过去的活动和事故影响区域的补救过程 Remediation Process for Areas Affected by Past Activities and Accidents（2007）
7	WS–G–5.1	实践结束后场址监管控制的解除 Release of Sites from Regulatory Control on Termination of Practices（2006）
8	WS–G–5.2	利用放射性物质的设施的退役安全评价 Safety Assessment for the Decommissioning of Facilities Using Radioactive Material（2008）
9	WS–G–6.1	放射性废物的贮存 Storage of Radioactive Waste（2006）
特定安全要求1项		
1	SSR–5	放射性废物的处置 Disposal of Radioactive Waste (2011)
特定安全导则6项		
1	GS–G–3.4	放射性废物处置的管理系统 The Management System for the Disposal of Radioactive Waste The Management System for the Disposal of Radioactive Waste（2008）
2	SSG–1	放射性废物的钻孔处置设施 Borehole Disposal Facilities for Radioactive Waste（2009）

（续表）

序号	编号	名称
3	SSG-23	放射性废物处置的安全案例和安全评价 The Safety Case and Safety Assessment for the Disposal of Radioactive Waste（2012）
4	SSG-29	放射性废物的近地表处置 Near Surface Disposal Facilities for Radioactive Waste（2014）
5	SSG-14	放射性废物的地质处置设施 Geological Disposal Facilities for Radioactive Waste（2011）
6	SSG-31	放射性废物处置设施的监测与监视 Monitoring and Surveillance of Radioactive Waste Disposal Facilities（2014）

在IAEA其他系列中，与我国放射性废物管理体系相关的特定安全导则还有4项，详见表7。

表7 IAEA其他系列中与放射性废物管理相关的特定安全导则

序号	编号	名称
核动力厂系列、研究堆系列1项		
	SSG-47	核电厂，研究堆和其他核燃料循环设施的退役 Decommissioning of Nuclear Power Plants, Research Reactors and Other Nuclear Fuel Cycle Facilities（2018）
研究堆系列1项		
1	SSG-40	核电厂和研究堆放射性废物的处置前管理 Predisposal Management of Radioactive Waste from Nuclear Power Plants and Research Reactors（2016）
辐射源应用系列2项		
1	SSG-49	医学、工业和研究设施的退役管理 Decommissioning of Medical, Industrial and Research Facilities（2019）
	SSG-45	医疗、工业、农业、研究和教学应用中产生的放射性废物的管理 Management of Waste from the Use of Radioactive Material in Medicine, Industry, Agriculture, Research and Education（2019）

3　存在的问题

对照IAEA安全标准的国际先进经验和《核安全法》的要求，我国放射性废物管理还存在一些问题。

3.1　该系列法规标准制修订进展缓慢

该系列中2项导则《核电厂放射性排出流和废物管理》(HAD 401/01-1990)、《放射性废物焚烧设施的设计与运行》(HAD 401/03-1997)，4项标准《低中水平放射性固体废物的岩洞处置规定》(GB 13600-1992)、《放射性废物管理规定》(GB 14500-2002)、《核设施环境保护管理导则放射性固体废物浅地层处置环境影响报告书格式与内容(HJ/T 5.2-1993)》《低、中水平放射性废物近地表处置设施的选址》(HJ/T 23-1998)，它们的发布时间距现在有20年左右，已经不能满足现在的放射性废物管理的要求。

截至2019年7月，我国“十三五”期间拟开展制修订的29项放射性废物管理系列法规制修订项目，仅有13项进入送审流程，其中4项已发布；其余16项均未进入送审阶段，其中2项为五年内必须完成的一类项目，五年内力争完成的二类项目有9项。截至2019年3月，“十三五”期间该系列的标准制修订项目有11项，仅发布4项。距“十三五”结束仅有不到一年的时间，完成计划的压力巨大。

图1　保障核安全，不仅要保障运行安全，还应对放射性废物进行有效管理

3.2 与IAEA安全标准相比还需完善

IAEA于2009年出版的放射性废物系列通用要求GSR Part 5《放射性废物的处置前管理（*Predisposal Management of Radioactive Waste*）》，用于所有类型放射性废物的处置前管理，并涵盖从放射性废物产生直至处置的放射性废物管理的所有步骤，包括加工（预处理、处理和整备）、贮存和运输。我国目前在放射性废物处置前管理领域只有导则《核设施的放射性废物处置前管理》正在制定，而该导则只适用于核设施的放射性废物处置。

3.3 目前的法规标准体系尚未完全满足《核安全法》的要求

2018年1月1日起施行的《核安全法》第四十条“放射性废物应当实行分类处置。低、中水平放射性废物在国家规定的符合核安全要求的场所实行近地表或者中等深度处置。高水平放射性废物实行集中深地质处置，由国务院指定的单位专营。”生态环境部发布的于2018年1月1日起施行的规范性文件《放射性废物分类》（公告2017年第65号）中对放射性废物的分类提出了要求。技术文件《放射性废物近地表处置安全全过程系统分析和安全评价》包括近地表处置的相关要求，以及导则《放射性废物中等深度处置设施安全》正在制定中。但目前我国法规标准体系中缺乏高水平放射性废物深地质处置的相关要求。

第四十八条“核设施营运单位应当预提核设施退役费用、放射性废物处置费用，列入投资概算、生产成本，专门用于核设施退役、放射性废物处置。”在我国目前的法规标准体系中，缺少关于核设施退役、放射性废物处置资金的内容。

3.4 放射性废物管理系列法规和标准之间界限不清

《核安全法》中提出了对建立核安全标准的要求。在该系列的管理文件如导则中，有一些技术内容适合作为标准来指导相关人员。同时在本应是技术内容的标准中，又有一些管理方面的内容。法规和标准之间互相混淆，给从业人员造成了使用上的不便，对我国核电“走出去”所需的核安全法规标准制造了困难。

4　建议

4.1　推进放射性废物管理法律立法

我国一直非常重视放射性废物管理工作，在该领域也建立了系列性的法规标准，但随着我国核电的快速发展，面临退役和废物治理问题突出，低放废物处置能力严重不足、中放废物处置尚未开展研发、高放废物处置研发力量不足等挑战。迫切需要尽快制定《放射性废物管理法》，系统全面地对放射性废物提出管理要求。目前该项工作已经在启动前调研阶段。

4.2　加快该系列现行法规标准制修订进度

在“十三五”期间法规标准列入一类项目计划中，对未发布的 7 项加快进度，在“十三五”结束之年顺利完成任务。并建议充分核安全专家委员会的力量，提高法规标准制修订的质量。

导则《核电厂放射性排出流和废物管理》（HAD401/01-1990）是对《核电厂运行安全规定》（HAF103）中关于核电厂放射性排出流和废物管理中有关条款的说明和补充。HAF103已于2004年进行了升版，建议该导则根据最新上层法规中的有关条款，进行更新。

导则《放射性废物焚烧设施的设计与运行》（HAD401/03-1997）是对《放射性废物安全监督管理规定》（HAF401)和《民用核燃料循环设施安全规定》（HAF301）中相关条款的说明和补充。HAF401-1997已不能适应目前的情况，正在修订，现在报批稿阶段。建议该导则密切跟踪HAF401的修订进展，根据最新修订情况对导则进行修订。

标准《低中水平放射性固体废物的岩洞处置规定》（GB 13600-1992）、《放射性废物管理规定》（GB 14500-2002）、《核设施环境保护管理导则放射性固体废物浅地层处置环境影响报告书格式与内容》（HJ/T 5.2-1993）、《低、中水平放射性废物近地表处置设施的选址》（HJ/T 23-1998）中引用的多项标准已经作废或者更新，建议根据替代标准或者最新版本对标准进行修订。

4.3 跟踪IAEA的最新进展，根据我国实际情况对该系列法规标准体系进行完善

建议参考IAEA GSR Part 5，制定有关放射性废物的处置前管理的部门规章。对我国所有产生放射性废物的工作，对其产生的放射性废物的处置前管理的所有环节，全面提出监管要求。

建议对即将发布的《医疗、工业、农业、研究和教学中产生的放射性废物管理安全导则》中的要求与IAEA2019年发布的*Management of Waste from the Use of Radioactive Material in Medicine, Industry, Agriculture, Research and Education*（SSG-45）对比，以确定该导则是否需要根据IAEA新的安全要求进行修订。

4.4 按照《核安全法》要求，完善该系列法规标准体系

针对《核安全法》第四十条、第四十六条、第四十七条、第四十八条中对放射性废物安全管理的要求，建议制定导则《高水平放射性废物深地质处置》、《放射性废物处置设施的关闭》《放射性废物处置设施关闭安全监护计划》，并在《放射废物处理、贮存和处置许可管理办法》和《核设施退役管理办法》中补充核设施退役费用、放射性废物处置费用的要求。

4.5 建议梳理法规和强制标准中的内容，并进行合理转化

建议将《核设施放射性废物最小化》（HAD401/08-2016）“设计和建造阶段废物最小化”“运行阶段废物最小化”“退役阶段废物最小化”中的技术要求，以及《核技术利用放射性废物库选址、设计与建造技术要求（试行）》转换为标准。

现行标准《低、中水平放射性固体废物暂时贮存规定》（GB 11928-1989）、《放射性废物管理规定》（GB 14500-2002）中有较多的管理内容，建议转换为导则。

六、环境污染责任保险对放射源责任保险的启示

曲云欢[1]　董毅漫[1]　聂鹏煊[1]

（1：生态环境部核与辐射安全中心，北京 102445）

摘要　我国目前在环境领域已有环境污染责任保险，但与辐射相关的内容均作为除外条款，而近年来放射源数量逐年递增，辐射事故时有发生，一旦发生辐射事故，会给环境安全带来潜在的危险，危及人体健康和生命安全，引发公众的恐慌，同时辐射事故赔偿责任数额巨大，排污单位可能无力承担，受害人很难获得及时和足额的赔偿，给政府财政带来压力，亟需引入放射源责任保险。本文分析了国内外环境污染责任保险基本情况，总结了“十二五”以来我国放射源数量及辐射事故基本情况，研究了我国推行放射源污染责任保险制度的必要性，提出了推动建立放射源责任保险的建议：一是通过立法和政策引导等方式明确规定，二是选择切实可行保险模式，三是选择高风险行业或企业先行试点责任保险，四是建立放射源保险共同体和保障基金，五是强化政府管理部门作用。

关键词　环境；污染责任保险；放射源；辐射事故

党中央、国务院历来高度重视核安全与辐射安全工作，“十三五”期间我国放射源数量以每年5%到10%的速度递增，将达到15万枚左右，保障放射源安全的压力将进一步增加。我国目前在环境领域已有环境污染责任保险，但与辐射相关的内容在现有的保险产品中都是作为除外条款出现，均未涉及放射源事故导致的辐射事故赔偿，而近年来放射源辐射事故时有发生，一旦发生辐射事故，会给环境安全带来潜在的危险，危及人体健康和生命安全，引发公众的恐慌。污染责任保险是基于污染赔偿责任的一种商业保险行为，排污单位因为污染事故等原因给第三人造成损害（包括人身伤害、财产损失以及环境损害）时，依法应当承担赔偿责任。这种赔偿责任有时数额可能很巨大，排污单位可能无力承担，受害人很难获得及时、足额的赔偿，给政府财政带来压力，因

此，引入放射源责任保险很有必要。

1 环境污染责任保险基本情况

20世纪60年代环境污染责任保险被首次提出，经过多年研究与实践，美国、德国等西方主要发达国家的环境污染责任保险业务已经进入较为成熟的阶段，成为各国通过社会化途径解决环境风险管理的重要手段。我国不断借鉴国外经验，结合我国国情，从理论和实践两方面对环境污染责任保险制度进行完善。

1.1 发达国家环境污染责任保险制度较为成熟

西方主要发达国家在油污损害、危险废弃物等领域实行强制性环境污染责任保险，在法律体系、承保范围、保险模式、索赔时效、承保机构等方面取得较大发展。

美国于20世纪70年代推行责任保险，要求管理者对有毒物质和废弃物处理可能造成的环境破坏购买保险，先后颁布《清洁水法》《清洁空气法》《资源保护和赔偿法》《超级基金法》等法律法规。美国成立一个专门承保环境污染风险的保险集团开展承保，保险模式主要是强制性环境污染责任保险，承保范围包括环境损害责任保险和自由场地治理责任保险两类。索赔最长期限为自保险单失效之日起30年，在30年内都可以索赔，超过30年不再承担责任。德国1965年开始探索环境污染责任保险制度，于1990年制定并实施了《环境责任法》。保险模式采取强制性责任险与财务保证或担保相结合的保障方式。承保范围最初只针对突发性污染造成的损害，随着经济社会发展和保险业成长，逐渐将渐进性环境污染产生的责任纳入承保范围。赔偿范围包括对生命、身体健康和财产造成的损害，但因不可抗力造成的环境污染致人损害不负赔偿责任。赔偿限额规定最高不超过1.6亿马克。索赔时效截至保险合同有效期后3年，3年内发现的损失，原保险人仍需赔偿责任，实践中合同双方可以约定延长这个时效。

英国和法国实行自愿保险为主、强制保险为辅的保险模式。法国于1998年颁布《法国环境法》，涵盖了所有环境保护领域。赔偿范围包括环境损害赔偿和清理污染的费用。赔偿数额低于200万法郎，由保险公司自行核赔；如果超过200万法郎，则由技术委员会提出附加意见。承保集团由外国保险公司和本国保险公司组成污染再保险联营承保。英国环境污染责任保险分为环境损害责任保险和属地清除责任保险两类。英国环境污染责任保险相关法律主要体现在一些单行法中，如：1965年颁布的《核装置法》，明确规定必须投保最低500万英镑的核环境责任保险。英国承保范围逐步扩大，将渐进、协同、潜伏性的环境污染事故予以投保。环境侵权责任保险由现有的财产保险公司自愿承保。

日本于1973年制定了《公害健康受害补偿法》，建立了损害赔偿责任制度。环境污染责任保险赔偿范围包括应对土壤污染风险的责任保险、应对非法投弃风险的责任保险以及应对加油站漏油污染的责任保险。

1.2　我国环境污染责任保险工作在理论和实践上逐步发展

我国环境污染责任保险制度的建立受到国家有关部门的重视，出台了一系列行政规章、规范性文件、地方性法规等，先后在多个省市推行环境污染责任保险试点，并在高环境风险行业实行强制环境污染责任保险。我国环境污染责任保险的推行分为以下三个阶段。

第一阶段，在少部分城市开展试点。20世纪90年代初，我国商业保险公司与当地环保部门合作推出了环境污染责任保险，承保范围仅限于油污责任，由企业自主决定是否投保，在大连、沈阳、长春、吉林、丹东、本溪等城市相继试点。

第二阶段，我国环境污染责任保险制度建设不断探索。2005年底松花江重大水污染事件造成的社会效应和环境代价直接催生了环境污染责任保险制度的大步推进，2006年国务院出台《关于保险业改革发展的若干意见》，2008年国家环保总局和中国保监会联合发布《关于环境污染责任保险的指导意见》，并在湖南、江苏、湖北等省和宁波、沈阳、上海、重庆、深圳、昆明等市开展试点，覆盖面逐步扩大。

第三阶段，在全国大范围推行。2013年，保监会和环保部联合发文，出台《关于开展环境污染强制责任保险试点工作的指导意见》（环发〔2013〕10号），提出“涉重金属企业”和“高环境风险企业”将作为强制保险的试点企业，正式将环境污染责任保险引入强制保险的行列。2014年新修订的《环境保护法》出台，首次提出鼓励企业投保环境责任保险。2015年9月，中共中央、国务院发布的《生态文明体制改革总体方案》中明确提出“在环境高风险领域建立环境污染强制责任保险制度”。2016年，环境保护部发布《关于征求环境污染强制责任保险制度方案（征求意见稿）意见的函》（环办政法函〔2016〕903号）拟对一些企业纳入强制保险的范围。

1.3 环境污染责任保险的发展趋势

一是法律体系逐步健全，环境污染责任保险具有相对完善的环境法律和制度体系，在发生环境污染事件时，可以做到有法可依。二是承保范围逐渐扩大，从起初只承保非渐进性环境污染事故逐步扩大到同时承保渐进环境污染事故。三是逐步推行强制保险方式，随着环境污染事故的频发，针对污染责任者无力承担损害后果，受害者权益得不到充分保护的情况，核损害、海洋油污和危险废物等高污染高耗能行业倾向于实行强制保险。四是索赔时效的长期化，环境责任险的保险利益具有不确定性，比一般责任保险的索赔时效要长。五是保险机构的专门化和政府环保部门支持，环境责任保险承担的赔付金额过大，承保的范围过窄，经营此类保险的风险大大高于其他商业保险，需要有专门的承保机构并得到政府的扶持。

图1　我国环境污染责任保险制度的建立受到国家有关部门的重视

2　我国放射源数量及辐射事故基本情况

“十二五”以来，我国核技术利用事业不断发展，应用领域十分广泛，放射源总数逐年增长，然而放射源辐射事故时有发生，Ⅲ类工业探伤源丢失和Ⅱ类放射源落井失控多为较大级别事故，一旦发生对人民群众生命财产安全和环境影响较大，亟需关注。

2.1　放射源数量不断增长，应用领域十分广泛

“十二五”以来，放射源总数逐年增长，平均每年增幅7%左右。截至2015年底，我国共有核技术利用单位6.5万余家，其中生产、销售、使用放射性同位素单位1.4万余家，涉及在用放射源12万余枚。放射源应用的行业分布十分广泛，涉及医疗、机械制造、探伤、水泥建材、冶金、科研教学等20多个领域。

2.2　辐射事故时有发生，安全监管仍需加强

据统计，2011—2015年，我国共发生涉源辐射事故41起，其中重大事故1起、较大事故4起、一般事故36起，无特别重大级别的辐射事故。这些事故类型均为放射源丢失、被盗、失控事故及放射源落井事故，重大事故为南京放射源丢失，造成1人受到超剂量照射并引发急性放射病；较大级别的事故多为Ⅲ类工业探伤源丢失事故和Ⅱ类放射源落井失控事故。发生在核子仪应用领域辐射事故共24起，基本上都是Ⅳ类或Ⅴ类放射源，事故影响较小；发生在医疗应用领域辐射事故2起，是敷贴器及含源仪器丢失、被盗事故；而放射性测井和工业探伤领域发生事故共15起，放射性测井辐射事故主要是测井过程中发生的含源设备卡井或落井，工业探伤事故基本都是工业 γ 探伤机丢失、被盗，两类事故数量约占事故总量4成左右，是我国近年来辐射事故的主要组成。同时考虑到Ⅲ类工业探伤源丢失事故和Ⅱ类放射源落井失控事故多为较大级别的事故，一旦发生，不仅威胁人类健康，而且对社会秩序冲击极大，容易引发公众恐慌，同时放射性物质会在空气中蔓延，波及范围广，公众所受的危害也将持续很长时间，是加强辐射安全监管、降低事故发生率应关注的主要方面。

3 我国推行放射源污染责任保险制度的必要性

我国推行放射源污染责任保险制度是分散企业风险，降低政府财政压力，稳定社会秩序，完善放射源污染事故救援机制，促进企业从“污染后治理”转向“事先预防”，推动社会经济发展的必然趋势。

对于企业而言，一旦发生较大级别辐射事故，许多企业难以面对高昂污染事故的赔偿金和治理费用，导致企业破产，在放射源领域推行责任保险可以使企业免于巨额赔偿，实时转移风险；也可以使放射源企业落实安全管理的主体责任，分散被保险人的责任风险，减少企业压力，实现风险救济社会化；同时可以提高被保险人的风险管理水平，规范企业日常经营行为，管理部门和保险公司定期派专家进行监督、检查、指导，实现污染事先预防，减少事故发生。对于受害人而言，受害人很难获得及时、足额的赔偿，推行责任保险可以保障受害者得到及时完全的救济，也可以保障环境受到损害能及时得到恢复。对于政府而言，污染企业无力支付赔偿费用，政府只能被动承担，推行责任保险一定程度上减轻政府财政巨大压力。对于保险公司而言，推行和实施放射源责任保险，不断开发新的领域与业务，参与社会管理创新，对污染事故赔偿、风险管理以及对受害人权益保护的积极介入，可以增强自身竞争力，提高业务水平。

图2　完善的法律制度是责任保险顺利推行的前提条件

4 我国开展放射源责任保险的建议

我国近年来较大级别的辐射事故时有发生，一旦发生对公众和环境影响较大，而《核安全与放射性污染防治“十二五”规划及2020年远景目标》中提出“研究建立核技术利用单位责任保险制度”，《核安全与放射性污染防治“十三五”规划及2025年远景目标》中也明确提出“推动高风险放射源辐射安全责任保险试点工作，推动在Ⅲ类以上放射源测井和工业移动探伤领域建立责任保险”。为维护公众和环境权益，推动规划贯彻落实，亟需在放射源领域引入责任保险，提出如下建议。

4.1 通过立法和政策引导等方式明确规定

从国外发展经验看，完善的法律制度是责任保险顺利推行的前提条件。建议相关部委先以文件形式完善政策措施，在政策上对放射源责任保险进行支持，从财政和税务上进行扶持；同时建立相关立法保障，在《放射性污染防治法》修订中或在《核安全法》修订过程中考虑将放射源辐射事故责任保险进行要求，或者尽快制定专门的核损害赔偿责任法；鼓励有地方立法权的地区率先开展放射源辐射事故责任保险相关立法工作，先行先试，积累经验。

4.2 选择切实可行保险模式

我国有6万余家核技术利用单位，考虑到我国核技术利用企业风险防范意识比较薄弱，现阶段不具备全面推行强制保险的市场基础，但如果完全采用自愿保险方式，部分企业财力有限，缺乏社会责任感，可能不愿意购买责任保险。建议结合国际经验和我国的现实情况，采取自愿与强制相结合的保险模式，对于风险较大领域的企业，实行强制责任保险。

4.3 选择高风险行业或企业先行试点

我国放射性测井和工业探伤领域现有约2 000家企业，近年来放射性测井和工业探伤领域使用的Ⅲ类以上放射源发生事故较多、级别较大，一旦发生辐射事故，对公众和环境的影响也较大，建议在放射性测井和工业探伤领域试点推行放射源责任保险工作，不断积累经验，后期根据实际情况决定是否全行业推广。

4.4 建立放射源保险共同体和保障基金

由于放射源特殊性，仅仅由一家或几家保险公司单独承保不太现实，建议参照环境污染责任保险和核损害责任保险，建议政府引导现有的财产保险公司建立保险共同体经营放射源责任保险，共同承担风险；适时建立放射源保障基金，一旦发生重特大辐射事故，当赔偿超出责任保险的限额之外，且投保人无力承担赔付责任，可以从保障基金中提取。

4.5 强化政府管理部门作用

核安全管理部门依托核与辐射安全中心技术支持单位业务优势，进一步摸清核技术利用行业特点，深入研究承保范围、投保人的投保能力、除外责任、保险限额、索赔额度、索赔时效等一系列问题，同时核安全管理部门有限介入放射源责任保险技术层面工作，在保险试点企业清单的制定、试点企业风险状况的调查、保险费率的初步测算、保险产品的初步设计等方面提供建议，尽快推动放射源责任保险制度的建立。

参考文献

[1] 别涛. 国外环境污染责任保险[J]. 求是, 2008（5）: 60-62.

[2] 王学冉. 国外环境污染赔偿责任保险的制度设计对我国的启示[J]. 上海保险, 2012（5）: 47-50.

[3] 贾爱玲. 环境责任保险制度研究[M]. 北京: 中国环境科学出版.

[4] 熊英, 别涛, 王彬. 中国环境污染责任保险制度的构想[J]. 现代法学, 2007, 29（1）: 90-101.

[5] 曲云欢, 周晓剑, 等. 核技术利用“十三五”辐射安全规划基本思路研究[J]. 辐射防护, 2017, 37（6）: 490-494.

本文原载于《环境保护》2019年第19期

七、基于公众心理学的公众辐射认知研究

李光辉

（生态环境部核与辐射安全中心，北京 102445）

摘要 由于辐射具有无声、无色、无味、看不见、摸不着等特点，公众往往对辐射深感恐惧和担忧，多年来已经“谈核色变”了。开展辐射科普工作是破解公众恐惧感的有效有段，开展辐射公众认知研究是开展科普工作的基础。公众心理学是研究公众行为受心理学支配的心理学分支。利用公众心理学可以有效分析公众辐射认知的心理，提高科普工作的针对性和有效性。本文首先调研了公众辐射认知现状，从公众心理的角度出发，找出了目前辐射认知存在的问题，针对这些问题，提出了后续加强公众辐射认知针对性和有效性的方法，希望为辐射科普工作提供参考。

关键词 公众心理学；辐射；认知

1 引言

自然界中的一切物体，只要温度在绝对零度以上，都以电磁波和粒子的形式时刻不停地向外传送热量，这种传送能量的方式被称为辐射。这是科学上的定义，那么在普通公众心里，辐射是什么呢？公众眼中的辐射是使人出现头疼、失眠、多梦、脱发、记忆力减退、月经不调、不孕、面部生斑、流产、胎儿畸形、白血病和癌症等病症的不良外部刺激。

公众心理学是研究公众在公共关系情境中公众受组织行为的影响和大众影响方式的作用所形成的心理现象和心理变化规律的心理学分支。公众心理具有个体心理和群体心理两部分，深入分析社会活动中个体心理和群体心理，可以有效探究公众行为及其原因。

辐射科普是指利用各种媒介以浅显的、让公众易于理解、接受和参与的方式向公众介绍辐射知识。开展辐射科普是减少公众错误理念、增强公众自信的

重要手段。深入分析公众心理，可以增强政府部门、辐射企业、公众之间的良好沟通，有效防止和化解政府部门、辐射企业、公众之间的冲突。

2 公众辐射认知现状

由于辐射具有无声、无色、无味、看不见、摸不着等特点，公众对辐射缺少直观印象，使得公众辐射认知的难度极大。我国公众对辐射的认知往往伴随着重大核与辐射事故的发生。三哩岛、切尔诺贝利发生事故时，信息技术还远不发达，传播速度还很慢，没有引起公众的广泛关注；福岛核事故时，信息的传播速度进入即时通信时代，关于辐射的任何一点风吹草动都会通过互联网迅速传播。

我国已经有许多关于公众对辐射认知的研究，调查显示，我国公众对辐射的关注度高，而认知水平偏低。据《新京报》调查显示，我国公众对辐射事件比较关注的占77.4%，而对辐射知识比较了解的占14.8%，一般了解的占48.4%，不了解和完全不了解的占36.8%。宣志强等人的调查显示，秦山核电站居民对辐射认知率仅为39.6%。核电站周围人群具有一定程度的核辐射焦虑，有部分人因担心核危害而考虑搬离现居家园，甚至有人表示会因担心核辐射危害而无法入睡。

笔者做过小样本调查，绝大部分公众并不知道周围的辐射源是什么，辐射的危害有多大，如何防护这些辐射。部分公众对辐射有一点了解，他们认为的辐射主要包括三种：第一种辐射包括手机、电脑、平板电脑、微波炉、电磁炉等，这些物品是日常生活所必需的，这类辐射可以接受；第二种辐射包括医院的X线机、CT机等辐射，这些装置不会天天接触，而且只有当生病以后才接触，为治病而受的辐射是可以接受的；第三种辐射包括核电厂、信号塔等辐射，这些设施在普通公众心中不是生活所必需的，或者不是必须建在我家周围的，普遍存在“不要建在我家后院”的观点，邻避效应明显。有部分公众表示核电站、信号塔等设施外观很大，给人感觉辐射特别严重，有的公众甚至表示能够听到辐射的声音，在脑袋里嗡嗡作响。当公众自认为周围没有辐射装置，出现了身体的病变，公众往往认为是自己身体不好；当周围出现辐射装置的时候，出现了身体的病变，公众的第一反应是辐射导致了病变。

图1　中国科学院高能物理研究所正负电子对撞机全貌

3　我国公众辐射认知存在的问题

通过对公众辐射认知现状的调查，发现我国公众普遍对辐射关注度高，辐射知识和认知水平低，辐射受到了大量误解，利用公众心理学，深入分析公众辐射认知存在的问题，对于做好辐射认知公众具有重要意义。经分析，我国公众辐射认知存在的问题如下：

3.1　公众对辐射的第一印象是错误的

众多公众提到辐射的第一印象是切尔诺贝利巨鼠，辐射的可怕印象已经深深的印在公众脑海中。根据心理学上的首因效应，公众在事物认知过程中，往往通过“第一印象”“先入为主”对事物进行认知判断，具有先入性、不稳定性、误导性。受客观和主观因素的影响，公众对辐射的这种第一印象，严重影响了公众对辐射的全面认知，并且很难随时间流逝而有所变化。

3.2 公众对辐射的认知是片面的

辐射是无时无刻不存在的，任何物体都会辐射，太阳光本身也是一种辐射，辐射与生活息息相关，没有辐射，手机没有信号，电脑没有网络。但公众并不容易被说服，他们始终片面的认为辐射是有害的。根据心理学上的晕轮效应，公众往往通过以点概面或以偏概全的主观印象判断事物，即使这种印象是片面的，公众也不会轻易改变。公众对辐射的判断只看到了辐射有害的一面，忽略了辐射有用的一面，是很片面的。

3.3 忽略了公众的需求

通过引用国内外学者的研究结论，说服公众过量的辐射是有害的，少量的辐射对身体健康是没有影响的。但是发现，单纯的说服教育，效果并不理想，并不会改变公众的观点。根据心理学上的马斯洛需求理论，公众的需求分为5个层级，从低到高依次是生理需要、安全需要、社交需要、自尊需要和自我实现的需要，只有当低级需要得到满足时，才会追求高级需要。由于公众认为辐射对安全是有害的，安全需要得不到满足，所以高级需要就会被抑制，正是忽略了需要的重要程度，所以日常的科普效果非常有限。

3.4 低估了公众对辐射的抗拒感

部分政府和企业在辐射装置选址阶段没有进行实地深度了解，只是建造辐射装置之前发布一则公告，试图通过政府的强制性和企业带来的经济性，让公众接受辐射设施，没有想到公众的抗拒性超出了想象。根据心理学上的罗密欧与朱丽叶效应，公众都有自主的需要，都希望自己能够独立自主选择，而不愿意成为被人控制的傀儡，一旦别人越俎代庖，代替自己做出选择，并将这种选择强加于自己时，就会感到自己的主权受到了威胁，从而排斥自己被迫选择的事物，对辐射的抗拒感进一步增大。

3.5 低估了错误信息的影响力

公众获取辐射信息一般会选择通过网络或者周围公众。而网络信息参差不齐，有关于辐射的正面信息不多，部分媒体和公众为了追求热点，博取关注，会选择性的传播一些关于辐射的错误信息，使得公众对辐射的恐惧感和抗拒感

图2　工业辐照装置导源

进一步增加。根据心理学上的证实偏见效应，公众在主观上支持某种观点的时候，他们往往倾向于寻找那些能够支持他们观点的信息，而对于那些可能推翻他们观点的信息往往会忽视掉。公众从内心认为辐射是有害的，他们就会主动寻找辐射有害的信息，主动对抗关于辐射的正面信息，而一旦辐射有害的信息得到证实，这些信息作为一种谈资就会迅速传播下去。

4　下一步工作建议

摸清我国公众辐射认知存在的问题，可以有效规避问题，提高公众辐射认知工作的针对性和有效性，促进我国核能与核技术利用事业更好更快发展，据此提出以下建议。

4.1 增强说服的效果

公众对辐射的印象形成后，会具有长期性和稳定性，一般的说服教育很难让公众改变对辐射的印象。根据霍夫兰说服模型，说服效果好坏取决于三方面：一是说服者的条件，二是消息本身，三是接受者。

说服者的条件是决定说服效果的决定性因素。说服者的客观性与无私性是公众信任基本条件，信息传递者威信越高，与接受者的相似性越大，说服效果越好。要努力培养公众权威和意见领袖，对公众进行引导，他们更容易获得公众信任，说服效果更好。

信息本身是决定说服效果的重要因素。传递信息与说服对象的心理预期差距越大，说服效果越好。辐射带给公众的恐惧性决定了公众的关注度。对于一般公众，给予正面的说服教育，对于知识水平高的公众，给出实际数据让他们做出自己的判断。

接受者是态度改变的主体。进行说服就是为了让接受者改变态度，学历越高、知识水平越高、社会地位越高的人越难以改变，男性比女性更难以改变，要先说服容易改变态度的人的观点。另外，人人都有自我防卫的心理需要，要先对公众的正确说法表示赞同，获得公众信任，然后循序渐进进行说服教育。

4.2 从公众的需求出发

从公众心理学来看，只有当低级需求得到满足，才会追求高级需求，即公众对生理需要的迫切性大于对安全的需要；从现实来看，破解邻避效应是目前辐射工作中非常重要的内容，只有公众知道辐射对自己的身体健康不会造成影响，再给予适当的经济补偿才能使公众改变对辐射的态度。同时，经济补偿的额度应以政府制定为准，而不是漫天要价，政府要合法合规，明文规定，有依据可循，制定补偿标准，避免出现公众认为给予补贴，说明辐射是有害的，否则为什么给予补贴得想法，形成死循环。

4.3 辐射活动及早公众参与

根据公众心理学，越早的说服教育效果越好，公众对于辐射的印象一旦确立，往往很难改变。另外根据羊群效应，公众往往具有从众心理，当一个人反对辐射装置，往往会形成庞大的反辐射队伍，再来说服教育，效果就会大打折扣。所以在辐射装置选址前期让公众参与，公众做出自己的选择，建造和运行阶段公众阻力会小得多。

4.4　减少错误信息影响

以前谣言止于智者，现在谣言止于政府发声。增强政府的权威性，政府部门主动发布辐射信息，多措并举，加大网络宣传力度，使公众更易获取辐射的相关信息。公众心理学认为，人对未知的知识更易转发和扩散，对于公众来说，辐射本身的未知性决定了公众的转发意愿非常强烈，要以生动的，易接受的、易理解的方式将辐射知识传递给广大公众，增强转发意愿。

参考文献

[1] 潘自强, 陈竹舟, 肖雪夫, 等. 核与辐射事故（事件）中的社会响应问题[J]. 中国应急管理, 2011（6）: 23-27.
[2] 宣志强, 孙全富, 钱叶侃, 等. 秦山核电站周围居民核能认知度调查[J]. 中国公共卫生 2012, 28（9）: 36-39.

八、我国放射性同位素和射线装置监督管理系列法规标准体系现状和建议

高思旖[1]　曲云欢[1]　董毅漫[1]

（1：生态环境部核与辐射安全中心；北京 102445）

摘要　放射性同位素和射线装置是我国核与辐射安全法规标准体系框架结构中的一部分，是核安全法规标准体系建设顶层设计工作的基础。随着我国法制建设的不断加强，在统一规范与约束全社会的放射防护与安全行为方面有了一定的基础，我国的放射性同位素和射线装置监督管理系列的法规标准体系已逐步建立。借鉴IAEA在该领域安全标准体系建设思路，分析我国当前存在的主要问题，提出健全和发展我国放射性同位素和射线装置管理系列法规标准体系的建议，有利于完善我国核与辐射安全法规标准体系。

关键词　放射性同位素和射线装置系列；法规；标准；体系

1　放射性同位素和射线装置监督管理系列法规标准体系现状

1.1　我国放射性同位素和射线装置监督管理系列法规标准体系现状

我国的放射性同位素和射线装置监督管理系列法规主要分为4个层级。法律层面有2部，即《中华人民共和国核安全法》和《中华人民共和国放射性污染防治法》；行政法规有1部，即《放射性同位素与射线装置安全和防护条例》，于2005年9月14日首次发布，2005年12月1日施行，根据国务院第709号令《国务院关于修改部分行政法规的决定》，2019年3月2日开始对其进行修改；部门规章有2部，即《放射性同位素与射线装置安全许可管理办法》（HAF 801–2019）和《放射性同位素与射线装置安全和防护管理办法》（HAF 802–2001）；核安全导则有1部，即《城市放射性废物库安全防范系统要求》（HAD 802/01–2017）。

我国现行放射性同位素和射线装置监督管理系列标准有9项，见表1。

表1　我国放射性同位素和射线装置监督管理系列标准

序号	标准号	标准名称
1	GB 4075–2009	密封放射源 一般要求和分级
2	GB 5172–1985	粒子加速器辐射防护规定
3	GB 10252–2009	γ 辐照装置的辐射防护与安全规范
4	GB 11930–2010	操作非密封源的辐射防护规定
5	GB 14052–1993	安装在设备上的同位素仪表的辐射安全性能要求
6	GB 15849–1995	密封放射源的泄漏检验方法
7	HJ 10.1–2016	辐射环境保护管理导则核技术利用建设项目环境影响评价文件的内容和格式
8	HJ 785–2016	电子直线加速器工业CT辐射安全技术规范
9	HJ 979–2018	电子加速器辐照装置辐射安全和防护

1.2　IAEA放射性同位素和射线装置监督管理安全标准现状

IAEA放射性同位素和射线装置监督管理系列的相关安全标准共14项，其中一般安全要求（GSR）1项，一般安全导则（GSG）2项，专项安全导则（SSG/RS–G/GS–G）11项。详见表2。

表2　IAEA放射性同位素和射线装置监督管理系列安全标准

类别	序号	编号	名称	发布时间
一般安全要求	1	GSR Part 3	Radiation Protection and Safety of Radiation Sources: International Basic Safety Standards 辐射防护和辐射源安全：国际基本安全标准	2014
一般安全导则	1	GSG–12	Organization, Management and Staffing of the Regulatory Body for Safety 安全监管机构的组织，管理和人员配备	2018

（续表）

类别	序号	编号	名称	发布时间
一般安全导则	2	GSG-13	Functions and Processes of the Regulatory Body for Safety 安全监管机构的职能和程序	2018
专项安全导则	1	SSG-44	Establishing the Infrastructure for Radiation Safety 建立辐射安全基础建设	2018
	2	SSG-46	Radiation Protection and Safety in Medical Uses of Ionizing Radiation 电离辐射在医学应用的辐射防护与安全 Co-sponsorship: ILO,PAHO,WHO	2018
	3	RS-G-1.9	Categorization of Radioactive Sources 放射源分类	2015
	4	RS-G-1.10	Safety of Radiation Generators and Sealed Radioactive Sources 辐射发生器和密封源的安全 Co-sponsorship: ILO,PAHO,WHO	2006
	5	SSG-49	Decommissioning of Medical, Industrial and Research Facilities 医疗、工业和研究设施的退役	2019
	6	SSG-45	Predisposal Management of Radioactive Waste from the Use of Radioactive Material in Medicine, Industry, Agriculture, Research and Education 医药、工业、农业、研究和教育中放射性废物的预处理管理	2019
	7	SSG-8	Radiation Safety of Gamma, Electron and X Ray Irradiation Facilities γ 射线、电子束和 X 射线辐照装置辐射安全	2010
	8	SSG-11	Radiation Safety in Industrial Radiography 工业射线探伤辐射安全	2011

（续表）

类别	序号	编号	名称	发布时间
专项安全导则	9	SSG-17	Control of Orphan Sources and Other Radioactive Material in the Metal Recycling and Production Industries 金属回收和制造业中的孤儿源和其他放射性物质的控制	2012
	10	SSG-19	National Strategy for Regaining Control over Orphan Sources and Improving Control over Vulnerable Sources 重新控制孤儿源和加强控制易受攻击的源的国家战略	2011
	11	SSG-36	Radiation Safety for Consumer Products 消费品辐射安全	2016

2　存在的问题

2.1　我国放射性同位素和射线装置法规体系建设有待加强

随着我国放射性同位素和射线装置监督管理技术的日益发展和不断进步，以及世界各国在该领域管理上经验的积累，纵观我国放射性同位素和射线装置监督管理系列法规体系，还存在着一定的欠缺，需进一步完善。如部门规章已实施，但缺失下位导则加以支撑。如《放射性同位素与射线装置安全许可管理办法》（HAF 801-2019）已实施多年，而其下位的导则还为空白。在法规体系中的导则层面，我国只有《城市放射性废物库安全防范系统要求》（HAD 802/01-2017）这一部导则，对于辐射工作人员培训与考核、核医学辐射安全与防护规范等方面的导则都缺乏，亟需制定相关导则来完善法规体系建设。

2.2　部分领域标准存在空白，亟需立项编制

由于放射性同位素和射线装置监督管理涉及的领域很多，如密封放射源、非密封放射源、和射线装置在医疗、工业、农业、地质调查、科学研究和教学等领域的使用，因此不同领域对于核技术利用的要求也有较大区别，需要针对不同的领域制定适用的放射性同位素和射线装置监督管理规范。而在标准体系

中，我国现行放射性同位素和射线装置监督管理系列标准只有9项，远远不能覆盖该系列的各个专业领域。同时，我国放射性同位素和射线装置监督管理标准体系与国际体系尚存差距，如IAEA于2011年和2012年分别颁布了专项安全导则《重新控制孤儿源和加强控制易受攻击的源的国家战略》（SSG-19）和《金属回收和制造业中的孤儿源和其他放射性物质的控制》（SSG-17），而我国至今尚未将其纳入法规标准体系。

图1　纵观我国放射性同位素和射线装置监督管理系列法规体系，还存在着一定的欠缺，需进一步完善

2.3　部分法规标准滞后于监管实践，亟需修订

我国放射性同位素和射线装置监督管理的标准部分发布于20世纪90年代，内容相对陈旧，无法较好适应新形势下核技术利用的要求，如《粒子加速器辐射防护规定》(GB 5172–1985),《密封放射源的泄漏检验方法》(GB 15849–1995）等已颁布实施多年，很多内容已逐渐滞后于核与辐射安全监管实践。部分部门规章出台后，配套导则未及时出台。有些法规内容过于依赖国际原子能机构安全标准，结合国情不足。应根据《核安全法》“核安全标准应当根据经济社会发展和科技进步适时修改”的要求进行完善。

3　建议

3.1　完善我国放射性同位素和射线装置法规体系建设

目前,《放射性同位素与射线装置安全和防护条例》已根据根据国务院第709号令于2019年3月进行了修改,《放射性同位素与射线装置安全许可管理办法》(HAF 801–2019 ）于2019年刚刚进行了修正，我国放射性同位素和射线装置系列的法规上层文件基本是近几年修订的，具有较强的时效性。

但与此同时，与之相配套的导则编制并没有紧随上位法的步伐。HAF801的配套导则如“核技术利用项目辐射安全许可证申请文件的格式与内容”“核技术利用单位辐射事故应急预案的格式和内容”等，都是亟需要出台来配合部门规章实施的。再如，与放射性同位素和射线装置安全与防护相关的HAF802的配套导则，都是关系到核与辐射安全的直接监管基础，目前也是只有一项导则。2018年IAEA新颁布的SSG–44导则为建立国家层面的辐射安全基础提供指导，一共提出了67个行动建议，内容分为以下几个部分：一是政府的准备行动，包括前期评估，职责分配；二是建立辐射安全基础的几个方面，包括国家安全政策和策略、法律框架、监管框架、协调机制、应急准备与响应、采取保护行动减少现存的和无监管的辐射风险、放射性废物管理与退役、放射性物质运输、能力建设、技术支持、参与国际安全体制；三是评估和持续改进辐射安全基础建设。我国应对照这67个行动建议，进一步完善我国的放射性同位素和射线装置的安全与防护系列导则。

3.2 弥补我国放射性同位素和射线装置标准体系的空白

我国现行放射性同位素和射线装置监督管理系列标准只有9项，远远不能覆盖该系列的各个专业领域。如对于无主放射源的管理方面。非法遗忘掉的放射源被称为无主放射源，如曾经在江苏南京遗失的“铱-192”,这些放射源通常会混进废弃金属等废料中，所以人们很难发现，使得放射源被再次加工或被人们捡拾使用，进而造成严重危害。这一事件在近几年频繁发生，相关机构为此给予了高度的重视，因此，需开展对无主放射源的调研，可参考IAEA的SSG-19和SSG-17，制定一批法规标准，切实加强无主放射源的管理力度，以弥补现有放射性同位素和射线装置监督管理法规标准体系的不足，完善法规标准体系，以更好地开展核技术利用管理工作。

3.3 加强对滞后于监管实践的法规标准的制修订工作

对比IAEA近几年新颁布的核技术利用系列相关安全标准，我国已有的该系列的部分法规标准已缺乏实效性。如目前规范含放射性物质消费品的只有《含放射性物质消费品的放射卫生防护标准》(GB 16353-1996)，而该标准自1996年后并没有修改。这些产品虽不属于放射性产品，但有电离辐射的能力，这些产品应用广泛，涉及全民照射，如果误用、滥用或处置不当，容易导致意外照射和污染生活场所。IAEA在2016年发布的《消费品辐射安全》(SSG-36)，该导则概述了授权向公众制造和供应此类产品的监管方法，包括安全评估和豁免标准的应用。我国应根据需要对该标准进行修改，并出台部门规章进行管理。

参考文献

[1] IAEA.Long Term Structure of the IAEA Safety Standards and Current Status.[EB/OL].(2019-6-6). https://www-ns.iaea.org/committees/files/CSS/205/status.pdf.

[2] 张晔. 虽有危险，但不必谈“辐”色变：从南京铱-192放射源丢失事件看公众科学素养. [N]. 科技日报，2014-5-11(001).

第五章

国家公园体制建设

三江源区自然环境良好的高山峡谷地带，已成为雪豹等珍稀野生动物理想的栖息地

一、论国家公园国家性的法律实现与制度展开

罗 敏[1] 王 江[2] 余浩浩[2]

（1：环境保护杂志社 北京 100062；2：重庆大学西部环境资源法制建设研究中心，重庆 40044）

摘要 国家公园的“国家性”是指国家公园所内含的国家所有、国家主导和国家管理及全民共享品格。“国家性”与生态完整性、价值多元性和公益性共同构成国家公园概念的核心内涵。“国家性”统领着生态完整性、价值多元性和公益性，其既是国家公园建设的实践指南和理论指引，也是经由生态完整性、价值多元性和公益性特征而彰显的价值依归。国家公园设立和运营中，能否始终宣示并凸显国家公园的“国家性”，既关涉我国国家公园体制改革目标的达成，也关系着我国以国家公园为核心的自然保护地体系建设的成败。通过法定概念的厘定、审批权的合理配置、环境保护地役权制度的建立、国家公园特许经营制度的改革等，可以从形式和实质两个维度实现并维护国家公园的“国家性”。

关键词 国家公园；审批权；环境保护地役权；特许经营

自十八届三中全会首次提出建立国家公园体制以来，建设国家公园作为生态文明改革的主要内容、实现美丽中国的重要手段，在理论层面多有探讨，在实践层面也有试点。审视我国国家公园的建设实践，发现仍然存在诸如：定位不明，选区和划分标准不清，准入和退出机制不健全，审批权配置不合理、自然资源资产国有化程度低和特许经营制度不够完善等问题。从根源上看，上述问题均可抽象并归入国家公园“国家性”命题的范畴。“国家性”是国家公园最为重要的特性。从法律维度解构国家公园的“国家性”命题，可细分为四个方面的问题，即国家公园法定概念的建构问题、国家公园审批权的配置问题、国家公园内自然资源资产的国有化问题以及国家公园的特许经营问题。这四个问题具有极富逻辑的紧密联系，共同支撑并充实了国家公园“国家性”法定概

念的内涵。具体而言，国家公园法定概念的构建是国家公园立法需求的显性表达。只有以政策为指导，以立法为载体，析明“国家性”的要义并将其纳入国家公园核心内涵，形成以“国家性”为纲，以生态完整性、价值多元性和公益性为目的国家公园核心内涵体系，方能从根本上保证国家公园“国家性”的实质。合理配置并严格规范国家公园的审批权，在实现国家公园规范、有序准入的情况下，也能从形式和实质两个维度上确保国家公园的“国家性”。自然资源资产的国有化主要包括权属和管理两个角度。更有现实意义的是，通过环境保护地役权的方式，来提升国家公园自然资源管理的“国有化”，即统一规划和监管，以期为国家公园保持其“国家性”奠定坚实的权利基础，而非过于强调土地权属的国有化。同时，通过完善国家公园特许经营制度建设，使得不同的市场运营主体能在统一的规则下参与国家公园建设并能维持国家公园的“公益性”。本文拟依循上述思路，对国家公园国家性的法律实现和制度进行论述。

1　国家公园法定概念的构建

1.1　国家公园法定概念的缺失及其影响

1.1.1　政策层面的概念表述与评价

2013年11月，党的十八届三中全会首次提出建立国家公园体制。2015年9月，中共中央、国务院印发的《生态文明体制改革总体方案》(中发〔2015〕25号)对建立国家公园体制提出了具体要求。在2017年9月，中共中央办公厅、国务院办公厅联合印发了《建立国家公园体制总体方案》(以下简称《总体方案》)，该方案中将国家公园表述为“由国家批准设立并主导管理，边界清晰，以保护具有国家代表性的大面积自然生态系统为主要目的，实现自然资源科学保护和合理利用的特定陆地或海洋区域。”可见，国家层面对国家公园的厘定和保护在不断加强。但是，该文件从法律属性上看，尚不具备法律效力，其法律权威性和公示性明显不足，且无法消解国家公园体制建设中相关规范性文件间的竞合与冲突问题。从表述的内容和方式来看，本条规定较为空泛，并未明确国家公园的核心内涵，导致难以从中直接析出具体而明确的指标体系。2019年6月，中共中央办公厅、国务院办公厅印发了《关于建立以国家公园为主体的自然保护地体系的指导意见》(以下简称《指导意见》)对国家公园的表述增加了"是我国自然生态系统中最重要、自然景观最独特、自然遗产最精华、生物多样性最富集的部分，保护范围大，生态过程完整，具有全球价值、国家象征，国民认同度高。"这部分内容进一步明确国家公园的内涵，强调国家公园在现有生态体系中所具备生物多样性，全球价值性，最具观赏性以及国家代表性等特点，在学理上细化了国家公园的概念。但是目前，我国尚无针对国家公园建设的专门性法律规范，国家公园的概念也因此而停留于政策层面和学理层面，特别是对"国家公园法"和"自然保护地法"的关系等还有待厘清。由此，国家公园的概念既需通过学理阐释予以细化，更需要通过法律规范的形式予以法定化。

《总体方案》和《指导意见》从某种程度上为国家公园"国家性"的确定提供了政策性指引，也为后期通过立法的方式确定国家公园"国家性"的法律属性奠定了坚实的基础。

1.1.2　国家公园法定概念缺失的影响

从理论分析和实践反馈来看，现行国家公园法定概念的缺位存在以下几方面的影响。

其一，不利于国家公园的精准定位。国家公园的精准定位依赖于其与其他保护地类型之间的准确界分和交互映照。《指导意见》中将自然保护地按生态价值和保护强度高低依次分为国家公园、自然保护区、自然公园，并要求对自然保护地开展综合评价，按照保护区域的自然属性、生态价值和管理目标进行梳理调整和归类，逐步形成以国家公园为主体、自然保护区为基础、各类自然公园为补充的自然保护地分类系统。想要准确界定各类自然保护地尚较困难。事实上，现有的各类自然保护地之间在功能定位、边界划分和归口管理等方面普遍存在交叉、重叠和无序状态，比如，福建武夷山国家公园体制试点包括武夷山国家级自然保护区、武夷山国家级风景名胜区和九曲溪上游保护地带；湖南南山国家公园体制试点区整合了原南山国家级风景名胜区、金童山国家级自然保护区、两江峡谷国家森林公园、白云湖国家湿地公园 4 个国家级保护地。这些问题也折射并凸显了各类保护地类型间界分不明的状态。

《指导意见》在（六）中提到"国家公园建立后，在相关区域内一律不再保留或设立其他自然保护地类型"。由此可见，在"相关区域"内，国家公园将统合并取代区域内原有的各类自然保护地，其定位为区域内自然保护地的唯一形态。而在"相关区域"外，国家公园和其他类型的自然保护地有可能并存，

图1 从中央关于国家公园建设的顶层设计来看，其生态保护的战略意图非常明显

这就要求将其与已有的自然保护地类型之间有清晰的界分，厘清相互关系为各类自然保护地管理制度与设置实践的改革提供法律依据与法制保障。此外，根据《指导意见》总目标“建成中国特色的以国家公园为主体的自然保护地体系”可以推测，国家公园建设将为我国自然保护地提供引导。基于此，国家公园法定概念的缺失，将难以为相关联的保护地类型间的准确界分和交互映照提供参照坐标，也会从源头上阻滞我国以国家公园为核心的自然保护地体系的演化进程。要从根本上消解这种风险，只有通过立法将国家公园的实质与内涵加以固化，其中，国家公园法定概念及其理论体系的准确建构问题无疑是重中之重。质言之，国家公园法定概念的缺失不仅无益我国自然保护地体系混乱局面的破局，也无益于国家公园设立的精准定位。

其二，迟滞我国保护地体系的优化进程。我国自然体系建设的总目标之一就是“到2025年，健全国家公园体制，完成自然保护地整合归并优化，提升自然生态空间承载力，初步建成以国家公园为主体的自然保护地体系”。从中央关于国家公园建设的顶层设计来看，其生态保护的战略意图非常明显，即以建设国家公园为契机，对相关自然保护地进行功能重组，旨在有效解决当前自然保护地体系中的碎片化分割、多头管理等问题，形成科学、高效的自然保护

地体系。然而，国家公园法定概念的缺位，以及相关法律规范的缺失，致使国家公园建设处于无法可依，名义模糊的境地，这也将从根本上阻滞国家公园建设战略目标的实现。

其三，导致国家公园的准入标准和退出机制均缺乏法律依据。就其准入标准而言，国家公园准入标准的本质是国家公园法定概念的规范化解构和体系化建构。换言之，国家公园法定概念在内涵和外延两个层面的延展是国家公园准入标准体系化和规范化的逻辑本源。就其退出机制来看，在国家公园设立后的运营阶段，面对园区内的客观情况变动，如何对国家公园做出相应的变动？是调整园区的划分范围还是撤销该国家公园？上述问题的解决均依赖于国家公园的退出机制。而国家公园退出机制的关键因素是国家公园的准入标准的精准化，符合该标准，则允许其设立为国家公园，如果不符合，则依法依规按程序有效退出。如此看来，国家公园法定概念的缺位间接地制约着国家公园退出机制的形成。

1.2　国家公园法定概念的析出与规范表达

“国家公园”术语始见于美国。美国艺术家Geoge Catlin担忧西部大开发对印第安文明、野生动植物和荒野产生影响，1832年提出政府应通过一些保护政策设立国家公园，让所有的一切处于原生状态，体现自然之美。此后，国家公园作为自然保护区的一种形式便被许多国家所沿用。“世界自然保护联盟”（IUCN）将国家公园归为全球6种保护区类型中的第Ⅱ类，将其界定为：保护该区的一个或多个生态系统于现今及未来的生态完整性、原真性；禁止该区的开发或有害的侵占；提供一个可与环境及文化相容的精神、科学、教育、消闲、访客基础。”《总体方案》和《指导意见》也从内涵界定和指导思想两个角度为国家公园法定概念的析出做出了指向性的规定。例如，在国家公园建设的指导思想上，《总体方案》明确了“严守生态保护红线，以加强自然生态系统原真性、完整性保护为基础，以实现国家所有、全民共享、世代传承为目标……”。在《指导意见》（五）中对于国家公园的描述，为国家公园法定概念界定提供了参考。

从国内外的界定中，可解析出国家公园所内含的四重品格：即生态完整性、价值多元性、公益性和“国家性”。就其生态完整性而言，国家公园应具有完整的生态系统、具有国家代表性、具有较高的国家级景观价值。就其价值多元性而言，在保证生态系统完整性的前提下，可以进行适度、合理地开发，以实现国家公园生态价值、经济价值和文化价值的统一。但是，国家公园价值多元性的本源属性又与自然生态系统的原真性存在一定冲突。《总体方案》（五）中提到“国家公园是我国自然保护地最重要的类型之一，属于全国主体功能区规划中的禁止开发区域，纳入全国生态保护红线区域管控范围，实行最严格的保护。”就意味着国家公园的建立需要适当的牺牲其价值多元性才能保持其原真性和完整性。就其所肩负的社会功能来看，国家公园应体现并保持其公益性，以为社会公众提供低费用的生态环境服务为使命。就其“国家性”而言，国家公园的“国家性”可表述为，国家所有、国家主导、国家级的管理水平及全民共享。

基于以上分析，国家公园法定概念可表述为：由国家批准设立并主导的，以严格保护具有国家代表性、生态完整性的自然生态系统为主要目的，通过高水平的规划和管理等措施，实现自然资源科学保护和合理利用的特定陆地或海洋区域。

2　国家公园审批权的配置

2.1　国家公园审批权的分解与配合

国家公园建设中，审批权的合理配置关涉重大。一方面，审批权配置问题关涉着国家公园设立的合法性；另一方面，合理配置审批权可以从准入环节保证国家公园的国家水准，从源头上避免地方和部门不当干扰而导致国家公园水平参差不齐的情况。因此，国家公园的审批权同时具有程序性价值和实质性意义。具言之，国务院的审批只是程序上的批准，以赋予被保护地的“国字号”地位，而有关部门的审查意见才是批准的关键，其更具有实质性意义。基于此，应将国家公园的审批权细分为审查权和批准权。其中，审查权主体通过审核拟申请园区的各项具体指标，保证国家公园准入标准的一致性，从实质上确保国家公园具有国家水准，代表国家形象，彰显中华文明并保持其“国家性”。而批准权主体则通过行使批准权，从程序上保证国家公园具有“国字号”地位，彰显其“国家性”的本质属性。

2.2　审查权的凸显及其归属

《总体方案》中对国家公园的审批作出了规定：“国家公园设立标准和相关程序明确后，由国家公园主管部门组织对试点情况进行评估，研究正式设立国家公园，按程序报批。各地区各部门不得自行设立或批复设立国家公园。适时对自行设立的各类国家公园进行清理。”由国务院作为国家公园的批准机关，从形式上保证了国家公园的“国家性”，而履行审查职能的部门则肩负着从实质上保证国家公园“国家性”的使命。由此，“国家公园审批权的配置问题”亦可进一步明确为“国家公园审查权的配置问题”。其中，国家公园审查权归属主体的确定又是国家公园审查权配置的核心问题。

我国目前负责国家公园的审查权主体是国家林草局，根据《国家级自然保护区总体规划审批管理办法》的内容，总体规划由省级林业主管部门行文上报国家林业局，批准后的总体规划需要进行修订的，应由省级林业主管部门将修订后的总体规划报原审批机关批准。未经上述程序批准的总体规划，不能作为林业审批项目和资金安排的依据。和其他类型的自然保护地类似，我国国家公园的审批是一种自下而上的审批方式。

从实践来看，确立国家林草局作为审查机关符合我国的国情和具体要求，主要可以从以下两点分析：一是国家级生态环境保护战略的需要。党的十八届三中全会提出要建立国家公园体制。《生态文明体制改革总体方案》则进一步将国家公园体制建立的目的明确为："为加强对重要生态系统的保护和永续利用，改革各部门分头设置自然保护区、风景名胜区、文化自然遗产、地质公园、森林公园等的体制，对上述保护地进行功能重组，保护自然生态和自然文化遗产原真性、完整性"。《指导意见》更是将建立有效的以国家公园为主体的自然保护地体系上升到"维护国家生态安全，为建设美丽中国、实现中华民族永续发展提供生态支撑"的战略高度。可见，建立国家公园体制是国家层面的生态环境保护战略，国家林草局作为我国生态建设的重要机构，其主要职能就是组织生态修复、推进生态治理、加强生态监督管理等，这与生态保护战略不谋而合。二是国家公园资源类型多样性的要求。首先，国家公园的园区范围内蕴藏着各种类型的自然资源和自然资产，包括水流、森林、山岭、草原、湿地、荒地、滩涂、矿藏等自然要素，此外，还包含重要的代表国家发展进程的历史遗迹等人文资源。其次，由于国家公园往往跨越多个行政区域且具有全国性意义的生态地位，这就需要突破区域的碎片化管理，以实现国家公园的管理统一。国家林草局作为综合性的国家机关，发布的管理措施在全国范围内都具有效力，其职能的综合性和效力性使得国家林草局行使审查权这一综合职能有了可行性。

国家林草局作为审查权主体不仅能满足国家公园生态环境保护的战略需要，还能符合国家公园资源类型的多样性要求。由于我国国家公园的审批是一种自下而上的审批，地方林草主管部门将总体规划上报国家林草局后，依据国家林草局的批复调整后展开建设工作，这就要求林草局应该严格行使权审批权。为了保证审批权的正当使用，对林草局行使审批权进行监督，可以从引进专业机构或者建立第三方评估制度，严格并公开审批依据等方面完善。

值得注意的是，我国的国家公园目前强调的更多的是自然保护地（林草），文化遗产保护以及海洋保护地并没有被正式考虑在其中。国家林草局只在林业和草原类型为主的自然保护地的管理上具有优势，今后整个国家公园体系的构建和完善，还需要依赖自然资源部从自然资源山水林田湖统一管理的角度进行进一步的统筹。

图2　建立国家公园体制是国家层面的生态环境保护战略

3　建立环境保护地役权制度

《总体方案》要求国家公园“以实现国家所有、全民共享、世代传承为目标”。“国家所有”体现了国家公园的“国家性”，意味着园区内全民所有的自然资源资产由国家统一监管，达到国家统一标准，具有主导性和代表性。这要求国家公园内生态系统、景观尺度、功能分区有国家标准的统一规划和国家尺度的统一监管。而我国国家公园试点区在试点设立前分属不同区域、保护地类型，存在功能分区不一、发展规划不一、原住民类型不一等问题，可以探索通过地役权制度系统整合、统一规划，达到“国家标准”。

3.1　环境保护地役权制度的原理

国家公园的设立、功能分区、发展规划、确权管理、生态补偿等，都与国家公园内土地权属密切相关。从我国国家公园建设试点来看，普遍采用流转的方式来实现所有权变更，但受制于自然资源资产评估标准的缺失，流转失范等因素，特别是生态补偿的经济成本过高，实践中也面临诸多障碍。可以借鉴美国国家公园的保护地役权制度。

19世纪50年代后期，威廉·怀特提出自然保护地役权，自此自然保护地役权第一次进入公众视野。该制度最早出现在联邦政府和州政府为了保护公共的景观权与高速公路和景区持有人签订的保护地役权合同中。根据美国《统一环境保护地役权法案》第1条第一款的规定，环境保护地役权，是指权利人对于不动产施加限制或积极性义务的一种非占有性利益，其目的包括保留或保护不动产的自然、风景或者开放空间价值。美国环境保护地役权具有以下四个特征：属人地役权，需役地不是其设立的前提；公共地役权，以生态保护需要为目的，具有公益性；约定地役权，是由政府与土地所有者通过契约设定的；大部分具有永久性。简言之，美国的环境保护地役权制度就是政府或者公益信托组织以保护自然资源和人文资源为目的，通过和不动产所有者签订契约，名义上持有地役权，而使公众实际获益。这种保护地役权具有设立目的公共性、不以需役地存在为必要、受益人广泛性、地役权人与受益人相分离等优势。因此，建立环境保护地役权制度是实现对国家公园内自然资源资产统一规划、监管的有效方式，其相对成本较低、针对性更强。

具体来看：一方面,环境保护地役权的定位是在最大可能的范围内维持生态平衡、保护环境和保护资源,为此目的,以契约形式对相邻的或相关的土地所有权或利用权加以限制或扩张。相比于流转方式导致的所有权变动，环境保护地役权仅对不动产所有人的权利进行非占有性的限制，所以设立环境保护地役权的成本要低于流转的成本。以我国钱江源国家公园体制试点为例，集体土地的面积高达79.6%。在土地权属关系不变的情况下，国家公园管理机构可以与该国家公园中集体土地所属的集体经济组织签订地役权合同并给予补偿，从而实现对集体土地对的管制。例如，钱江源国家公园体制试点区通过与社区签订地役权合同，以相对低的成本推进了自然资源的统一管理。另一方面，国家公园园区内的自然资源资产的开发和利用是建立在对生态环境、人文资源的严格保护之上的。对园区内的自然资源资产进行统一规划的目的是保护国家公园的生态环境和人文资源，为公众提供优质的生态服务。因此，对园区内自然资源资产的利用往往不需要涉及包括所有权在内的全部权能，即国家不需要完全拥有自然资源资产的所有权，只需要对所有权人的权利进行限制而达到国家实际控制的目的。通过设立环境保护地役权，在自然资源资产上设置非占有性的限制，使集体所有的自然资源资产的使用能够符合国家公园的总体规划，相比于

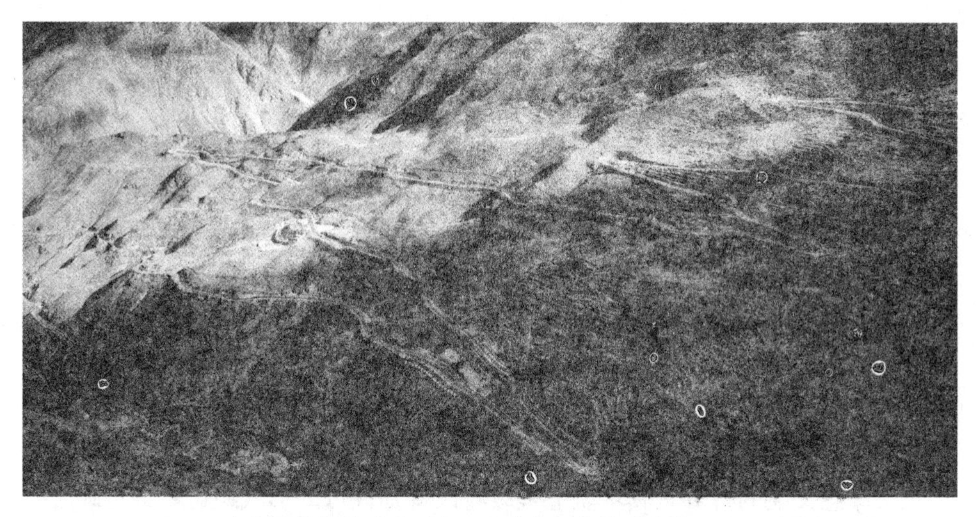

图3　生态补偿经济成本过高，实践中面临着诸多障碍（易刚摄）

通过流转转换自然资源资产的所有权来说，环境保护地役权制度更具有针对性和可行性。

3.2　建立环境保护地役权的路径与障碍

健全与良好的法律规制是环境保护地役权制度建立以及推广的基础。目前，环境保护地役权制度在我国现行法上仍然面临无法可依的窘境。对比发现，就性质来看我国现行法中的地役权依附于需役地而存在，是属地地役权，而环境保护地役权是属人地役权。从制度规制的目的来看，我国《物权法》规定的地役权制度以更充分地利用需役地上的不动产为目的，而环境保护地役权制度则是为了保护供役地上的自然资源和社会资源，前者重经济效益，后者重生态效益。

笔者认为，可考虑在国家公园立法时创设环境保护地役权制度的方式来提高集体所有自然资源资产的生态利用效率。环境保护地役权的权利义务关系与传统地役权有颇多相似之处。我国“民法典物权编(草案)”第15章与《物权法》第14章的地役权内容完全一致，立法者似乎只承认地役权是用益物权中的一种,可以将环境保护地役权认为是用益物权的一种。环境保护地役权的设立则可通过对我国传统地役权的规定做扩大解释的方式完成我国环境保护地役权制度的创设。同时应该重视国外的相关立法经验，可以参照《法国民法典》的法定役权、《俄罗斯联邦土地法典》的公共地役权、《意大利民法典》的强制地役权等。即使名称各异，但各国在设立目的、设立主体以及受益主体等方面也不失诸多共性，这也是我国借鉴国外相关立法的预设前提。

需要指出的是，即使不以地役权的方式，也可以通过协议保护、生态补偿合同等方式实现不同类型的土地达到一致的管理水平。

4 国家公园特许经营制度的改革

4.1 国家公园特许经营的理论阐释

法律意义上的特许，其本质上是政府以特别许可的形式通过签订行政合同对公共资源进行有效再分配并进行外围规制，最终实现公共利益之目的的一种手段,是作为行政许可下的一种特殊许可类型而存在的，是政府运用公权力在公共事业领域预防社会经济活动非法或不合理的事前规制机制。特许经营分为商业特许经营和政府特许经营。国家公园的特许经营在性质上属于政府特许经营。也就是政府作为特许人将国家的公共资源、公共物品的经营权许可给被特许人经营，被特许人向政府支付特许经营费，特许内容是在特定区域提供公共服务的资格，多数人认为这种特许经营具有公法性，特别是行政性。国家公园内的特许经营以科学、合理开发国家公园从而为公众亲近自然、了解自然、学习自然提供便利为目的，应当满足对国家公园实行严格保护的前提。需要强调的是，国家公园内的特许经营活动还应以发挥国家公园的生态服务功能为限度。可借鉴美国国家公园特许经营制度的经验，美国国家公园管理局通过特许承租的方式在公园内向游客提供商业设施和服务。特许承租的发展将受到公共利用享受的必要性与高水平的保护相一致的限制。就我国国家公园特许经营而言，被特许人应在提供生态服务所必需的范围内开展经营活动，将经营规模限制在仅供科研、教育、游憩所必需的范围内，并不得破坏重要自然生态系统的原真性和完整性。

图4　国家公园是我国生物多样性最富集的地区之一

4.2　国家公园特许经营的正当性

特许经营和国家公园特许经营是一般和特殊的关系。从本质上来看，我国国家公园特许经营的制度是特许经营制度在国家公园的具体表现。事实上，在我国国家公园的特许经营试点中，也遵循这个基本原理。以三江源国家公园的特许经营为例，依据《基础设施和公用事业特许经营管理办法》，三江源国家公园制定了《三江源国家公园经营性项目特许经营管理办法（试行）》，并且在积极推进制定《三江源国家公园产业发展和特许经营专项计划》。专门性的规范性文件意味着三江源国家公园的特许经营有了法律依据。然而，从规范效率和基本的管理原理来看，"一事一立法"的模式显然不是改革的方向和可推广的经验。我国现阶段形式上的"一园一法"模式，不应是国家公园体制建设的最终立法形态，而只是暂时的过渡安排。采取全国性立法显然更具科学性和可操作性，也更能体现国家公园“国家性”的本源属性。国家公园特许经营与普通的基础设施和公用事业相比，具有一定的特殊性，表现为更强调公共利益，更注重生态保护，更凸显“国家性”。建立国家公园体制已被确定为国家战略，对与我国的国土空间管理和生态文明建设均具有重大的价值，对构建和谐共生的自然生态系统和代表国家形象均具有深远的意义。从某种程度上说，国家公园的特许经营制度设计应不同于甚至应高于普通的基础设施和公用事业特许经营制度。而三江源国家公园特许经营管理实践也证明，在国家公园特许经营中沿用普通的基础设施和公用事业特许经营制度也面临了诸多困境，最突出的一点是对于生态环境的考量。此外，我国现有的风景名胜区特许经营制度中的诸如在特许经营的授予时，以投标者的经济实力为最主要的考量因素，评判标准过于单一；特许经营的准入标准未充分体现分区保护原则；对特许经营协议的签订、审查和终止等程序和内容上的规定，均存在可操作性差等问题，不利于国家公园特许经营管理规则的统一制定和规范，也不利于国家公园建设进程的推进与落实。这点可以参照美国国家公园特许经营授权。美国特许经营授权采取公开招标的方式选择经营主体，以申请主体过往业绩、经营宗旨、经营目的及诚信状况等方面对投标人进行严格把控；同时美国国家公园特许经营合同年限一般为3—5年，最长年限不得超过20年，且明确规定地方管理局不得与经营主体签订长期合约。这种“短期”合约在一定程度上为特许经营主体的准入和退出节约时间成本，“短期”合约的条款、履行程度为地方管理局规划国家公园未来经营计划提供参考。

基于上述分析，笔者认为，建立健全特许经营制度，探索自然资源所有者参与特许经营收益分配机制已然迫在眉捷，且时机成熟，条件具备。

4.3 国家公园特许经营制度规范化的要点

特许经营的准入和退出机制是特许经营制度的关键和核心。国家公园特许经营制度规范化改革的关键有两点：一是国家公园特许经营的准入机制设计，二是国家公园特许经营的退出机制设计。

4.3.1 国家公园特许经营的准入机制设计

行业准入制度与公共自然资源特许经营制度如影随形。特许经营的准入是指政府依照既定的标准和程序，以寻找合适的公共产品提供者为目的，对民营资本进入公用行业进行把控。在公共资源配置中，面对多个申请，政府依据何标准，赋予谁特许经营权，以确保更好的服务，获得最佳的经济收益？准入机制的重要性凸显于此。特许经营的准入制度主要包含准入方式、准入内容、准入条件以及准入程序四个方面。这四方面的内容构成了国家公园特许经营准入机制的核心。就国家公园特许经营制度而言，其准入方式和准入内容的改革是国家公园准入机制改革的破题点。同时，国家公园特许经营准入机制应严于一般的公共资源配置准入机制，应更多的体现其“公益性”“代表国家形象”等国家属性。

国家公园特许经营的准入方式，是指国家公园管理机构从社会引入经营者的方式。实践中，主要以特许招标的方式进行，根据德姆塞茨的特许招标理论，在特许经营权配置中引入竞争，不仅能提高效率，减轻政府的财政负担，还能避免对垄断的寻租。然而，招标方式本身也存在一些风险，其并不能成为国家公园特许经营市场准入的唯一方式。应当考虑采用竞争性谈判、竞争性磋商等竞争性选择程序选择最佳经营者。

国家公园特许经营的准入内容，是指国家公园管理机构授权特许经营者建设和运营的项目。国家公园的公共属性确定了其特许经营区别于一般的商业特许经营，这种授权不是为申请人创造新的权利，受许人可以利用这种权利去获取利益，但是必须在法律法规约束的范围内。我国国家公园特许经营准入内容的改革应坚持如下几点：首先，特许经营项目必须以对国家公园实行严格保护为前提，并且以提供生态服务所必需为限度。其次，准入内容既应当符合国家公园总体规划，还应遵循特许经营专项规划。因此，可通过制定负面清单的方式对项目类别进行严格控制。此外，在项目运营过程中，还可通过设置生态保护红线的方式，对项目运营的规模、运营活动的强度等进行监控，杜绝对国家公园的生态环境和人文遗迹造成不可逆转的破坏。最后，准入内容还应当与国家公园的分区保护原则和分级管理体制相适应。根据国家公园的不同功能分区实行差别化的分级，即按照不同的功能分区所要求的不同保护力度，对特定陆地或海域的特许经营的准入内容划分等级。

4.3.2　国家公园特许经营的退出机制设计

特许经营协议作为整个准入机制中最终的产物，是特许经营行为的载体，明确了国家公园管理机构和特许经营者之间的权利和义务。因此，特许经营的退出即特许经营权的终止，其法律性质是特许经营协议履行完毕时特许经营者经营权的终止。依据是否在协议期满自然终止，又可将其分为正常终止和非正常终止两种情形。其中，正常终止是指由于协议约定的期限届满，特许经营协议自然终止，此时，如果国家公园建设未达目标则需要重新招标确定新的特许经营者。非正常终止是指特许经营协议在约定期限届满之前，因法律规定的特定原因出现而被迫终止。从《三江源国家公园经营性项目特许经营管理办法（试行）》第26、32和33条的规定，特许经营协议的非正常终止有以下几种情形：一是因一方严重违约或不可抗力等原因，相对方无法继续履行义务；二是约定的提前终止协议的情形出现；三是未按照技术规范，定期对特许经营项目设施进行检修和保养，保证设施运转正常以及经营期限届满后资产未依法依规进行移交的。前两种情形是由协议双方协商决定提前终止特许经营协议，而第三种情形是由管理局依法收回特许经营权，单方面决定特许经营协议的提前终止。

特许经营协议正常终止后，国家公园管理机构可以与原经营者续约也可以重新通过招标等方式选择特许经营者。相比于直接续约，重新通过招标的方式选择特许经营者的时间成本和经济成本更高，但是让新的竞争者参与到投标当中，可以提高其竞争性，并有利于产生对公众利益最优的特许经营者和特许经营方案。而对于特许经营协议的非正常终止，需要分协商终止和被迫终止两种情形进行讨论。前者取决于国家公园管理机构和特许经营者双方的协商结果。被迫终止，是指国家公园管理机构单方面收回特许经营权。在此种情形中，特许经营协议的审查、收回特许经营权的公示、经营项目的接管是特许经营协议提前终止的关键环节，是完善特许经营退出机制的切入点。

具体来看，特许经营协议的审查对象是已设立的特许经营项目。在国家公园设立前遗留下来的特许经营项目分为三类：第一类是完全符合新设国家公园的建设规划要求，既不损于生态系统，又不影响国家公园的规划；第二类是基本符合国家公园的建设规划要求，只需要对经营方式或者经营地点做相应的调整；第三类是不符合国家公园的建设规划要求，既存在损害生态环境的问题又影响了国家公园的园区规划。对第一类的特许经营，应认定原特许经营合同继续有效。国家公园管理机构应当承继原特许经营合同关系，允许经营者在特许经营期限内继续经营。待特许经营权到期后再通过招标、拍卖等方式向社会招募，并且原特许经营者应享有同等条件下的优先经营权。对第二类经营活动，也应认定原特许经营合同继续有效，但需要对合同条款作相应的调整，使调整后的经营活动符合国家公园的建设规划。对第三类经营活动，应依法立即阻止或终止该经营活动，解除原特许经营合同，并限期原特许经营主体退出。

特许经营权对特许企业有重要影响，特许经营协议的强制终止甚至会攸关企业的存亡。因此，出于对特许经营者信赖利益的保护，特许经营权收回时均应考虑给予其适当的补偿。收回决定也应当进行公示，只有在公示期内无异议的被迫终止的协议，才能确定收回特许经营权。必要时，根据行政处罚原理，应先听证再决定终止特许经营协议。此外，为了维护国家公园内特许经营项目的正常秩序，在决定收回特许经营权的同时，国家公园管理机构应当提出合理的接管方案，以便收回特许经营权后不对国家公园的正常利用造成影响。

5 结论

国家公园法定概念的建构和审批权的配置是国家公园设立前应首要解决的问题，而自然资源资产国有化和特许经营制度的规范化则主要是国家公园设立后的管理问题。法定概念的建构是所有法律问题的研究起点，审批权的合理配置是国家公园建设不致偏移制度初衷的重要保证。自然资源资产国有化有利于提高国家公园的管理水平，规范化的特许经营制度是国家公园在实现自然生态系统保护的同时兼顾科研、教育、游憩等功能的有效方式，是“公益性”的保障。

参考文献

[1] 李慧. 十个国家公园体制试点 [N]. 光明日报, 2017-09-28.
[2] 刘超. 以国家公园为主体的自然保护地体系的法律表达 [J]. 吉首大学学报（社会科学版）, 2019, 19（5）: 82-90.
[3] 丹尼尔・杰斐. 国家公园如何应对疯狂的游客 [J]. 环球人文地理, 2013（12）: 11.
[4] 杨果, 范俊荣. 促进我国国家公园可持续发展的法律框架分析 [J]. 生态经济, 2016,（3）: 170-173.

[5] 许胜晴. 美国国家公园管理制度的法治经验与启示[J]. 环境保护, 2019, 15（7）: 66-69.

[6] BLACKIE J A. Conservation Easements and the Doctrine of Changed Conditions Hastings Lj, 1989, 40(6).

[7] 克时贝特. 财产法案例与材料[M]. 齐东祥, 陈刚, 译, 北京: 中国政法大学出版社, 2003.

[8] 吴卫星, 于乐平. 美国环境保护地役权制度探析[J]. 河海大学学报(哲学社会科学版), 2015, (3): 84-88, 92.

[9] 房绍坤. 用益物权与所有权关系辨析[J]. 法学论坛, 2003, 18（4）: 23-28.

[10] 诸江, 蒋兰香. 环境保护地役权探究[J]. 求索, 2008, 3（5）: 53-55.

[11] 黄宝荣, 王毅, 苏利阳 等. 我国国家公园体制试点的进展、问题与对策建议[J]. 中国科学院院刊, 2018,（1）: 76-85.

[12] 王宇飞, 苏红巧, 赵鑫蕊, 等. 基于保护地役权的自然保护地适应性管理方法探讨: 以钱江源国家公园体制试点区为例[J]. 生物多样性, 2019, 27（1）: 88-96.

[13] 秦天宝. 论国家公园国有土地占主体地位的实现路径: 以地役权为核心的考察 [J]. 现代法学, 2019, 31（1）: 55-68.

[14] 张力, 庞伟伟. 住宅小区推进“街区制”改革的法律路径研究: 以“公共地役权”为视角[J]. 河北法学, 2016,（8）: 9-26

[15] 耿卓. 地役权的现代发展及其影响[J]. 环球法律评论, 2013,（6）: 5-6.

[16] 邢鸿飞. 政府特许经营协议的行政性[J]. 中国法学, 2004（6）: 54-61.

[17] 张晓. 国外国家风景名胜区（国家公园）管理和经营评述[J]. 中国园林, 1999,（5）: 56-60.

[18] 秦天宝, 刘彤彤. 国家公园立法中“一园一法”模式之迷思与化解[J]. 中国地质大学报（社会科学版）, 2019,（11）: 1-12.

[19] 陆建城, 罗小龙, 张培刚, 等. 国家公园特许经营管理制度构建策略[J]. 规划师论坛, 2019, 12（6）: 23-28.

[20] 刘云生, 庞子渊. 现行公共自然资源特许经营制度缺陷及其突破路径[J]. 西南民族大学学报（人文社会科学版）, 2008, 29（10）: 140-143.

[21] 章志远, 黄娟. 公用事业特许经营市场准入法律制度研究[J]. 法治研究, 2011,（3）: 53-60.

[22] 余凌云. 行政契约论[M]. 北京: 中国人民大学出版社, 2000.

[23] DEMSETZ H. Why Regulate Utilities?[J]. Journal of Law & Economics, 1968, 11（1）: 55-65.

[24] 陈朋, 张朝枝. 国家公园的特许经营: 国际比较与借鉴[J]. 北京林业大学学报（社会科学版）, 2018, 20（11）: 80-87

[25] 邓可祝. 公私合作背景下行政特许经营协议的强制终止[J]. 天津法学, 2017,13（3）: 23-30.

二、国家公园体制试点区国土空间用途管制的进展、问题和对策

罗　敏[1]　王宇飞[2]

（1：环境保护杂志社，北京 100062；2：管理世界杂志社，北京 100026）

摘要　国家公园已成为了落实生态文明体制的领头兵并将成为自然保护地体系的主体。国土空间用途统一管制是国家公园落实山水林田湖生命共同体理念的重要措施，是解决保护地碎片化管理的有效方式。就目前国家公园体制试点制度落地的情况看，空间用途统一管制的基础是依托管理机构整合基础上的空间整合。这是现阶段国家公园体制试点进展较快的方面，但也存在以下三类困难：管理机构没有获得统一的国土空间用途管制权；个别空间的边界或者产权模糊有争议；管理机构自身涉及跨界的情况。针对这三方面难题，本文以改革力度推进最快的三江源和钱江源国家公园试点区为例，分析了如何通过生态环境综合执法权的统一和地役权的制度的创新突破自身在落实空间用途管制方面的障碍。结合试点区实践经验给出了对应的解决方案。这些试点的探索为今后自然保护地的国土空间用途统一管制提供了先导经验。

关键词　国家公园；自然保护地体系；国土空间用途管制；地役权

生态文明基础制度中，国土空间用途管制是国土空间开发保护制度的重要组成。生态文明体制改革的一个目标是从土地的用途管制扩展到所有国土空间的用途管制，促进整体保护、系统修复和综合治理。作为一种对自然资源的载体进行开发管制的行政管理手段，国土空间用途管制以空间规划为基础，通过制度规范、技术标准以及国土空间用途转换、政策管制等对国土空间的自然资源进行合理的优化和利用。党的十九大报告指出："设立国有自然资源资产管理和自然生态监管机构，完善生态环境管理制度，统一行使全民所有自然资源资产所有者职责，统一行使所有国土空间用途管制和生态保护修复职责，统一

行使监管城乡各类污染排放和行政执法职责”，进一步要求从单要素管理迈向“山水田林湖草”生命共同体的综合管制。随后自然资源部的成立为统一行使国土空间用途管制奠定了组织基础。

作为自然资源的空间载体，国家公园是我国自然保护地最重要的类型之一，它是边界清晰的，以保护具有国家代表性的大面积自然生态系统为主要目的，实现自然资源科学保护和合理利用的特定区域。国家公园是生态文明体制改革的排头兵，自2013年十八届三中全会第一次提出“建立国家公园体制”起，截至目前我国先后开展了10处国家公园体制试点。在此期间，《建立国家公园体制总体方案》颁布，提出了最严格保护的目标。我国将“建立以国家公园为主体的自然保护地体系”，并且实行全过程统一管理，统一监测评估、统一执法、统一考核，实行两级审批、分级管理的体制。国家公园试点就国土空间用途管制的有益探索，对占全国18%的自然保护地的国土空间管制制度的建立有先导作用，并将对国土空间治理体系的完善以及国家空间治理能力和效率的提升有积极贡献。

图1　国家公园是我国自然保护地最重要的类型之一

1 国家公园试点空间用途管制的基本情况和存在问题

从国土空间管控角度看，国家公园属于全国主体功能区规划中的禁止开发区域，纳入全国生态保护红线区域管控范围，以重要自然生态系统的原真性、完整性保护为首要功能，实行最严格的保护，解决原来保护地管理中交叉重叠、多头管理的碎片化问题。体制改革后其特点可以概括为：四至边界清晰，自然资源产权明确（管理机构是独立的自然资源登记单元，对山水林田湖等自然生态空间统一确权），管理机构职能统一（一地一主，政出一门），用途管制更科学和严格（严格规划建设管控，不损害生态系统）。相对其他类型的国土空间，国家公园在空间层面叠加了对生态系统完整性保护这一约束，主要表现是要求采取更科学的管控手段（图2）。

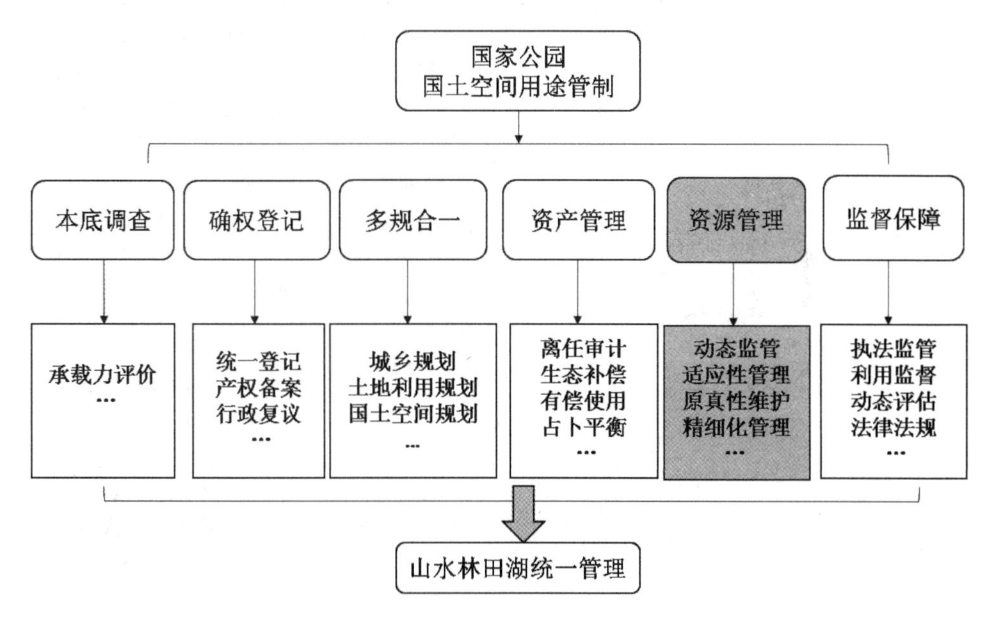

图2 国家公园范围国土空间用途管制

空间用途管制方面，改革力度最大的是伴随着管理机构整合同步推进的空间整合（如表1所示）。其中，整合是统一管理最直接的手段，整合方案最早在国家公园体制实施方案（或试点方案）中已有所体现[①]，大部分试点已经进入方案实施阶段。

表1可以看到各试点方案反映出国家公园空间整合、统一的基本情况。

表1　各个国家公园体制试点区的空间整合情况（未包括海南热带雨林）

试点	省/市	机构整合	空间整合	存在的问题
三江源	青海	三江源自然保护区管理局、可可西里自然保护区管理局	可可西里自然保护区、三江源自然保护区的5个保护分区、黄河源水利风景区、楚玛尔河水产种质资源保护区	考虑藏民对土地利用，没有将长江源（当曲，位于杂多县）完全划入园区；黄河源区仅划入了玛多县，回避了曲麻莱县的长江源和黄河源的双重园区管理问题
神农架	湖北	神农架国家级自然保护区管理局、林区林业管理局、大九湖国家湿地公园管理局	神农架自然保护区、神农架地质公园、神农架大九湖湿地公园、神农架森林公园、大九湖国家湿地公园和大九湖省级自然保护区	受矿产资源开发、职工就业和安置等的影响，试点区范围和林区范围不对应，生态系统空间被人为割裂。矿产资源管控和新的替代性产业问题亟待解决
武夷山	福建	武夷山自然保护区管理局、武夷山风景名胜区管委会	武夷山国家级自然保护区、武夷山国家级风景名胜区以及中间过渡地带	缺少和同一生态系统的江西省武夷山自然保护区的协同管理机制
北京长城	北京	八达岭特区办事处、八达岭林场、八达岭旅游总公司、八达岭镇政府和北京延庆世界地质公园管理处	八达岭—十三陵国家重点风景名胜区（延庆部分）、八达岭国家森林公园和延庆世界地质公园八达岭园区	试点区面积狭小，不符合长城整体保护的原则，出现了长城、八达岭—十三陵风景名胜区以及延庆世界地质公园生态系统的人为割裂，产生新的碎片化管理问题

① 除《大熊猫国家公园体制试点方案》《东北虎豹国家公园体制试点方案》和《海南热带雨林国家公园体制试点方案》外，其余试点均为《实施方案》。

（续表）

试点	省/市	机构整合	空间整合	存在的问题
普达措	云南	未来需解决历史遗留的企业管理公共资源问题，提供具体管理机构整合路径,说明和地方政府权职划分	涉及“三江并流”风景名胜区国家级风景名胜区，碧塔海省级自然保护区和2个公益性国有林场	仅仅依托省级保护区碧塔海，没有将其放在青藏高原东南缘横断山脉纵向岭谷区东部的整体生态系统中考虑
东北虎豹	吉林、黑龙江	园区范围内国有林业局、地方林业局以及多个保护地管理机构，依托国家林草局驻长春森林资源监督专员办管理	7个自然保护区、2个国家森林公园和1个国家湿地公园，以及相关国有和地方林场	生态系统完整性和原真性恢复目标不够明确，廊道建设空间格局不明确，存在大面积非保护地
大熊猫	四川、陕西、甘肃	整个多类型保护地管理机构，依托国家林草局成都专员办加挂大熊猫国家公园管理局牌子	岷山片区、邛崃山一大相岭片区、秦岭片区和白水江片区,包括多个自然保护区、自然保护小区、风景名胜区、水利风景区、世界自然遗产地、森林公园、地质公园、林业局、林场和森工企业	生态系统状况梳理不清晰，关键栖息地和形成保护网络的重要节点、廊道位置没有充分体现在功能区划中；缺少对居民点、矿产和资源开发的空间布局的管控要求
钱江源	浙江	开化国家公园管委会、古田山国家级自然保护区管理局、钱江源国家森林公园管委会、钱江源省级风景名胜区管委会	古田山国家级自然保护区、钱江源森林公园、钱江源省级风景名胜区之间的链接地带	南北两片保护地在水生态上分属钱塘江和长江水系，中间的居民点集中分布区其生态属性不明确，对生态系统结构、功能和服务及生物多样性本底状况掌握情况不清

（续表）

试点	省/市	机构整合	空间整合	存在的问题
南山	湖南	南山国家级风景名胜区管理处、湖南两江峡谷国家森林公园管理处、湖南金童山国家级自然保护区管理处、湖南碧云湖国家湿地公园管理处	南山风景名胜区、金童山自然保护区、两江峡谷森林公园、白云湖湿地公园，新增资源价值较高但是未纳入现有保护地的部分	未能与毗邻的广西资源县范围内的同一生境实现空间整合，生境斑块不连通，其试点范围的形状极不规则，东西、南北两个方向上都比较狭长，而中间有大片区域的缺失，不利于内部生态组分之间的循环流动
祁连山	甘肃、青海	整合不同类型保护地管理机构，依托国家林草局成都专员办加挂了祁连山国家公园管理局牌子	祁连山省级自然保护区、仙米国家森林公园、祁连黑河源国家湿地公园等，包括区域内从事公益性管护的国有林场	矿业开发后的生态修复问题严峻

表1可以看到各试点方案均反映出了国家公园空间层面对生态系统完整性、原真性的保护需求。但是从制度落地角度看，围绕“统一”，空间用途管制方面存在一些难以破解的问题，主要有三类情况：

第一类，管理机构本身没有获得统一的国土空间用途管制权，引发了试点实施方案中反复提及的居民区分布、矿产资源利用分割等问题一直难以解决，以及其他一些不文明、不规范甚至违法的现象，比如游人随意丢垃圾、非法砍伐、狩猎、破坏野生动物栖息地等。

第二类，个别空间存在边界或产权模糊、有争议的情况。边界不清的情况多是由于历史因素导致，我国自然保护区曾一度贪大求多，不少地区的地方政府随意确定保护区的边界或功能区域的边界；又或者缺少先进的勘探技术，跨界区域存在管理盲区；保护区设立的时候程序不规范，前期缺少对人口、产业、保护对象等的必要调查。部分地方上级主管部门未严格把关，常存在着将公路、基本农田、甚至企业等划入保护区或者保护区边界界定模糊的情况，最终导致空间统一管控难的问题。这些区域处理起来难度大、成本高并且国家公园试点方案或实施方案存在有意回避这些历史因素的情况。

第三类，管理机构协调难。名义上国家公园管理机构整合后实现了一地一主，但实际上还涉及管理机构和地方政府、及其他保护地机构的协调问题。最难处理的是跨界问题，有两类情况：（1）试点方案中明确要求展开跨省协同管理，比如钱江源、武夷山国家公园试点，都涉及跨省区域生态系统完整性保护问题；（2）试点内就存在跨界协同问题，比如大熊猫国家公园、祁连山国家公园、虎豹国家公园。主要制约因素有两个方面，一是对生态本底情况的掌握不够，对生态系统完整性的研究欠缺（对物种栖息地、生境斑块联通性的研究不够）；一是不同行政机构以及利益相关方之间难以协调。

上述问题对生态系统完整性带来了的影响，比如造成主要保护物种的栖息地覆盖不够、内部生境斑块之间连通性不佳等。需要注意的是空间用途管制属于单一维度的管理，而生态系统甚至生物多样性保护则更加多层面—即生态系统是动态的、并不局限于某一个空间范围，并且存在一定的韧性和适应性。这些是空间用途管制中较少考虑的要素。

2　三江源和钱江源的实践经验

三江源和钱江源国家公园试点区从改革获得的支持力度和取得的成效方面都走在了全国前列。前者主要由于自然资源全民所有，获得了中央权、钱的支持；后者主要由于东部地区经济发展水平较高，地方参与改革积极性较高，治

图3　可可西里——藏羚羊的家

理能力较强。三江源国家公园所在地青海省和钱江源国家公园所在的浙江省都开展了自然生态空间用途管制试点，并且在钱江源国家公园所在地浙江开化县还探索了大部制下的“多规合一”。在这些区域，国家公园体制和国土空间用途管制制度相互影响，对国家公园范围内制度落地的分析也有助于了解当前自然生态空间用途管制试点政策的推进。

2.1 三江源："两个统一行使"

三江源国家公园自然资源全民所有，为了实现自然资源资产、国土空间用途管制的“两个统一行使”，管理机构整合和空间整合并进，生态系统得到了较好的恢复，非法行为得到了有效管控。

首先管理机构整合的同时一并完成了管辖空间的整合。青海三江源生态保护和建设办公室与三江源国家级自然保护区管理局合并的基础上组建了三江源国家公园管理局，下设长江源（包括治多、曲麻莱和可可西里三个机构）、黄河源、澜沧江源三个园区管委会。（1）整合治多县、曲麻莱县的自然资源和生态保护相关部门职责，设立治多管理处和曲麻莱管理处。依托可可西里国家级自然保护区管理局，设立可可西里管理处；（2）整合玛多政府、杂多县政府涉及自然资源和生态保护相关部门职责，设立了黄河源园区和澜沧江园区管理委员会。试点期间，各园区管理委员会及下设机构受三江源国家公园管理局和所在州政府双重领导，以前者为主。可可西里管理处内设机构不变，其他各园区管委会（管理处）下设生态环境和自然资源管理局、资源环境执法局和生态保护站。其中，整合了各园区内县政府国土、环保、林业等部门的相关职责，成立了生态环境和自然资源管理局；整合了国家公园所在县的林业公安、国土执法、草原监理、渔政执法等执法机构，成立了资源环境执法局；整合了各县林业站、草原工作站、水土保持站、湿地保护站等涉及自然资源和生态保护的单位，相关事务归生态保护站管理；三江源国家级自然保护区森林公安局被整体划归至三江源国家公园管理局，组建了三江源国家公园管理局执法监督处。

三江源也对空间用途管制的权力进行整合，除去上文所提将生态环境综合执法权进行了整合外，也展开了一些创新性探索。比如三江源尝试了行政执法与刑事司法衔接的机制，借助信息共享平台和常态化联席工作机制加强了生态环境综合执法的能力。青海省检察院专门针对三江源建设开展了专项检察活动、构建了生态检察专门工作模式、实行了生态检察专题目标考核措施，并且

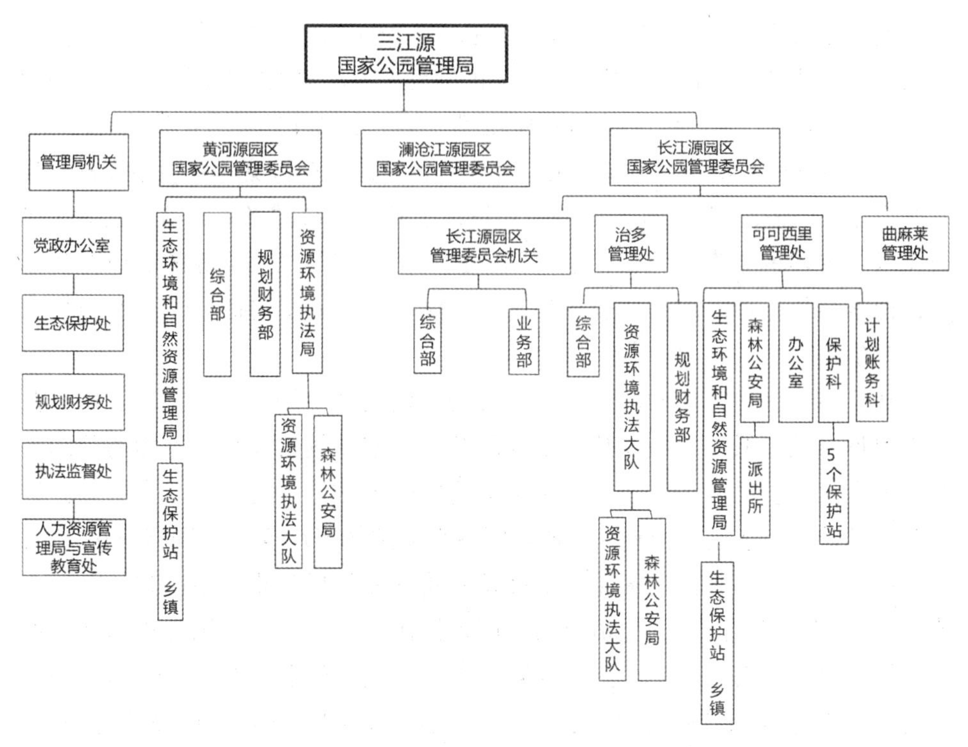

图4 三江源国家公园管理机构图

制定了《青海省检察机关关于充分履行检察职能服务和保障三江源国家公园建设的意见》《三江源国家公园行政执法和刑事司法衔接工作办法》《省检察院侦查监督部门与三江源国家公园森林公安局联席会议制度》三项基本制度，控制了破坏生态环境资源的刑事犯罪事件。

2.2 钱江源：地役权和协同治理

地役权制度起源于罗马法而兴盛于美国，地役权的双方分别称为供役地人和需役地人。传统的地役权是指为了利用自己土地的便利，而对他人的土地进行一定程度的利用或者对他人行使土地权力进行限制的权利。保护地役权增加了更多公益性，主要用于保护自然资源、野生动植物栖息地、文化资源及开放空间。简单来说，可以理解为一种不改变土地权属和利用方式但是改变利用强度等的生态补偿方式。我国2007年颁布的《物权法》明确了地役权的法律地位，规定“地役权人有权按照合同约定，利用他人的不动产，以提高自己的不动产的效益。前款所称他人的不动产为供役地，自己的不动产为需役地”。针对大比例的集体林地管理难和跨界统一管理难的问题，钱江源国家公园在地役权制度方面开展了尝试，并以此为基础和协同治理结合，解决了跨界合作难的问题。

浙江省林业厅牵头制定了《关于印发钱江源国家公园集体林地地役权改革实施方案》，提高了补偿标准的同时还设计了补充协议的形式，给后续细化保护需求和多样的生态补偿留出了空间。选取了浙江与江西交界的霞川村为试点，探索细化保护需求的地役权制度，其操作步骤主要包括4个方面（4+1），如图5所示。

基于细化保护需求的地役权最主要的特色是对保护对象的精准管理。在明确保护对象（低海拔中亚热带常绿阔叶林生态系统以及相关珍稀物种和水源地为主的保护对象，以及重要保护动物的栖息地活动范围不缩小的保护目标）的基础上，细化保护需求（重要区域细化到林斑尺度），确定其和原住民的生产、生活行为之间的关系，明确差异化的原住民禁止、限制和鼓励行为清单，形成一套空间上的正负行为准则，提出了针对土地利用方式和利用强度进行管理的方法。这种本土化的制度创新是对集体所有自然资源的管理权、使用权难以整合的替代性办法：在不改变土地权属、不生态移民的前提下，

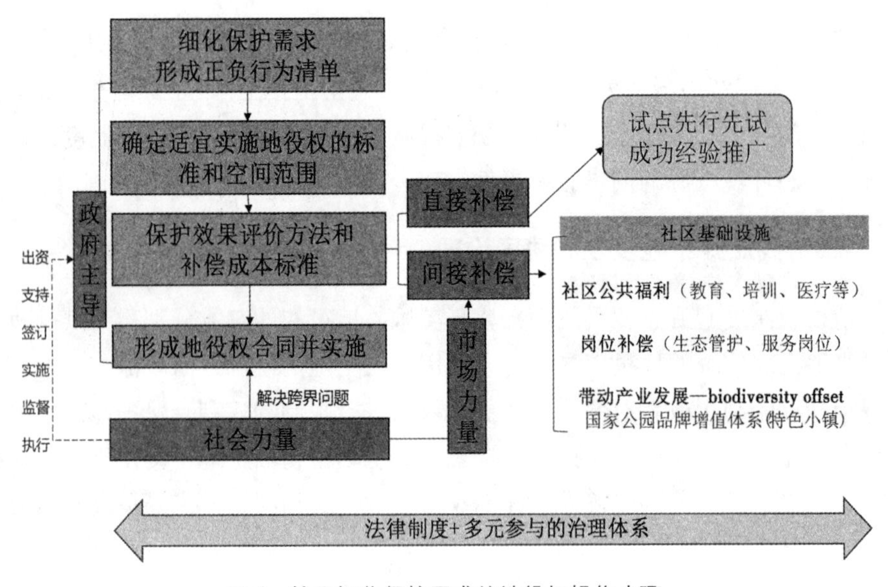

图5　基于细化保护需求的地役权操作步骤

实现自然资源的统一管控。钱江源国家公园试点区地役权推进效果佳，原住民反馈好，也说明国家公园范围不必强调是否国有土地的占比[①]，而更多的应该看实际的管理效果。这也是钱江源国家公园在国土空间用途管制方面取得的另一条有益经验。

考虑生态系统完整性，钱江源国家公园需要整合跨行政区的毗邻地区——安徽休宁县岭南省级自然保护区和江西婺源国家级森林鸟类自然保护区的部分区域，为此钱江源采取了地役权+协同治理的模式。针对跨界治理中毗邻村镇有合作意愿但行政管理困难颇多的问题，采用“政府+社区”公私合作治理模式，通过地役权协议保护的方式构建社区共管机制。其中，协议保护是以政府让渡部分生态资源保护权为基础，跨界区域的社区（以村委会为代表）作为承诺保护方，通过签订地役权协议或者合同的方式确定各方生态资源的责权利关系。

图6　基于细化保护需求的地役权最主要的特色是对保护对象的精准管理（张欢摄）

① 要对按照法定条件和程序逐步减少国家公园范围内集体土地，提高全民所有自然资源资产的比例，或采取多种措施对集体所有土地等自然资源实行统一的用途管制有正确的理解。

在钱江源国家公园跨界治理中，存在毗邻区安徽休宁不乐意合作的难题，可采用非政府组织介入的方式解决。主要措施是钱江源建立地役权模式后，由第三方合作机构通过租赁、置换方式将休宁范围的土地流转或采用地役权形式，再由第三方合作机构和钱江源管委会签署保护一致性框架协议，确保保护管理行为的一致性（同一个生态系统完整性保护的要求），并将相关信息放入钱江源国家公园的“多规合一”平台，实现跨越行政壁垒的统一保护。

3 应对措施

针对上文提出的三类难点，结合各国家公园试点的探索，主要的应对措施如下。

第一类，管理机构没有获得统一的国土空间用途管制权的情况。从国家公园试点区的经验看，该问题可通过加强国土空间的统一管控来缓解。具体操作角度，可以借助“国家公园管理办法”对国家公园范围内的规划权、管理权、审批权等整合统一。试点经验有二：以符合国家公园管理规定为基本原则，将集体所有的土地上建设项目的审批权限赋予国家公园管理机构，必要的时候赋予国家公园管理机构综合执法权；为了更好地展开科学的空间用途管制，日常管理环节中制定差别化的土地用途管制规则，分层、分级、分类管控。其中最难解决的是集体所有的自然资源的合理利用问题，特别是南方地区集体林占比较高，原住民聚集的社区较难管控，比如南山、武夷山、钱江源等试点区。这些区域集体所有的土地比例均超过50%。管理的难点在如何使自然资源的利用能符合国家公园统一管控的要求。结合试点经验，主要有三种措施，分别是通过土地征收获得所有权；通过土地租赁获得经营权；通过地役权，不改变所有权，但是规范土地的使用权。征收和租赁的资金需求较高，地役权的成本相对较低，也可以达到同样对的管控效果。

第二类，个别空间存在边界或产权模糊、有争议的情况。要对划界不合理等情况进行摸底调查，结合自然资源确权的情况，制定边界调整的动态计划和跨区域协调管理机制，实事求是调整空间布局，完善国土资源空间管控制度。鼓励专业第三方机构参与，允许将生态价值低、人口密度高的区域调出国家公园范围。需要的时候，制定生态移民和赎买等政策，分类解决民生问题。较为典型的是武夷山试点区自然保护区和风景名胜区之间的九曲溪周边，人地矛盾突出，保护困难，可考虑将这部分区域调出试点区。东北虎豹国家公园空间上划入了有维护国家安全、驻屯作用且没有虎豹分布的村庄，实际上并不利于保护，这些区域也有必要调出试点区。

第三类，管理机构协调难的情况。对于钱江源这种跨界的情况，可以借助地役权等解决，而对于大熊猫这种多省合作的情况，国家林草局是通过不同区域的专员办管理同时加挂国家公园管理局牌子的方式处理。比如对于祁连山国家公园，依托国家林草局成都专员办加挂了祁连山国家公园管理局的牌子。此类情况，不需要强制性的或者官方的促进跨区的行政统一管理，而应该强调管理目标、理念、方法等的统一，即遵循“国家公园总体方案”中的基本原则和主要目标即可，比如生态系统完整性等。可以参考法国国家公园加盟区的做法，即在国家公园管理中引入了生态共同体（ecological solidarity）的概念，国家公园和加盟区之间存在着生态关联和利益共享基础，通过签订宪章明确各方权责利，较好的处理了生态系统完整性问题。法国国家公园加盟区的理念在钱江源国家公园试点区（国家发改委批复）、浙江省仙居国家公园体制试点（环保部批复）生态系统完整性保护方面有体现。这种类似我国传统的联席制度，实际上它在福建省已有应用—武夷山国家公园体制试点工作联席会议制度已经实施。只是这一联席制度主要用于省内，今后也可以探索在跨省合作中有所应用。从管控措施上看，要加强关于物种、栖息地等基础科研的人财物投入，以此为保护措施制定的标准。

4　结论

国家公园是我国生态文明体制改革的先行先试区，在国土空间用途统一管制方面做了一些积极的推进。最主要的进展是通过管理机构的整合，实现了空间管制的整合。即使如此，依然较难对国土空间进行统一管制，即难以实现国家公园生态系统的完整性以及最严格的保护。各试点针对自身情况展开的积极探索，从一定程度上缓解了上述情况，提供了解决问题的对策。今后有待在国家公园体制试点的探索上，研究其在国土空间统一行使方面对自然保护体系的先导作用：归纳国家公园在国土空间管制方面的积极有益经验，分析其可应用的条件、可复制性，在对应的自然保护地中推广和应用。

参考文献

[1] 林坚，吴宇翔，吴佳雨，等．论空间规划体系的构建：兼析空间规划、国土空间用途管制与自然资源监管的关系 [J]. 城市规划，2018, 42(5).

[2] 李文军，徐建华，芦玉．中国自然保护管理体制改革方向和路径研究 [M]. 北京：中国环境出版集团，2018.

[3] 苏杨，何思源，王宇飞，等．中国国家公园体制建设研究 [M]. 北京：社会科学文献出版社，2018.

[4] 王宇飞，苏红巧，赵鑫蕊，等．基于保护地役权的自然保护地适应性管理方法研究—以钱江源国家公园为例（钱江源国家公园生物多样性）[J]. 生物多样性，2019.

[5] 张晨，郭鑫，翁苏桐，等．钱江源国家公园跨界治理体系研究（钱江源国家公园生物多样性）[J]. 生物多样性，2019.

[6] 陈叙图，金筱霆，苏杨．法国国家公园体制改革的动因、经验及启示 [J]. 环境保护，2017（19）: 56-63.

三、国家公园体制建设中的治理模式研究

——基于北京长城国家公园体制试点利益相关方分析

罗　敏[1]　崔高莹[2]　王宇飞[3]　胡艺馨[4]

（1：环境保护杂志社，北京 100062；2：重庆三峡学院，重庆 401199；3：管理世界杂志社副研究员，北京 100026；4：南方科技大学博士生，深圳 518055）

摘要　为进一步加强对长城及其周边自然文化遗产的整体性保护，国家发改委选取北京长城国家公园开展体制改革试点。在试点规划中，多元参与、多方共治是平衡多重利益相关方的重要举措，这也与中国生态文明体制改革的要求相符。但是，北京长城八达岭段试点改革进展一直非常缓慢，最后直接退出试点。一方面，这与试点区域的生态资源条件和规模标准不达标有关；另一方面与区域内各相关方错综复杂的利益关系有关。本文通过实地调查和利益相关方分析，基于北京长城国家公园的实际情况，探讨了其多元参与机制的构建过程与相应不足。本文提出，改革推进过程中尤其需协调各利益相关方，重视核心群体的基本诉求，明确利益协调的重点、优先顺序，并落实到机制、政策层面，从而构建激励相容约束下的多元参与和绿色利益共享机制，使得各方长期的发展目标能统一于可持续发展的理念之下。

关键词　北京长城国家公园；多元参与；日常管理；社区发展

1　引言

国家公园体制改革是十八届三中全会提出的重点改革任务；党的十九大报告指出要建立以国家公园为主体的自然保护地体系，明确了国家公园体制试点和建设在整个自然保护事业中的地位。国家公园体制将成为全面深化改革的代表性制度，成为生态文明体制改革的突破点和重要抓手。国家发展改革委于2016年批复了《北京长城国家公园体制试点区试点实施方案》，试点

区改革要求以八达岭长城世界文化遗产和暖温带森林生态系统保护为重点，兼顾区域经济社会的可持续发展和自然文化资源的可持续利用。由于试点所在地北京市是国际大都市和全国中心城市，试点区虽可依托其优势资源条件，但也面临着更复杂的人地关系，尤其是在探索多元参与机制方面，具有一定的典型性和代表性。

在国家公园体制试点建设过程中，鼓励多元参与是一项重要的基本原则。《生态文明体制改革总体方案》明确提出要“构建产权清晰、多元参与、激励约束并重、系统完整的生态文明制度体系”。《建立国家公园体制总体方案》再次强调了“共同参与”的重要性，即要“建立健全政府、企业、社会组织和公众共同参与国家公园保护管理的长效机制，探索社会力量参与自然资源管理和生态保护的新模式”。随后在《关于建立以国家公园为主体的自然保护地体系的指导意见》中再次强调要坚持政府主导，多方参与。长城试点方案中也将

图1　国家公园的管理在于调和人与自然的关系

“坚持统筹兼顾，探索国家公园共建、共管、共享的有效机制”作为基本原则之一。动员社会力量参与国家公园建设，不仅有利于弥补政府部门、国家公园管理机构在技术、资金和人力资源上的不足，而且通过多方利益关系的彼此制衡，有利于形成资源保护与管理的合力。

在生态环境研究领域，“公地悲剧”“搭便车”以及“邻避效应”等现象多是学者分析环境治理困境的焦点问题。传统意义上的生态环境治理体系是以行政为主导，呈现出单一性（周珂，2000）；在近年的研究中，主体“多元化”则成为生态环境治理研究的新范式，即多元治理（或多元共治）（张文明，2017）。国家公园多元参与主要围绕利益相关者分析展开。“利益相关者”的概念起源于公司治理领域，Asnof于20世纪60年代最早将其引入经济发展研究。从此，大量学者开始运用利益相关者分析方法研究政策执行中的多元参与和决策过程。在项目执行和科学研究中，该方法提供了一个多元的视角。近年来，对国家公园的研究呈现从自然保护逐渐向国家公园与利益相关者、环境变化互动等内容延伸，从单一问题研究向多维度综合研究发展的趋势。在国外，多重利益相关者及其相互关系逐渐成为自然保护地或国家公园管理中的重要考虑因素。但是，国内相关研究仍处于起步阶段，现有文献大多只涉及某一特殊利益群体——多为社会公众或当地社区居民——分析其角色、作用和参与途径。现有讨论多停留在经验借鉴、政策建议或构想层面，缺乏对具体案例的深入调查和深度分析。

国家公园的管理在于调和人与自然的关系，包括当地社区、地方政府、游客、企业和管理机构等。长城试点围绕规模庞大的旅游经济，稳定的利益关系已经形成，但这一利益关系并不符合国家公园关于保护自然资源和全民公益的要求。因此，有必要基于各方利益群体的核心诉求，建立激励相容的国家公园多元参与机制，充分发挥各群体作用，重构绿色可持续的利益关系，推动自然文化资源的有效保护与发展。

本文以北京长城国家公园试点为例，在实地调研访谈的基础上，运用利益相关者分析方法，梳理总结核心利益群体的态度、诉求及相互关系，探索激励相容约束下的国家公园多元参与机制，不仅促进长城资源的更好保护，也为国家公园体制建设提供可复制、可推广的政策建议。

2 调查方法与数据来源

根据国家公园的主要功能[①]，长城国家公园试点区所涉及的核心利益相关方包括五大类：地方政府、管理机构、当地企业、居民和游客。本文采取现场调研访谈和在线问卷调查的方式，考察上述群体的基本利益诉求和特征。具体来看，第一，在地方政府方面，通过面对面访谈和问卷调查的方式，了解八达岭镇和延庆区政府官员对长城国家公园体制试点的认知、态度和诉求，以及相关工作中所遇到的问题和挑战。第二，在具体管理机构方面，通过座谈会和问卷调查的形式，考察八达岭林场和八达岭特区办事处这两家管理机构对国家公园体制改革的认知、态度和利益诉求。第三，在企业方面，由于企业是国家公园的主要建设力量，对区内资源利用方式具有较大影响。本文主要采取现场访谈的方式，依据试点区的职能规划，分析各类企业的发展诉求、对国家公园的态度、参与共建的意愿和未来可能的经营模式。第四，在当地居民方面，主要针对区内居民点和外围乡镇开展入户调查的。不同资源条件以及保护利用政策的变迁会影响当地居民的生活生计、发展空间，进而影响其对自然保护的态度。调查内容主要涉及当地乡镇现有产业类型、规模、自然资源管理问题和当地居民的生态补偿意愿、保护倾向、共同治理意愿等。第五，在游客方面，本文针对国内和国际游客两类群体分别设计调查问卷，通过现场和在线问卷调查的方式，研究其对长城景区的游玩体验、对国家公园的认知和期待、对环境教育和志愿服务等活动的参与意愿、以及对相关旅游措施调整的态度等。

在调查设计中，本文根据最小样本计算方法，按照抽样误差不大于5%，置信水平95%，得出所需要的样本数量应不少于384人。在实际调查中，本文通过现场和网络共发放问卷667份，有效问卷500份。原住民和游客以问卷调研为主，而政府、管理机构相关人员以访谈为主。

3 调查结果分析

本部分基于利益相关者分析框架和调查回收结果主要报告长城国家公园试

① 国家公园的主要功能包括：提升国家公园共同意识、典型资源的可持续保护、社区传统继承与发展、公众的享用和理解、多方协调统筹发展。

点中地方政府、管理机构、当地企业、居民和游客的激励、阻力与利益诉求。

3.1　地方政府：不清楚自身权责，缺少改革激励

八达岭镇政府是各行政村落及其村民的管理者。相比长城国家公园具体管理机构而言，地方政府由于其较完整的权力体系（规划权、开发权等）在人、财、物资源的调配上拥有更强的政策执行力和管理经验。但是，八达岭镇政府在试点改革过程中仍旧存在以下问题：

第一，八达岭镇政府对于其改革中的角色并不清楚。八达岭镇政府倾向于发展辖区内的旅游经济，但是这给当地的自然环境和文化遗产保护带来压力，即存在保护和发展的矛盾。尽管大部分镇政府领导干部对国家公园体制改革有一定的了解，但并不清楚自身应承担的具体职责，并没有针对国家公园建设设立相应的乡镇政府权责清单和任务书。

第二，镇政府缺乏自发配合试点改革的动力。八达岭镇政府相关领导干部在配合长城国家公园体制试点改革上的积极性普遍较低。长期以来，大量旅游开发建设及相关寻租活动为地方政府及其官员提供了可观的财政收入或其他非正式收入。国家公园体制试点改革要求将对旅游资源的开发利用控制在合理可持续的水平内，必然触动部分既得利益。在没有切实有效激励措施的前提下，地方领导干部出于自身收入、职位晋升、经济绩效考核等考虑，参与改革动力不足。

因此，八达岭镇政府的主要利益诉求为：明确落实八达岭镇政府在长城试点区体制改革中的具体职责及与国家公园管理机构的权责划分，制定权力清单。

3.2　管理机构：改革动力不足，历史遗留问题突出

长城试点区有实质管理权限的机构有两家，分别是八达岭林场和八达岭特区办事处，其基本情况如下：第一，改革动力不足，员工福利有下降风险。八达岭林场是北京市园林绿化局下属的差额拨款事业单位，下辖企业经营状况良好，享有政府专门的项目经费拨款，资金保障充足。八达岭特区办事处，属于自收自支事业单位，依靠八达岭旅游事业和成熟的门票经济，收入水平较高。除需上缴延庆区财政和用于文物保护的部分外，办事处可以对其余收入自由支配。两家管理机构的工作环境较为宽松、福利待遇也高于北京市同类事业单位的平均水平。试点体制改革方案要求两家管理机构整合成公益一类全额拨款事

业单位，遵循严格保护和公益性标准，其原有经营职能将被剥离，会面临更严格的制度约束和“收支两条线”的财务管理安排。两家管理机构的总收入及其职工的工资待遇水平都将面临大幅缩水的风险，严重影响其参与试点改革的积极性。

第二，综合执法权缺失，难以对国土空间统一管制。林场虽拥有核心区域的土地所有权，却没有与其管理职责相对应的执法权，对林场范围游客的不文明的做法或破坏森林资源的行为，以及屡禁不止的违法、违规、占地经营、建设或开发等行为，林场只能实施劝阻、警告，却无权采取惩处或执法措施。八达岭特区办事处主要负责旅游秩序、环境卫生和门票管理等日常管理事物，对商户、小贩等无管理权和执法权，只能实施软性管理，难以解决违法建设、旅游秩序、治安案件、综合管理等问题，难以对国土空间统一管制。

第三，土地权属复杂，历史遗留问题难以解决。八达岭长城周边大部分土地，尤其是核心景区附近的土地，主要归林场所有。但是林地上乱搞建设、搞开发的情况非常普遍。不仅周边村民私搭乱建，而且熊乐园等企业或单位、甚至长城博物馆都涉及“违法占地”问题。由于存在历史遗留问题和程序上的瑕疵，林场虽有林权证，却并不被当地村民、企业等承认。目前有争议的土地主要是通过租赁的方式解决，但是若都采用这种方式，则会给地方财政带来很大负担。

上述管理机构在改革中的主要利益诉求包括：保障职工获得感，维持其工资、福利、待遇等水平；从立法、规划层面，赋予管理机构与其责任相匹配的管理权、执法权；解决长城地区的历史遗留问题，明确和落实土地权属。

3.3　企业：探索更宽松的政策环境

长城试点区所涉及的企业包括三类，管理机构下属或关联企业，如八达岭旅游总公司、八达岭青年旅游服务公司等；非管理机构下属或关联的规模企业，如八达岭传奇旅游发展有限责任公司等；当地农民自主经营的、规模较小的企业。其中，八达岭旅游总公司是最重要的一方，它是延庆县属国有独资企业。旅游总公司原本与特区办事处是一个管理机构，随着经营与管理的分离，逐渐分为两家不同的机构。目前依靠长城旅游业，八达岭旅游总公司的职工收入稳定且满意度较高。改革后，公司利润和员工收入都将受到影响，改革意愿不强。经营性资产及服务采取“特许经营”的方式可能为主导长城旅游资源的经营利用提供了可行的模式。

试点区内企业在不同程度上愿意配合国家公园的要求改善自身经营模式，但同时希望获得更多的政策扶持和更宽松的市场环境，集中力量发展品牌，全面参与试点区建设、运行并保障自身的经济利益。例如，在特许经营方面，企业普遍希望能够获得被优先考虑的机会和优惠的价格条件等。

3.4　当地居民：分布有空间特色并且收入有差距

长城国家公园体制试点区涉及八达岭镇的9个行政村，通过实地走访和问卷调查，发现这些村落的发展情况具有显著的空间特点。试点区内居民的收入结构主要为村集体资产分红、家庭经营、自谋职业和政策性就业（护林员、保洁等政策性托底岗位）。不同村落居民的人均收入差别主要源自于村集体资产分红和家庭经营。其中，村集体资产的利用方式，主要是将土地资源出租给以旅游产业为主的各种企业。家庭经营，则是依托长城极高的游客量，经营餐饮和住宿等相关产业。当地居民的生产生活发展，高度依赖于长城文物的利用，并且呈现出“距离长城核心景区越近，居民富裕程度越高”的空间特点。例如，石佛寺村和岔道村，由于临近水关长城、八达岭长城等著名景点，依托热门的旅游经营、开发活动，其村人均收入水平超过延庆区平均水平的两倍，成为全区最富裕的两个村落。

村落的不同经济发展水平，会导致当地居民对国家公园不同的感知、态度和利益诉求。例如，从参与公园治理的角度来看，非富裕村的居民表现出更强烈的参与意愿，有83.3%的非富裕村居民表示非常愿意参与试点区的管理与监督，而只有53.8%的富裕村居民表示出此态度。这可能是由于国家公园建设将更多地限制富裕村落居民赖以为生的各项经营活动水平，而可能为非富裕村落提供新的就业机会和经济利益。

在调查中，受访村民被要求根据自身实际情况对一些表述进行打分，满分5分，分数越高表示诉求越强烈，每一项的平均得分如表1所示。可以看出，对于非富裕村落的村民而言，其在各方面的需求普遍较强，尤其以工作机会和财政补贴最为突出；而对于富裕村落的村民而言，他们更看重公共卫生、生态环境和治安状况的改善，相反对于工作机会、培训和指导等方面的需求并不十分强烈。

表1　当地村民利益诉求评价（平均得分）

利益诉求	富裕村	非富裕村
提供生产经营方面的技术指导	3.67	4.27
提供就业、创业培训	3.82	4.32
提供更多工作机会和岗位	4.10	4.35
提供生产生活补贴、税收优惠等扶持措施	4.36	4.46
改善本地生态环境	4.60	4.37
改善本地生活福利设施（供暖、照明等）	4.36	4.33
改善本地治安状况	4.58	4.27
改善本地公共卫生状况	4.73	4.35

关于土地利用政策，约有66%的村民愿意在提供合适补偿且保障长远生计的条件下配合政府的各种土地安排，包括征地搬迁、租赁等；24%的村民虽不愿意搬离原址，但能够接受租赁等其他安排；仍有10%的村民出于感情维系和精神寄托的需求，希望维持原状，不接受任何土地利用安排，这些村民大多为年龄较大的留守老人。

总体而言，长城周边乡镇村民的利益需求结构和特点如下：第一，试点区内社区的发展，高度依赖于对长城资源的利用，并且在空间上具有距离长城核心景区越近的社区富裕程度越高的特点。第二，依靠长城资源发展旅游业，包括农家乐、民宿、餐饮等，是当地居民普遍希望的发展方式，即使自己不投资经营，也可以通过土地租赁获得不菲的收入。第三，大部分村民愿意配合当地政府的土地安排，包括搬迁、租赁等，前提是提供合适的补偿或扶持，但是仍有少数年纪较大的村民坚持留守，不愿意搬迁。第四，带动当地经济发展是当地居民最为关注的国家公园功能，几乎所有村民都希望能够参与到国家公园的利益分配中，但根据所在村落的不同，又细化为不同的分配形式：在已经较富裕的村落，居民更希望当地社会治安、生态环境和公共设施得到改善；而在非富裕村落，当地居民更希望通过参与国家公园试点建设获得更多的工作机会和政府补贴，提高自身的生活水平。

当地居民的这些利益诉求及其特点给试点区建设带来了挑战。一方面，长城旅游资源是当地居民的重要收入来源，但是不规范的旅游业发展给试点区的资源环境保护造成了一定的威胁，因此要全面协调发展和保护之间的关系，在保障居民收入的同时控制旅游发展的生态环境影响；另一方面，由于地理位置、收入水平等差异，不同村落在国家公园试点建设中存在不同的利益诉求结构，应基于实际调研结果分区分类地解决各个村落的具体问题，提高机制设计的针对性和有效性。最后，在居民安置方面，尽管大部分村民愿意有条件地配合政府安排，但是仍然需要照顾到少数不愿意搬迁的村民的需求，并设计差异化的土地利用政策。

3.5　游客：追求高质量的旅游产品和亲近自然的体验

游客是长城国家公园体制试点区的重要服务对象，他们关于国家公园的认知和态度对于国家公园游憩功能的实现至关重要。受访者样本包括国内游客也包括国外游客，涵盖了农民、学生、公职人员、企业员工等多种职业；包括了青少年、中年人和老年人等各年龄层，调查样本具有良好的丰富性和代表性。

在调查中，受访者被要求根据自身情况判断影响其游玩体验的主要因素，并按照重要程度进行打分，满分5分，分数越高，表示该因素越重要，每个因素的平均得分如图2所示。可以看出，自然景观条件、服务人员态度和景区交通与客流拥挤程度是游客普遍认为的旅游过程中最重要的三个因素。因此，在试点区建设中，尤其是游憩功能的实现上，应加强对长城历史文化的宣传，普及长城建筑遗迹相关知识，美化长城沿线自然景观，改善景区交通情况，疏导和控制景区游客流量，加强对服务人员的管理和培训，提高主要旅游线路的舒适性。

游客普遍认为自然景观条件、服务人员态度和景区拥挤程度是旅游中最重要的三个因素。67.9%的游客对八达岭长城景区表示满意或非常满意，景区建设和发展基本符合公众的期待。61.5%的游客认为当前门票价格处于较为合理的水平。88%的游客使用过景区的解说服务，包括导游服务、自助式电子解说设备、移动端智慧解说服务等。除了景区解说服务，绝大部分受访游客（93%）表示希望景区提供更多的环境教育活动。游客对于长城国家公园的核心利益诉求在于高质量的旅游产品和体验。他们希望国家公园提供更舒适的旅游环境、更丰富的线路和产品、更优质的旅游基础设施和服务，感受到原生态的长城自然文化景观，学习生态环境和文化遗产保护知识等。其对长城景区发展的期待，“增强游客服务中心功能”和“增加深度体验自然文化资源的机会”

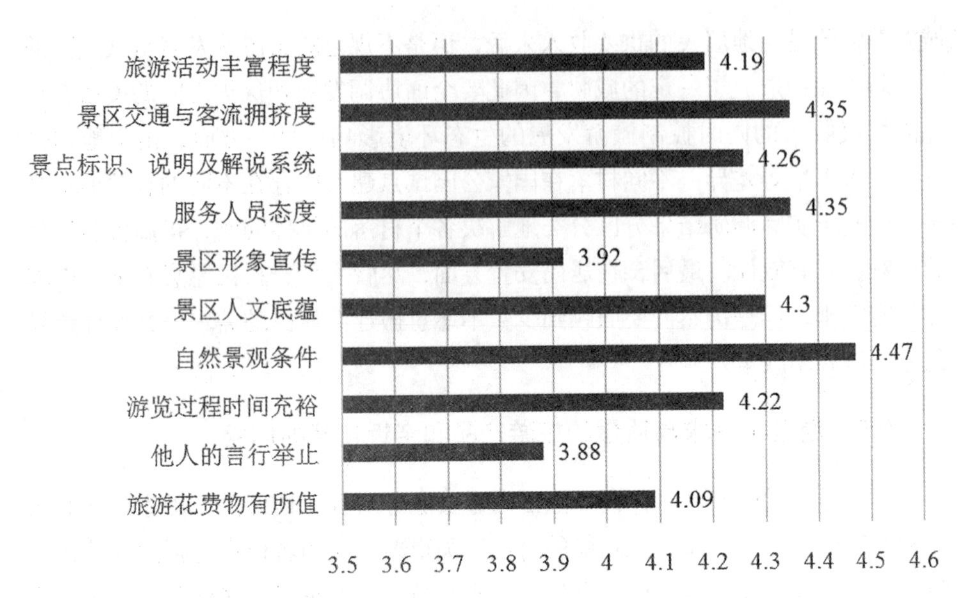

图2　影响游客体验的主要因素（按重要程度进行打分，取平均值）

是最重要的两个方面。许多国内游客（68.9%）表示应加强游客服务的中心功能，包括医疗、展览、信息服务等；而国外游客（61.9%）更加看重深度体验自然文化遗产的机会，例如，可设计植物识别、动物观察、遗产监测等活动，带给游客更深层次的自然文化体验。游客的核心诉求和长城的自然以及文化保护紧密相关（图1）。

总体而言，游客对于长城国家公园的核心利益诉求在于高质量的旅游产品和体验。他们希望国家公园提供更舒适的旅游环境、更丰富的线路和产品、更优质的旅游基础设施和服务，感受到原生态的长城自然文化景观，同时也有学习生态环境和文化遗产保护的拓展教育需求。

4　利益相关方分析

4.1　各利益相关方之间的关系分析

对长城资源的保护利用，多以中央及北京市政府为主导，社会参与明显不足。以资金机制为例，在八达岭长城段，八达岭林场、特区办事处等基层管理单位主要依靠北京市园林绿化局、延庆区政府的财政拨款。在“十二五”期间，政府资金对试点区的投入达36 757.52万元，构成其资金保障的主要来源。在社会参与方面，不仅公众参与的积极性较低，而且渠道有限。中国唯一的长城保护专项基金管理委员会成立时，募集的资金只有1 819万元，相对于地方所需的巨额长城保护费用，仍然是杯水车薪。多数游客前往长城仅仅是出于“不到长城非好汉”的打卡式旅游愿望，并没有获得较多的关于长城民族、历史意义的教育体验。科研合作交流仅局限于国内主要科研机构和高校，国际科研合作较为少见，北京市在其中并未充分发挥其作为国际大都市所掌握的资源优势和影响力。在以政府为主导的单一治理模式下，多元参与格局的缺失不利于长城文化遗产的保护与发展。

随着近些年长城旅游业的过度发展，稳定的利益格局已经形成。依靠大体量、不规范的旅游经济，管理机构获得稳定并且可观的门票收入，地方政府能够获取稳定的税收和良好的政绩，当地企业能够实现高额的利润，核心区域原住民能得到良好的收入。长城国家公园体制试点一旦贯彻落实，长城资源的利用水平和方式将受到严格限制；门票价格可能降低甚至免费；新整合成立的管理机构人员工资、待遇将面临下调。对当前现状的满足、对未来收入风险的担忧以及激励机制的缺乏是试点参与改革动力不足的主要原因。各利益相关方的基本诉求短期内难有明确的解决方案；中央财政等方面的支持力度难以抵消各方对改革风险的顾虑；生态文明改革红利还有待时间释放。归根到底，因为体制改革中存在利益不相容问题，各方难以在追求各自利益的同时实现体制改革“保护为主，全民公益优先”的预期目标。

长城试点国家公园体制在地方层面上难以推进的主要因素是由于改革短期看严重影响了原有利益格局，而核心利益相关方又难判断改革对自身的长期影响。这同生态文明体制改革的特点有关，经济发展存在严重的路径依赖而且转型难度大，需要加大改革力度才能扭转原有粗放式的发展模式。基于上述调查分析结果，可以通过明确地方政府、国家公园管理机构、社区居民、企业和游客这五类群体之间的复杂利益关系，确定利益协调的重点、优先序，并落实到机制、政策层面，以推动长城国家公园的协调发展。

在整个国家公园的建设、发展和运营过程中，地方政府始终处于服务者和协调者的角色。一方面，它服务于国家公园管理机构的各项决策、安排和管理规划，提供相应的人力、物力、资金和行政支持；另一方面，它也服务于社区居民、企业，提供和谐有秩序的公共治安和市场经济环境。此外，它也负责不同利益相关方之间的综合协调。经济和政治利益是地方政府运行的内在动力，而上级政府的考核则是主要的外在压力。与此相应的，严格落实资源环境绩效考核制度、开拓地方官员的晋升空间和渠道是推动地方政府积极参与国家公园建设的主要手段。

国家公园管理机构，是国家公园的管理者，是国家公园错综复杂的利益关系的核心。它需要依靠地方政府的协调配合，甚至相关权力调度，来完成自身资源保护和管理相关的职责；需要引导社区居民依法合理利用自然资源，协调旅游相关工作，加强对居民和游客的科教宣传；也需要负责企业的特许经营管理。在相关利益协调过程中，应以保障管理机构资源保护和管理职能的充分发挥为重点，从经济收入和职位晋升两个方面调动管理人员的积极性。

社区居民既是国家公园的资源利用者，也是共同的管理者。与居民之间的沟通在国家公园管理中至关重要，其中涉及社区共建、生态补偿或移民，在保护生态环境和传统文化的同时，也需要保护原住居民和当地居民的各种利益。由于我国土地公有制，以及特殊的政治体制，居民处于一种绝对劣势的地位。近年来已经有所改进，国家公园项目和旅游景区开发的不同之处就在于其对原住居民的影响。政府有必要遵循“以人为本”的思想，充分考虑居民的合法权益，利益协调的重心向居民倾斜。

企业和游客都是国家公园的资源利用者。企业是利用长城资源从事经济活动的主体，谋取经济利益和发展空间是它的主要利益诉求。企业的经营方式、开发建设活动等受限于国家公园的资源保护需求，接受管理机构和政府的引导、规范和监督。另外，企业能够为社区居民提供更多就业和收入，为地方政府带来经济绩效，有利于维持国家公园的良性发展，也是国家公园的建设者。游客则主要以游览经济程度和欣赏长城自然文化景观诉求为主，例如，降低门票价格，提供更合适的旅游路线和产品等。调查显示，他们也有学习生态环境保护的扩展教育的需求。在享受壮丽的自然人文景观的同时，游客的行为也接受国家公园管理机构的规范和引导，并为自身破坏自然生态环境等不文明行为负责，即接受相应的警告或处罚。

4.2 治理结构调整中存在的问题分析

基于对核心利益相关者的调查，本文发现长城国家公园在多元共建、共治、共管几个方面问题主要由于以下几个因素导致：第一，多元参与的动力普遍不足。随着长城旅游业的过度发展，稳定的利益格局已经形成。依靠大体量、不规范的旅游经济，管理机构能够赚取可观的门票收入，地方政府能够获取稳定的税收和良好的政绩，当地企业能够实现高额利润，多数居民生活安康、生计可持续。而随着以"严格保护"和"全民公益"为指导的长城国家公园体制试点的展开，一旦相关政策得到贯彻落实，长城资源（尤其是土地资源）的利用水平和方式将受到严格限制，有损长城保护的各项经营建设活动及其收入将大幅减少，门票价格可能降低甚至免费，新整合成立的管理机构人员工资、待遇也将下调至公益一类标准，留给地方政府、管理机构、企业的政策寻租空间大幅压缩，由管理漏洞所产生的各项灰色收入、表外收入难以为继。对当前现状的过度满足、对未来收入风险的担忧极大地抵消了相关群体参与长城国家公园体制改革的动力，导致相关改革措施推行困难、进展缓慢。

第二，管理主体权责划分不对等。国家公园及其周边社区主要由国家公园管理机构、地方政府共同管理，但在权责划分上存在不合理之处。管理机构肩负着国家公园范围内资源、环境、文化遗产的保护管理职责，却没有与之相应的综合执法权力，无法对各种破坏行为采取实质性的惩处措施，导致管理上的被动和乏力。而地方政府虽有相应权力，但局限于以经济发展为纲的传统治理思路，对八达岭地区生态、环境的治理较为疏忽。管理机构与地方政府在权责划分上的不对等严重影响长城国家公园的治理效率。

第三，地权矛盾突出，难以得到有效落实。长城周边的土地权属尽管在法律上已经明确，大多属于林场土地，但由于早期在确权程序上存在漏洞，导致其他利益相关方（以周边村民、企业为主）的竞相追逐，土地权属长期难以得到真正落实。尤其在距离核心景区越近的地方，地权矛盾越突出，违法占地经营、私搭乱建等活动屡禁不止，严重扰乱长城周边资源环境的管理秩序。

第四，对国家公园的认知度较低或存在偏差。大多数受访居民、游客对"国家公园"这个概念感到陌生，对自身在国家公园建设中的角色不明确，并缺乏相关信息的获取渠道。大多数当地居民、企业代表和游客，甚至一些基层管理干部，对国家公园的功能、意义和定位等存在认识的偏差或误区。例如在调查中，一些当地居民，包括少数管理干部，表达出强烈的与国家公园保护理念不符的旅游开发诉求。这说明对国家公园相关知识的科普宣传力度有待加强，一方面，公众认知的不足使其难以将国家公园与其切身利益进行充分关联，影响其主动了解、参与和监督的积极性；另一方面，认知的偏差将带来公众参与诉求和行为的扭曲，影响国家公园的保护绩效。

5 建议

长城的国家公园试点，麻雀虽小，五脏俱全，充分暴露出了改革过程中复杂的利益关系。主要涉及三对关系：政府内部关系（各级政府部门和机构之间的关系），政府与社会关系（管理机构和社区之间），短期利益与长期利益的关系（保护和发展方式之间的关系）。这也是体制改革中普遍需要处理的关系。长城试点的失败对保护与发展矛盾较为突出的自然保护地推进生态文明体制改革有以下参考。

5.1 自上而下强力推进，允许各地创新性探索

类似国家公园这种重大体制改革，必须由上层管理单位一把手亲自推行，落实领导责任制，强化考核，把冲破阶层固化和利益固化藩篱作为重要工作任务来看待。要在充分调研的基础上明确各相关方对改革的态度、诉求并判断其参与改革的障碍，分析各方之间的利益关系，进而确定改革的重点、优先序，并落实到政策、机制层面。以问题倒逼改革，在解决问题中深化改革，列出“问题清单”和“改革清单”，明确改革的路线图、时间表和责任书。必要的时候出台促进改革的法律或者公共政策，使得符合改革目标的诉求在制度层面得到保障和满足。

也要允许各地创新性地、分阶段地落实改革目标，激发、调动参与改革的积极性。比如长城的管理机构可以完善干部参与改革的保障和激励机制，可以采用“新人新办法、老人老办法”的原则制定工资标准，确保现有员工的工资和福利不至于大幅度的降低。另外，对地方政府（八达岭镇）而言，经济和政治利益是运行的内在动力，而上级政府的考核是其主要的压力和驱动。可以考虑构建地方政府参与国家公园管理的激励机制，例如取消GDP考核的同时，制定乡镇干部与管理机构的干部流转和优先遴选机制，使其能够从参与保护中实现政治地位的提升。

5.2 建立绿色利益协调机制，平衡各方利益诉求

生态利益的公共性以及和其他利益的密切关系决定了解决生态环境利益的矛盾和冲突存在协调的可能，因此需要构建绿色利益协调机制。首先，构建畅通的利益表达机制，使得不同的利益诉求和价值追求得以充分表达；其次，协调和处理各方的利益关系和矛盾，最终形成各方能认可的价值观和利益分配方式。

就长城看，单一的协调并不能解决发展相关的问题，要通过绿色发展创造新的经济财富，才可能满足多方诉求，促使各方达成共识。需要重点关注社区和企业。对社区来说，生态补偿基础上，构建依托保护地资源的可持续发展机制，扶持生态产业（生态旅游、生态农业等），通过保护协议等方式带动村民参与保护，将参与生态保护和经济收益结合，激发村民参与保护的主人翁意识，并缩小村民之间的收入差距，促进公平正义。对企业来说，以特许经营的形式规范其经济活动，限制其对长城资源利用的方式和强度，并接受管理机构或地方政府的引导、规范和监督。激励企业成为建设者，为社区提供更多的就业岗位，帮助原住民增收的同时也为地方政府带来更多的税收，通过创造新的经济价值，平衡多方需求，在保护和发展中间寻找平衡。

5.3 针对重点难点问题，制定专项解决方案

体制改革的推进异常复杂、困难，针对改革中的重点难点问题，要追根溯源，分类有序解决，制定专项改革方案，列入改革日程安排。必要的时候针对共性问题成立处理小组，由对应的业务部门提出解决方案；再解决不了的，由地方政府召开联席会议解决；甚至上报改革主管部门，直至问题得到妥善解决。

长城体制改革的一个难点是历史遗留下来的土地权属不清的问题，导致了管理机构、企业以及社区之间的矛盾。本着“尊重历史、实事求是”的原则，要建立一套较为完善的问题解决工作机制，分类解决不同因素导致的自然资源或者房屋权属不清的问题，确保由于改革而引发的新旧矛盾能够得到及时的解决。比如，对于集体土地权属不清的问题，本着公平、公正、合法的原则，适合交予村集体讨论，依靠村民自主协商，必要时候借助法律仲裁。对于土地承包关系没有理顺的，要对承包关系清查，进行补定，颁发合法承

包经营权证。制定改革赔偿制度，适度补偿企事业单位、特别是原住民由于改革带来的损失。

6 结论

国家公园的建设离不开各利益相关者的支持与配合。在管理单位体制建设中，新整合设立的统一的管理机构，要在人员、资金渠道等方面与原有管理单位、政府部门相衔接，按照公益性要求重新调整人员工资和待遇，剥离原有管理机构的经营职能，明确其自身与地方、中央政府之间的权责划分。在日常管理中，不仅要在确权基础上加强国土空间用途管制，尤其在集体土地的规划利用上，妥善处理与当地居民、企业的关系，合理安排其生活生计，预留发展空间；而且要加强游客管理，引导和规范游客行为，合理实施限流措施，开展自然文化体验教育。这些改革措施均涉及到人与国家公园的关系互动，不能只停留在顶层设计和规划层面，必须依赖管理机构、当地社区、企业和游客等的积极配合，并转化为他们的自觉行动。因此，在相关体制机制设计中，必须充分体现各利益相关方的主要诉求，保障多元化的参与途径，通过加强多方共治、共管和共建，平衡多边关系，协力推动试点区的改革进程。

参考文献

[1] BERMAN S L, WICKS A C, KOTHA S, et al. Does Stakeholder Orientation Matter? The Relationship between Stakeholder Management Models and Firm Financial Performance [J]. Academy of Management Journal, 1999, 42（5）: 488-506.

[2] CLARKSON M B E. A Stakeholder Framework for Analyzing and Evaluating Corporate Social Performance [J]. Academy of Management Review, 1995, 20（1）: 92-117.

[3] ELIJIDO - TEN E, KLOOT L, CLARKSON P. Extending the application of stakeholder influence strategies to environmental disclosures[J]. Accounting Auditing & Accountability Journal, 2010, 23（8）: 1032-1059.

[4] ERNST K M, VAN RIEMSDIJK M. 2013. Climate change scenario planning in Alaska's national parks: Stakeholder involvement in the decision- making process[J]. Applied Geography, 45: 22-28.

[5] FREEMAN R E, REED D L. Stockholders and Stakeholders: A New Perspective on Corporate Governance [J]. California Management Review, 1983, 25（3）: 88-106.

[6] FREEMAN R E, EVAN W M. Corporate governance: A stakeholder interpretation [J]. Journal of Behavioral Economics, 1990, 19（4）: 337-359.

[7] FROOMAN J. Stakeholder Influence Strategies [J]. Academy of Management Review, 1999, 24（2）: 191-205.

[8] FROOMAN J, MURRELL A J. Stakeholder Influence Strategies: The Roles of Structural and Demographic Determinants [J]. Business & Society, 2005, 44（1）: 3-31.

[9] GLICK P, STEIN B A. 2011. Scanning the conservation horizon: A guide to climate change vulnerability assessment[M]. Washington DC: NationalWildlife Federation.

[10] HENDRY J R. Stakeholder Influence Strategies: An Empirical Exploration [J]. Journal of Business Ethics, 2005, 61（1）: 79-99.

[11] J. Olko, M. Hêdrzak, J. Cent, et al. Cooperation in the Polish national parks and their neighborhood in a view of different stakeholders – a long way ahead [J]. Innovation the European Journal of Social Science Research, 2011, 24（3）: 295-312.

[12] PACHECO C, TOVAR E. Stakeholder Identification as an Issue in the Improvement of Software Requirements Quality [C]. International Conference on Advanced Information Systems Engineering. Springer-Verlag, 2007: 370-380.

[13] PETTEBONE D, MELDRUM B, LESLIE C, et al. A visitor use monitoring approach on the Half Dome cables to reduce crowding and inform park planning decisions in Yosemite National Park[J]. Landscape and Urban Planning, 2013, 118: 1-9.

[14] WANG M, XING Y. Reconstruction of China’s Environmental Governance System from the Perspective of Multi-governance [J]. Thinking, 2016, 42（4）: 158-162.

[15] 肖练练，钟林生，周睿，等．近30年来国外国家公园研究进展与启示[J]．地理科学进展，2017, 36（2）: 244-255.

[16] 徐媛媛，周之澄，周武忠．中国国家公园管理研究综述[J]．上海交通大学学报，2016, 50（6）: 980-986.

[17] 张婧雅，张玉钧．论国家公园建设的公众参与[J]．生物多样性，2017, 25（1）: 80-87.

[18] 周睿，曾瑜皙，钟林生．中国国家公园社区管理研究[J]．林业经济问题，2017, 37（4）: 45-50.

[19] 周珂．我国生态环境法制建设分析[J]．中国人民大学学报,2000（06）: 101-108.

四、基于保护地役权的自然保护地适应性管理方法探讨：以钱江源国家公园体制试点区为例

王宇飞[1]　苏红巧[1]　赵鑫蕊[1]　苏　杨[1]　罗　敏[2]

（1：国务院发展研究中心，管理世界杂志社，北京 100026；2：环境保护杂志社，北京 100062)

摘要　我国的自然保护地普遍存在着科学管控难、统一管理难和资金供给难等问题，即便是国家公园体制试点区也不例外。本文以钱江源国家公园体制试点区为例，设计了基于细化保护需求的保护地役权制度，以探索一种能解决上述问题并能体现生态补偿的适应性管理方法，包括：细化主要保护对象的管理需求，结合土地利用类型，确定实施保护地役权的空间范围；辨析保护需求和原住民生产、生活之间的关系，形成正负行为的准则并以行为清单的形式体现；从生态系统监测指标改善情况、正负行为遵守情况和社区能力建设三个维度制定地役权制度的评价方法；据此形成地役权合同，明确供役地人和需役地人的权责利，形成考虑保护绩效的生态补偿方案。这种方法可以解决自然保护地因为权属不一致造成的生态系统和景观破碎化问题，缓解社区发展和生态保护之间的矛盾，在我国南方集体林地占比较高的自然保护地具有适用性。

关键词　生态补偿；适应性管理；保护地役权；自然保护地；国家公园

我国相当数量的自然保护地科研基础不够、土地权属复杂、财政支持缺乏，存在科学管控难、统一管理难和资金供给难的共性问题。现有的自然保护地基本采用要素式的管理模式，即其管理目标并非从整个生态系统的完整性角度出发，而是关注生态系统的某一个片段或者要素。一个自然生态系统内经常有多个不同类型的保护地，这种管理模式导致“一地多牌多主”、不同类型的保护地交叉重叠、管理机构权责不清的现象普遍存在。为了改善上述情况，加强对生态系统的原真性和完整性的保护，我国先后提出建立国家公

园体制和构建以国家公园为主体的自然保护地体系的目标。今后我国自然保护地的管理将会由以资源要素为核心的管理模式转向以生态系统为核心的管理模式。国家公园体制也将引领自然保护地体系改革，其先行先试具有全国性的示范意义。生态系统的复杂性、动态性、模糊性和干扰的不确定性，决定了生态系统管理目标、生态系统对管理行为的响应、管理决策等方面的不确定性。适应性管理作为一种应对复杂动态系统不确定性难题的工具，逐渐成为被认可的生态系统管理模式，应用于渔业管理、森林管理、流域生态治理与恢复等领域。本研究主要从体制层面探讨如何在国家公园通过适应性管理解决上述问题。

为此，在问题导向下研究设计了符合我国国情的保护地役权制度，并率先应用于国家公园体制试点区以实现适应性管理，即：明确保护对象，细化管理需求，确定保护对象和原住民的生产、生活行为之间的关系，辨识原住民禁止、限制和鼓励的行为，形成正负行为清单并配套不同类型的激励方式；据此来约束土地利用的方式和强度，以地役权合同的形式平衡保护与发展之间的关系。

传统的地役权是指为了利用自己土地的便利，而对他人的土地进行一定程度的利用或者对他人行使土地的权力进行限制的权利。随着社会的发展，地役权已经在最初强调有利、相邻的私益性的基础上增加了公益性，在土地利用和环境保护方面起到了积极作用，即保护地役权。美国2000年颁布的《第三次财产法重述：役权》（*Restatement of Property, Third, Servitudes*）中指出，保护地役权的目标包括但不局限于：保留或保护不动产的自然、景观、开放空间价值；保障其农业、林业、休闲游憩或开放空间利用等功能；保护或管理自然资源的利用；保护野生生物；维系并提升土地、大气和水环境质量。本研究旨在借鉴国际经验的基础上，寻求构建适合我国自然保护地现状的保护地役权制度，与生态补偿结合并进行适应性管理，以解决生态系统尺度和景观尺度上连续的自然保护地因为权属不一致造成的破碎化管理问题，解决社区发展和生态保护之间的矛盾。

1　制度设计的技术路线和方法

本研究技术路线基于自然保护地管理的问题导向和国家公园体制建立的目

标导向而提出。问题导向主要是指能够解决生态系统和生物多样性保护存在的客观问题，比如人为干扰造成的物种栖息地保护不利、生态系统服务功能下降等；目标导向是指制度设计要符合《关于健全生态保护补偿机制的意见》和《建立国家公园体制总体方案》（以下简称《总体方案》）的要求。其中，制度设计要以生态系统科学管控的理论和社区利益诉求为基础，需围绕保护目标，平衡保护和发展的关系，形成适应性管理办法，并制定有针对性的、精细化的补偿测算方式和市场化、多元化的生态补偿模式。

1.1 适应性管理框架的构建

适应性管理框架是一种基于学习决策的资源管理框架，主要包括界定问题、编制方案、执行方案、检测、评估结果和改进管理。它广泛应用于森林等自然资源的管理。何思源等从理论上设计了一套新型的适应性管理框架，提出对重点保护对象的状态划分空间等级，在特定的空间范围制定保护需求清单，并配套保护地役权制度促进管制措施落地，但是研究结论有待实践。本研究将其和生态补偿制度相结合，并应用于国家公园，更新了上述适应性管理框架（图1）。其中，制度设计的基本原则要遵循保护生物学理论，比如保护珍贵物种优先、就地保护原则等。

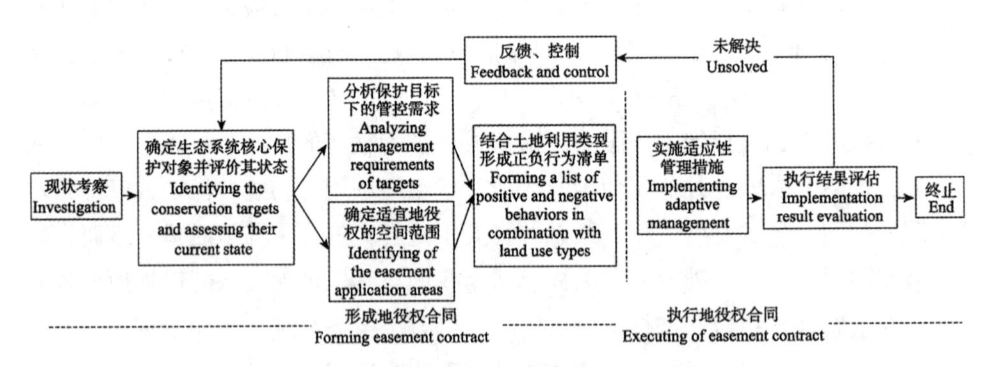

图1　以地役权制度为基础的适应性管理框架

1.2 生态补偿的制度设计

2016年国务院办公厅颁发的《关于健全生态保护补偿机制的意见》提出要建立生态环境损害赔偿、生态产品市场交易与生态保护补偿协同推进生态环境保护的机制。结合《总体方案》中“构建市场化、多元化的生态补偿机制”，以及“构建社区发展协调制度”的要求，本研究的制度设计思路如图2所示，要鼓励多元参与，构建利益共同体，形成保护合力。

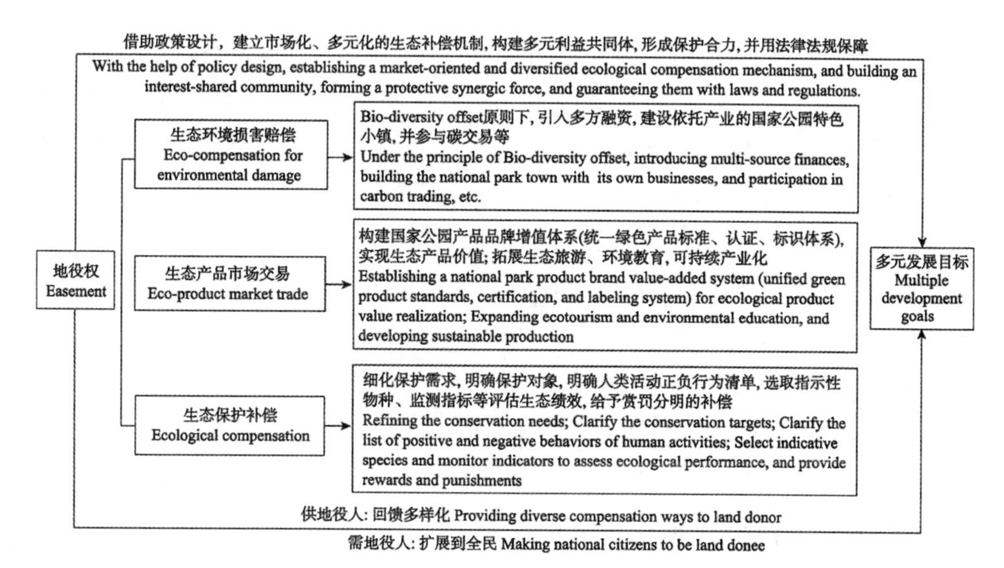

图2　结合我国实际的地役权制度生态补偿方案的设计思路。Biodiversity-offset即生物多样性中和，主要是指工程项目等的实施在采取一定的手段后对生态系统多样性的影响非负

1.3　研究方法

本研究主要采取文献查阅、半结构式访谈和问卷调查等方法。除分析地役权、国家公园体制制度外，重点对国家公园的生态系统、生物多样性和生态保护的基本情况进行文献分析，作为制度设计的基础。

半结构式访谈是介于完全开放式和结构式访谈之间的一种访谈方式。本研究调研过程中主要对焦点人物和原住民进行访谈。其中焦点人物访谈主要针对村干部（目的是获得社区集体信息）、政府职能部门的重点人物（保护区管理机构的相关干部等）。访谈的主要目的是了解受访者利益诉求与保护需求之间的相关性，为正负行为清单的制定以及生态补偿方案的设计做准备。问卷调查主要针对社区原住民的基本生产和生活情况，了解其受教育水平、生计手段和收入水平等基本信息。

1.4 案例地点的选取

本研究主要针对钱江源国家公园体制试点区（以下简称“钱江源国家公园”），钱江源国家公园处我国东部人口密集、集体林地比例较大的区域，具有实施保护地役权的典型性。钱江源国家公园包括了浙江开化县苏庄、长虹、何田、齐溪共4个乡镇，涉及人口9 744人（截至2014年底）。国有土地和集体所有土地分别占20.4%和79.6%。国家公园的主要问题是由于道路修建、经济林种植和村镇阻隔等因素造成的森林生态系统碎片化。试点区内原住民具有保护生态环境的良好传统，例如当地仍保留着“封山节”“敬鱼节”等民俗文化活动；珍稀的白颈长尾雉（Syrmaticus ellioti）等野生动物与当地的采油茶等农事活动形成了人地平衡关系。

2 政策设计的基础以及实施步骤

2.1 原住民的利益诉求分析

社区调研是制度设计的基础。通过对国家公园范围内重点村落的调查了解整个试点区内原住民生产、生活的基本情况，如表1所示。调研发现，社区人口老龄化、村庄空心化问题严重，户籍人口多但常住人口少，并且以老年人、哺乳期妇女以及儿童为主。

表1 钱江源国家公园重点村落的基本情况

乡镇	自然村	人口	分区	主要产业	核心保护对象
苏庄	龙潭口	118	核心保护区	茶叶、油茶	生态系统、水源
	东山	106	生态保育区	茶叶、油茶	生态系统、水源
	外长坑头	80	核心保护区	茶叶、农作物	生态系统
	内长坑头	6	核心保护区	茶叶、农作物	生态系统
	青安塘	24	生态保育区	茶叶	生态系统
	冲凹	6	核心保护区	茶叶、养蜂	生态系统
	岭里头	2	核心保护区		生态系统

（续表）

乡镇	自然村	人口	分区	主要产业	核心保护对象
齐溪	大鲍山	79	核心保护区		生态系统
长虹	河滩	99	生态保育区	茶叶、农作物	生态系统、水源

本研究认为差异化的人群应平等地享受到国家公园建设带来的福利，有必要分析原住民对国家公园补偿的诉求，如表2所示。调研发现不同人群的补偿诉求差别较大：60岁以上的人群主要希望改善养老和医疗的基础设施条件和提高社区服务水平；有劳动能力的青壮年更偏好于增加技能培训和就业机会；有孩子的家庭希望社区提供良好的教育。

表2　钱江源国家公园原住居民对国家公园补偿的诉求

直接补贴	社会福利	生计带动
液化气补贴 景区开发补贴 生态公益林补贴 基本农田补贴 地役权限制和鼓励行为补贴	老人、残疾人补贴 安装有线、无线网络 丰富娱乐活动 生产生活基础设施水平提高（垃圾处理、污水排放处理、修路等） 医疗、教育等公共服务水平提高	茶叶、油茶等国家公园品牌产品 农家乐、农机培训、保护地管理、对森林资源开发利用、发展生态旅游等

2.2　构建适应性管理框架，形成地役权制度

适应性管理框架主要包括：细化保护需求，确定适宜实施地役权的标准和空间范围，制定正负行为清单并确定监测方法。

（1）细化保护需求。主要的操作步骤包括：明确保护对象（主要指环境本底、生态系统、水质和生态系统服务等），细化保护对象的管理需求（重要区域细化到林班尺度），确定其与原住民的生产、生活行为之间的关系。具体到钱江源国家公园，基于区域内生态系统和生物多样性的监测基础和本底调查情况，确定了以低海拔中亚热带常绿阔叶林生态系统以及相关珍稀物种和水源地为主的保护对象，以及重要保护动物的栖息地活动范围不缩小的保护目标。

（2）确定适宜实施地役权的空间范围。结合森林资源二类调查、动物栖息地范围和活动规律，在地图上标识有差异化保护需求的区域。尽管国家公园强调的是生态系统的完整性保护，但考虑到政策执行成本，确定地役权实施范围

时需要有所侧重。应重点关注集体所有的土地和重点保护对象有重叠的区域，明确有利于不同类型的林相正向演替的管控措施（比如通过建立生态廊道保持生态系统完整性），并在此区域重点开展监测和管制。在自然资源确权基础上，结合土地权属，绘制出适宜地役权的空间范围，同时确定原住民可参与的方式。最后，综合多方面因素（如生态系统完整性、水源地代表性和跨界管理问题等）筛选了浙江省开化县长虹乡霞川村作为试点开展工作。

（3）制定正负行为清单。在考虑土地类型的差异及其对应的人类行为的基础上，形成原住民的正负行为清单（举例如表3所示），并将其作为空间上的正负行为准则。其中，土地类型包括林地、耕地、园地、宅基地和水源地。其中宅基地的行为清单主要对应的是原住民的日常生活行为。

表3　原住民正负行为清单（耕地部分）

保护对象	正/负	具体行为	参与方式
环境本底、水源地和生态系统服务	禁止	使用未经批准的化肥、农药、除草剂	个人
		使用未经发酵处理的粪便作为肥料	个人
		秸秆焚烧	个人
	鼓励b	合理套种，合理密植	集体/个人
		立体农业	个人
物种、种群、群落和生态系统	禁止	驱赶、捕捉进入耕地的野生动物	个人
		以围栏、栅栏等形式明确隔离耕地和自然环境	个人
	鼓励b	以本土植物形成天然的隔离林带	集体/个人
文化遗产等原真性	鼓励b	保留传统农耕文化	个人
		适度发展耕地景观、发展生态旅游和环境教育	集体

（4）确定监测指标和方法。参考森林生态系统生物多样性监测和评估规范（LY/T 2241-201），确定表征生物多样性保护效果的监测指标以及指示性物种的监测方法（选取有代表性的白颈长尾雉和黑麂（Muntiacus crinifrons）为指示性物种）（表4）。

表4　钱江源国家公园森林生态系统中野生动植物多样性的部分监测指标

分类		监测指标 / 方式	周期
野生植物监测	种类	物种名称、数量	每年2次
	变化	无人机监测各种植被类型面积和高度的变化	
野生动物监测	种类	物种名称、数量	每年2次
	种群	分布格局	
		物种相对多度指数	长期
资源利用		乔、灌、草植物的名称、采集地点、采集数量、利用部位、用途、交易方式	每月1次
人为干扰		干扰方式和强度	每年1次

2.3　地役权合同的形成和执行

以适应性管理为基础，结合当前我国生态补偿政策，形成地役权合同并执行，具体如下。

（1）制定保护效果的评价方法和补偿标准。为防止传统生态补偿政策一刀切的现象，有必要对原住民参与的保护行为进行生态绩效评价，并给予补偿。地役权保护效果的评价包括三个方面，分别是：村民正负行为的遵守情况、客观监测指标的改进情况（对部分指标，需要专业科研团队的支持，并且赋予其在重大项目和政策执行方面的一票否决权）和其他能力建设要求（比如制度建设等）。运用风险控制理论和生态足迹的原理，结合原住民生产、生活行为的频率和行为对生态系统的影响，参考东部地区物价水平和地方政府财政承受力，结合经济学中的机会成本法和最小受偿意愿法等，本着“论功行赏、赏罚分明”的原则，量化正负行为的价值，以此为基础制定差异化的生态补偿标准。另外，地役权执行的形式与集体以及个人的参与方式有关系，也与土地类型（林地、耕地、园地、宅基地和水源附近土地）有关，具体操作层面可以结合实际情况调整。

考虑当前我国农村社会的治理结构，基于调研结果和其他保护地经验（如浙江杭州良渚文化遗址生态补偿的成功经验），地役权保护效果评价操作思路如下：由国家公园和村集体签订保护协议，并明确监管方法；村集体与原住民签订协议，由各村自行决定地役权补偿资金的用途、分配比例，促进村民自治；经国家公园管理机构全程监督认可并经第三方定期评估考核确认各村保质保量完成协议区域内的保护任务后，为村集体颁发补偿金。

主要根据以下标准体系打分（表5），方法如下：

总计分=行为计分个人 ×30%+行为计分集体 ×20%+生态指标计分 ×30%+社区能力建设计分 ×20%

评价满分为100分，按最后所得分值和补偿基数计算每年度实际应该获得的地役权直接补偿金额，计算公式如下：

地役权直接补偿金额=补偿基数 × 总计分/100

其中，补偿基数主要根据原住民的收入水平、地方政府财政承受能力和融资情况确定。具体某一个村的补偿基准，需要根据行政村（社区）人口、面积、生态敏感度等因素通过协商确定。

结合实际，地役权合同中对原住民正负行为的补偿金额并不是直接从经济价值角度核算，而是在确定各村补偿基数后，参考正负行为的频率和强度确定的。对于极端负面行为（如盗猎），一票否决其获奖励机会；对于正面行为，按照评估结果占总分的比例给予相应的补偿。

其中，村民行为和村集体的总分是由第三方根据有劳动力的原住民每年实际履行清单情况评估所得的平均数来确定。补偿金额设定上限和下限，其中下限为遵守正负行为获得的直接补偿和日常管护运营经费；上限包括下限和间接补偿（生态岗位、基础设施改善、公共福利改善、特许经营获利、其他社会渠道捐赠等）。

补偿上限=补偿下限+间接补偿

表5　钱江源国家公园地役权实施评价体系

评价内容	评价主体	权重	评价周期	评价目标
社区个人正负行为	集体对个人评估	30%	每年	地役权合同中正负行为的遵守情况
社区集体正负行为	国家公园管理机构对社区集体评估	20%	每年	
常规监测指标评价	第三方评估	30%	每年	生态保护效果
社区能力建设	第三方评估	20%	每年	社区能力建设效果

（2）形成地役权合同并实施。地役权合同包括保护目标、监测方法、考核方法、供役地人、需役地人、供役地范围、期限以及供役地人与需役地人的权利和义务等内容。其中，地役权合同的签订主要由乡镇政府或国家公园管委会推动，需配套建立考核目标体系、考核办法、奖惩机制。

（3）引入社会力量，丰富地役权。社会力量（包括营利和非营利性质的社会组织）的引入是间接补偿的重要环节。营利组织主要参与构建国家公园产品品牌增值体系（品牌增值体系包括产品和产业发展指导体系、产品质量标准体系、产品认证体系和品牌管理推广体系等）。该体系可以将资源环境的优势转化为产品品质的优势并通过品牌平台固化，在保护地友好和社区友好的约束下实现单位产品价值的提升。借助特许经营的形式，激励原住民参与保护，鼓励地方龙头企业参与，培养可持续的产业，将保护和品牌结合，并惠及社区。钱江源国家公园产品品牌增值体系的产品包括开化县已经有扶持基础但缺少品牌效应的茶叶、油茶、民宿等。可以通过引入绿色融资，建设国家公园特色小镇，并构建品牌增值体系，促进三产融合。非营利组织对解决跨行政区管理有助力，可以作为地役权合同的签订方，规定参与管理的跨界区和国家公园遵循同样科学的管理方法，促进生态系统完整性的保护。

图3　完善的法律法规和清晰的治理结构是制度执行的保障（张欢摄）

3 政策实践和保障

适应性管理的理念已经被学术界普遍认可，但是实践中却少有成功案例。我国自然资源的适应性管理大部分停留在理论性论述和框架研究阶段（徐广才等，2013）。钱江源国家公园借助依托地役权制度的适应性管理，可以解决对不同权属的土地进行科学、统一管理的问题，并通过生态补偿等机制鼓励原住民参与保护，实现绿色发展。

下面就制度实践以及保障展开讨论。

3.1 制度实践

操作层面上，“钱江源国家公园适应性管理办法”的推进从地役权开始。浙江省开化县2018年4月颁布了《关于印发钱江源国家公园集体林地地役权改革实施方案》。该方案在不必赎买集体土地和进行生态移民的前提下，可快速推进地役权改革且成本较低，达到了国家公园自然资源统一管理的基本要求，为科学地实施适应性管护奠定了基础。但该方案本质上看还是属于传统意义的生态补偿，没有解决种植大户承包问题、跨界问题和绿色发展问题，并且缺少体制机制创新。而本研究的制度设计，和开化县现行地役权方案衔接，率先以试点的形式展开政策尝试。除了可以解决上述问题外，还设计了对耕地、园地、宅基地和水源地的适应性管理办法和多元化的生态补偿方案。

另外，需要指出社区是重要的参与方，其自然资源管理的目标和模式要符合国家公园的管控要求。对操作难度较大、专业化程度较高、对生态和环境产生干扰的活动，必须由国家公园专职技术人员完成，对于一定规模的项目须进行专业的生态环境影响评价。

3.2 制度保障

完善的法律法规和清晰的治理结构是制度执行的保障。需要制定“钱江源国家公园适应性管理办法”并作为其专项管理办法纳入“钱江源国家公园管理条例”。明确适应性管理的操作步骤，出台关于地役权的地方性法规，规避其法律法规缺失的问题。要制定“特许经营管理条例”和“国家公园产品品牌管理办法”，以特许经营合同的形式提出加入国家公园品牌增值体系的标准和办法。考虑到生态公益等岗位更受社区欢迎并对国家公园有贡献，特许经营中要明确企业需要吸纳的原住民的具体比例或人数（优先保障核心区和生态保育区）。

另外，适应性管理的目标是服务于国家公园统一、规范的管理决策，涉及国家公园管理方、专家学者、专业技术人员和其他的利益相关方（社区、公众、企业、非政府组织和第三方机构等）。需要充分考虑各利益相关方的诉求，因此要借助"国家公园适应性管理办法"的制定，明确各利益相关方的权责利，特别是不同渠道的资金整合和角色分配。充分协商后，使地役权获得社区支持，利益共同体得以重构和再平衡，并达成一致的管理目标。其中最大的难点是监测的执行、监测指标的检验和评估体系的建立。它们需要较长的时间及大量资金投入，需要探索性试验并考虑长期的成本和收益，特别是试点期间对难以操作的监测指标进行调整。因此，管理需要设计动态机制以及反馈机制，并且允许项目的执行有灵活性，以保障其可操作性。

4　结论

钱江源国家公园通过提高集体林地生态补偿的标准，与社区签订保护地役权合同，保证原住民生产、生活符合国家公园管理要求，以较低的成本使自然资源的统一管理得以快速推进。同时，为避免"一刀切"的模式，在充分考虑各利益相关方诉求的基础上，率先以试点形式探索地役权制度，以实现更科学的适应性管理模式，即本研究方案。试点区探索兼顾了保护和发展，控制了移民数量并且在跨省合作方面展开了尝试，为社区设计了绿色发展的技术路线，即构建国家公园产品品牌增值体系作为间接补偿的主要措施之一，具有创新性和全国示范意义。

这样的制度设计具有一定的普适性，可以应用于以下两类区域：一类是全国同类的试点区（比如生态保护与社区发展矛盾突出的武夷山国家公园体制试点区、社区原住民协调困难的东北虎豹国家公园体制试点区）；另一类是和钱江源试点区在同一生态系统内、跨行政区域的江西、安徽地段。上述技术路线适用于山水林田湖草的一体化管理，除去文中提到的森林生态系统，该制度如何用于湿地、草原等生态系统，有待结合实际情况展开深入研究。

参考文献

[1] 韩璐，吴红梅，程宝栋，温亚利．南非生物多样性保护措施及启示：以南非克鲁格国家公园为例[J]. 世界林业研究，2015, 28（3）: 75–79.

[2] 何思源，苏杨，罗慧男，王蕾．基于细化保护需求的保护地空间管制技术研究：以中国国家公园体制建设为目标[J]. 环境保护，2017, 45（Z1）: 50–57.

[3] 侯向阳，尹燕亭，丁勇．中国草原适应性管理研究现状与展望[J]. 草业学报，2017(20): 262–269.

[4] 赖江山，米湘成，任海保，马克平．基于多元回归树的常绿阔叶林群丛数量分类：以古田山24公顷森林样地为例[J]. 植物生态学报，2010（34）: 761–769.

[5] 马建忠，杨桂华，韩明跃，张志明，杨子江，陈飙．梅里雪山国家公园生物多样性保护规划方法研究[J]. 林业调查规划，2010（35）: 119–123.

[6] 马克平．保护生物学简明教程（第4版）[M]. 北京：高等教育出版社，2009.

[7] 钱海源，张田田，陈声文，巫东豪，吴初平，袁位高，金毅，于明坚．古田山自然保护区阔叶林与两种人工林的群落结构和生物多样性[J]. 广西植物，2018（38）: 1371–1381.

[8] 斯幸峰，丁平．古田山森林动态监测样地内鸟兽种群动态的红外相机监测[J]. 生物多样性，2014（22）: 819–822.

[9] 宋凯，米湘成，贾琪，任海保，Dan Bebber, 马克平．不同程度人为干扰对古田山森林群落谱系结构的影响[J]. 生物多样性，2011（19）: 190–196.

[10] 苏杨，王蕾．中国国家公园体制试点的相关概念、政策背景和技术难点[J]. 环境保护，2015, 43（14）: 17–23.

[11] 苏杨，何思源，王宇飞，魏钰．中国国家公园体制建设研究[M]. 北京：社会科学文献出版社，2018.

[12] 唐孝辉．我国自然资源保护地役权制度构建[D]. 长春：吉林大学，2014.

[13] 万本太．建设国家公园，促进区域生态保护和经济社会协调发展[J]. 环境保护，2008, 407（21）: 35–37.

[14] WILLIAMS BK, ALLEN CR, POPE KL, FONTAINE JJ. Adaptive management of natural resources framework and issues[J].Journal of Environmental Management,2011（92）: 1346–1353.

[15] 徐广才，康慕谊，史亚军．自然资源适应性管理研究综述[J]. 自然资源学报，2013(28): 1797–1807.

[16] 杨沛芳．梅里雪山国家公园生物多样性监测[J]. 林业调查规划，2012（37）: 108–111.

[17] 杨荣金，傅伯杰，刘国华，马克明．生态系统可持续管理的原理和方法[J]. 生态学杂志，2004（23）: 103–108.

[18] 叶功富, 尤龙辉, 卢昌义, 林武星, 罗美娟, 谭芳林. 全球气候变化及森林生态系统的适应性管理[J]. 世界林业研究, 2015, 28（1）: 1–6.

[19] 于明坚, 胡正华, 余建平, 丁炳扬, 方腾. 浙江古田山自然保护区森林植被类型[J]. 浙江大学学报(农业与生命科学版), 2001（27）: 375–380.

[20] 祝燕, 赵谷风, 张俪文, 沈国春, 米湘成, 任海保, 于明坚, 陈建华, 陈声文, 方腾, 马克平. 古田山中亚热带常绿阔叶林动态监测样地: 群落组成与结构[J]. 植物生态学报, 2008（32）: 262–273.

本文原载于《生物多样性》2019年第1期

五、探索自然保护地可复制、可借鉴的经验

——基于三江源国家公园试点的实践

罗 敏[1] 王宇飞[2] 王 一[3] 张 朋[4]

（1：环境保护杂志社，北京 100062；2：管理世界杂志社，北京 100026；3：重庆市生态环境监测中心 重庆 401147；4：重庆市生态环境宣传教育中心 重庆 400015）

摘要 三江源国家公园作为我国的第一个国家公园试点，在总体规划、制度建设等各方面均走在自然保护地改革的前列。本文从国家公园高度重视保护自然资源和生态环境，并将其作为“最大责任”；体制建设以生态文明为目标导向，以解决保护地管理问题为问题导向；制度设计注意和国家、青海省生态文明建设相衔接；突出规划引领，构建以国家公园管理办法为核心的法律体系；强调试点先行先试，先积累经验再全面展开；深化体制改革，逐渐完善管理机制等几个方面进行了详细阐述。三江源国家公园提供了可供借鉴、复制的经验模式，对自然保护地的建设具有一定的借鉴意义。

关键词 三江源；国家公园；可复制经验；生态文明建设

从三江源体制试点“花落”青海到建成国家公园的目标指日可待，三江源积极探索改革路径，先后实施了原创性改革100多项，打破了自然资源管理“九龙治水”局面，解决了执法监管“碎片化”问题，理顺了自然资源所有权和行政管理权的关系，积累了一批可复制、可借鉴的经验和模式。

1 体制建设以生态文明为目标导向，以解决保护地管理问题为问题导向

《三江源国家公园体制试点方案》(以下简称《试点方案》)确定的三江源国家公园体制试点的目标定位是，把三江源国家公园建成青藏高原生态保护修复示范区，三江源共建共享、人与自然和谐共生的先行区，青藏高原大自然保

护展示和生态文化传承区。《试点方案》提出了突出并有效保护修复生态、探索人与自然和谐发展模式、创新生态保护管理体制机制、建立资金保障长效机制、有序扩大社会参与5项主要试点任务。随后青海省提出了“一年夯实基础工作，两年完成试点任务，五年设立国家公园”的工作目标。

三江源的体制机制改革以问题为导向，即要解决保护地交叉重叠、政策措施不到位、人力资源和保护资金不足等问题，具体包括以下两个方面：

1.1　保护地交叉重叠、多头管理、管理不到位问题突出

三江源原保护地面积大，而且种类较多，相互之间缺少有机联系，没有形成科学的、系统的管理体系，空间交叉重叠现象比较突出，并且没有明确保护对象和管控措施。不同类型的保护地分属不同行业主管部门，其管理职责、资源保护对象、遵循的管理办法不同，以至于管理权属不清、职能交叉、执法力量分散、缺少系统性保护等问题。以黄河源园区为例，园内有三江源国家级自

图1　扎陵湖，三江源的可复制经验的第一条就是将自然资源和生态环境保护作为一项重大政治任务对待

然保护区扎陵湖—鄂陵湖保护分区和星星海保护分区、黄河源国家水利风景区、扎陵湖—鄂陵湖花斑裸鲤极边扁咽齿鱼水产种质资源保护区和扎陵湖—鄂陵湖国际重要湿地4种不同类型保护地。保护地彼此之间存在交叉重叠情况：国家级保护地共交叉重叠面积1407.81平方千米，扎陵湖、鄂陵湖国际重要湿地完全位于三江源国家级自然保护区扎陵湖—鄂陵湖保护分区内。从管理机构看，建立三江源国家公园之前，扎陵湖鄂陵湖、星星海保护分区由三江源国家级自然保护区管理局和扎陵湖—鄂陵湖派出机构管理；黄河水利风景名胜区未成立管理机构，由省水利部门委托玛多县政府管理；水产种质资源保护区未建立管理机构，由省农牧部门委托玛多县政府管理；扎陵湖—鄂陵湖两个国际重要湿地由省林业部门管理，玛多县专门成立了扎陵湖—鄂陵湖湿地保护站。

1.2 保护与发展之间的矛盾突出，脱贫攻坚任务艰巨

从保护角度看，三江源内各类保护地多为重要生态功能区、生态敏感区和脆弱区，保护要求严格。保护地大部分在高海拔、少数民族区域，社会发育程度低，并且保护地面积大、大多为限制或禁止开发区域、保护任务重、交通不便、管理成本高。国家投入不足、地方财政能力有限、缺少持续的资金保障机制、生态补偿等政策亟待完善。

从发展角度看，区域脱贫攻坚任务较重，贫困程度深、贫困面广。主体经

图2　三江源将推进国家公园体制建设作为落实生态文明的一项政治责任

济是传统的畜牧业，并且受自然条件和生态保护政策限制，产业发展缓慢、效益低下。另外，就针对保护的生态移民工程，移民安置后，由于教育水平低，缺少基本的劳动技能，缺少适宜的产业扶持，就业没有保障，鲜有移民成功案例，部分移民继续返回草原，原有的生产、生活方式较难改变，原始的放牧方式对草原生态系统破坏并没有得到遏制。

2　制度设计和国家、青海省生态文明建设的衔接

三江源国家公园的建设聚焦于制度、机制的完善，在顶层设计的时候注意和国家以及青海省的生态文明建设衔接。突出体现在更加严格保护和人与自然和谐共生的有效统一，始终贯穿采取最严格的生态保护政策、执行最严格的生态保护标准、落实最严格的生态保护措施、实行最严格的责任追究制度，推进生态环境保护。强调生态系统的原真性、完整性保护，科学把握生态系统内在规律，以自然恢复为主，打造生态保护升级版。更加注重人的发展和文化保护，既要使牧民群众的生产生活符合资源环境保护要求，又要满足文化展示和历史传承的需要，实现人与自然和谐共生。

三江源国家公园各项基础制度和国家层面制度对接，甚至在生态文明方面走在了全国的前列。 青海省自身在生态文明建设方面也已经展开了一些探索和尝试，比如创建全国生态文明先行区等。2013年青海正式印发《青海省创建生态文明先行区行动方案》，2014年国家发展和改革委、财政部、国土资源部、原农业部、原国家林业局等六部委批准实施了《青海省生态文明先行示范区实施方案》《青海省生态文明建设促进条例》，正式将青海省生态文明先行区建设上升为国家战略。随后在《中共中央国务院关于加快推进生态文明建设的意见》《中共中央国务院生态文明体制改革总体方案》基础上，青海省颁布《青海省创建全国生态文明先行区行动方案》，以生态文明理念统领全省经济社会发展，在青海省展开了生态文明建设。按照《中共青海省委青海省人民政府关于贯彻落实<中共中央国务院生态文明体制改革总体方案>的实施意见》，先后制定了《青海省生态保护红线建议方案》《青海省党政领导干部生态环境损害责任追究实施细则（试行）》《青海省开展领导干部自然资源资产离任审计试点方案》《青海省生态文明建设目标评价考核办法》《青海省绿色发展指标体系》《青海省生态文明建设考核目标体系》等一批具有标志性、支柱性的生态文明

制度，基本建立起生态文明监测、评价、考核和责任追究体系，三江源国家公园体制，国际重点生态功能区自然资源资产负债表编制、主体功能区制度、生态保护功能红线划定、排污权有偿使用和交易、集体林权流转、草原补奖和保护责任挂钩试点等方面取得了积极进展，基本搭建起了符合中央要求、具有青海特色的“四梁八柱”生态文明制度体系。

具体看,主要从以下几个方面:

（1）国家层面建立了重点生态功能区转移支付、森林生态效益补偿、草原生态保护补助奖励、湿地生态效益补偿等生态补偿机制。2008—2017年，中央财政分别下达青海省重点生态功能区转移支付资金162.89亿元，补助范围涉及青海重点生态县域和所有国家级禁止开发区。

（2）国家对青海省生态建设投入力度不断加大。2005年，国家启动三江源自然保护区生态保护与建设工程，截至2017年年底已累计投入80亿元。2013年完成一期工程，草地退化趋势得到初步遏制，水体与湿地生态系统整体恢复，水源涵养和流域水供给能力提高。与2004年相比，长江、黄河、澜

图3　澜沧江源区分布着大面积的原始森林和丹霞地貌

沧江三大江河年均向下游多输出58亿立方米的优质水，为区域经济社会发展提供了有力支撑。2013年起，中央财政累计安排资金164亿元，陆续实施了草原、森林和湿地等生态效益补偿类项目。为实现生态保护和脱贫有机结合，青海省推出生态公益管护员制度，每年安排补助资金8.8亿元。“十二五”以来，青海省有62.23万户农牧民住房得到改善，162.4万人喝上洁净水，65万无电人口用上可靠电，人民生活水平得到较大改善。通过建设生态文明小康村，开展改厕、改圈、改房等活动，实施生活垃圾收集转运、生活污水收集处理、饮用水水源地保护、秸秆综合利用、噪声综合治理、人畜粪便污染综合治理等工程，减少了垃圾乱陈、私搭乱建、乱采乱挖、随意焚烧等不文明现象，住房、饮水、出行等居住环境和生活条件明显改善，基本实现了干净、整洁和便利。

青海省制定了生态环境保护工作责任规定，基本建立形成了具有省情特点的生态文明监测、评价、考核、责任追究体系。《青海省生态环境损害赔偿制度改革实施方案》制定印发，明确了生态环境损害赔偿范围、权利义务主体和损害赔偿解决途径，逐步形成源头预防、过程控制、损害赔偿、责任追究的制度体系。并在全国首次对重点生态功能区开展了基于遥感技术编制以实物量为主的自然资源资产负债表试点工作。依托三江源生态保护与建设、青海湖流域生态保护与综合治理等重大生态工程，在全国率先初步建立“天地一体化”生态环境监测网络体系的基础上，建成了青海“生态之窗”。完善了覆盖全省重点生态功能区的“天地空一体化”生态环境监测网络体系，形成了以生态环境部门牵头，多部门合作的生态监测工作机制，统一了监测指标、技术和方法，初步实现了部门间的数据互通共享,并利用高分遥感，建立起重点区域生态环境遥感监管平台。

3　突出规划引领，构建以国家公园管理办法为核心的法律体系

规划是生态环境保护的基础，“两个统一行使”目标下，三江源国家公园重视国土空间用途的统一管控。其中，建立与主体功能区制度配套的国土空间规划体系，是规范国家公园管理的基础。三江源编制了《三江源国家公园总体规划》，并通过召开研讨会、座谈会、领导小组会、征求意见会、挂网公示等多种形式广泛征求各方意见建议，广纳贤言、广谋良策，形成共识。《三江源国家公园总体规划》是我国第一个国家公园规划，体现国家形象、国家意志、

国家战略、国家目标、国家标准、国家行动，为我国国家公园规划的编制提供了有效示范。它是空间规划体系的基础，它充分对接各县建设总体规划、土地利用规划、生态环境保护规划以及生态保护红线等，探索“多规合一”，统筹生态、生活、生产空间布局，明确功能分区，细化开发利用边界，最大限度降低人为干扰自然的程度。随后，根据《总体规划》明确的工作任务，编制了三江源国家公园生态保护规划、管理规划、社区发展与基础设施规划、生态体验和环境教育规划、产业发展和特许经营规划。《总体规划》科学规划空间布局，明确功能分区和功能定位，遵循生态系统整体保护、系统修复理念，以一级功能分区明确空间管控目标，在园区内各类保护地功能区划基础上，将各园区划分为核心保育区、生态保育修复区、传统利用区，实行差别化管控策略，实现生态、生产、生活空间的科学合理布局和可持续利用。以二级功能分区落实管控措施，是在符合土地利用总体规划的前提下，在专项规划中制定更有针对性的管控措施。

《总体规划》的主要任务包括体制机制创新、生态系统保护、配套支撑体系。关于体制机制创新，与健全自然资源资产管理体制试点、自然资源资产确权登记试点、自然生态空间用途管制制度试点等工作紧密衔接，统筹推进自然资源统一管理。并通过建立特许经营机制，健全完善管护体系、制度体系、规划管理体系、标准体系。关于生态系统保护，通过草原、森林、河流、湖泊、湿地、荒漠等生态系统的原真完整保护，推进社区共建共管，加强环境综合治理，保护节约水资源，积极应对气候变化。关于国家公园建设配套支撑体系，开展国家公园支撑配套体系建设，努力提升科技水平，逐步完善基础设施。

另外，三江源积极加强制度和法治建设，从立法层面积极做出探索和实践。原保护区的法律法规制定时间较早，难以适应国家公园的管理要求，为此依托现有相关国家标准、行业和地方标准，编制发布了《三江源国家公园管理规范和技术标准指南》，明确了当前国家公园建设管理工作的名词定义、执行标准和参照标准。组成专家组集中研究制定《三江源国家公园条例（试行）》，2017年，青海省第十二届人民代表大会常务委员会第三十四次会议审议通过了《三江源国家公园条例（试行）》，标志着三江源国家公园建设迈上依法建园的步伐，来从法律法规上理顺保护区的管理体系，推动跨部门的公众参与的社会立法。改革措施突破现行自然保护区相关的法律法规的，按程序报批，获得授权后实行。经过几年的努力，制定了科研科普、生态管护公益岗位、特许经营、预算管理、项目投资、社会捐赠、志愿者管理、访客管理、国际合作交流、草原生态保护补助奖励政策实施方案、功能分区管控办法、环境教育等13个管理办法，构建了系统化、体系化的国家公园管理法律法规群，逐步形成了三江源国家公园规划体系、政策体系、制度体系、标准体系、生态保护体系、机构运行体系、人力资源体系、多元投入体系、科技支撑体系、监测评估考核体系、项目建设体系、宣传教育体系、公众参与体系、合作交流体系、社区共建体系，取得了实实在在的成效和突破性进展，并且推动了我国保护地立法的完善。

4　强调试点先行先试，先积累经验再全面展开

“由点到面”是一种较为成熟的方法论，青海省发挥先行先试政策优势，把体制机制创新作为体制试点的核心要素，先后实施了一系列原创性改革。

为促进社区发展，三江源开展了生态保护与建设示范村镇试点，涉及玉树藏族自治州杂多县昂赛乡年都村、曲麻莱县叶格乡红旗村、治多县扎河乡玛赛村、果洛藏族自治州玛多县扎陵湖乡擦泽村和可可西里索南达杰保护站，进一步强化社区支撑国家公园保护建设的管理能力树立典型样板。重点改善社区内基础设施和公共服务设施，提升产业发展水平。另外区域内还率先实行了建档立卡户和全体牧户生态管护公益岗位“一户一岗”试点，提高社区国家公园理念和环境教育以及强化生态保护意识。

特许经营方面，2019年3月，三江源国家公园管理局组织召开“昂赛大峡谷自然体验特许经营试点工作方案”座谈会。由业内资深专家和省生态环境厅、省自然资源厅、省文化旅游厅、杂多县政府和当地社区代表及三江源国家公园管理局有关部门负责同志组成的审查委员会，对《昂赛自然体验项目》和《三江源国家公园昂赛生态体验和环境教育项目》两个特许经营方案进行审查，并形成了审查意见。选取了昂赛大峡谷自然体验作为特许经营试点，作为三江源国家公园首个生态体验特许经营试点，体现国有资产管理的管理权限以及对牧民的征收要求。野生动物伤害和保护补偿的方式也是通过试点展开，由杂多县政府和北大山水自然保护中心及牧户共同出资设立“人兽冲突保险基金”，试点实施后计划在其他各县逐渐展开全。

实际上，三江源采取了多种试点结合，除去国家公园体制试点外，三江源

国家级自然保护区和国家公园作为独立的登记单元，开展对水资源、森林资源、草地资源、湿地资源、野生动物资源等自然资源的本底调查，开展自然资源资产确权登记试点和草场承包经营权统一确权登记试点，依法界定各类自然资源资产的所有权主体，建立自然资源资产负债表制度，建设统一的管理评估平台。以自然资源统一确权登记为例，采用了“先试验，后铺开，边试点，边总结”的工作方式；针对特殊的气候和地形，允许因地制宜地的处理：试点地区各县市不动产登记机构人员少、业务基础薄弱，采取由技术支撑单位协助登记机构入库登薄，效率大大提升，也使试点地区登记机构人员业务得到培训、能力得到提升。

5 深化体制改革，逐渐完善管理机制

《总体方案》是在总结国家公园十个试点经验、借鉴国际有益做法基础上而制定的。《总体方案》颁布以后，三江源积极对标总体方案，结合自身情况，继续完善并积极进行体制机制创新。首先，三江源在管理体制改革方面领先于全国其他区域，而由于区域范围内土地所有权全部为全民所有，三江源国家公园自然资源所有权由中央政府直接行使，试点期间由中央政府委托青海省政府代行。2016年3月《试点方案》印发后，青海省委、省政府印发了《关于实施<三江源国家公园体制试点方案>的部署意见》，提出“一年夯实基础工作，两年完成试点任务，五年设立国家公园”的工作目标，确定8个方面31项重点工作任务，明确时间表、路线图和责任单位。随后，青海省委、省政府召开三江源国家公园体制试点动员大会，安排部署试点任务，全面启动试点工作。随后印发长江源、黄河源、澜沧江源3个园区实施方案以及《三江源国家公园机构设置方案》，在管理单位体制改革方面走在了全国前列。通过理顺管理单位体制，解决“九龙治水”，实现“两个统一行使”。组建三江源国家公园管理局，由省政府直接管理。在3个园区分别设立管理委员会，进行“三个划转整合”，将国家公园所在县涉及自然资源管理和生态保护的有关机构职责和人员划转到管委会；将公园内现有保护地管理职责都并入管委会；对国家公园所在县资源环境执法机构和人员编制进行整合，由管委会统一实行资源环境综合执法，促使国土空间用途管制落地。

在资金机制方面，园区建设、管理和运行等所需资金逐步纳入中央财政支

出范围，探索管理权和经营权分立，经营项目实施特许经营。资金项目上，遵循“山水林草湖”是一个生命共同体的理念，对保护治理资金和项目进行整合，按照三江源生态系统的整体性、系统性及其内在规律，将冰川雪山、草原草甸、森林灌丛、河流湿地、野生动物等作为一个整体，进行整体保护、系统修复，一体化管理。坚持“大部门、宽职能、综合性”的原则，整合行政资源，减少管理层次，构建精简、高效、统一、精干的行政管理机构，率先探索建立三江源国家公园生态保护新体制、新机制。探索研究三江源国家公园绿色金融创新，出台《建立推进三江源国家公园绿色金融工作协作机制》，构建多元的资金投入体系。树立生态保护第一的理念，全面推动绿色发展。依据“一件事情由一个部门主管”的原则，分类分批安排落实资金和项目。对各类基建项目和财政资金进行整合，形成项目支撑和资金保障合力。体制试点工作启动以来，先后累计投入22.5亿元资金，重点实施了生态保护建设工程、保护监测设施、科普教育服务设施、大数据中心建设等基础设施建设项目。扎实推进三江源二期、湿地、生物多样性等生态保护建设工程。

对标《总体方案》，三江源在完善自然生态系统保护制度方面，做法值得借鉴。

（1）健全严格保护管理制度，为加强自然生态系统原真性、完整性保护。三江源在生态保护的制度设计上，遵循“山水林草湖”是一个生命共同体的理念，按照三江源生态系统的整体性、系统性及自然现状，将冰川雪山、草原草甸、森林灌丛、河流湿地、野生动物等作为一个整体，进行整体保护、系统修复，一体化管理。实施差别化保护管理方式方面，在功能分区的制度设计上，按照生态系统功能、保护目标和自然禀赋将各园区划分为核心保育区、生态保育修复区、传统利用区等不同功能区，实行差别化保护策略。完善责任追究制度方面，三江源国家公园区域内所有党政领导干部早就不再考核GDP，并且生态环保在考核中占的分值最高明确了党政干部的重大职责就是保护中华水塔，与国家公园目标一致，使得地方政府和国家公园的领导干部能一同促进保护。推进山水林草湖组织化管护、网格化巡查，组建了乡镇管护站、村级管护队和管护小分队，构建远距离“点成线、网成面”的管护体系，使牧民逐步由草原利用者转变为生态管护者，促进人的发展与生态环境和谐共生。为保护管理站配发了24辆皮卡车和600辆摩托车作为巡护交通工具，进一步提升了保护管理站和生态管护员的巡护能力。

形成监测系统，提供数据支撑。依托三江源生态保护与建设、青海湖流域生态保护与综合治理等重大生态保护工程，青海省在全国率先建立“天地一体化”生态环境监测网络体系的基础上，建成青海“生态之窗”。青海“生态之窗”是省生态环境厅按照全省重点生态保护区分布特点，建成的网络化远程视频实时观测系统。目前，该监测系统在三江源区、青海湖流域、祁连山区等重点生态功能区积累了大量基础数据，涵盖了冰川、冻土、生物多样性等12大专题的监测内容和273项监测指标。2016年11月，《青海省生物多样性保护战略和行动计划(2016—2030年)》颁布实施。该项措施对青海省生物多样性及其保护现状进行全面分析，确定关键区，提出保护战略、优先行动、优先项目等，为青海未来生物多样性保护提供指南。

（2）构建社区协调发展制度。构建社区协调发展制度方面是三江源的特色，将生态保护补偿制度、建立社区共管机制以及社会参与制度结合，积极带动社区原住民参与保护。获得中央专项基金后，三江源在实施生态补偿机制方面的工作力度大、推进快、覆盖广、成果效益斐然，基本建立形成了以生态保护为重点、以改善民生为核心、以推动经济转型升级为基础的生态补偿长效机制。青海省级层面于2010年启动实施了三江源生态补偿机制，年均安排资金16.8亿元开展了一系列生态补偿试点工作。如，“1＋9＋3”教育经费保障政策、异地办学奖补政策、农牧民技能培训和转移就业补偿政策等。

（3）创新生态保护公益岗位管理模式。三江源国家公园成立后提高了生态公益岗位的补偿金额扩大了补偿的范围，使牧民由草原利用者逐步转变为生态保护者，建立牧民生态保护业绩与收入挂钩的机制。让生态管护员成为生态补奖政策成效巩固的执行者、生态环境的捍卫者以及自然资源法律法规的宣传员。生态管护员来自牧民，服务于牧民，既是惠农政策的落实者，也是享受者，是生态项目的监督员也是生态保护的维护者。

（4）实现多方参与。三江源鼓励社会组织、研究机构、企业等参与国家公园建设和社区发展。在社会参与的制度设计上，通过搭建国家公园这个平台和载体，吸引社会团体、公益组织、志愿者、科研机构等积极投身到生态保护和国家公园建设管理中来，构建三江源生态保护的广泛“同盟军”，最终形成人人关注、人人参与三江源国家公园生态保护和共建共享格局。一是鼓励和支持社会组织、企业事业单位和个人通过社区共建、协议保护、授权管理和领办生态保护项目等方式参与三江源国家公园的保护、建设和管理。二是加强对当地居民的教育培训，鼓励和支持开展生态保护活动，发挥生态保护主体作用。三是鼓励支持社会资金、生态保护基金、社会各界捐赠、国际组织和国外政府援助等多种形式参与国家公园建设。鼓励金融机构在信贷融资等方面支持国家公园建设。与新疆、西藏建立了国家公园生态系统保护区间合作机制，并召开青藏新自然保护区第六届联席工作会议，正在加紧协调建立长江、黄河、澜沧江流域省份协同保护三江源生态环境共建共享机制。四是建立完善志愿者服务保障制度，吸引社会各界志愿者特别是青少年志愿者参与国家公园志愿服务工作，提升社会各界生态环保意识。五是建立科研合作参与机制，共同组建专家库，为国家公园保护、建设和管理提供智力支持，鼓励高等院校、科研机构、社会团体开展科学研究，为国家公园规划设计、生态保护、科研监测、社区共建、人才培养提供科技支撑和技术服务。实施三江源国家公园生态大数据中心和卫星通信系统建设项目，推动“天地一体化”信息技术国家重点实验室三江源基地建设，充分应用最新卫星遥感技术开展全域生态监测。六是加强与对口援建省市、帮扶单位的合作，利用对方在科技、人才、管理等方面的优势，提高国家公园的保护、建设和管理水平。针对省州县乡村干部、生态管护员、技术人员组织开展全面系统的业务培训，提高业务水平和管理能力。七是立健全社会监督机制，自觉接受各种形式的监督，保障社会公众的知情权、参与权、监督权。

（5）建立牧民参与共建机制，夯实生态保护群众基础。注重在生态保护的同时促进人与自然和谐共生，准确把握牧民群众脱贫致富与国家公园生态保护的关系，在试点政策制定上将生态保护与精准脱贫相结合，与牧民群众充分参与、增收致富、转岗就业、改善生产生活条件相结合，充分调动牧民群众保护生态的积极性，积极参与国家公园建设。同时，三江源也采用了特许经营的方式将社区、企业参与生态保护结合，带动原住民参与保护。在保持稳定草原承包经营权不变，兼顾草原科学合理利用，创新牧民生产经营模式，完善生态畜牧业合作经营机制，提升发展生态畜牧业能力。尝试将草场承包经营转向园区特许经营，组织和引导园区内居民发展乡村旅游服务业、民族传统手工业等特色产业，开发具有当地特色的绿色产品，实现居民收入持续增长。鼓励支持牧民群众在符合规划的前提下，以投资入股、合作、劳务等多种形式开展经营项目，让牧民群众更多地享受国家公园建设发展带来的实惠。

在体制试点中稳定草原承包经营基本经济制度，在充分尊重牧民意愿的基础上，通过发展生态畜牧业合作社，尝试将草场承包经营逐步转向特许经营。鼓励引导并扶持牧民从事公园生态体验、环境教育服务以及生态保护工程劳务、生态监测等工作，使他们在参与生态保护、公园管理中获得稳定长效收益；鼓励支持牧民以投资入股、合作劳务等多种形式开展家庭宾馆、旅行社、牧家乐、民族文化演艺、交通保障、餐饮服务等第三产业经营项目，促进增收致富。选择园区4个村和可可西里索南达杰保护站开展三江源国家公园生态保护与发展体制机制示范村建设试点工作，围绕关键性问题开展体制机制创新探索。通过公共服务能力的提升，吸引老人和小孩向城镇集中，减轻草场压力，逐步达到转岗、转业、转产和实现减人减畜的目标。

六、关于三江源国家公园体制试点的做法、问题和建议

何跃君

（青海省环境保护厅，青海 810007）

2013年11月通过的《中共中央关于全面深化改革若干重大问题的决定》明确提出“坚定不移实施主体功能区制度，建立国土空间开发保护制度，严格按照主体功能区定位推动发展，建立国家公园体制”。这是中央层面首次将主体功能区、国土空间开发保护和国家公园体制关联在一起，是为加快推进生态文明制度建设，建设美丽中国而作出的政治承诺。2015年1月，国家发改委、环保部等十三个部门联合发布《建立国家公园体制试点方案》，提出建立统一、规范、高效的国家公园体制，并确定在青海、浙江、云南等9省份开展国家公园试点工作。《中共中央国务院关于加快推进生态文明建设的意见》提出建立国家公园体制，实行分级、统一管理，保护自然生态和自然文化遗产原真性、完整性。《生态文明体制改革总体方案》将国家公园体制作为生态文明制度建设的重要组成部分。党的十八届五中全会明确提出要“整合设立一批国家公园”。这标志着国家公园建设已经成为我国大陆国土空间开发保护的重大战略举措。

国家公园在我国大陆还是一个新鲜事物。2015年青海省被列为国家公园体制试点省，青海就依托省环境保护厅组建专门班子，集各方之智探索编制试点方案。青海三江源地处世界“第三极”青藏高原腹地，总面积39.5万平方千米，是国家重要的生态安全屏障。作为“中华水塔”的三江源，发挥着极其重要的水源涵养生态服务功能，是长江、黄河、澜沧江等大江大河的发源地，年均向下游提供约600亿立方米的清洁水。区域内自然资源景观典型而独特，发育和保持着世界上原始、大面积的冰川雪山、草原草甸、湖泊湿地等高寒生态系统。雪豹、藏羚羊、黑颈鹤等特有珍稀物种比例高，素有“高寒生物自然种质资源库”之称。历史悠久的格萨尔文化积淀深厚，逐水草而居的游牧文化特色鲜明，成为维育三江源地区生态健康的重要因素。三江源因其不可替代的生

图1　斑头雁，三江源内各类保护地多为重要生态功能区

态保护价值、典型自然景观展示价值和原真历史文化价值，深受国内外广泛关注，也是开展国家公园体制试点的理想区域。

2015年12月，中央深改组第19会议审议通过《三江源国家公园体制试点方案》。2016 年3月，中办国办印发了试点方案，明确三江源国家公园由黄河源园区、长江源园区和澜沧江源园区组成，由此确立了我国国家公园体制探索的真正开端。笔者作为《三江源国家公园体制试点方案》的主要执笔之一，有幸全程参与了三江源国家公园体制试点工作。本文将结合试点进展情况，谈谈三江源国家公园建设的难点与经验，以期为同行提供参考。

1　三江源地区保护地面临的主要问题

三江源地区保护地类型多样，包括自然保护区、风景名胜区、森林公园、地质公园、湿地公园、水利风景区、水产种质资源保护区等。以自然保护区为主的9类保护地面积达20.7万平方千米，占青海省国土面积的28.8%，占三江源地区52.4%（包括交叉重叠面积）；由于体制机制、政策措施、人力资源、保护资金等问题，未能充分发挥其在保护生物多样性、重要生态系统和独特景观资源等方面的作用。

1.1　保护地交叉重叠、多头管理、管理不到位问题突出

三江源已建立的自然保护地面积大，而且种类和数量还在继续增加。不同类型的保护地之间缺乏有机联系，没有形成科学、系统的自然保护地体系，造成同一区域建立多个不同类型的自然保护地，各类保护地存在空间交叉重叠现象，对保护对象和保护地的主体功能定位不够清晰。以三江源国家公园黄河源园区为例，园内已有三江源国家级自然保护区扎陵湖—鄂陵湖保护分区和星星海保护分区（面积约16 587.51平方千米）、黄河源国家水利风景区（面积约4 313.18平方千米）、扎陵湖—鄂陵湖花斑裸鲤极边扁咽齿鱼水产种质资源保护区（面积约1 478.25平方千米）和扎陵湖—鄂陵湖国际重要湿地4种不同类型保护地，分别占园区面积的90.6%、23.6%、8.1%、7.14%。这些保护地彼此之间存在交叉重叠情况：3类国家级保护地共交叉重叠面积1 407.81平方千米，其中自然保护区和水利风景区交叉重叠4 313.18平方千米，自然保护区和水产种质资源保护区交叉重叠1 478.25平方千米，水产种质资源保护区和水利风景区交叉重叠1 407.81平方千米。此外，扎陵湖、鄂陵湖国际重要湿地完全位于三江源国家级自然保护区扎陵湖—鄂陵湖保护分区内。建立三江源国家公园之前，扎陵湖-鄂陵湖、星星海保护分区由三江源国家级自然保护区管理局和扎陵湖-鄂陵湖派出机构管理；黄河水利风景名胜区未成立管理机构，由省水利部门委托玛多县政府管理；水产种质资源保护区未建立管理机构，由省农牧部门委托玛多县政府管理；扎陵湖-鄂陵湖两个国际重要湿地由省林业部门管理，玛多县专门成立了扎陵湖-鄂陵湖湿地保护站。各类保护地分属不同主管部门，各部门的管理职责及资源保护对象与理念不同，产生了管理权属不清、职能交叉、保护缺乏系统性完整性、执法力量分散单薄等问题。

1.2　保护地与当地居民生产生活之间的矛盾日益突出

三江源内各类保护地多为重要生态功能区、生态敏感区和脆弱区，受相关保护政策的制约，保护地资源的开发利用受到极大限制，存在资源利用规模小、产业开发层次低、优势资源效益发挥不足等问题。三江源也是我国自然条件最为严酷的地区之一，传统草地畜牧业是当地主体产业，公共服务水平还比

较低，牧民群众增收渠道窄，区域内尚有18万牧民群众未脱贫，占全省贫困人口的1/3，扶贫攻坚任务重，加之保护地补偿机制不够完善，与牧民群众迫切希望改善生产生活条件的愿望有一定差距，生态保护与民生改善协调互促共进的机制有待进一步建立健全。例如，黄河源园区所在的玛多县，其主体经济是传统畜牧业，受三江源生态保护政策以及其自然条件的限制，传统畜牧业生产发展缓慢，效益低下。牧民增收主要靠传统畜牧业生产、政策性收入和零星副业收入，牧民贫困程度深，贫困面广。此外，为保护生态实施的生态移民工程，移民知识水平低，缺乏基本的劳动技能，且安置区附近没有就业需求，后续产业难以跟上，移民生活较未移民的牧民更加困难。同时，由于社会发育程度低，基础设施建设严重滞后，已有污水处理厂、垃圾填埋场等基础设施因运行费用不足、管理技术不强等，存在运行、维护困难。

1.3　自然资源保护面积大，资金投入不足，生态保护任务重

三江源内各类保护地大多分布在高海拔、少数民族地区，社会发育程度低，大多为限制或禁止开发区域，发展空间有限，地方自有财力严重不足。加之保护地面积大、交通不便，基础设施薄弱，管护成本高，运行费用大。国家和省级财政虽然对保护地有一定的投入支持，但缺乏持续有效的资金保障机制，难以满足保护地的实际需求。例如，建立三江源国家公园之前，黄河源园区通过实施《三江源国家级自然保护区生态保护和建设总体规划》一期工程和正在实施的二期工程，已实施沙漠化土地防治34.87万亩，重点沼泽湿地保护45.12万亩，黑土滩综合治理80.24万亩，生态环境恶化趋势得到初步遏制，但由于试点区地处海拔4 000米以上，治理恢复周期长，保护任务重。加之以国家投入为主的资金来源，不能满足草场长期的治理恢复需求。目前退化草场的面积仍占草地面积的70%左右，仍有1 141.35万亩沙漠化土地，727.96万亩黑土滩需治理，871.57万亩重点沼泽湿地需保护，1 245.3万亩草原鼠害发生区需防治。同时，按照新一轮草原生态保护补助奖励政策，其禁牧补助为每亩6.3元，草畜平衡奖励为每亩2.5元，生态保护补助奖励资金额度相对偏低，只能解决牧民的温饱问题，移民生活所必需的配套设施资金扶持力度不够。生态补偿与牧民保护生态责任、效果挂钩紧密机制，以及资金使用考核制度均有待进一步完善。

2　三江源国家公园体制试点破解上述难题的探索与经验

中央批复的《三江源国家公园体制试点方案》坚持问题导向，遵照自然法则，立足国家公园的功能定位，依托三江源自然资源禀赋，在试点实践中着重解决以下三个关键问题。

针对试点区生态系统脆弱性和敏感性强的特点，突出生态保护并建立长效保护机制，在此基础上实现自然资源持续利用。坚持生态保护第一，这是三江源国家公园体制试点的第一原则，整个试点工作要最大限度服务和服从于保护，要体现“严格”这两个字，这个“严格”不同于过去“封闭式”“只堵不疏”的保护，而是“尊重规律、科学施策、开放合作”的保护。主要体现在五个方面：一是按照生态系统功能、保护目标和利用价值将各园区划分为核心保育区、生态保育修复区、传统利用区等不同功能区，实行差别化保护策略。二是实施严格的禁牧休牧轮牧、草畜平衡制度，实行与国家公园体制相适应、有利于严格生态保护的草原承包经营权流转制度，合理控制载畜量，在传统利用区适度发展生态有机畜牧业，保持并提升草场生产力和生态服务功能。三是针对国家公园高原特有野生动物呈明显恢复性增长态势，探索建立野生动物保护长效机制。四是将现有护草员、护湿员和护林员等统一归并为生态管护员，对山水林草湖进行一体化管护。并建立对管护员的考核机制，保证管护成效。五是在国家公园试点县域编制自然资源资产负债表、进一步强化对领导干部和领导班子目标考核和离任审计，由“指挥棒”引导“严格保护”落地生根。

针对试点区内各类保护地交叉重叠、多头管理和管理不到位、缺位的问题，通过创新生态环境保护管理体制，解决“九龙治水”，实现“两个统一行使”。国家公园体制试点核心就是体制机制创新，在三江源国家公园体制试点中，不仅包括管理体制创新，还包括生态保护模式，人与自然和谐发展模式的创新。一是在管理机构上，重点解决“九龙治水”，探索实现“统一行使全民所有自然资源资产所有者职责，统一行使所有国土空间用途管制职责”。组建三江源国家公园管理局，由省政府直接管理。在3个园区分别设立管理委员会，进行“三个划转整合”，将国家公园所在县涉及自然资源管理和生态保护的有关机构职责和人员划转到管委会；将公园内现有保护地管理职责都并入管委会；对国家公园所在县资源环境执法机构和人员编制进行整合，由管委会统一实行资源环境综合执法，使“两个统一行使”，尤其是国土空间用途管制真正落在属地。二是在运行机制上，全面体现绿色、共享、开放、合作和公益属性。三江源国家公园属中央事权，园区建设、管理和运行等所需资金逐步纳入中央财政支出范围，探索管理权和经营权分立，经营项目实施特许经营。立足全面建成小康社会奋斗目标，与打赢脱贫攻坚战相衔接，科学设置并较大幅度扩大生态管护公益岗位规模，并建立牧民生态管护业绩与收入挂钩机制。同时，建立有序扩大社会参与机制，提升国家公园的社会化管理水平。三是在资金项目上，遵循“山水林草湖”是一个生命共同体的理念，对保护治理资金和项目进行整合，按照三江源生态系统的整体性、系统性及其内在规律，将冰川雪山、草原草甸、森林灌丛、河流湿地、野生动物等作为一个整体，进行整体保护、系统修复，一体化管理。

针对试点区生态保护与民生改善的矛盾，妥善处理好试点区与当地居民生产生活的关系，促进社区发展。处理好生态保护与民生改善的关系，实现人与自然和谐共生是三江源国家公园体制试点的重点和难点。国际上其他国家公园一般少有原住民，三江源国家公园12.31万平方千米范围内，人口密度不足1人/平方千米，可可西里等地可以说是公认的荒野区。即使如此，3个园区范围仍涉及12个乡镇，53个村，61 588人。由于这里自然条件相当严酷，传统草地畜牧业是当地主体产业，牧民群众就业增收渠道窄，还有近2万贫困人口，贫困程度深，且祖祖辈辈世代居住的藏族群众，逐水草而居的生产生活方式，已经融入当地生态系统，成为不可或缺的一部分。实现国家公园自然资源的严格保护和永续利用，关键要处理好当地牧民群众全面发展与生态保护的关系。为此，在试点中，我们着力将保护生态与精准扶贫相结合，与牧民转岗就业、提高素质相结合，与牧民增收改善生产生活条件相结合。主要做法有：一是按照山水林草湖一体化管理的要求，进一步科学合理扩大生态管护公益岗位规模，使牧民由草原利用者转变为保护生态为主，兼顾草原适度利用，建立牧民群众生态保护业绩与收入挂钩机制。二是鼓励引导当地牧民参与国家公园建设，扶持他们从事公园生态体验、环境教育服务，从事生态保护工程劳务、生态监测等工作，使牧民在参与生态保护、公园管理和运营中获得稳定收益。三是按照有关法律法规，园区牧民对草原拥有承包经营权，在国家公园体制试点中，稳定家庭承包经营制度，通过发展生态畜牧业合作社，尝试将草场承包经营转为园区特许经营。四是鼓励支持牧民群众以投资入股、合作、劳务等多种形式开展多种经营项目，从中获得收益。同时，加强县城和乡镇配套设施建设，引导老人和孩子继续向城镇集中，让牧民群众更多地享受国家公园建设发展带来的实惠。

3　国家公园体制机制示范长效化的几点建议

三江源国家公园体制试点工作是一次全新体制的探索和实践。青海省委、省政府高度重视三江源国家公园体制试点工作，将其作为青海生态领域“一号”改革工程，成立由省委、省政府主要负责同志任双组长的三江源国家公园体制试点领导小组，组建了三江源国家公园管理局和3个园区管委会。随着试点工作逐步迈入深水区，难度逐渐增大，即便是天时地利人和的三江源试点，也面临体制机制长效化的难题。最后，笔者以三江源为例，提出几点建议，以资共进。

3.1　着力理顺管理体制，强化人才培养力度

三江源国家公园建设的核心是创新体制机制，这涉及国家公园所在地的领导干部和牧民群众，如何能使他们在国家公园建设中既能充分发挥主体作用，管理和建设好国家公园，同时还能享受国家公园建设带来的获得感，这是非常

图2　白唇鹿，三江源国家公园体制试点工作是一次全新体制的探索和实践

关键的问题。目前，在省级层面成立了三江源国家公园管理局，作为省政府派出机构代表行使自然资源资产所有者职责，因此，要按照所有者和管理者分开和一件事由一个部门管理的原则，着力处理好国家公园管理局与农牧、林业、水利、国土、环保等省级自然资源管理部门的职责划分，将所有者职责从自然资源管理部门分离出来，集中统一行使，切实负责公园内全民所有自然资源资产的管理和保护，避免出现“十龙治水”。新成立的三江源国家公园3个园区管委会共有工作人员247人，全部是从当地政府部门划转而来，因此亟需明确管委会与当地政府自然资源保护管理职能职责划分，尽快落实“三定”方案，避免出现自然资源管理“真空地带”，杜绝出现“无龙治水”。此外，三江源国家公园管理范围12.3万平方千米，管理人员十分缺乏，平均每人管理498平方千米，管理半径大，加之地处高海拔，自然条件恶劣，管理难度很大，要积极建立人才引进和培养机制，通过设置国家公园社会公益岗位，充分吸纳国家公园所在县还未就业的400多名大中专毕业生，参与国家公园建设和管理，补齐人员紧缺短板。与此同时，扩大生态保护管护员设置规模，让更多有劳动能力的牧民群众从单纯的草原利用者转变为生态系统管理者，建立生态管护成效与收入业绩挂钩机制，充分激发牧民群众保护生态的内生动力。全面开展对干部群众生态保护理念、法律法规、国家公园政策制度的宣传培训，普及生态文化，提高文明意识。加大对牧民群众的技能提高及生态管护、生态治理、生态畜牧业发展、生态文化旅游等业务技能水平，形成干部牧民群众主动保护、社会广泛参与、各方积极投入建设国家公园的良好氛围。

3.2 着力争取多方投入，完善试点期资金筹措机制

三江源地区受自然条件、地理区位、产业基础、人才资金等因素的制约，社会经济发展相对滞后。三江源国家公园所在的玛多、杂多、治多和曲麻莱4县都属于国家扶贫开发工作重点县，例如，2016年玛多县公共财政预算收入刚刚突破3 500万元，财力非常薄弱。保护是国家公园的头等大事，搞好保护就需要高投入，而现实是，目前中央没有安排专项资金支持国家公园体制试点工作，资金筹措成为影响三江源国家公园建设的关键问题之一。因此，要进一步争取中央加大财政转移支付力度，积极探索开展长江、黄河、澜沧江流域水资源生态补偿机制。按照山水林草湖系统治理的要求，完善相关资金使用管理办法，整合省内现有政策和渠道，统筹利用各部门、各系统、各行业的相关资

金，让分散、零碎的资金发挥更大的作用。三江源国家公园在突出保护的前提下，也具有科研、教育、体验与社区发展四大功能，必须进行相应的保护、科研、教育方面的硬件设施与软件建设投入，在园区交通、给排水、废弃物处置方面的投入也要高于风景名胜区，在这方面，可以积极挖掘发挥三江源生态保护基金会作用。试点期间，在做好青海省财政统筹，积极争取中央财政通过现有渠道加大支持力度的同时，还要努力构建多元化的资金筹措机制，以解决资金来源不足问题，要创新融资渠道，积极吸收高校等科研机构、民间资本、非政府组织等资金和资源的投入，探索多元化的筹资建设模式，为建立国家公园体制提供有益支撑。

3.3　着力强化规划引领，推动三江源国家公园法律法规体系建设

建立国家公园体制属于国土空间开发范畴，与主体功能区制度和国土空间用途管制制度息息相关。三江源国家公园范围划定是基于县域行政区划，以三江源国家级自然保护区扎陵湖－鄂陵湖、星星海、昂赛、果宗木查和索加－曲麻河5个保护分区为主体。因此，要切实编制好三江源国家公园总体规划，充分对接各县建设总体规划、土地利用规划、生态环境保护规划以及生态保护红线等，探索“多规合一”，统筹生态、生活、生产空间布局，明确功能分区，细化开发利用边界，最大限度降低人为干扰自然的程度。目前，涉及保护区的法律法规均是在20世纪80年代和90年代制定的，已经远远不能适应自然保护和建立国家公园体制的要求，要推动跨部门公众参与的社会立法，从法律法规上理顺整个保护区体系的管理体制。在建立国家公园体制过程中，应该立足于对接好国家公园与自然保护区的关系，加强国家公园法制保障，青海省人大常委会、青海省政府在严格遵守本试点方案的前提下，可以制定三江源国家公园体制试点的地方性法规、地方政府规章，对《中华人民共和国自然保护区条例》等行政法规及部门规章关于各类保护地管理的制度作出调整。改革措施突破现行法律法规规定的，要按程序报批，取得授权后施行。以此起到试点效应，推动我国保护地立法工作，依法界定各种各样类型的保护地管理制度、土地及相关资源产权制度、监管体制、运行保障机制、特许经营制度等。

本文原载于《中国生态文明》2016年第6期

七、社会组织参与三江源国家公园建设的现状、问题和经验

罗　敏[1]　刘　丹[1]　吕　颖[2]　崔高莹[3]

（1：环境保护杂志社，北京 10062；2：重庆市生态生态环境科学研究院，重庆 400054；3：重庆三峡学院，重庆 404000）

摘要　社会组织积极参与三江源国家公园建设，其非营利性、公益性以及志愿性和国家公园的管理理念一致，构成了国家公园治理体系建设中的重要一环。这些社会组织以世界自然基金会、山水自然保护中心等为代表，积极推进当地生态环境和传统藏族文化保护、扶持绿色产业发展、带动牧民脱贫，运用其专业知识，弥补了国家公园在体制改革阶段在引导社区发展、国际合作等方面的不足。三江源国家公园建设中，总结社会组织的参与内容，结合存在问题，形成了以下几条经验，可供其他自然保护地在管理过程中借鉴：借助《国家公园管理办法》明晰相关方的权责边界、以谅解备忘录的形式来推进多方合作、试点形式重点突破改革创新、由国家公园管理机构向社会组织购买公共服务、对原住民参与保护和生计技能培训、打开国际视野，架起对外合作桥梁。

关键词　社会组织；三江源；社会治理

党的十九大报告提出，要打造共建共治共享的社会治理格局：加强社区治理体系建设，推动社会治理重心向基层下移，发挥社会组织作用，实现政府治理和社会调节、居民自治良性互动。就国家公园来说，《建立国家公园体制总体方案》要求完善社会参与机制：在国家公园设立、建设、运行、管理、监督等各环节，以及生态保护、自然教育、科学研究等各领域，引导当地居民、专家学者、企业、社会组织等积极参与。其中，社会组织①的非营利性、公益性

① 本文对社会组织和非政府组织不作区分。

图1　鄂陵湖，国家公园建设中要建立多元主体、共同参与、政府与社会协作共赢的治理模式

以及志愿性和国家公园“保护为主，全民公益优先”的理念一致，可以在国家公园体制建设和社区治理中发挥积极作用，缓解体制改革过程中的各方矛盾。截至目前，约有40多家社会组织参与国家公园建设，比如世界自然基金会（WWF）、山水自然保护中心和三江源生态环境保护协会等，内容包括生态环境和传统文化保护、带动牧民脱贫、绿色产业扶持等。另外，这些社会组织具有灵活并且开放的特征，在生态环境保护领域具有专业化的知识并且具有国际化的视野，在国家公园体制改革阶段弥补了政府在社区引导效能发挥不足的问题，起到了很好的桥梁作用，连接了管理机构（地方政府）、企业、公众等，对国家公园政策制定、社区能力建设、社会资本引入等方面形成了有益经验，值得总结提炼和推广。

1　社会组织参与三江源国家公园建设的基本情况

在三江源国家公园成立之前，就已经有多个社会组织参与到三江源地区的公益事业当中。三江源国家公园成立后，以WWF、山水自然保护中心、北京市朝阳区永续全球环境研究所（以下简称“GEI”）等为代表的社会组织积极参与国家公园建设，多角度助力三江源国家公园体制的推进。下面将介绍三江源国家公园几个有影响力的社会组织参与生态保护的基本情况。它们的工作包括支持三江源国家公园制度建设、建立环境教育示范、提升当地参与生态保护的能力、增进原住民生计以及对旗舰物种的监测等，在社会治理体系的构建中起到了引导、沟通和协调的作用。

1.1 WWF：促进社会组织、企业和国家公园的三方合作

自2016年开始，WWF联合广汽传祺一起推进三江源国家公园生态保护相关活动，实施“诞生在三江源—国家公园创行”项目，开创了社会化参与国家公园建设的先河。2017年三方在该项目框架下，举办了“护源有我”湿地使者行动。随后2018年三方代表正式签署了战略合作框架协议（MOU），以“建立健全社会参与国家公园建设和管理的体制机制”为目标，共同致力于开展和实施国家公园相关的生态保护和环境教育工作。三方在合作中权责分清：三江源国家公园管理局主要作为合作伙伴的协调者和政策的保障者；广汽传祺则利用自身优势，给予物资、资金等方面的支持，以开展不同类型的公益保护活动；WWF主要为三江源国家公园建设提供相关技术与经验支持。具体内容如下。

1.1.1 开展环境教育示范，对管理机构人员以及社区原住民等进行培训

引入西方国家环境教育与环境解说理论方法体系；开展环境教育和环境解说资源调查；进行国家公园环境教育主体框架系统设计和解说资源汇编工作；支持国家公园环境教育与环境解说能力建设；组织三江源国家公园相关人员参加国际交流培训班、国内管理能力培训以及野外巡护技能培训。比如与黄河源园区管委会联合，对当地牧民生态管护员开展了野生动物监测和野外实地工作培训，提升其工作技能。

1.1.2 围绕重点物种——湿地水鸟和雪豹展开监测工作

开展黄河源园区湿地水鸟调查，组织长江中下游生态保护专家协助开展黄河源区和玉树隆宝保护区水鸟调查，完成了《三江源国家公园黄河源园区水鸟调查报告》，为湿地保护与管理提供科学依据。开展“湿地使者行动”，来自6个省市的12所高校社团利用暑假在环三江源湿地宣传与调查。走访政府部门和社区，联合当地环保组织，对公众宣传和普及湿地保护知识，对湿地生态保

护与当地经济社会基本情况进行调研，收集了保护环三江源丰富的案例。

联合当地民间环保组织，和生态管护员以及牧民志愿者一起，在黄河源区域首次开展雪豹种群调查。初步证实了黄河源花石峡周边山地有雪豹分布以及当地有可供雪豹猎食的天然猎物资源。

1.2　GEI：保护并带动牧民生计

GEI在参与三江源地区生态保护的主要特色是在倡导保护的同时，发展牧民可持续性生计。其工作内容包括协议保护、社区可持续发展、社区气候变化适应等方面的研究和试点。GEI发展了多个项目示范点和社区，帮助建立社区协议保护地，通过协议保护项目，整合了协议保护、生态服务及产品、可持续标准和生态市场等。

以果洛州久治县白玉乡龙格村、玉树州结古镇甘达村为重点示范社区，GEI直接投入资金18万元，青海林业厅和三江源保护区管理局配套部分资金、提供部分物资，对牧民展开社区协议保护理论与实践、社区自然教育与生态旅游管理、合作社管理与市场营销等方面的培训，并鼓励他们开展生态监测巡护、植被恢复、垃圾清理、社区生态产品开发等项目。特别是发展生态友好产业方面，GEI帮助社区成立了手工艺合作社，邀请到了志愿帮助藏区的设计师，帮助原住民培训手工艺技术等。在与其他机构合作方面GEI也做了很多努力：与美国Howard大学合作，为三江源社区的生态友好产品制定商业计划书；与国际可持续标准联盟（ISEAL）合作，为社区和社区产品制定符合国际规范的评估标准体系。

1.3　山水自然保护中心：培训社区参与生态监测，开展野生动物赔偿试点

2015年起，山水自然保护中心（以下简称“山水”）与三江源地区的多个社区合作，开展了基于社区的生物多样性监测工作。山水对社区展开栖息地种群监测技术培训，设计社区共管保护项目，对以雪豹为核心的野生动物和其生存环境进行监测；制订村规民约管理草原、水源和垃圾等；预防和抵制外来者进行非法开矿等行为。支持并培训当地老百姓成为社区监测员，建立村级保护组织，集体保护周边自然资源：在社区选取热爱生态环境保护、对周围环境了解、本土知识丰富、有积极性的农牧民作为监测队员，经过培训后，除能完

成草原防火巡逻、反盗猎、巡逻等基本任务外,还能够高质量完成红外相机布设管理、使用仪器进行水质监测、对有蹄类动物数量调查等更为复杂的工作内容。监测员的工作为管理机构等提供了大量生物多样性信息，为保护实践和保护成效评估提供了基础。生态监测方面，构建了激励和惩罚机制，表现好的会得到表扬，表现不好的会被批评甚至取消监测资格。实践表明：这种服务于自然保护的身份荣誉感，比经济激励更能成为保护的动力。

山水在玉树藏族自治州杂多县昂赛乡于2016年5月和当地政府合作，同牧民一起出资设立的“人兽冲突保险基金”，该基金作为澜沧江源首个以雪豹损害为主的社区补偿基金，将通过试点以“民间”方式为野生动物损害事件赔偿。目前，一期总额为20万元，由受损牧民报告给自行选举出的管理委员会，再由管理委员会核实及公示通过后，交由社区大会公开补偿，这种补偿方式从机制创新出发，降低了补偿核实成本，提高了处理效率。

1.4　年保玉则生态环境保护协会：本土组织，扎根社区，自发组织保护项目

2007年年保玉则生态环境保护协会成立，扎西桑俄担任会长，会员包括当地喇嘛、牧民、商人、老师、学生和公务员等。扎西桑俄带领会员们以文字、图片、摄像等手段监测记录当地物种及环境变化，积累了大量物种、冰川、气候等方面的数据，为科研、保护地管理提供了一手资料。其开展的主要工作如下：

1.协会成员形成独立的兴趣和分工，对当地鸟类(“藏鹀”和“白马鸡”等)和其他野生动物、冰川和气候变化等进行监测；2.发动群众参与藏鹀保护区的保护和监测；3.编辑藏文版的《动植物辞典》，出版藏汉双语的《藏鹀观察记录》《玛柯河白马鸡观察记录》；4.出版《年保玉则》杂志，介绍年保玉则地区的文化和生态环境，并发放给社区；5.组织会员通过影像记录的方式来记录当地的社会文化环境变迁，并和山水自然保护中心组织策展了“云之南影像论坛”；组织“乡村之眼—记录我们的环境与文化”影像拍摄培训，出版了《藏鹀观察记录》等画册；6. 环境教育、宣传：会员到学校给孩子们上环境教育课，培养对家园与生命的热爱。

2　社会组织参与国家公园建设中存在的问题

国家公园建设中要建立多元主体、共同参与、政府与社会协作共赢的治理模式，社会组织的作用不可忽视。但是社会组织也存在自身的不足，主要包括以下几个方面。

在影响政策方面，一方面，受法律和制度约束，难以参加国家公园政策制定、监督等；另一方面，部分社会组织自身业务能力不足，缺少影响决策的意愿。在科学研究方面，不如科研机构全面和深入，并且就对外的研究成果宣传方面等有很大的差距，公开发表成果较少。在社区合作方面，社会组织参与的规模非常小，往往是以几个试点或者某个区域为重点来推进保护。以WWF为例，在三江源国家公园建设中，其社区工作主要集中在旗舰物种如雪豹和水鸟的保护和培训当地原住民为巡护员等。一方面，这是由于社会组织自身能力、人员配置等方面存在不足；另一方面，这是由于现阶段管理单位或地方政府并没有对社会组织可以工作的领域给予明确的规定，而个别领域管理机构持比较保守或者谨慎的态度，比如对于个别数据监测等。

图2　社会组织的专业性使其在对原住民参与保护和生产技能培训方面有优势

实际上，三江源国家公园尽管生态价值高，但是地处偏远、交通不便并且经济发展较为落后，相对东部等地区对社会组织要求会更高。除去生存的困难、法律地位的制度困境等，社会组织也需要提高其自身能力建设，特别是独立运营、筹资、与政府沟通的能力。

三江源国家公园目前还在试点阶段，林草局的自然保护地司、三江源国家公园管理局等部门才刚刚成立，因此社会组织在和政府合作目前仍属于摸索期，在比如保护地役权、特许经营、处理人与野生动物之间关系等方面，政府和NGO没有达成一致，今后有必要通过法制化的方式明确社会治理当中政府、非政府的边界。

3 社会组织参与保护可复制性的经验

结合WWF等社会组织在三江源地区参与生态保护等方面的经验，研判认为以下几点可以在全国自然保护地管理和社区发展方面应用。

3.1 借助《国家公园管理办法》明晰相关方的权责边界

就参与自然保护地生态环境保护方面，政府层面（包括保护地管理机构）应该以更开放的态度欢迎社会组织参与。理清社会组织、社区、政府和保护地管理机构之间的职责边界，使政府或者管理机构从具体事务中解脱出来，发挥市场和社会的作用。管理机构要重点抓好规划、决策、原则等，引导社会组织等社会力量。要降低从事生态环境保护以及社区绿色发展相关的社会组织，特别是当地草根社会组织成立的门槛，允许它们参与自然保护地和社区的管理，并在资金和政策上给予相应的扶持，对扎根本地的社会组织在人才培养和吸引等方面给予特殊政策。国家公园管理机构要做好这些社会组织的登记、审查、监督以及项目备案；构建多方对话协商机制以及联合工作机制，加强对社会组织的规范化管理和宣传引导，就保护目标等方面达成共识。加强其业务的透明度，并定期分析发布以及监督其工作内容，选取考核指标和试行办法对不达标的要给予惩罚，对有违法现象的要构建退出机制。

3.2 以谅解备忘录的形式来推进多方合作

社会组织在参与国家公园建设过程中，可以以谅解备忘录（Memorandum

of Understanding, MOU）的形式来推进合作，以“建立健全社会参与国家公园建设和管理的体制机制”为目标，协调比如企业、高校、研究机构、媒体等多方，共同致力于开展和实施国家公园相关的生态保护和环境教育工作。MOU中纳入多方共同认可的原则，包括保护理念、参与形式、参与领域等。这种形式尽在促进规范化管理方面起到了良好的效果；并且有开放性和包容性，借此带动全社会关注并参与国家公园体制试点和自然生态保护事业。社会组织依托自身优势，设计关于国家公园生态保护的相关项目，采取研讨、会议、培训等模式，借助国家公园管理机构的力量，搭建多元目标群体的沟通平台，让利益相关方能够合理的表达自身的诉求，加深各方之间的交流、沟通理解，并使政府相关部门能够倾听各方声音，促进决策可以反映其合理的利益诉求。

3.3　以点带面推进体制改革，重视试点示范作用

社会组织在我国也是近些年慢慢发展起来，其自身力量有限。在参与国家公园建设中，社会组织往往采取依托重点突破的方式，以试点的方式展开：在园区内设立示范村，为之生态旅游和特许经营提供技术支持、为开展公众参与和环境教育提供治理持、特别是在调动社区参与、对原住民进行培训方面做了大量扎实的工作。通过示范村示范效应以点带面，比如山水在昂赛乡的动物保险尝试，借鉴其经验，三江源国家公园管理局计划在全区域内推广，着眼于更大开掘所有社区的经济发展和生态保护潜力。

3.4　由国家公园管理机构向社会组织购买公共服务

社会组织比较有弹性，能够根据服务方的需求结合自身专业特色提供不同类型的服务。这一点和行政命令为主的政府从组织特征上有互补性，因此国家公园管理机构或者地方政府可向社会组织购买公共服务。国家公园管理机构可以结合自身需求在调研基础上出台过相关的规范性文件或政策并纳入《国家公园管理办法》，明确购买服务的范围、承接的主体、方式与程序、资金预算和支付、绩效管理以及审计等。特别是政府规则失灵的生态环境等公共政策领域，可以通过委托、承包、采购等方式交给社会组织。

3.5　对原住民参与保护和生计技能培训

社会组织的专业性使其在对原住民参与保护和生产技能培训方面有优势。

生物多样性保护方面的培训，比如对野外实地工作专业技术、红外相机使用培训等。生产技能方面，包括培训旅游向导、牧民汉语水平，以及生产技能等。实际上，当地政府和国家公园管理机构对员工培训的任务，也可以委托专业的非政府组织。这部分培训工作可以借助社会组织的影响力和志愿者参与机制等，和国家公园管理机构以及社区的日常管理结合，推进保护地和社区的良性互动。

3.6 打开国际视野，架起对外合作桥梁

社会组织往往具有国际视野，和国外社会组织或者其他机构有业务领域的合作，或者本身就是国际组织。这些有助于帮助中国的自然保护地视野打开国际视野，引入国际上先进的保护地管理经验和技术。借助全球自然保护区的经验，依托社会组织等，对自然保护地更加全面和科学的保护。建立国内外“友好公园”关系，推动建立生态保护共建共享机制。加快建设配套支撑体系，比如建立国家公园论坛长效机制等，加大国家公园或自然保护地的推介力度。

八、美国国家公园系统特许经营管理及其启示

赵智聪[1] 王 沛[1] 许 婵[2]

（1：清华大学建筑学院景观学系，清华大学国家公园研究院；北京 100091；2：四川师范大学地理与资源科学学院；四川 610101）

摘要 特许经营在美国国家公园系统中具有重要作用，源于1916年《国家公园管理局组织法》对保护自然及文化资源和提供可持续游憩的双重要求。目前美国国家公园系统的419处国家公园单位中，有105处开展特许经营活动，特许经营合同数量约500份。在功能定位方面，美国国家公园特许经营活动是其访客商业服务的重要组成部分，可为国家公园访客提供相对规模较大、设施需求较多、生态影响可能较大的服务；在管理模式方面，特许经营活动依据法律法规对内容和流程进行严格管理；在实施效果方面，特许经营涵盖类型广泛、产生了诸多收益，并有效控制了生态影响。本文以德纳里国家公园与保护区为例对特许经营进行了深入分析，并从目标、策略、选择、监管四个层面为中国国家公园体制建设提出建议。

关键词 国家公园；特许经营；商业服务；德纳里国家公园和保护区

特许经营是美国国家公园系统管理制度的重要组成部分，为国家公园单位访客提供食宿及游憩服务。目前我国国家公园体制正处在建设初期，通过系统分析美国国家公园系统特许经营管理模式，能够为我国国家公园乃至自然保护地体系建设提供借鉴。

1 特许经营的定位

美国《国家公园管理局组织法》（*National Park Service Organic Act*, 1916）授予了美国国家公园管理局2项使命，一项是保护自然及文化资源，一项是提供访客服务。在美国国家公园系统中，为访客提供服务有两种形式，一种

是国家公园管理局直接提供的服务，一般是免费或将费用包含在门票中，可以理解为非商业的服务；另一种是国家公园管理局授权开展的各类商业服务，商业服务的形式包括特许经营（Concession）、商业使用授权（Commercial Use Authority, CUA）和租赁（Leasing）3类。同时，《商业服务指南》指出，访客体验改进合同（Visitor Experience Improvements Authority Contract, VEIA Contract）也属于商业服务的范畴。

美国国家公园系统最早开展商业服务源于1872年《黄石国家公园法》授权内政部部长向私人租赁土地以提供访客食宿服务并修建设施。1916年《国家公园管理局组织法》延续了这一论述。

1.1 特许经营

1928年，国会允许内政部部长以非竞争方式授予特许经营合同。1950年，国家公园管理局出台首份特许经营官方指导原则。1965年颁布了《特许经营政策法案》，此法案对特许经营的管理长达33年，直到1998年颁布了《国家公园管理局特许经营管理促进法案》，该法案规定局长应利用特许权合同授权个人、公司或其他实体向国家公园系统单位的访客提供住宿、设施和服务。从20世纪70年代到20世纪90年代，特许经营经历了一系列改变。

1.2 商业使用授权

《国家公园管理局特许经营管理促进法案》规定，国家公园管理局局长可以根据法律的要求而授权个人、公司或其他实体通过商业使用授权向国家公园系统单位的访客提供服务。表1提供了部分重要规定。

表1《国家公园管理局特许经营管理促进法案》对商业使用授权的重要规定

基本要求	对国家公园单位的资源和价值产生的影响最小
	符合国家公园单位建立的目标及其所适用的所有政策、规定和管理规划
类型限制（只限于这3类活动）	在国家公园系统的一个单位内提供服务而获得的收入每年不超过25 000美元的商业活动
	附带使用国家公园单位内资源的商业活动，且所提供的服务源自和终止于国家公园单位边界以外

（续表）

类型限制（只限于这3类活动）	有组织的儿童营地、户外俱乐部和非营利性机构(包括使用野外区)的使用以及局长确定的其他适当用途。非营利性机构不需要获得商业使用授权，除非该机构从授权使用中获得应税收入
开发限制	商业使用授权不得在国家公园系统的任何单位内的联邦土地上建造或修缮构筑物和固定设施
时间限制	商业使用授权的有效期不得超过2年，并且不得给予续期优先权利或类似的续期规定

表2　三种商业服务类型对比（三种商业服务类型开展的数量每年均在变化）

类型	特许经营	商业使用授权	租赁
授权者	国家公园管理局局长	国家公园园长	区域负责人
期限	不超过20年	不超过2年	不超过60年
设施建设相关权限	I类：可以在园内建设基础设施 II类：在指定的土地或政府建筑物内经营业务 III类：不被分配可使用的土地或建筑	不能建设或修缮构筑物或永久设施	国家公园管理局拥有的固定资产，出租给商业机构来运营
管理局收入	2018年特许经营费约1.2亿美元，占特许经营总营业额的约7.9%（80%由国家公园单位使用，20%由国家公园管理局用于国家公园系统整体商业项目运营管理）	2018年约150万美元	（暂无数据）
数量	约500份合同	约5 000个授权	约120份租约

1.3　租赁

《国家公园管理政策》第8章“公园使用”将租赁作为公园的一种使用方式进行规定（与之并列的其他使用方式包括访客使用、航空使用、矿藏勘探与开采、特殊用途等）。在符合要求的情况下，国家公园管理局可租赁任何公园历史建筑物或非历史建筑物。

1.4　访客体验改进合同

《2016年国家公园管理局百年法案》（*2016 National Park Service Centennial*

Act）第七条设立了一个新的机构—访客体验改进管理局（Visitor Experience Improvements Authority, VEIA），为商业服务设施和服务项目的运营而征集、授予并管理访客体验改进合同。访客体验改进合同独立于特许经营合同并对其进行补充，访客体验改进合同的管理仍在探索之中。

1.5 小结

四种商业服务类型开始时间不同，适用范围不同，管理级别不同。其中，特许经营开展最早、类型最全、业务最多，也是规模最大、涉及访客人数最多、赢利能力最强的服务。因此，特许经营是美国国家公园系统商业服务的主要形式。

2 特许经营的管理模式

2.1 特许经营相关法规政策

《国家公园管理局组织法》是美国国家公园系统开展商业服务最早的法律依据，其中最直接的阐述是其第三部分“内政部部长还可以在各国家公园、国家纪念地、国家保留地，授予本法案规定的不超过20年期限的特权、租赁和土地使用权以供访客的食宿；为保证公众可以自由使用自然资源，任何自然奇观、奇景或自然物不得租赁、出租或授予任何人。然而，内政部长在上述规章制度和年限下可以规定，在国家公园、纪念地和其他保护地内授予放牧的特权，但这一规定不适用于黄石国家公园”。

《特许经营政策法案》（*Concession Policy Act*，以下简称“1965年法案”）颁布于1965年10月9日，是美国第一个管理特许经营的法案，由9个部分构成。这项方案实际上是针对美国国家公园管理局的特许经营活动的一项专门法案。其中最为重要的是以下两项内容。

其一，“为了保护和保存公园的资源和价值，必须保证在这些区域内提供公共食宿、基础设施和服务是受到严格控制的，以防止不受管制和滥用，以保证大量的访问不会过分损害这些资源和价值，以及设施建设的影响控制在公园价值受损最轻的范围内。”并且还要求特许经营遵循两个原则，一是所提供的公共使用机会是必要且适当的；二是必须保证资源与价值受到最大限度地保护。

其二，“内政部部长应该采取适当鼓励和支持私人或企业的措施”，以完成国家公园应为访客提供设施与服务的任务。

《国家公园管理局特许经营管理促进法案》(*National Park Service Concessions Management Improvement Act of 1998*，以下简称“1998年法案”)，是目前美国国家公园系统特许经营管理的现行法律，由19个部分构成。

该法案和之前的1965年法案相比主要存在4个方面的改变：一是取消了对特许经营商在更新合同时的优先权限定，目前只有极少数规模很小的特许经营项目在更新合同时其原特许经营商拥有获得新合同的优先权；二是限定了特许经营期限，1998年法案规定了特许经营合同的最长期限是10年，部分需要特许经营商投入较大建设资金的项目期限可延长至20年，1965年法案并无类似规定；三是调整了特许经营费的归口，1965年法案规定所有特许经营费上缴国家公园管理局总部，1998年法案变更为80%为各国家公园管理单位自留，20%上缴总部。这一规定增强了各国家公园单位在特许经营管理上的积极性；四是增加了问责和监管的内容。

总体上，1998年法案提高了特许经营的竞争性，促进了特许经营商对其自身业务的管理，同时也提高了国家公园管理局的特许经营费收入。

《美国国家公园管理政策》(*NPS Management Policies 2006*)第10章为“商业访客服务”，第2节包括特许经营政策、商业访客服务规划、特许经营合同签订、特许经营业务实施、特许经营财务管理、特许经营设施、特许经营雇员及雇佣条件、国家公园员工8部分。

该管理政策为包括特许经营在内的国家公园商业服务管理作出了详尽的规定。为保证前文所述资源不受损害和访客获得优质服务，管理政策提供了细致的操作规程。

2.2　特许经营的管理流程

2018年10月1日颁布的《商业服务指南》对特许经营的管理流程进行了梳理，主要包括特许经营合同的招标、授予、管理和审查等内容，并对特许经营设施管理和特许经营退出机制进行规范。

特许经营的招标和授予过程依照其相关法律进行，而合同的实际管理和审查则是十分复杂的过程。合同管理共有17项内容，包括合同变更管理、合同文件管理（业务规划、维修计划、土地及不动产文件和其他合同文件等）、特许经营保险管理、环境管理、风险管理、公共卫生管理、资产管理、访客满意度调查、特许经营利率管理、特许经营公共事业管理、预约管理规范以及其他合同管理规范与业务要求等。

在合同审查方面，美国国家公园管理局通过核查特许经营商独立制定的相关规程、国家公园管理局的特许经营审查项目（concession review program）、国家公园管理局专门的特许经营监测、检查和评估活动三种途径来监管并评估特许经营活动，以确保特许经营者遵守合同规定，执行相关法律，为公园访客提供优质、安全、卫生且环保的服务。合同审查主要包括7项内容，其结果反映在年度总评（annual overall rating, AOR）报告中。

3 特许经营的开展效果

3.1 特许经营的开展范围

截至2019年5月，美国国家公园系统共有419个国家公园单位，包括国家公园、国家纪念地、国家湖滨等19种类型，总面积超过34万平方千米。2018年，共有105个国家公园单位（包括国家公园、国家游憩区等11种类型及4个区域办公室）开展特许经营，共签订450份特许经营合同（见表3）。

表3 2018年美国国家公园系统开展特许经营情况统计表

类型	单位总数量	开展特许经营的单位数量	特许经营合同总数	开展特许经营的比例	开展特许经营单位平均特许经营合同数量
国家公园	61	45	298	73.8%	6.6
国家纪念地	84	13	34	15.5%	2.6
国家游憩区	18	10	31	55.6%	3.1
国家海滨	10	9	18	90.0%	2.0
国家历史公园	57	4	5	7.0%	1.3
国家湖滨	3	3	3	100.0%	1.0
国家风景道	4	3	8	75.0%	2.7

（续表）

类型	单位总数量	开展特许经营的单位数量	特许经营合同总数	开展特许经营的比例	开展特许经营单位平均特许经营合同数量
国家保护区	19	3	4	15.8%	1.3
国家河流	5	3	35	60.0%	11.7
国家历史地	76	2	2	2.6%	1.0
国家纪念战场	30	2	2	6.7%	1.0
其他公园地	11	4	6	36.4%	1.5
所有类型	419	101	446	24.1%	4.4
区域办公室	6	4	4	66.7%	1.0
总计	—	105	450	—	4.3

注：表中未列出的国家公园系统内的其他类型（如国家战场、国家战争纪念地等9类）尚未签订特许经营合同；根据https://www.nps.gov/subjects/concessions/authorized-concessioners.htm整理。

分析可知，国家公园是开展特许经营的主体，45个国家公园开展了特许经营，签订了298份特许经营合同。开展特许经营的国家公园数量占所有国家公园单位的43%，签订的特许经营合同数量占总合同数量的66%。

开展特许经营的105个国家公园单位中签署特许经营合同超过10份的有11个，其中8个是国家公园，合同数量最多的是黄石国家公园（50份）。

3.2　特许经营的服务类型

美国国家公园将特许经营合同有26个服务类型，同一特许经营合同可以包括多种服务类型；2018年的450份特许经营合同共涉及1 005项特许经营服务，每个合同平均涉及2.23个服务类型（见表4）。

表4　2018年美国国家公园特许经营服务类型统计表

序号	特许经营服务类型		涉及特许经营合同数量	占所有服务的比例	涉及合同数量占合同总数的比例
1	Guide Service and Oufitters	导游服务和旅行用品	188	18.7%	41.8%

（续表）

序号	特许经营服务类型		涉及特许经营合同数量	占所有服务的比例	涉及合同数量占合同总数的比例
2	Retail Operations	零售经营	149	14.8%	33.1%
3	Transportation	交通运输	113	11.2%	25.1%
4	Food Service Operations	食品服务经营	103	10.2%	22.9%
5	Rentals	租赁	87	8.7%	19.3%
6	Horse and Mule Operations	骡马经营	67	6.7%	14.9%
7	Lodging	住宿	55	5.5%	12.2%
8	Water Guides	水上项目向导	48	4.8%	10.7%
9	Scenic and Sightseeing Tours(all)	观光旅行	37	3.7%	8.2%
10	Auto, Gas, and Service Stations	汽车、汽油和服务站	25	2.5%	5.6%
11	Campgrounds	宿营地	25	2.5%	5.6%
12	Marinas	海洋经营	2	2.1%	4.7%
13	Vending Machines	自动售货机	20	2.0%	4.4%
14	Water Transportation	水上运输	13	1.3%	2.9%
15	Winter Sports Operations	冬季运动经营	13	1.3%	2.9%
16	Shower and Laundry	洗浴和洗衣	11	1.1%	2.4%
17	Trailer Vllage Services	拖车小屋旅行服务	7	0.7%	1.6%

（续表）

序号	特许经营服务类型		涉及特许经营合同数量	占所有服务的比例	涉及合同数量占合同总数的比例
18	Cruise Lines	邮轮巡航	6	0.6%	1.3%
19	Photographic Materials	摄影材料	6	0.6%	1.3%
20	Golf Courses	高尔夫课程	2	0.2%	0.4%
21	Kennel Service	狗舍服务	2	0.2%	0.4%
22	Medical Clinics	医疗服务	2	0.2%	0.4%
23	Parking Lot Services	停车场服务	2	0.2%	0.4%
24	Bath Houses	浴室	1	0.1%	0.2%
25	Swimming Pools	泳池	1	0.1%	0.2%
26	Wi-Fi Services	无线网服务	1	0.1%	0.2%
总计			1 005	100.0%	223.3%

注：根据ttps://www.nps.gow/subjects/concessions/authorized-concessioners.htm整理。

部分特许经营服务类型仅在特定的国家公园开展，如邮轮巡航服务的6个特许经营均在冰川湾国家公园开展。目前宿营地的经营管理多数由国家公园管理局掌握，少部分由特许经营商进行运营，这个领域最近争议颇多。国家公园管理局总体上认为宿营地的经营是其提供的访客服务的重要内容，倾向于应由国家公园管理机构直接运营，部分特许经营商则认为应属于商业服务。

3.3　特许经营费和工作岗位

特许经营活动的开展不仅为国家公园提供了优质的访客服务，同时也为国家公园带来直接的经济收益。

2018年国家公园管理局获得的特许经营费约1.2亿美元，其中约60%的收入是由占比40%的大型特许经营商提供的。收取的特许经营费用一方面用于保证特许经营管理的相关开支，同时也为国家公园资源管理活动提供支持。不同特许经营合同所收取的特许经营费不同，平均为总合同额的7.9%，即特许经营商经营该项目的总收入的7.9%用于支付特许经营费，而非其利润额的一定比例。

特许经营的另一项效益体现在提供的工作岗位方面。目前国家公园体系的特许经营活动提供了约2.5万个工作岗位，这些岗位由特许经营商提供，并不属于国家公园管理局的管理人员。这些岗位中的绝大多数是季节性的工作岗位。

4 德纳里国家公园与保护区特许经营分析

4.1 德纳里国家公园与保护区概况

德纳里国家公园与保护区（Denali national park and preserve）位于美国阿拉斯加州中南部，总面积2.46万平方千米，是海拔6 190米的北美洲最高峰德纳里峰的所在地；德纳里国家公园面积为1.92万平方千米，包括0.87万平方千米的荒野地，是美国第三大国家公园。德纳里国家保护区面积为0.54万平方千米，是美国第七大国家保护区。2017年该国家公园基础预算（base budget）1 480万美元，年访客量为64.3万人，访客消费6.32亿美元，提供8 154个就业岗位，产生9.24亿美元的经济效益。

4.2 德纳里国家公园特许经营类型

2017年德纳里国家公园共有18份特许经营合同。特许经营商Doyon/Aramark的主要服务内容是沿92.5英里（约148.86千米）的公园道路的交通运输，并提供10项游客服务：交通、零售、食品和饮料、ATM、露营、洗衣和淋浴、房车/拖车停靠站、行李寄存等。

2018年，德纳里国家公园共签订20份特许经营合同，共提供8类35项服务（见表5）。14个特许经营商提供导游服务和旅行用品类的商业服务，其中7个特许经营商提供商业登山服务。

表5　2018年德纳里国家公园特许经营合同服务类型统计表

序号	特许经营商名称	导游服务和服装	零售	交通	餐饮	房屋出租	涉水导游服务	观光旅游	宿营地
1	Alaska Dall Sheep Guides,LLC	√	—	—	—	—	—	—	—
2	Alaska Mountaineering SchoolLLC	√	—	—	—	—	—	—	—
3	Alaska Remote Guide Service	√	—	—	—	—	—	—	—
4	Alpine Ascents Denali LLC	√	—	—	—	—	—	—	—
5	Alpine Ascents International, Inc.	√	—	—	—	—	—	—	—
6	American Alpine Institute, Ltd.	√	—	—	—	—	—	—	—
7	Camp Denali and North Face Lodge	√	√	√	—	√	√	—	—
8	CATC Alaskan Toursim Corporation	√	√	—	—	√	—	—	—
9	Denali Dog Sled Expeditions	√	—	—	—	—	—	—	—
10	Doyon/ARAMARK Denali National Park Concession Joint Venture	—	√	√	√	—	—	√	√
11	Fly Denali	—	—	√	—	—	—	—	—
12	IMG Denali, LLC	√	—	—	—	—	—	—	—
13	K-2 Aviation	—	—	√	—	—	—	—	—

（续表）

序号	特许经营商名称	导游服务和服装	零售	交通	餐饮	房屋出租	涉水导游服务	观光旅游	宿营地
14	Kantishna Air Taxi, Inc.	—	—	√	—	—	—	—	—
15	Kantishna Roadhouse	√	√	—	—	√	—	—	—
16	Mountain Trip Alaska, LLC	√	—	—	—	—	—	—	—
17	National Outdoor Leadership School	√	—	—	—	—	—	—	—
18	Rainier Mountaineering, Inc.	√	—	—	—	—	—	—	—
19	Sheldon Air Service LLC	—	—	√	—	—	—	—	—
20	Talkeetna Air Taxi, Inc.	—	—	√	—	—	—	—	—
总计(特许经营商数量)		14	4	7	1	6	1	1	1

注：总计35个服务，20个经营商，平均每个经营商1.75个服务；根据https://www.nps.gov/subjects/concessions/authorized-concessioners.htm整理。

4.3 德纳里国家公园特许经营效果

2016年，特许经营合同为园区带来了约380万美元的特许经营费；特许经营者的大部分管理费（超过92%）来自与Doyon/Aramark签订的合同；剩下的收入（7.5%）中，空中出租车公司占3.8%，登山向导占2.8%，野外徒步向导占0.7%，狩猎向导占0.2%，狗拉雪橇向导占0.1%。

以过夜住宿为例，1979—2001年，每年特许经营提供的过夜住宿人次占总过夜住宿人次的比例在15.77%~24.40%。2002—2016年，无特许经营住宿服务。2017年提供特许露营，占总过夜住宿人次的45.31%。2018年继续提供特许露营，占总过夜住宿人次的53.74%。

5　美国国家公园系统特许经营的启示

5.1　目标：双重使命，统筹兼顾

以特许经营为主体的美国国家公园商业使用管理具有清晰的逻辑和相应的管制制度。其源于《美国国家公园管理局组织法》对国家公园管理局“保护与访客服务”的双重使命要求。

商业利用成为国家公园提供访客服务的途径之一，访客服务一方面要保证资源不受损害，另一方面还要实现自身在提供独特体验、获得自然教育、促进人类对自然的认识等方面的高品质体验目标。因此，美国国家公园管理局对特许经营管理十分重视，多种类型商业服务的配合、通过立法增强特许经营服务的竞争性、制定严格标准监管特许经营服务等各项管理制度的设计和相关改革举措的实施都致力于实现其双重使命。

5.2　策略：多种类型，相互配合

特许经营，商业使用授权，租赁以及访客体验改进合同具有不同的特点，不同类型的访客服务在授权时可以选择这四种类型中最适合的一种。多种类型的商业服务为管理者提供了诸多可能性，管理者可以在遵循法律和政策规定的前提下，选择最为合适和最为经济的管理手段，管理者留有充分的灵活性和弹性。

还需要强调的是，特许经营是商业服务中的一种类型，而美国国家公园系统中，还有大量的非商业性服务。非商业性的访客服务是由美国国家公园管理局各层级管理者提供的，也是完成其法定使命的重要工作内容之一。因此，从访客所获得的服务角度考察，特许经营所提供的服务只是特许经营商在国家公园管理局授权下提供的众多服务中的一种。访客能够感受到的、更为大规模和更为普遍的还是由国家公园管理局自身提供的基本的访客服务，如与门票相关的服务、停车、解说教育，以及露营相关的服务等。

因此，尽管特许经营在商业服务中占有重要地位，但访客所感受到的仍然以国家公园管理局提供的服务为主，因此，国家公园管理局也十分重视对自身提供的访客服务的数量和质量的监测与调控；相应的，特许经营商也十分关心自己提供的服务是否能获得访客的认可。

5.3 选择：优胜劣汰，动态评估

1998年法案显著增加了国家公园特许经营的竞争性和专业化管理，取消了一系列原法案中对于已有特许经营商的优惠政策和优先权，以促进特许经营商对已有项目的高质量管理和持续投入。从多年实施效果来看，总体上，由于特许经营商都十分看重与国家公园的合作关系和品牌效应，特许经营商对运营的投入在不断增强，国家公园管理局不仅因此获得了很好的服务，同时也增加了特许经营费的直接收入。另外，国家公园管理局近期开始重视专业商务人才的重要作用，国家公园管理局聘请商业人才进行特许经营项目的专业管理，同时也鼓励特许经营商在运营管理方面的专业投入。

5.4 监管：严格要求，定期监督

特许经营之所以可以兼顾资源保护和游憩品质，其本质原因是通过特许经营合同，对特许经营活动进行严格要求，并且通过有效的审查机制对特许经营活动进行监督，从而保障商业服务的品质并控制生态影响。

国家公园管理局对特许经营管理的严格程度表现在以下几方面。其一，特许经营招投标全部由国家公园管理局华盛顿总部管理，在华盛顿总部设有专门的特许经营管理部门。这意味着，特许经营商选择的决定权在华盛顿总部而非区域办公室或各国家公园管理单位。这有效避免了在特许经营商选择方面可能存在的权力寻租等问题，从制度上规避了腐败风险。其二，从法律、法规到政策、指南无不强调了对特许经营所可能产生的生态影响的控制和监督。国家公园管理局强调特许经营活动的开展必须是“必要的”和“适当的”，二者缺一不可，这一原则成为评价是否可以进行特许经营，以及是否应该选择某一公司作为特许经营商的“金标准”。其三，对涉及设施建设的内容有着高标准，对生态影响的控制有着严要求。美国国家公园管理局针对特许经营的相关政策中，对特许经营商是否可以进行设施建设、是否可以进行设施修缮和维护做出了严格规定，其建设标准和修缮标准也都普遍高于美国的一般标准。其四，国家公园管理局对特许经营商服务行为和服务品质的监管十分细致，从收费是否合理，服务行为是否恰当，到食品卫生、食品安全等等都进行监督和管理。同时，通过对所产生影响的定期监督和评估、合同到期后续约的竞争性和淘汰机制，激励特许经营商做出对环境负责任的决策。

参考文献

[1] National Park Service. Commercial Services Guide[EB/OL].（2018-10-10）. https://www.nps.gov/subjects/concessions/upload/CS-Guide-Final-Ver-3-FINAL-Updated-04-09-19.pdf.

[2] National Park Service. Concessions Management[EB/OL].（2018-10-10）. https://www.nps.gov/yose/learn/management/concessions.htm.

[3] National Park Service. Commercial Visitor Service: Doing Business In The National Park[Z/OL]. [2019-05-14]. https://www.nps.gov/subjects/concessions/upload/Doing_Business_NPS.pdf.

[4] 张海霞. 中国国家公园特许经营机制研究[M]. 北京：中国环境出版集团，2018.

[5] National Park Service. Concessions: Law, Regulation, and Policy[EB/OL].（2019-04-09）. https://www.nps.gov/subjects/concessions/law.htm.

[6] Concession Policy Act[Z/OL]. [2019-09-18]. https://www.govinfo.gov/content/pkg/STATUTE-79/pdf/STATUTE-79-Pg968-3.pdf.

[7] National Park Service. Commercial Services Guide[EB/OL].（2018-10-10）. https://www.nps.gov/subjects/concessions/upload/CS-Guide-Final-Ver-3-FINAL-Updated-04-09-19.pdf.

[8] National Park Service. Facts & Figures：National Park System[EB/OL].（2019-05-06）. https://www.nps.gov/aboutus/national-park-system.htm.

[9] National Park Service. Concessions: Authorized Concessioners[EB/OL].（2018-08-10）. https://www.nps.gov/subjects/concessions/authorized-concessioners.htm.

[10] National Park Service. Denali: Park Statistics[EB/OL].（2019-02-06）[2019-09-12]. https://www.nps.gov/dena/learn/management/statistics.htm.

[11] National Park Service. Denali National Park and Preserve Commercial Services Strategy[Z/OL]. [2019-09-23]. https://www.nps.gov/dena/getinvolved/upload/Denali-Commercial-Services-Strategy.pdf.

本文原载于《环境保护》2020第8期